U0054079

創意創新創業管理

跨域整合觀點與創業哲學思維

Management of Creativity Innovation and Entrepreneurship :

Cross-domain Integrated Viewpoint and Entrepreneurial Philosophy

陳德富博士 著

揚智文化

序

在學界與業界都如火如荼的推動創意、創新、創業（三創）管理趨勢下，本書從創意、創造力、創新、創業、創投之五創整合觀點切入主題，活用創意、激發創新、迎向創業的三創教育精神。首先探討創意思考（調研顧客需求）轉化成創新設計（情境）落實到創業價值主張（商業模式）三階段模式：「三創」一般是指「創意→創新→創業」，但創業並不是三創的終極目標。創業之後若沒有持續的創新思維、沒有創新產品、沒有創新商業模式，企業可能隨時被市場所淘汰。三創缺了一點邏輯順序，結合「外顯的三創：創意創新創業」及「內隱的三創：創意創造創新」，「創意→創造→創業→創新」「四創」概念儼然成形。創意與創造偏重在產品或服務的開發階段，創業與創新則偏重在商業模式發展。創意是新穎而有用的想法，強調的是原創性。創造是要讓好點子變成好產品，強調的是技術性。創業是要讓產品商業化，強調的是營運力和行動力。創新能讓行動持續產生價值的提升，強調的是創新力。「創意、創造、創業、創新」於是串起創造力的價值鏈。

最後，本書將創意、創新、創業的意義顛覆與翻轉進入「五創時代」。以「創意、創新、創業、創投、創造」為核心價值的「五創」思維不僅適用於創意思考、創意管理、創意行銷、創新實踐、創新管理、創業管理等三創學程，也可應用於各種創業包括微型、網路與單身經濟創業；創業投資、公益創投與創業風險評估及管理；宅經濟、共享經濟、雲端與知識型創業管理，是五創教育融於日常的重要體現。

因應工業4.0時代來臨，全書增加豐富內容、圖片並多達數十個最新實務個案，包括創意管理篇：創意定義、創意思考、創造力、創意理論與管理；創意思考技巧與方法、創意思考原則、創意問題思解法（CPS）；

創意商機、創意行銷、創意產業及數位應用與數位創意產業。創新管理篇：創新定義、要素、動機與原則；創新類型、管理創新、創新運用架構、整合性創新管理；企業創新營運十大領域、建立創新事業的概念與團隊創新；價值創新、創新價值、新產品創新管理與產品創新提案。創業管理篇：創業定義、創業機會的發現利用與評估與創業動機；創業精神、知識、行為、人格特質、自我效能與決斷力；創業家、創業團隊與整合性創業哲學架構；創業規劃的關鍵問題與九大步驟、創業企劃書、Airbnb的BP與創業企劃範例；微型、網路與單身經濟創業管理；創業投資、公益創投與創業風險評估及管理；宅經濟、共享經濟、雲端與知識型創業管理；東西方創業哲學家個案深度分析：一、全球最大的電子商務網路暨零售公司創辦人——阿里巴巴馬雲，二、全球最大的網路購物網站創辦人——亞馬遜傑夫・貝佐斯。每一章末皆搭配數個創意創新創業小故事個案，以使讀者能將理論與實務結合。

正當時下大多數的三創書籍都強調創意創新創業管理的理論面時，本書顛覆傳統三創觀念，以五創為核心，跨域整合觀點與創業哲學思維為導向，教導讀者如何找出創業的成功關鍵，並強化五創之間的關係，而不是浪費時間在學習個別的創意、創新或創業理論上。導正五創的方向與目的性，為所當為，才能有效獲致五創的綜效。本書特別提供完整而豐富的實務經驗，期使讀者合理且有效地評估五創價值，強化創業成功關鍵要素。期望經由跨域整合觀點與創業哲學思維並從五創的角度出發，探討相關的理論與技術應用，且以各種不同產業創意創新創業管理個案研討作為理論與實務的連結，期望能對創意創新創業管理有深入的瞭解。本書論述著重於三大目標，一在於使讀者瞭解創意創新創業管理對現代企業經營之重要性，熟悉如何連結創意創新創業管理之關係，產生最高價值，進而創造企業競爭力與綜效。二是要讓讀者瞭解創意創新創業管理在企業中扮演的角色，以及其相關理論與實務之探討。目標之三在於讓讀者建立創意創新創業管理完整的相關知識與觀念，並透過實際創意創新創業管理個案研討的方式，兼顧並整合理論與實務。

本書得以完成，首先要感謝我的家人的全力支持，讓我可以全心投入本書的寫作，謹將本書獻給在天堂的父親與時時刻刻都在關心我的母親，最後要感謝揚智文化編輯部的專業及細心校稿，並提供寶貴的意見，讓本書得以最佳內容呈現。

陳德富
謹誌於 台中清水
2019年9月

目 錄

Chapter 3 創意商機、創意行銷、創意產業及數位應用與數位創意產業 79

創新管理篇 105

Chapter 4 創新定義、要素、動機與原則 107

Chapter 5 創新類型、管理創新、創新運用架構、整合性創新管理 129

創業管理篇　287

Chapter 11 創業規劃的關鍵問題與九大步驟、創業企劃書、Airbnb的BP與創業企劃範例　351

Chapter 12 微型、網路與單身經濟創業管理　371

Chapter 13 創業投資、公益創投與創業風險評估及管理　435

前　言

教育部自95年起推動獎勵科技校院教學卓越計畫，以營造優質教學環境、強化學生學習成效、具備就業競爭力為目標，由於創新、創意與創業已成為知識經濟時代最熱門議題，許多獲補助的科技校院致力於培育具有創意思維、創新能力與創業精神的三創人才，以強化學生就業競爭力。創意、創新、創業已經合流，產生了一個三創的新名詞，許多學校紛紛成立三創中心，推廣創意和創新的通識教育，提倡創業的風氣。

在學界與業界都如火如荼的推動創意、創新、創業（三創）管理趨勢下，本書從創意、創造力、創新、創業、創投之五創整合觀點切入主題，活用創意、激發創新、迎向創業的三創教育精神。首先探討創意思考（調研顧客需求）轉化成創新設計（情境）落實到創業價值主張（商業模式）三階段模式（**圖1**）。

「三創」一般是指「創意→創新→創業」，但創業並不是三創的終極目標。以宏碁為例，施振榮（2000）指出宏碁創立於1976年，至2012年為止曾經經過三次重大組織變革，才能渡過每次危機。到了2013下半年，宏碁又因為重大虧損，再啟動第四次組織變革。這個案例告訴我們，創業之後若沒有持續的創新思維、沒有創新產品、沒有創新商業模式，企業可能隨時被市場所淘汰。研華文教基金會執行董事蔡適陽先生在一次演講中提到，三創缺了

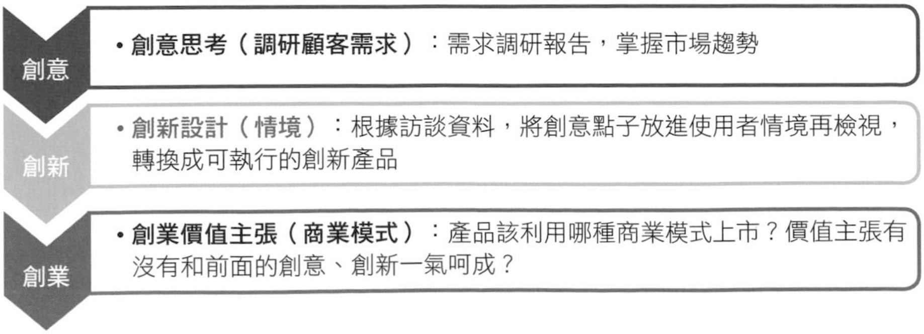

創意	• **創意思考（調研顧客需求）**：需求調研報告，掌握市場趨勢
創新	• 創新設計（情境）：根據訪談資料，將創意點子放進使用者情境再檢視，轉換成可執行的創新產品
創業	• **創業價值主張（商業模式）**：產品該利用哪種商業模式上市？價值主張有沒有和前面的創意、創新一氣呵成？

圖1　創意、創新、創業（三創）管理三階段模式

一點邏輯順序，結合「外顯的三創：創意創新創業」及「內隱的三創：創意創造創新」（**圖2**），「創意→創造→創業→創新」「四創」概念儼然成形（**圖3**）。創意與創造偏重在產品或服務的開發階段，創業與創新則偏重在商業模式發展。

創意是新穎而有用的想法，強調的是原創性。創造是要讓好點子變成好產品，強調的是技術性。創業是要讓產品商業化，強調的是營運力和行動力。創新能讓行動持續產生價值的提升，強調的是創新力。「創意、創造、創業、創新」於是串起創造力的價值鏈（**圖4**）。

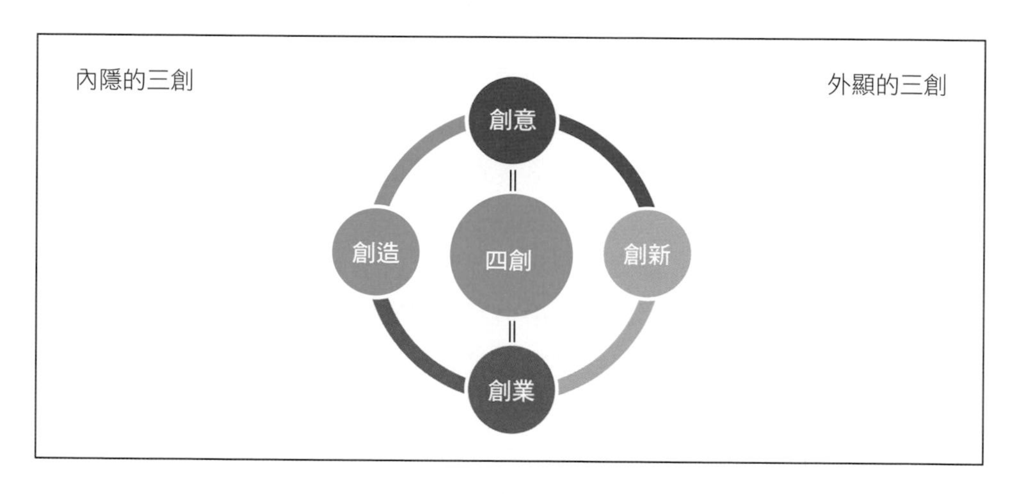

圖2　外顯與內隱的三創

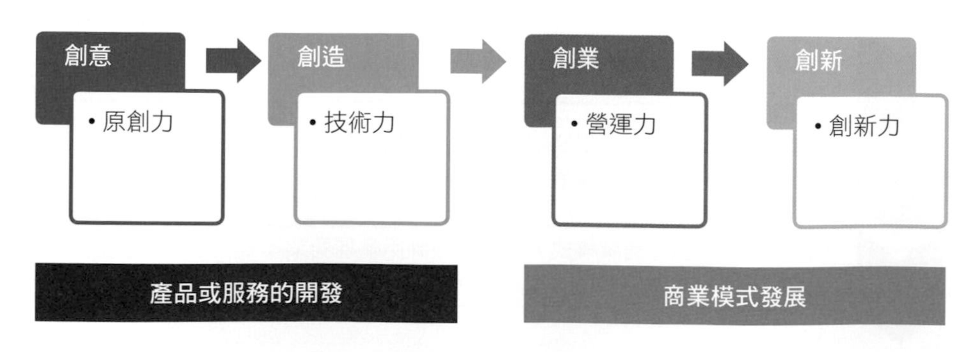

圖3　四創模式

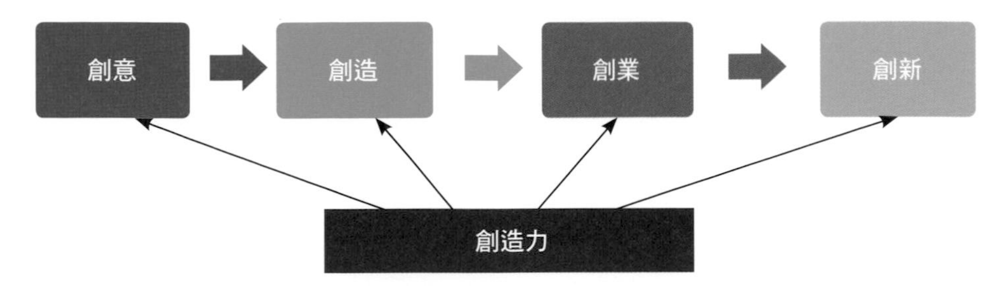

圖4　「創意、創造、創業、創新」串起創造力的價值鏈

最後，本書將創意、創新、創業的意義顛覆與翻轉進入「五創時代」。以「創意、創新、創業、創投、創造」為核心價值的「五創」思維不僅適用於創意思考、創意管理、創意行銷、創新實踐、創新管理、創業管理等三創學程，也可應用於各種創業，包括微型、網路與單身經濟創業；創業投資、公益創投與創業風險評估及管理；宅經濟、共享經濟、雲端與知識型創業管理，是五創教育融於日常的重要體現。

創意管理篇

第一章　創意定義、創意思考、創造力、創意理論與管理

第二章　創意思考技巧與方法、創意思考原則、創意問題思解法（CPS）

第三章　創意商機、創意行銷、創意產業及數位應用與數位創意產業

創意定義、創意思考、創造力、創意理論與管理

一、創意的定義與內涵

二、創意思考

三、創造力

四、創意的相關理論

五、科學管理vs.創意管理

六、創意小故事

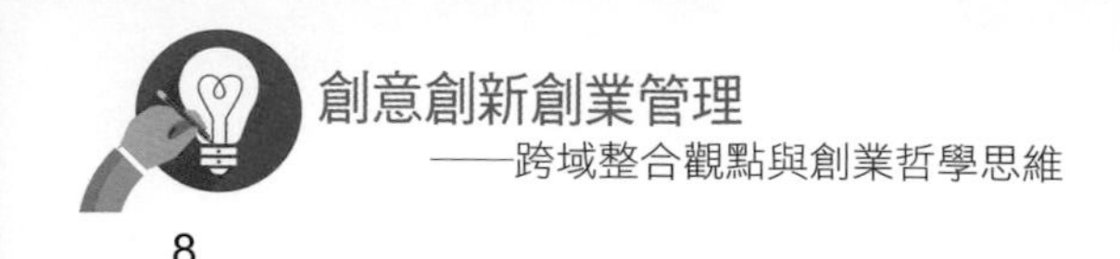

一、創意的定義與內涵

本節就其源起、定義、研究取向、相關理論及技巧與方法等進行探究，茲分別加以敘述。

(一)創意的源起

「創意」（creativity）英文的解釋為originality或creating ideal，源於「創造」（create）一詞，根據《韋氏大詞典》的解釋，「創造」具有「賦予存在」（to bring into existence）的意思，並含有「無中生有」（make out of nothing）、「首創」（for the first time）的性質。「創意」因翻譯的不同，有時稱為「創造」或「創造力」，其同義詞有創新（innovation）、發現（discover）、發明（invention）、問題解決（problem solving）、新穎（novelty）、獨創性（ingenuity）、風格（style）或是獨創力（originality）等。以上這些術語經常被交替使用，莫衷一是。施振榮（2000）認為工商業界偏愛運用「創意」和「創新」。在學術界，張世彗（2003）認為「創造」、「創造力」和「創新」的解釋是有所區別的，「創新」是改變和導入新的事物，「創造」是促成某些事物及使某些事物新穎或獨創，而「創造力」是一種新穎或獨創的能力。

創意、創造及創造力是「創意學」（creatology）的根源，毛連塭、郭有遹、陳龍安和林幸台（2000）將其翻譯為「創造學」，並指出其濫觴發展於1940年代的美、日等國，但是「創造學」一詞直到1990年在美國水牛城，始由創造力學者Magyari-Beck開會時首度提倡使用。「創意學」自1970年代前後從美國傳入台灣迄今四十多年，經由賈馥茗、毛連塭、郭有遹、陳龍安、林幸台、陳榮華、李錫津及其他許多傑出學者多年的持續努力，已經有相當良好的學術基礎。

余玉照（2002）指出，「創造乃是一種無所不在、無奇不有，也無從規範的能力或現象。面對眾多發人深省的定義，我瞭解到學者們在為『創造』

一詞下定義這件事情上也競相展現各自特殊的創意。由於『創造』具有如此繁富多樣的涵義，我領悟到『創造學』正向世人宣示著它永無盡頭的發展空間！」。台北市立師範學院首創「創造思考教育中心」及相繼成立「中華創造學會」、「中華創意發展協會」與各大專院校「創新與創造力研究中心」或「創新育成中心」等機構或組織，教育部從民國91年開始推動「創造力教育」系列計畫等，發現「創意學」在台灣的教育界和學術界的影響力正明顯的擴張中。

余玉照（2002）強調「創造學」所能發揮的基礎功能，在於有效地激發我們各式各樣的創意或創造力，突破大大小小的侷限或障礙，以解決經緯萬端的難題，進而協助我們完成無數的改革、發明、創新與進步！新世紀開始，教育部（2002）發覺美國與紐西蘭的大學設有「創新學院」，並頒授「創造力學位」，使得我們警覺到必須加快推動「創造學」的步伐了。

綜合上述，創意、創造及創造力的解釋是相同的；也發現創意已在學術、教育部及工商等各界，其影響力與日俱增，愈顯得其重要性。

(二)創意的定義

「創意」是什麼？英文的creativity係指「腦筋點子多、常想到與眾不同的或別人沒想到的事，具有突破性的構思及豐富的想像力」。「創意」乃依據個人感觀所創造出來新的思維或構想。所以邏輯是一種理性的思考模式，而創意是一種感性的思考模式。創意意思很廣，要形容一個人有創意，首先要定義什麼是創意。定義一：從「新」去定義，創意＝新意念，意念的定義很具體，簡單點說是一種想法。《商務新字典》對「新」的定義：(1)跟「舊」相反，剛有或剛經驗到的；(2)過去沒有的。定義二：創意是一種意念，是過去沒有的，而剛有或剛經驗到的。用數學來類比創意：創意＝本體上改變的產物。基本改變分為加、減、乘、除四種（劉佩欣，2011）。John Howkins（2002）在他的《創意經濟——好點子變成好生意》一書中，對創意的定義為：創意是產生新東西的能力。這意味著一個或多個人的想法和發明的產生是個人、原創和有意義的。

Howkins（2002）認為「創意」或是有「創造力」即是指產生新事物的能力。Sternberg（2000）則將「創意」視為是一種思考型態和心智模式，所謂思考型態是一個人如何利用發揮他的智慧，選擇用哪種能力的方法；有創意的思考型態是為了解決某個特定問題，寧可質疑社會規範、真理及假設，隨時依情境應變，自己尋找制訂規則，應用到生活上。

根據微軟公司（Microsoft Corporation）英文線上字典的解釋，認為「創意」是一種具有創造力的才能（being creative: the quality of being creative）；另一種解釋，它是一種想像的能力，這種能力是使用想像力去發展新的和原創性的觀念或事物，特別在藝術的範疇上（imaginative ability: the ability to use the imagination to develop new and original ideas or things, especially in an artistic context）。查詢《梅林－韋伯斯特線上字典》（*Merriam-Webster' Dictionary*）（http://www.m-w.com/）認為「創意」是製造新的，不同於現存事物的能力；或新的解決方法或新構思；或是一種新的藝術品或做法（the ability to make or otherwise bring into existence something new, whether a new solution to a problem, a new method or device, or a new artistic objector form）。

Guilford（1967）認為「創意」是人類認知能力，是一種擴散性思考（divergent thinking），構成要素有流暢力（fluency）、變通力（flexibility）及獨創力。Dennard（2000）認為「創意」是一種能力，用以產生或導入全新的東西；或已存在東西而未發覺的現象或知識基礎的延伸，它是一種在人類腦中運作的心智才能，需要具備專業知識能力及準備充分的人方能表現。Mayer（1999）認為「創意」是具備獨創力與有用性（usefulness）的產出。Cropley（2001）對「創意」也提出相似的定義，創意是一種能夠創造出具有新奇性、有效性（effectiveness）及道德性（ethicality）的產品。Dass（2000）認為「創意」是將各元素整理或重整，達到新的或有效率的生產歷程。Craft（2002）認為所有的創意來自於創造性的思考（all creativity is creative thinking）。

教育部（2004）認為廣義之創新能力包含創造力、創新機制與創業精神，具體成果就是社會大眾在各領域之創意表現。創新能力是知識經濟社會發展的重要指標，創造力則是學習成效之教育指標。狹義的創造力是創新的

知識基礎，創新是創造力的具體實踐；「創造力」與「創新」為一體之兩面，相輔相成。創意的產生，有賴於創造力智能的發揮；創意的績效取決於創新成果的展現。因此教育部在《創造力教育白皮書》的制定過程中，兼顧創造力與創新能力之培養，並在激發創造力之餘，著重創新之具體實踐。

張春興（2004）指出一般心理學家同意的定義：創造是一種行為表現，其結果富有新奇性與價值性。毛連塭等人（2000）整理中外近四、五十位學者的觀點，指出許多學者專家基於各種不同角度，提出有關「創造力」的許多分歧定義，將「創造力」的定義歸納出八種主張，分別為：「創造力乃是能創新未曾有的事物」、「能夠具有創造性生活方式的能力就是創造力」、「創造力就是解決問題的能力」、「創造力就是在思考歷程中能有創造性事物的產出」、「創造力是一種創新的能力和問題解決的能力」、「創造是一種人格傾向，具有創造傾向者更能發揮其創造力的效果」、「創造力是將可聯結的要素加以聯合或結合成新關係的能力」、「創造力是個人整體的綜合表現」等八種。

湯志民（2002）在《台灣的學校建築》一書中認為「創意」是一種獨一無二的靈感，可能是一種好點子（a good idea），或是一種創造性的思考（creativity thinking），或者是一種不受現實知識束縛、超越水平思考（lateral thinking）和垂直思考（straight thinking）的活動，它不受傳統方法的限制，採用求新求變、開放的及直覺的活動。Lynch和Harris（2001）認為創意涉及原創性，而原創的定義永遠是新的，因此在過去五十多年來的創意研究中，對創意是什麼？以及如何發展？……等，是少有共識的。吳靜吉（2005）認為創造力是產生創意的一種歷程，將其執行就是創新的歷程。更進一步的闡述，校園創意設計專指校園內已開始使用的建築物、開放空間或設施，經由理性的思考和邏輯推理，或藉由幻想、聯想、意像、感受等非理性的直覺反射而獲得高效益的歷程；其表現的手法有時在於新穎原創、獨到的無中生有、新舊經驗的重組與複合，或者實體設施現狀的衍生、延伸、轉換或改善等，表現出校園特殊的風格。

由上述學者論點發現「創意」一詞在下定義及翻譯上，競相展現各自特殊的創意，並各自發展不同取向的理論。黃廷彬（2013）在「創意」上的解釋大部分採用湯志民（2002）的觀點，並主張「創意」具有理性及感性的取向；在理性方面，經由思考與邏輯推理，解決問題並能獲得一種獨一無二的靈感或方法（method），或者是一種創造性的思考，或者是一種不受現實知識束縛、超越水平思考和垂直思考的活動；在感性方面，藉由幻想、聯想、意像、感受等非理性的直覺反射而獲得高效益解決問題的好點子（good idea）。創意係將不相干的東西結合後出現的新想法，此新想法能使其顧客滿意，並能夠長期存在。要能產生創意，首先須習慣性地對最新資訊、知識有興趣、充滿好奇心，且個人也有正面的、熱誠的以及有信心的態度，才能「善用」最適當資訊或知識，形成可協助顧客解決問題的方法；至於所謂「善用」，是要以行家看門道的方式，以主客一體方式覺察到具體事件的蛛絲馬跡，以及其深層的意義（黃廷彬，2013）。綜合上述，研究者認為「創意」係求新、求變，而且具有奇特性、變化性、價值性、教育性、驚喜性及讚嘆性之一或兼具的一種表現歷程。

創意的定義就是人類進步的定義——在限制中尋求無限的發揮空間。只有空想是無限的，實現創意之時，必須面對現實的限制。創意的四種主要限制：空間、時間、工具、成本，所有人類的創作，在實現過程中，必須面對這四種限制。由於創意是一種天賦，每個人或多或少都具備，也會在生活的不同層面展現到，創意的展現可能發生於思考過程，也可能發生於某種行為的進行過程，然而，創意除了必須是個人（或眾人合作）原創的點子外，還必須具備某種程度上的意義，至於要進一步將創意發揮成發展經濟的力量，還得具備另一個條件，也就是這個創意必須是有用的（useful）。這些不算簡單的條件，足以說明了創意的價值，與智慧財產權的可貴，因為創意並不是天馬行空毫無意義的。然而，創意不必然是「無中生有」的，它也可以是經由改善（improve）某種已存在的點子而形成，或者是在原有的事物上增加新特色而賦予其不同的價值，但基本上，這種improvement仍然必須成就為一個新點子，才可被稱為創意，而創意可以是種結果（例如創作），是種表現方式，也可以是種傳遞的過程（例如數位化），它可以出現在各種層面的思考與行為中（引自http://blog.roodo.com/christiney35/archives/75272.html）。

詹偉雄（2011）指出，如果我們暫且接受「創意，是創造『有意義之

不同』」這樣的定義，我們約可明白「創意」的第一層涵義：創意絕對不只是「創造不同」而已，而是此一不同必須對事物的舊狀態帶來衝擊，或者對他人的際遇帶來改變，換句話說，創意具有社會性。然而，弔詭的是：假若我們時時在乎社會人群的看法，考量著如何為人盡皆知的事物關係帶來最大衝撞的可能，工作者此刻卻很難創造出「全面的不同」，因為你的身邊滿是競爭者，任何公眾理性知識可企及的不同，很快就變成「全面的相同」，因此，在「創意＝有意義之不同」這個等式裡，「有意義」三字的關鍵另一端，即在於「對創意者個人有意義」的私我一面：「創意」，必定原發自創意者個人的生命故事之中，在個人自我敘事的上一個情節與下一個段落中占據著饒富意義的位置，是創意者動用一生資源所醞釀、萃取出的想法、主意和安排，準此，這個創意才因而徹頭徹尾地與人不同（詹偉雄，2011）。

這十幾年來，蘋果電腦之所以能創意連連，競爭者無從模仿，其原因我們是很難從商學院的企業教案裡分析得來，而恐怕必須探考創辦人兼執行長史蒂夫．賈伯斯的生命史，才可揣摩一二。「創意」，因而是創意者不斷地與自我、社會對話的辯證性結果，由此觀之，創意是很難透過教案分析、模擬、風範景仰這樣的學習過程而獲得，創意者自己必須是「行動的體驗主體」，確信你無可轉圜的抉擇，此一行動方案才包含著「創意」最需要的「原創」（originality，全然不同）和「本真」（authenticity，發自內我）兩種元素。同時，我們也會發覺，創意者並不是當工作需要創意時他才來「生產創意」，而是他日常的生活內容便是一套有大有小、忽明忽暗的創意組合（詹偉雄，2011）。

二、創意思考

創意思考又稱創造性思考，是指運用一種發散（divergent）或開放性（open-ended）的思考方式，具適應性（flexibility）及原創性（originality）地以新奇的解決方式來解決問題的心理過程。由於缺乏公認的定義，一般都是由結果、過程或主觀的體驗來定義創造性思考。隨著定義的不同，用來評定創造思考能力的方式也不同。最常見的評定方式，是由學習成就來進行。另外，有時也有一些評定精神測量的工具，如陶倫斯創造思考測驗（Torrance Tests of Creative Thinking）來評定。對創造性思考的概念，因不同學派的理論而有不同的想法。聯結論者（associationists）認為創思只是將相關聯的組成分重新組合，被組合的成分間彼此的關聯越低，組合的過程或成果就越具創造性。完形（Gestalt）學家則認為創思就是經由特殊的解決方式，來減低因問題情境的不穩定結構所帶來的張力（張文華，2000）。

(一)如何激發創造性思考？

◆透過討論激發創意（虞孝成，2009）

1.多人討論比一個人思考更容易激發創意。
2.參與討論的人員來自不同背景與經驗，提供不同的觀點。
3.討論的內容要能有事實基礎佐證。
4.不預設立場，敞開胸懷。

◆透過五感激發創意（張劭斌，2015）

聽見鬧鐘響、聞到咖啡香，一天初始由五感喚醒人們對生活的感知，而聽覺、視覺、觸覺、味覺等感官體驗，是我們再熟悉不過的感覺。從五感體驗出發，刺激創意人的想像，帶領我們從日常生活尋找思考創意來源，激發更多突破性的創意，包括：

1.全腦開發與五感體驗：研究發現，大腦是左右同步發展的，左腦透過五大知覺（五感），將視覺、聽覺、觸覺、嗅覺、味覺等訊息，轉換為語言，傳到右腦後，加以印象化（類推），然後，就像相機底片一樣，先將訊息「印象化」，接著傳回給左腦作邏輯處理，而後由右腦表現創意或靈感，最後交給左腦，進行語言處理。許多研究報告指出，天才的共同特徵不是「智能」，也不是「以右腦思考」，而是「創造力」。創造力需要左右腦並用，也就是除了涉獵知識，還要有

創新求變的思考力，兩者都非常重要。

2.視覺型的創意激發：用視覺圖形工具溝通可以激發設計師們的創意，提高團隊溝通的效率，這也是企業創新和提高生產力的關鍵。視覺型的人，最注意圖片畫面、光線色彩等，常說「我看到……」。喜歡看人穿或自穿漂亮衣服，跟人講話時會注意對方的臉，思考速度較快，學習方式主要透過眼睛，喜歡看圖表、錄影帶、示範等，所以利用圖像、圖表、樹枝狀圖、海報等記憶最能記得牢。

3.聽覺型的創意激發：聽覺型的人較注意聲音、音質、音調是否悅耳，跟人講話時常耳朵湊過去，豎起耳朵聽，常說「聽起來……」。這類人的學習方式主要透過耳聽，喜歡聽錄音帶、演講、討論、辯論等。準備考試的時候，可將考試的內容錄製成錄音帶，在每天睡前放出來聽，可以增加記憶。

4.感（觸）覺型的創意激發：感（觸）覺型的人以體驗為主，感受豐富，對溫度、東西質地、味道等較在意，重視個人舒適舒服，跟人講話時常貼近對方，希望感受對方的溫暖氣息，常說「我覺得……」。這類型人學習方式主要透過身體活動，喜歡動手動腳、親自參與獲取經驗。因此在學習時間的安排上，不妨採以短時間多次的方式進行，在學習方式上，強調從做中學，盡量選擇富刺激性、多元化的方式獲取資訊。

(二)創意的心態

大前研一（2015）指出創意的心態如**表1-1**。

(三)創意殺手與如何避免成為創意殺手？（虞孝成，2009）

◆創意殺手

1.所有能發明的東西都已經被發明了——美國專利局長。

表1-1　創意的心態

心態	內容
容忍模糊	容忍模糊，保留空間；不是白的，一定就是黑的嗎？0與1型的人，過度恩怨分明；不要遽下斷論。
主張彈性	任何主張都應有彈性；伏爾泰說：「地震、瘟疫和主張都是造成地球災難的原因！」宗教戰爭；開放的心胸，允許別人可能有對的地方；延遲下判斷，不必自我防禦頑強抵抗。
言詞彈性	「我絕對是對的！」，「那絕對行不通！」避免僵硬式、教條式、權威式、絕對式的評論；「HDTV一定會受到所有消費者歡迎」；不要過度強調，不要把話說死；遣詞用字都植基於事實和證據；每一句話都應禁得起邏輯檢驗，站得住腳；言詞僵化的人，在思考模式上也必然僵化；言詞僵化的人，耳朵必然是閉塞的。
避免一網打盡的用語型態	任何人都需要電腦；避免兩極化的思考方式；不降價絕對沒有別的辦法；避免專斷的語氣；避免偏見的標籤（label）——肥豬、笨蛋、黑鬼、老頭子、花瓶；避免戴有色眼鏡，運用中立、客觀、彈性的語句。
矯正專斷語氣	根據我的瞭解，……；我有個想法，希望跟大家討論一下，……我的意思是……；從另一方面來看……；不知道是不是可行……；我想提供另一種思考……；→避免自以為是，粗率下結論；→配合改進傾聽的技巧。
正向思考	樂觀的態度，期待好的結果；把精力投注於奮鬥向前，對未來不作無謂的憂慮，不追悔過去；對誠信及公平競爭有信心；相信一分耕耘，一分收穫，善有善報；保持情緒平穩，積極進取與建設性態度。
幽默感	對日常生活中大小事物都能感到愉快喜悅；具洞察力，有智慧能看透世俗的迷惘；對生命的關心和愛心，對人性的瞭解；散發快樂的泉源；能夠從不同的角度看事情；能夠巧妙地掌握言語的運用；刻薄是想要傷害別人，幽默是想要取悅別人。
事實導向	用科學方法解決問題的習慣；尊重事實、數據、證據；尊重專業、虛心接受調查結果；不主觀、不預設立場。
抵擋同化	在流行的價值觀和信仰中作自己的決定；不需要掌聲，不需要群眾，能夠堅持自己的判斷；雖千萬人吾往矣；拒絕拘泥於現有的文化，以開放的心胸接受其他的文化；超越環境，超越自己；相信「眾人皆醉我獨醒」是可能的。
公務員心態vs.革新者心態	公務員：按部就班、循規蹈矩、奉公守法、各司其職、服從領導；這不是我的工作或責任。 革新者：有創意、有能力儘量發揮；努力探索顧客未滿足的需求和新的解決方案；主動積極找對公司價值最大的事去做；只要是對顧客有益的事都該去做；不分彼此、榮辱與共、一致以擴大公司價值為工作的目標；沒有任何權力範圍的禁忌或尊卑的顧忌。

資料來源：大前研一（2015）。

2.誰想要聽演員說話？——華納影片公司老闆。

3.美國人不喜歡小車子——通用汽車老闆。

◆如何避免成為創意的殺手？

1.不要被先入為主的偏見或觀念所蒙蔽。

2.壓抑直覺的反應，等待事實證據。

3.抑制批評的語氣。

4.鼓勵可取的優點，避免挑剔缺點。

5.避免潛意識的自負或嫉妒心。

6.沒有安全感的人喜歡幸災樂禍。

7.我早就告訴你沒有用的！

三、創造力

(一)創造力探索的起源

1950年Guilford在美國心理學會演說中，呼籲心理學與教育界應重視創造力的研究與發展（葉玉珠，2000）。因此創造力之研究開始深受外界討論，不僅心理學領域重視創造力議題，商業及教育界也廣泛的大力倡導創造力的重要性。

(二)創造力的界定

《韋氏大詞典》對創造力的解釋，有「賦予存在」（to bring into existence）的意思，其有「無中生有」或「首創」的性質（陳龍安，2000）。《張氏心理學辭典》中提及對創造力的定義分為二者：一指在問題的情況中能超越既有經驗，突破限制形成嶄新觀念的一種心理歷程；二指不受規定的限制而能思考運用以往經驗來解決問題的超常能力（張春興，

2004）。Rhodes（1961）從許多相關研究中發現，創造力的研究可從「4P」概念來探討，即個人特質（person）、歷程（process）、產品（product）及環境／壓力（place/press）。從「個人特質」觀點，主要為探討擁有高創造力的個體所具備之人格特質；「歷程」的觀點，主要分析創意產生的整個階段與心理歷程；「產品」的觀點，主要著重於界定創意新奇產品的規定標準；「環境／壓力」的觀點，主要探討於什麼樣的壓力或環境中，有利於或有礙於創造者發展創意的表現。

Guilford（1977）認為創造力是個體產生新的認知觀念或產品，或融合現有的想法觀念、產品而轉變為一種新穎的方式呈現。Torrance（1964）提出，創造力是一種具有發明之能力、生產性能力、擴散性思考的能力，也可能是想像力，有超乎於他人而散發的獨特淺能特質。陳龍安（2000）認為創造力是個體在支持的環境中結合流暢、敏覺、變通、獨創、精進等各種特性，透過思考的歷程，對於事物產生分歧性的認知觀念，而賦予新穎獨特的意義，其結果使自己與別人都能達到滿足。

(三)創造是一種能力

陳龍安（2000）參考Guilford（1977）的觀點，認為創造力是一種能力，通常包含擴散性思考（divergent thinking）的五個基本能力：

1.敏覺力（sensitivity）：指個人能夠敏於察覺事物，具有發現缺漏、不尋常及未完成部分的能力，也就是對問題或事物的敏感度，能觀察到別人所沒注意之能力。

2.流暢力（fluency）：指產生觀念的多少，即是思索許多可能的答案和構想。當一個學生若在概念產生的階段提出許多反應，就說明他的思考具有流暢力。

3.變通力（flexibility）：能發現方法來改變觀念、事物與習慣，在思考的方向上，有能力採不同途徑、轉移、迂迴改道而行。

4.獨創力（originality）：指反應的獨特性，對問題有新穎獨特的想法及做法，能做出他人意想不到或相同的事情而觀念想法與他人不同。

5.精進力（elaboration）：能修飾、擴展、引申原本觀念的能力，在原本的觀念上再添加新觀念，也就是能藉著修飾的本領，花心思去將事物引申或擴大。

Sternberg（1988）從智力、認知思考風格及人格特質三層面探討創造力的本質，主張「創造力三面說」（three face model of creativity），強調能產生創造力是因三者交互作用的結果，唯有視其三面為一體，才能充分瞭解創造力的概念。Williams（1980）認為創造在情意態度方面應具備是種心理特質：好奇心（curiosity）、冒險（risk taking）、挑戰（challenge）、想像（imagination）。Sternberg（1988）（引自毛連塭，1989）的「創造力三面模式」認為智力、認知思考風格、人格動機（需求），三位一體交互作用的結果產生了創造力。Sternberg（1996）提出了創造力「投資理論」（investment theory），這六種資源是智力、智識、思考型態、個性、動機與環境。基爾福特提出的「智能結構模式」是一個從內容、運作、結果等三度空間層面來探討人類智慧的結構，認為智力是由四種內容（圖形、符號、語言、行為）、五種運作（認知、記憶、擴散思考、聚斂思考、評鑑）以及六種結果（單位、類別、關係、系統、轉換、應用）所組成的複合體。創造力的內涵如**圖1-1**所示。

創造力一詞常與擴散思考力、水平思考力、解決問題能力、發明能力、聯想或想像力等混為一談。Guilford（1977）指出，人類智力有五大類別：認知、記憶、擴散性思考、聚斂性思考、評鑑性思考，共有一百二十種能力，其中與創造力較有關係的即為「擴散性思考」類相關的二十四種能力，它強調聯想力、想像力。

(四)創造是一種歷程

Wallas（1926）提出創造的心理歷程可劃分為四個階段：

1.準備期（preparation）：指創造者發現其所面臨的問題而進行探究、蒐集、解讀問題的相關資料以期瞭解問題。

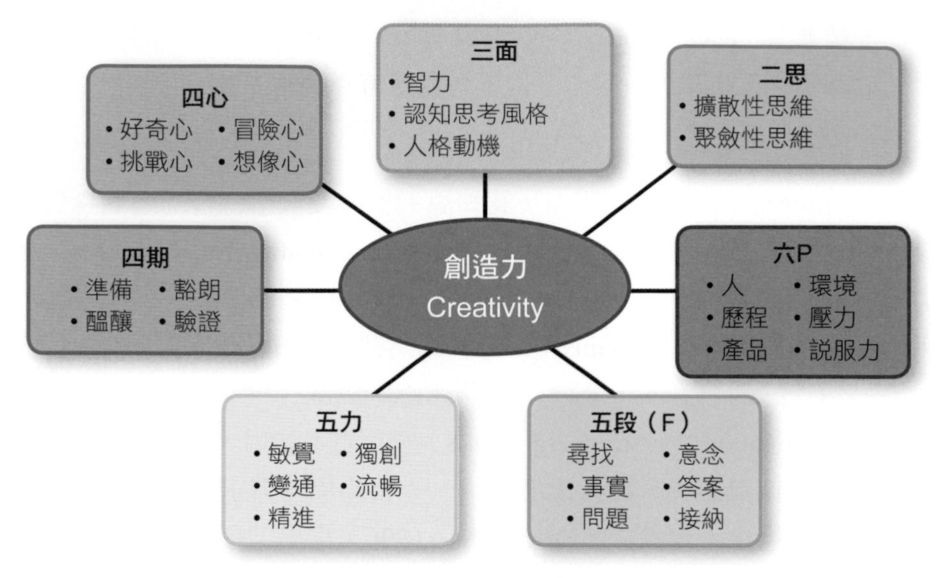

圖1-1　創造力的內涵

資料來源：趙李婉儀（2003）。《思維技巧的教與學》。香港：香港中文大學。

2.醞釀期（incubation）：指創造者對於問題百思不解，會暫停工作與思考停頓，但潛意識仍在繼續思考，找尋適合且可行問題的解決方案。

3.豁朗期（illumination）：創意會由潛意識迸發到感受知覺中，產生頓悟解決該問題的關鍵點為何。

4.驗證期（verification）：實施新點子、新想法，以驗證其是否真確可行。（引述自陳龍安，2000）

(五)創造性問題解決的歷程（Parness, 1977; Osborn, 1963）

1.尋找及發現事實（fact finding）：包括蒐集一切與問題有關的資料，將問題界定清楚，找出令人困惑的地方。

2.尋找及發現問題（problem finding）：藉著把資料反覆地推敲，分析問題中的每一要素，重新釐清問題的目的及排列優次。

3.尋找及發現意念（idea finding）：構思一切可行的解決意念。

4.尋找及發現解決方案（solution finding）：進行選擇，找出最好、最實

際或最合適的解決方案。

5.尋找接納（acceptance finding）：對解決方案作最後考慮，以決定最好的而付諸實行，藉著成功的例證，尋求認同。

毛連塭等人（2000）統整多位國內外學者對於創造力之理論，將創造力定義依不同觀點歸納分成八類：

1.創造是創新未曾發明的事物，此能力為創造力。
2.創造是種生活的方式，能具有創造性生活的能力就是創造力。
3.創造是解決問題的心理歷程，所以創造力也就是有效處理問題的能力。
4.創造是一序列的思考歷程，思考過程中運用創造力，在思考結果表現創造力。
5.創造是種能力，此為創造力。
6.創造是人格傾向的一種，具有創造傾向者更能發揮創造力的效果。
7.創造力乃將可聯結的要素加以聯合或結合成新關係。
8.許多學者主張創造是綜合性、整體的活動，而創造力是個人的綜合表現。

Clark以統合的模式，提出創造力是涵蓋多種功能的組合表現，若限制其一功能將降低創造力，而創造力包含四領域的因素，這些因素合為一體形成「創造力環」，如**圖1-2**所示，其內容如**表1-2**。

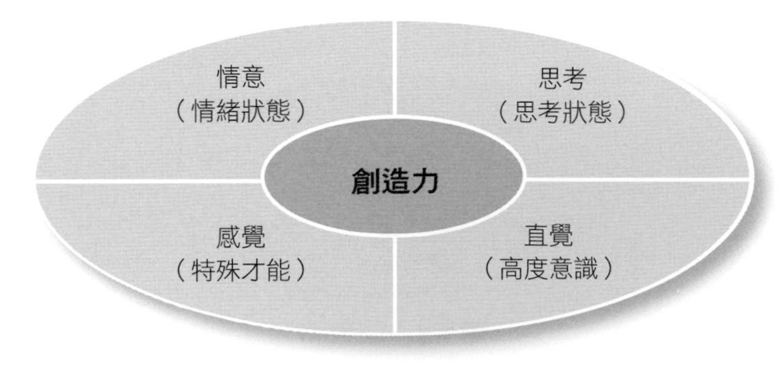

圖1-2　Clark創造力環

表1-2　Clark創造力環內容

功能	理論
思考（思考狀態）	創造者是有理性的，能藉由意識的訓練而發展形成。
直覺（高度意識狀態）	創造者非來自意識、理性的精神狀態而是源於潛意識，透過成長與啟發進而提升。
感覺（特殊才能狀態）	創造者所創造的新成品，需要透過高層次的身心靈發展而來。在相關專業的領域中，要具有高度的技能表現。
情意（情緒狀態）	情緒上的衝突或阻塞，需要自我認識自我實現的過程。創造者展現自我情緒，並將之轉移給觀賞者，引發出其情感的反應。

資料來源：陳龍安（2000）。

DeBono（1996）以「水平思考」取代傳統邏輯推理、順序性垂直思考，即意指創造思考，它的特徵是感性、直覺性與非邏輯性。陳龍安（1995）認為創造力意指「由無生有，或由某一狀態轉換至另一狀態的能力（人格特質）、過程與成果」（**圖1-3**）。創造的過程乃從準備、蒐集資料開始，歷經主意的醞釀、發酵，以及突有靈感的豁然開朗階段，到驗證所思的最後定案成果，是歷程性的。創造者的人個特質通常有：具童稚心、好奇心、想像力、冒險心與挑戰心。創造力代表心智思考的程序（一種思慮的方式），產生的結果則轉為新的點子、新的方法、新的產品等。有創造性的思考：

1.當面臨新的問題或新的挑戰時，提出某種新的解決方式。
2.當面對舊的問題時，提出新的解決方式。
3.以新的方式或新的觀點來看待舊的事物或現象。
4.以新的方式來表達某種想法時。

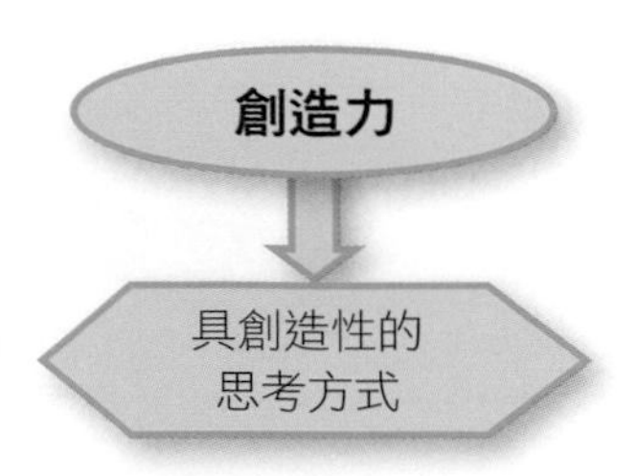

圖1-3　創造力

資料來源：陳龍安（1995）。

創造力不只代表是新的、不一樣的，更須是有價值的、更好的。有價值的新想法與新概念更需要被執行才能夠彰顯其美好的結果。

四、創意的相關理論

從創意的定義可知，其研究取向涉及個人的特質、產品、歷程及壓力／環境及其交互作用，據此，各學者依「創意4P」的研究取向發展出各種創意的理論，整理如下：(1)天才論（genius）方面認為創造來自少數人的天賦才能；(2)需要論（necessity）方面認為需要為發明之母，創造來自於實際的需要及外在的壓力；(3)成就論（achievement）方面認為創造的來源在自我實現與內在的期許，內發性的追求卓越及成就感；(4)智識論（intelligence）方面認為創造靠群體或個人聰明，有效的將思考方式系統化的歷程；(5)機會論（chance）方面認為創造是因為好運氣、意外的發現而獲得；(6)形態說（gestalt）方面認為創造是先天具有一種特別整合力的感覺，對事物有完全統一性的感覺；(7)心理分析論（psychoanalytic）方面認為創造是在潛意識中的一種直覺反應能力，是非理性、跳躍式及不可控制的思考結果；(8)雙半腦理論方面認為創造力的產生是由左右半腦的整體運用與配合，亦即完整心智能力的運用與連結，創造才得以產生（吳宗立，1999；呂金燮，2003；陳龍安，2000；黃國彥、葉玉珠、高源令、修慧蘭、曾慧敏、王珮玲、陳惠萍等，2003）。

中外各理論學派學者對創意理論著墨甚多。例如，在精神分析學派方面，Freud認為創意是本我及超我之間潛意識作用的結果，是潛意識昇華的結果（毛連塭等人，2000）；在完形心理學派方面，毛連塭等人（2000）指出創造主要是包括經驗的重整或事物的改進、知覺的趨合現象及頓悟（insight）三方面，乃是一種重組舊經驗，修改原有事物的活動；在聯結論方面，Kneller（1965）認為創意來自於已存在的想法再加以重組及安排，認為創意是量多及不尋常思想異質間聯結的成果；在知覺－概念理論方面，Shepard認為創意是能夠察覺事物關係的知識，並能發現其關係轉換的規則，是創造思考心理運作的基礎；當人類能知覺特定事物的原理，且能發現各特定事物間的共同屬性及其關係，便可以創造新的概念；有了概念，人類可透過分析和綜合的方法繼續產生新的概念、理論、方法、技術或新事物（引自毛連塭等人，2000）。

在人本心理學派方面，Maslow（1970）將創意的定義分成兩種解釋，一種是具有特殊才能的創意，如音樂家、科學家等；另一種則是「自我實現的創意」（self-actualization），這種特別的觀念是將創意的定義認為是一種特別的態度與精神。在認知—發展理論方面，毛連塭等人（2000）指出創造力的形成也與智力發展類似，隨著智能的成熟、創造思考的訓練及創造態度的培養逐漸發展出來。在心理計量理論方面，Guilford（1977）認為智力結構模式提供了創意歷程一個很有效的說明，可利用因素分析法找出在擴散思考中幾種不同的能力，有語文、聯想、觀念及表達類型的流暢力，有本能、適應及重新定義類型的變通力、獨創力及精進力等。

在行為學派方面，Skinner（1971）認為人類所有的行為都是經由增強及懲罰所控制的；Maltzman（1960）將原創性的行為看成是經過增強後所產生的，所以經過鼓勵及酬賞的作用就可以增進創意；張世彗（2003）認為創造力是一種複雜的行為，經由學習而來的。在互動理論方面，毛連塭等人（2000）指出創造的活動並不是單純的個人事件，而是包括個人因素、情境因素與社會環境交互作用的歷程，提出的互動模式包括有前因事件、個人的認知因素、人格特質、情境及社會因素等交互作用的過程。

在綜合理論方面，毛連塭等人（2000）認為創造力的理論不是單一的，而是朝向多元發展的綜合理論，創造力兼有理性的表現和非理性的表現；它需要智能的基礎，也需要有知覺、認知、聯想、趨合、符號化及概念化的能力，更要有創造的人格特質和環境，所以創造力是一種獨特的和綜合的能力。

綜合上述學者與其理論觀點，不少學者與創意理論均指出創意不是單一因素所形塑的，而是個人的特質、歷程、產品及環境／壓力等因素交互作用的結果。

創意可分類為連續式創意與不連續式（跳躍式）創意兩項。於創意活動時，若能再結合一些適當之創意原理原則或方法，會獲得更佳之效果；由於

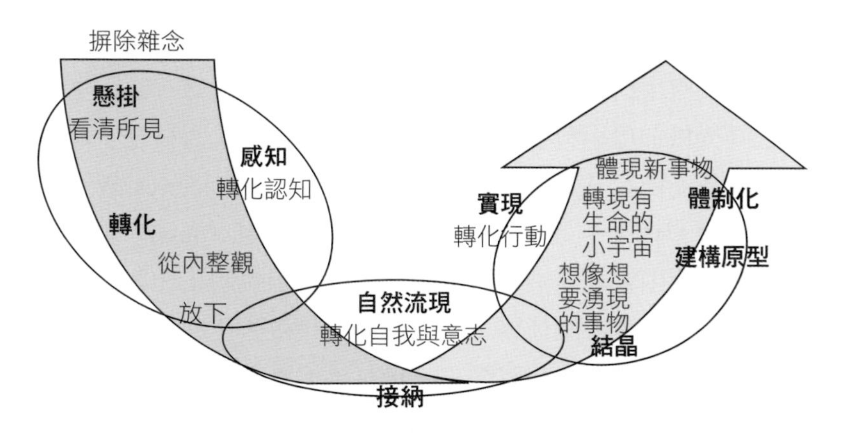

圖1-4　創意U型理論

資料來源：江芸譯（2006）。Peter Senge等人著。《修練的軌跡——引動潛能的U型理論》。台北市：天下文化。

不連續式創意較具挑戰性，較難有成效，因此若於創意時，善用如**圖1-4**所展示之創意U型理論，依個人經驗較易獲得，此創意U型理論，係指遇到衝擊時，首先徹底覺察整體事件，然後將其問題懸掛放到內心處，徹底去感知整觀，將它放下後，於適當時機就會有創意靈感湧現（黃廷彬，2013）。

五、科學管理vs.創意管理

(一)科學管理

俞依秀（1995）指出，科學管理（scientific management）一詞最早出現在1910年，當時由於工廠制度的興起，使管理重點著重在對人力、機器、材料和金錢的處理，探尋最科學化和最理性化的原則，以解決兩大問題：(1)如何使工作實施更為容易，以期提高生產力；(2)如何管理勞工採用這些新方法及新技術。因而產生了科學管理運動。所謂科學管理，就是以科學的方法研究、分析及解決管理的問題，配合各種生產要素，藉以增加效率、降低成本。這裡所謂的科學，係指管理專業化、工作標準化、執行教導化、酬賞成果化而言。雖然管理的對象有人、物及作業過程和操作方法的不同，但為達到組織任務，在應用科學的方法上，都需依照規定，遵守一定作業方法，亦即將人力視同機械，可用科學的方法來提高生產效率。將科學管理理論加以闡揚而成為奠基人物者為美國著名的管理學家泰勒（Frederick W. Taylor）。泰勒認為在科學管理中，最重要的一項要素就是任務（task）的觀念。每一個人的工作，均應由管理階層事先規劃，並以文字說明工作應完成的任務及工作時應採用的方法。所謂任務，不僅以「應該做些什麼」為限，尚應包括「應該怎樣做」及「需要多少時間」。1911年，泰勒發表了一部有名的著作《科學管理原則》（*The Principles of Scientific Management*）。在此書中曾提及「科學管理之要義為用科學的原則來判斷事物，以代替個人隨意判斷；用科學的方法選擇、訓練工人，以代替工人自由隨意工作，使其效率提高，降低成本」。並提出科學管理四大原則：(1)關於個人工作的每一動作元素，均應發展一套科學，以代替舊式的經驗法則；(2)應以科學方法選用工人，然後訓練之、教導之及發展之，以代替過去由工人自己選擇自己的工作及訓練自己的方式；(3)應誠心與工人合作，俾使工作的實施確能符合科學的原理；(4)任何工作，在管理階層與工人之間可以說均有幾乎相等的分工和相等的責任。凡較適宜於管理階層承擔的部分，應由管理階層承擔。而在過去，幾乎全部工作均由工人承擔，且責任也大都落在工人肩上。由於此書的出版，使得泰勒贏得「科學管理之父」的尊稱。科學管理學派鼎盛時期為1910～1930年間，繼泰勒之後，研究科學管理的著名人物尚有季伯萊茲（Frank Gilbreth）的「精密時間及動作研究」、甘特（Henry L. Gantt）的「甘特圖表」、艾默森（Harrington Emerson）的「效率十二原則」等。由於此時期所提倡的所謂「科學」範圍比較狹窄，與現代科學的涵義不盡相同，因而後世學者將此時期之科學管理學稱之為「古典科學管理學派」。

(二)創意管理

近年來，創意教學一直是學校和行政組織盡力推動的教學創新。創意教學強調教師的創造力，而創造力的定義，要從古典的創造力理論談起。「創

造力」一詞依據《韋氏大詞典》的解釋，有「賦予存在」的意思，具「無中生有」或「首創」的性質。吳靜吉（1998）則認為創造力的古典理論4P觀點常為學者所普遍採用。以下整理相關文獻，將創造力的4P理論觀點闡述如下：

◆創造力的「個人」（person）觀點

Sternberg與Lobar（1995）認為具有創造力的人物具有以下特質：面對困難時能堅持、願意冒合理的風險、願意成長、容忍曖昧不明、接受新經驗、對自己有信心。毛連塭等人（2000）在《創造力研究》一書中提及：創造力的人具有好奇心、自信心、想像力、專注力、直覺力、冒險性、挑戰性、開放性等性格特點，並有獨立思考、貫徹始終以及勇於面對困境的人格特質。Stark（2001）就創造力「個人」觀點提到，具有高創造力的人，具有與眾不同的人格特質，歸納出幾項創造力較顯著的人格特質，如有智慧、有原創力、有冒險精神、獨立、好奇、直覺的、有強烈使命感的。因此我們可以說，創造力是一種能力，也就是創造能力。例如：智力結構與心理計量者，將創造力視為一種擴散性思考的能力，由獨創力、流暢力、變通力、精進力、敏覺力等基本能力所組成。

◆創造力的「歷程」（process）觀點

Wallis（1926）提出具代表性的創造歷程，包括四個期程：

1.準備期（preparation）：蒐集有關問題的資料，結合舊經驗和新知識。
2.醞釀期（incubation）：百思不解，暫時擱置，但潛意識仍在思考解決問題的方案。
3.豁朗期（illumination）：突然頓悟，瞭解解決問題的關鍵所在。
4.驗證期（verification）：將頓悟的觀念加以實施，以驗證是否可行。

陳昭儀（1996）歸納國外相關二十二位學者所提的創造歷程說，將創造歷程分為五個步驟：問題產生、尋求解決問題或困難的方法及做法、最佳處理方案尋獲、評估與驗證、發表溝通與運用。Hong（2001）提到創造力是一種思考歷程，在思考過程中運用、展現創造力。例如：創造是一種擴散思考的歷程，其包含：(1)打破舊的點子；(2)產生新的連結；(3)擴展知識的極限；(4)一連串的好點子。

◆創造力的「環境」（place）觀點

毛連塭（1989）認為創造性的環境，就是一個可以激發個體創造動機，培養創造的人格特質，發展創造思考的技能，有助於產生創造的行為。彭震球（1991）認為創造力是個人內在潛力（個人能力、過去經驗為基礎），以當前情境為引導，經觸發、交會、組合、融貫思考程序而表露出。

◆創造力的「產品」（product）觀點

Taylor（1960）依據創造產品的性質，將創造成果分為五個層次：表現的創造、生產的創造、發明的創造、創新的創造、應變的創造（引自陳昭儀，1996）。毛連塭（2003）提到創造力涉及創造者、創造過程與創造物，是一種生態觀點，個人根據一定目的，運用資訊，產生出新穎獨特、有社會或個人價值產品的能力。

綜合上述，以古典4P的理論來看，創造力的呈現可以從個人觀點、創造的歷程、創造的環境及創造的產品來界定創造力的定義。其中個人觀點強調個人的人格特質，包括好奇、自信、專注、直覺、冒險等多種與眾不同的特質；歷程觀點則是以問題解決為目標的思考歷程；環境觀點強調建立能夠激發動機，培養思考習慣和行為之環境的重要性，以及起因於周遭情境與壓力形成的創造力；產品觀點則著眼於創造的成果，肯定產出個人價值產品的能力。藉由創造力的古典4P觀點，我們可以窺見創造力的定義，據此作為教師創造力培養的方向。

(三)科學管理vs.創意管理

虞孝成（2009）指出，科學管理與創意管理之差異對照如**表1-3**。

表1-3　科學管理與創意管理之差異對照表

科學管理	創意管理
理性	人性
分析	環境
工具	啟發創造力
技術導向	以人為導向
Hire Hands（僱用雙手）	Hire Minds（僱用心靈）

六、創意小故事

(一)創意——小故事大啟示

有位企業家在退休之前，準備將事業交棒給第二代，他要在三個兒子當中，選一個最有生意頭腦的來接班。有一天，企業家請他的三個兒子到辦公室，對他們說：「我要在你們三人之中，挑選一位思維最有創意的，來繼承我的事業。現在工廠內有三間空倉庫，一天之內，你們用自己的方法把空倉庫填滿，誰就能贏得這次的測驗，誰就能繼承我的事業。」三個兒子離開了辦公室，大兒子立即去工具間帶走了鋤頭、鏟子、畚箕，二兒子也準備了鋸子、麻繩，但小兒子一溜煙的不見了。大兒子滿頭大汗的從山坡上，一畚箕、一畚箕地把砂土挑到空倉庫；二兒子用麻繩拖回一棵棵從樹林裡鋸下的大樹，一會兒工夫，已把倉庫填了大半空間。直到天黑，他們把父親請到倉庫。大兒子得意的說：「我已經用五噸的砂土把倉庫填滿了。」父親說：「很好。」二兒子不甘示弱的搶著說：「我已經用鋸下的大樹把倉庫填滿了。」父親說：「不錯。」小兒子把父親請進倉庫，點燃了已準備好的蠟燭，問父親說：「爸爸，您看看這倉庫裡，哪裡還有沒被光填滿的地方？」父親看了非常滿意，最後選擇了小兒子繼承他的事業（引自http://softwarecenter.idv.tw/originality.htm）。

(二)廢棄的石像也能拿來賣錢？

在美國德州原本有一個女神像，但是因為年久失修，所以當地政府打算把它給拆除，但是光是把女神像打碎之後的廢棄砂石運走就要花掉不少錢，這點連當地的政府都很頭痛。有位叫做史塔克的老兄相當聰明，向政府收了筆比較便宜的費用後，向政府擔保可以把這些廢棄物給運走（虧了點錢）。他是把東西運走了，但是他把這些廢棄物分類，廢銅製成紀念幣、廢鋁製成紀念尺、水泥塊製成小石碑，再把這些東西組合成套裝禮盒，再加上最後一個關鍵性的行銷手法——給它一個故事：「美麗的女神已離我們而去，我只保留她的這塊紀念物，我永遠愛她」。就靠著這樣的方式，史塔克不僅把東西運走而且還大發了一筆，而他賺大錢的方式竟然只是對廢石塊加工而已！（引自http://ageofengineer.logdown.com/posts/2007/11/27/157239）

(三)廢土變黃金

二次大戰期間，有一對名為麥考爾（MacCall）的猶太人父子被送到奧斯維辛集中營。這位父親經常對著他的兒子說：「我們什麼都沒有，唯一擁有的僅僅只是智慧。當別人說1加1等於2的時候，你必須想著1加1也能大於2。」數年之間，集中營裡死了幾十萬的猶太人，而麥考爾父子幸運地活了下來，直到二戰結束，他們隨著美軍到了美國。1946年，父子倆總算到了一處地方定居下來，也就是後來的休士頓，從事銅器生意。有一天，父親問他的兒子：「你知道一磅的銅價值多少錢？」兒子回答：「現在一磅銅價值35美分」（100美分＝1美元）父親說：「你說得對，不只是休士頓，整個德州的人都知道一磅銅值35美分，但你應該回答我3.5美元，不相信你把這一磅銅做成門把賣出試試。」

二十年後，父親死了，這個兒子繼承父業，獨自經營銅器生意。這期間他做過銅鼓，做過瑞士鐘錶上的簧片，也做過奧運會的銅獎牌。甚至曾經將一磅銅賣到3,500美元，此時的他不是別人，正是麥考爾公司的董事長。1974年，紐約政府為了清理自由女神像，因此請了工程公司進行翻新工程。待工

程結束後，工程公司遺留了許多翻新而剝落的廢料，因為合約內容沒有包括處理這些東西，因此工程公司並不打算解決這個問題，反而把爛攤子丟給了美國政府自己去想辦法。紐約政府於是向社會廣泛招標，希望能有人來處理這些廢料。但好幾個月過去了，卻沒有人敢去承標。最主要的原因是，在紐約垃圾處理有嚴格規定，特別是這種廢料，如果沒弄好就會受到環保組織的起訴，屆時恐怕連政府給的標金都不夠賠，甚至還可能吃牢飯。此時此刻，正在法國旅行的麥考爾聽說後，立即停止休假行程轉飛紐約，下飛機後馬上動身去看自由女神像下堆積如山的銅塊、螺絲和木料等廢料，他當場尋思一會兒，轉身就與紐約政府簽了字，同意承包這個清理廢料的標案。

這件事情引起軒然大波，連媒體也來大肆報導麥考爾的行為。然而，紐約許多運輸與清運公司對他的這個舉動暗自發笑，甚至還有人登報諷刺這是一個自殺行動，是一個愚蠢的行為。然而就在這些人準備要看這個德州佬的笑話時，麥考爾卻做了一些令大家摸不著頭緒的事。首先，麥考爾招集並組織工人，對這些廢料進行分類。他要求工人把廢銅熔化，同時鑄成小型的自由女神像；其次，他讓工人把水泥塊結合木頭加工成底座，同時把廢鉛、廢鋁做成紐約廣場的鑰匙。後來大家才恍然大悟，原來麥考爾一開始就沒打算清運這些廢料，而是將這些廢料做成紀念品，在美國各處販售限量的小型自由女神像與鑰匙。由於這些廢料的爭議老早就在美國發酵，因此事件的知名度與新聞效應已經很高，加上這些紀念品的確是從自由女神像身上剝落下的廢料做成，很有紀念意義。

紐約自由女神像

資料來源：洪大倫（2013）。

因此當紀念品製作完成之後，不到三個月的時間就讓這些紀念品銷售一空，麥考爾就這麼神奇的讓這堆沒有人想處理的廢料，變成了350萬美元的現金，換算下來，幾乎使每磅銅的價格翻了一萬倍。這故事告訴我們，有些商機往往就潛藏在大家認為毫不起眼的事物上，只有獨具慧眼的英雄，能化腐朽為神奇，利用創意將廢土變黃金。戲法人人會變，只是巧妙略有不同，就看你是否有膽識、有本事，去發現別人看不見的利益，用你的智慧與行動，成就令人讚歎的傳奇故事（洪大倫，2013）。

(四)特殊折扣銷售法

在日本東京銀座有一間叫做美佳西服的店，推出了一項有趣的特殊折扣銷售法。由下表中可以看到，越後面的天數打的折扣越多。

第幾天	一	二	三	四	五	六	七	八	九
折扣數	90%	80%	70%	60%	50%	40%	30%	20%	10%

活動開始的頭一兩天，來店裡參觀的顧客都是來探探路、看看有什麼商品的，並沒有什麼人購買。但是第三、四天開始，人潮就漸漸多了起來。到了第五天，店裡就開始爆滿，營業銷售長紅，店內的商品等不到一折的日子就銷售一空。這樣的銷售方式抓住了顧客的心理，每個人都想買品質好又低折扣的東西，但是好東西當然留不到折扣最低的幾天，只好早點購買，最後賺最多的還是商家（引自http://ageofengineer.logdown.com/posts/2007/11/27/157239）。

(五)奇點大學——10個禮拜、10年、10億人

你能不能在10年內改變10億人的生活？這是奇點大學（Singularity University）挑選學生的標準。它集合矽谷創業家、Google、NASA的資源，自2009年開始，每年提供10週的暑期課程。它招收來自世界各地80名學生，鼓勵學員針對世界上的重大問題，像是生技、機器人、貧窮、教育等，發想創新的解決方案（引自https://yowureport.com/11609/）。

Chapter 2

創意思考技巧與方法、創意思考原則、創意問題思解法（CPS）

一、創意思考技巧與方法

二、創意思考原則

三、創意問題思解法（CPS）

四、創意思考小故事

一、創意思考技巧與方法

以下就常用的創意思考的技巧及創意思考的方法略述於下，並舉例說明各種技巧和方法的應用。

(一)創意思考的技巧

創意思考的技巧為何？李茂煇（1995）和劉格非（2001）認為創造力有其執行運用的技巧，可利用轉換（change direction）、逆向（reverse）、轉向（transfer）、延伸（extend）、合併（combine）、減少（reduce）的技巧來設計，如**表2-1**所示。

莊淇銘（2003）提出創意武藝十招，包括：(1)合併重組，例如將相機與手機功能合併；(2)逆向思考，例如以往是企業求才，現今多的是刊登自己專長與能力，尋求雇主青睞；(3)消除減少，例如奇美醫院規劃單一動線的急診區，減少病人因搬移增加痛苦的機會，也節省醫護人員來回的時間，增長了病患醫療的時間；(4)萃取新知，例如從資料中找出新而有用的資訊或知識，善用「圖像」、「情境」、「聯想與聲音」；(5)調整應用，例如二手精品店大行其道；(6)發散聯想，例如美國田納西州一位理髮師將火與頭髮連結，創出比傳統燙髮更特殊的式樣，因而生意源源不絕；(7)探究原因，例如消除「本來就是這樣」的想法，椅子也可以設計成沒有腳的；(8)功能轉移，例如舊物新用，有出人意料的效果，如牛車可當花台、馬車輪軸可裝飾成為圍牆；(9)尋找需求，例如中華創意發展協會於2003年舉辦了一場青少年創意產品發表會，其中小學五年級的學生在枕頭中裝置震動器，用來震醒愛睡的懶蟲，取代聲音刺激耳朵的叫醒方式；(10)增強優勢，例如在產品中可用「價同物高、物同價低、價低物高」的模式，善用薄利或多銷的方式，提高商品的競爭力。

莊淇銘（2004）另提創意十三式，包含腦力激盪、平衡與折衷、擴張與發散、挑戰傳統、組合舊元件形成新創意、逆向思考引發創意、需要產生創

表2-1　創意的技巧

技巧	內容
在轉換方面	可從需要論、聯結論及心理計量理論中的聯想和流暢力的觀點來看，因需求將某一現象方法，移植到另一種情況使用；運用一個領域做事的原理原則引導到另一個領域去。例如，台塑集團王永慶董事長曾經養鵝，發明了「瘦鵝理論」，買進大量的瘦鵝，利用精心培養的方法，在短時間讓牠們快速長大，成為獲利倍增的肥鵝，王永慶從親身養鵝所見證的績效，有感而發的經營精神轉向創造了台塑集團，將一片有如瘦鵝的荒蕪麥寮，精心培養成為六輕王國，甚至轉向意圖將台塑集團的石化業進軍中國。
在逆向方面	是一種知覺—概念理論中察覺事物關係和轉換的使用，心理計量理論中的變通力，或心理分析理論中非理性跳躍式的思考結果等；除了以直接的方式處理之外，可用相反的方向去思考或方式來呈現，不同於過去或現存的事物。例如，台灣報廢的軍艦，不做資源回收再利用，將其炸沉近海，成為人工魚礁，造福漁民。
在轉向方面	使用完形心理學中重組舊經驗的方法，修改原有事物的活動，或心理分析理論中跳躍式的思考結果等，除了可以用直接或逆向的方式處理外，也可用其他方向改變，形成相異於過去或現存的事物。例如，一般基金公司投資於多項物品，某項物品獲利不足，儘速認賠出場，轉投資暴利的物品；以台鹽實業股份有限公司為例，海鹽本為調味品，雖是專賣，但利潤有限，近年發展具有美容功能的沐浴鹽、洗手乳、蓓舒美系列化妝品及帶動生態教學觀光的鹽田等大發利市，充分將鹽的功能發揮得淋漓盡致。
在延伸方面	認知—發展理論中創意成熟後，擴及更大的創意結果，或行為學派中創意增強的結果等；將某一種方法，以同樣的性質繼續應用到更大範圍或更多事項。例如，大人游泳池旁另設小學生游泳池。同理，小學生游泳池旁另設三溫暖，方便全家親子同游。
在合併方面	完形心理學中經驗的重組或事物的改進，或形態說的特別整合力，或聯結論中的重組等；將兩種或多種事物合併以解決問題或創造新的事物。2002年2月5日《民生報》報導：台中技術學院、台中一中學生當紅美食小吃「大腸包小腸」，「大腸」指糯米腸，「小腸」是香腸，近三年不但專賣攤愈來愈多，而且幾乎每個攤位都大排長龍，可說是傳統美食小吃再出發的成功案例。另教科書一綱多本，部分書局經營不善或獲利不如預期，朝合併多角化經營；例如，松崗及文魁資訊公司合併，人事精簡以減少支出。
在減少方面	行為學派中有創意精減的結果，或因需要而發明出來的，或心理計量理論中的變通力等；將某一種方法或結果，就其大小、規模、內容或時間等減少一些加以應用，得到同樣、更好或完全不同的效果。例如，小手電筒體積只有大手電筒的五分之一，但是一樣很光亮。

資料來源：李茂輝（1995）；劉格非（2001）。

意、試試看消除或減少、嘗試調整產生創意、轉換功能嘗試創意、增強功能來自創意、掌握願景開發創意、交換取代尋求創意等。創意十三式與創意武藝十招，即為創意的技巧，其區別僅是更細分與不同組合而已。

日常生活的點點滴滴，可運用創造發明的理論與技巧，隨時可以激發創意；而創意的技巧和方法源自於創意理論，可能是團體或個人的天賦才能或智識，也可能是機會論中的意外發現，或個人左右半腦的思考結果，或精神分析中本我和超我的運用，或人本心理學中特別的態度與精神，或互動理論中個人、情境和社會交互作用的結果等（陳龍安，1998）。

創意方法分為激發團隊創意以及單獨尋找創意兩種，激發團隊創意的方法，主要有腦力激盪法、六帽思考法、NM創意法等方法；至於單獨尋找創意的方法，主要會用缺點列舉法、希望點列舉法、需要性列舉法、屬性列舉法、曼陀羅思考法、心智繪圖思考法、創意檢核表法以及5Why等，此個人尋找創意的方法，亦可用在激發團隊創意的腦力激盪會議上。創意要更加有效率與功效，除了要有好方法外，還需要創意目標及好的創意生活習慣，例如有一位日本創意高手中谷好文，曾提出一年有一千二百五十件創意提案的心得是：創意的目標要明確；決定目標後，勤於尋找材料；想到時立刻記錄下來，當天立即整理；用5Why來激發提案；善用四確認（安全、品質、作業性、效果）；留意專家的話；要有耐性，不可輕言放棄；每年提出一個大課題；重新檢討未經採用的提案；善用相輔相成效應（黃廷彬，2013）。

綜合上述，有關創意的技巧，可歸納出下列六種基本的技巧，有轉換、逆向、轉向、延伸、合併、減少；經由六種技巧的整合與其相互組合，可形成各種技巧和產生各種創意方法。

(二)創意思考的方法

創意思考的方法包括水平、垂直、綜合、圖像思考四種，如**圖2-1**所示。

Rivkin和Seitel（2004）認為傳統的組織性思考模式提供六個解決問題的方法；(1)定義問題；(2)分析潛在問題；(3)找出可能的解決方法；(4)選擇最

圖2-1　創意思考的方法——水平、垂直、綜合

資料來源：idea99.com

佳的解決方法；(5)擬出行動計畫；(6)執行並評估結果；並認為最重要的是第三點，「找出可能的解決方法」，因為沒有解決方法，將一無所有，而解決方法就是創意的方法。

水平思考（brain bloom）屬於發散式的思考法，針對主題去聯想，訓練聯想能力。垂直思考（brain flow）屬於線性式的思考法，針對主題不斷地延伸，訓練推演能力、記憶力。創意思考是指擴散式思考方式，解決問題的思路是從問題本身向四周水平發散，俗稱水平思考法，又稱放射性思考法。這種思考法的特色如下：(1)看待事情從一種新角度、新眼光出發，挑戰觀念，挑戰不變；(2)脫離解決導向的限制，挑戰獨特性而不責難其正確性；(3)包容各種可能性，允許感性期待，甚或逆向思考（黃廷彬，2013）。

創意思考的方法千百種（張世彗，2003），各學者因應各種研究取向，提出不同的方法，以下分析數種常見的創意思考方法，分別敘述如下：

◆6W檢討法

對於一種產品或設計，可以從六個角度或問題來思考，即為什麼（why）？做什麼（what）？何人（who）？何地（where）？何時

（when）？如何（how）？用此六項來檢討問題的合理性，它近似於收斂性思考，在消極方面，此方法可用以指出缺點所在，在積極方面，則可以擴大產品的效用（張世彗，2003）。

◆屬性列舉法（Attribute Listing Technique）

此法是由Nebrasa大學Robert Crawford教授發明，實施時，讓受試者列舉某一物品的所有屬性，然後提出各種屬性的使用辦法，使該物品產生新的用途；最初可能只注意到大小、顏色、形狀、式樣等屬性，引導者須提醒他們列出更多抽象的、非尋常的屬性，最後要求他們考慮如何改變這些屬性，使產品獲得改良。他認為每一事物皆從另一事物產生，一般創造品都是從現有物品中加以改造；而「屬性」是指該物品所具備的本來性質，例如人類都有性別、年齡、身高及體重等屬性；其方式有特性列舉法、缺點列舉法及希望點列舉法等（引自陳龍安，2000）。

創造力不是無中生有，每一個屬性都可分開來被檢驗討論，通常都是由現有物品改良而來，屬性列舉法就其屬性而加以分析，有助於觀念的創新，進而獲得新的創造結果。以下範例可說明屬性列舉法技巧，如何被應用在改進事物上。陳龍安、朱湘吉（2000）以水壺為例，其具有名詞屬性，由名詞所表現的屬性含有整體，即水壺；含有部分，即提把、蓋、蒸器孔、提把固定環、壺身、壺嘴、壺底；含有材料，即耐酸鋁、鐵等；含有製法，即沖壓法、焊接法等。形容詞屬性方面，由形容詞所表現的屬性即其性質，含有輕、重；含有狀態，即圓、方等。動詞屬性方面，由動詞所表現的屬性即功能，其功能有燒水、裝水等。只對「水壺」這種簡單產品進行屬性分類，就可以列舉出相當多的屬性，可根據這些屬性萌發出創意的構想，這種方法就是屬性列舉法。例如，可以考慮是否關閉蒸氣孔的新構想，就可以考慮省去焊接工程、或者是否能改進整個水壺構造等，這樣就可以輕而易舉得到許多新的構想。

◆腦力激盪法（Brainstorming Method）

是一種為激發創造力、強化思考力而設計出來的一種方法。此法是美國

BBDO（Batten, Barton, Durstine & Osborn）廣告公司創始人亞歷克斯・奧斯本於1938年首創的。可以由一個人或一組人進行。參與者圍在一起，隨意將腦中和研討主題有關的見解提出來，然後再將大家的見解重新分類整理。在整個過程中，無論提出的意見和見解多麼可笑、荒謬，其他人都不得打斷和批評，從而產生很多的新觀點和問題解決方法（陳作炳、馬晉，2010；華人百科，2017；MBA智庫百科，2017）。

此法是經由集體的思考方式，使彼此的想法互相衝擊而發生聯想反應，因而能產生更多不同的策略及想法。該方法最初適用於創造新花樣的廣告，後來發展成如何產生新構想的方法；其方法是透過會議形式，讓與會者在短時間內敞開思想，使各種設想在相互碰撞中激起腦海的創造性風暴，發揮集體創造力從而獲得較多的創新想法；頭腦風暴法應該遵循下列四項原則，其一，自由奔放，盡可能無拘無束、暢所欲言；其二，延遲評判，不要對他人的想法進行批判；其三，追求數量，設想愈多可獲得更多的解決方案；其四，結合改善，用不同的角度分析問題，引發聯想相互啟發，產生共振與連鎖反應（古益靈譯，2004）。

◆分合法（Synectics）

分合法是一種透過已知的事物作媒介，將毫無相關的新奇事物或知識結合起來，以產生新的解決方法，又稱「生態比擬法」或者「舉一反三法」，係由Gordon及其同事設計，發表於《創造能力的發展》（*Synetics: The Development of Creativity*）一書所提出的一套團體問題解決的方法，利用隱喻的方式產生創造性的觀念，將其創造過程歸納為兩種心理運作的歷程；首先，使熟悉的事物變得新奇（由合而分）；第二，使新奇的事物變得熟悉（由分而合）；並以隱喻的方法作下列三種類比，直接類比（direct analogy）、擬人類比（personal analogy）、壓縮類比（compressed analogy）（引自張世彗，2003）。

◆創意十二訣

此一法則源自Osborn（1963），但Osborn只提出十項法則，分別是借用、改變、取代、加、減、乘、除、相反、重組、組合；而「創意十二訣」（**表2-2**）由學者張立信等依據檢核表法的原則，創出十二種改良物品的方法，概要如下：加一加（增加、組合），減一減（削減、分割），擴一擴（擴展、放大），縮一縮（收縮、密集），改一改（改進、完善），變一變（變革、重組），學一學（學來、移植），搬一搬（搬去、推廣），代一代（替代），聯一聯（聯結），反一反（顛倒、反轉），定一定（界定、限

表2-2　創意十二訣的核心概念及內容

核心概念	內容概要
增添、增強、附加	在某些物品上，可以添加些什麼，以提高其功能。如：在手機上添加「電子遊戲」等功能。
刪除、減省	在某些物品上，可以減省或除掉些什麼，以給人耳目一新的感覺。如：在長袖風衣的兩肩上加拉鏈，可以隨時變成背心。
變大、擴張延伸	把某些物品做得大一些，或者加以擴展。如：把一輛汽車變成「七人家庭」的旅行車，或把一把雨傘擴大成為露天茶座的太陽傘。
壓縮、收細	縮細、縮窄或壓縮某些物品。如：將電視機或手機變得更薄更輕巧。
改良、改善	改良某些物品，減少其缺點。如：在皮鞋底部加入「防震軟膠」，從而減少足部的勞累，避免足部受傷。
變換、改組	改變某些物品的排列次序、顏色、氣味等。如：將無色清淡的鹼性飲品變成「藍色」帶草莓味的飲品。
移動、推移	把某些物品搬到其他地方或位置，也許會有別的效果或用處。如：將電腦鍵盤的輸入鍵位置設計成具有可調校的功能，使它更接近人體雙手的活動位置，從而更方便使用者。
學習、模仿	考慮學習或模仿某些東西或事物，甚至移植或引用某些概念或用途。如：輕而硬的鈦金屬是應用於太空飛行器上的，但是如果把它應用於手錶外殼上的話，也會給人們帶來很大的吸引力。
替代、取代	目前使用的什麼物品可以被替代或更換。如：利用「光碟」代替「磁碟」來記載數據。
連結、加入	考慮把物品聯結起來，而出現其他的用途。如：將三支短棍用金屬鏈連接起來，可以變成三截棍。
反轉、顛倒	能否把某些物品的裡外、上下、前後、左右等進行顛倒，產生出煥然一新的效果。如：設計一件裡外兩用的外套，外套的裡外可以是不同的顏色和圖案。
規定、限制	考慮在某些物品上加以限制或規定，從而改良事物或解決問題。如：政府嚴格限制外匯的出入境數額，減少「國際投機者」衝擊本國金融市場；國營大企業嚴格限制外資擁有其股份的數額，防止本國經濟受外資控制。

制）（陳龍安，2000）。

如何創意？可以從創意時的線索來自問，列舉Osborn十項法則與做法來思考，略加整理如下：加，可否增加什麼？可否附加些什麼？可否增加使用時間？加上其他的物質、成分如何？減，減少如何？改為小型如何？濃縮如何？乘，可否加倍？可否放大？可否誇大？除，分割如何？改為流線型如何？借用，利用其他方面？使用新方法如何？有無其他新的用途？改變，可否改變意義、顏色、聲音、形式？替代，替代如何？用什麼代替？有沒有其他的材料、程序、地點來代替？重組，可否重組、對調？可否變換形式？可否變換順序？可否變換途徑和效率？相反，可否顛倒、互換？前後相反如何？可否顛倒位置、作用？組合，可否組合、結合？結合觀念、意見、目的、構想、方法如何（陳龍安，2000）？

然而，創意十二訣的法則不一定全部會應用上，不表示十二思路啟發法的法則都應單獨具備使用，它只是一種創造的訣竅，引導著我們如何去思考，如何激發創意的點子。陳龍安（2000）的分析道出了關鍵，創意在日常生活的點點滴滴隨時可以激發，而啟發創造思考有很多方法，舉例說明如下：加一加，試試看在某物品加上一些東西，讓它變成不同效用的物品，例如附設收音機的手電筒。減一減，把不合適的部分去掉，看看效果會不會更好，例如缺口的肥皂盒、短袖的風衣。除一除，把原有的東西平分或等分，會產生跟完整時不一樣的效果，例如正方形的架子改變成三角櫃、摺疊式的衣架減一半，在狹小的空間也可以用。變一變，把形狀改變，有時候可以得到更多有趣又方便的產品，例如把吸管變形、帶鋸齒狀的水果刀。換一換，把現有物品的某一部分零件或材料更換，可以產生新產品，例如紙捲式的鉛筆就是把木材換成紙捲。反方向，大的想成小的，窄的試看看寬的，用逆向思考的方法，有時會有意想不到的結果，例如大的打孔器改成迷你式的。摺和疊，考慮此一物品可否用摺疊的方式，使之更便利，例如摺疊的鋸子。分與合，將現有的物品加以分解，重新構想再加以組合，產生新的觀念，例如免削鉛筆、美工刀。

此「創意十二訣」口訣化好記、趣味化、易懂、具體化易行、創意化易成。因「創意十二訣」教學策略符合學生的能力發展，教學時易引起學生學習的動機，進而提升其專注力，並培養濃厚的興趣及創造力的開發（蘇月霞，2008）。

◆其他

例如形態分析法、自由聯想法、檢核表法、目錄檢查法、重組法及發展法等，分述如下（張世彗，2003；陳龍安，1999；單小琳，2000）：

① 形態分析法

形態分析法（Morphological Analysis）為Zwicky與Alien所創，實施時須就一個問題，分別列出其兩類以上不同屬性（attributes）的所有值（value），這種方法可以注意到與產品表面無關的觀念。在1940年代初期，由加州理工學院擔任太空學教授的弗利茲・瑞基任職於噴射飛機公司時想出來的。此法是將一個事物的所有獨立要素都列出來，加上每一個獨立要素的可變參數，作成形態分析表（Morphological Chart），然後詳細研究所有的組合，就每個組合構思創意的方法。形態分析法又稱形態方格法。它研究如何把問題所涉及的所有方面、因素、特性等盡可能詳盡地羅列出來，或者把不同因素聯繫起來，透過建立一個系統結構來求得問題的創新解決方案。形態分析法認為創新並非全是新的東西，可能是舊東西的創新組合。因而，如能對問題加以系統的分析和組合，便可大大提高創新成功的可能性（陳作炳、馬晉，2010；華人百科，2017；MBA智庫百科，2017）。

② 自由聯想法

即是透過一事物想到另一事物之思考方式，聯想也可以針對特定的事物進行思考，共同凝結成新的構思設計（張世彗，2003；陳龍安，1999；單小琳，2000）。

③ 檢核表法

是從一個與問題或有關的產品列表出來，經由旁敲側擊的方式，尋找出可能的答案或改進產品的方法。哈佛大學教授狄奧提出了檢核表法（Checklist Method），也有的將它譯成檢查單法或提問清單法。指在實際解決問題的過程中，根據需要創造的對象或需要解決的問題，先列出有關

的問題，然後逐項加以討論、研究，從中獲得解決問題的方法和創造發明的設想。是一種多路思維的方法，人們根據檢查項目，可以一條一條地想問題。不僅有利於系統和周密地想問題，也有利於較深入地發掘問題和有針對性地提出更多的可行設想。後來引入了為避免思考和評論問題時發生遺漏的5W2H檢查法，稱作「創造技法之母」。其中最受人歡迎，既容易學會又能廣泛應用的，首推奧斯本的檢查方法。指為了準確地把握創新的目標與方向，既能開拓思路、啟發想像力，又能避免泛泛地隨意思考，而設計的一份系統提問的清單。奧斯本設計出了一種適用於新產品開發的檢核表，稱為「奧斯本6M法則」（陳作炳、馬晉，2010；華人百科，2017；MBA智庫百科，2017）。

④ 目錄檢查法

是一種查閱和問題有關的目錄或索引，從這些資訊中發現線索或靈感，以提供解決問題的方法（陳作炳、馬晉，2010；華人百科，2017；MBA智庫百科，2017）。

⑤ 重組法

藉由指導將一些熟悉的概念想法重新組合，創出一種新的結構想法，並在凌亂無序中發現新的處理方式（陳作炳、馬晉，2010；華人百科，2017；MBA智庫百科，2017）。

⑥ 發展法

從失敗或錯誤中獲得學習的機會，強調積極發展調適的重要性，從而引導發展多種選擇性的方式（陳作炳、馬晉，2010；華人百科，2017；MBA智庫百科，2017）。

⑦ 逆向思考法

逆向思考法（Reverse Thinking）亦稱破除法或反腦力激盪法。其出發點是認為任何產品都不可能十全十美，總會存在缺陷，可以加以改進，提出創新構想。逆向思考法的關鍵是要具有一種「吹毛求疵」的精神，善於發現現有產品的問題（陳作炳、馬晉，2010；華人百科，2017；MBA智庫百科，2017）。

⑧ 類比思考法

類比思考法（Synectics Method）又稱綜攝法、類比創新法、科學創造法，是由美國麻省理工大學教授威廉．戈登（W. J. Gordon）於1944年提出的一種利用外部事物啟發思考、開發創造潛力的方法。指以外部事物或已有的發明成果為媒介，並將它們分成若干要素，對其中的元素進行討論研究，綜合利用激發出來的靈感，來發明新事物或解決問題的方法，激發創造力的一種創新方法。基本特點是，為了拓寬思路，獲得創新構想，就應在一段時間內暫時拋開原問題，透過類比探索從而得到啟發（陳作炳、馬晉，2010；華人百科，2017；MBA智庫百科，2017）。

⑨ 戈登法

戈登法（Gordon Method）是由美國麻省理工大學教授威廉．戈登於1964年始創的，戈登法又稱教學式腦力激盪法或隱含法。其特點是不讓與會者直接討論問題本身，而只討論問題的某一局部或某一側面；或者討論與問題相似的某一問題；或者用「抽象的階梯」把問題抽象化向與會者提出。主持人對提出的構想加以分析研究，一步步地將與會者引導到問題本身（陳作炳、馬晉，2010；華人百科，2017；MBA智庫百科，2017）。

⑩ 屬性列舉法

屬性列舉法（Attribute Listing Technique）也稱特性列舉法，是美國尼布拉斯加大學的克勞福德（Robert Crawford）教授於1954年所提倡的一種著名的創意思維策略。此法強調使用者在創造的過程中觀察和分析事物或問題的特性或屬性，然後針對每項特性提出改良或改變的構想。屬性列舉法也稱為分布改變法，特別適用於老產品的升級換代。其特點是將一種產品的特點列舉出來，製成表格，然後再把改善這些特點的事項列成表。其特點在於能保證對問題的所有方面作全面的分析研究（陳作炳、馬晉，2010；華人百科，2017；MBA智庫百科，2017）。

⑪ 仿生學法

1960年由美國的J. E. Steele首先提出。仿生學法（Bionics）是透過仿生學對自然系統生物分析和類比的啟發創造新方法。自然界的動植物以其精妙

絕倫的結構和性能為人類孕育出來新事物和新方法提供了學習樣板。生物界所具有的精確可靠的定向、導航、探測、控制調節、能量轉換、生物合成等生物系統的基本原理和結構，是人類創造新事物的巨大智慧源泉。仿生學法是透過模仿某些生物的形狀、結構、功能、機理以及能源和資訊系統，來解決某些技術問題的一種創新技術（陳作炳、馬晉，2010；華人百科，2017；MBA智庫百科，2017）。

◆奔馳法（維基百科，2013）

奔馳法（Scamper Method）由美國心理學家羅伯特．艾伯爾（Robert F. Eberle）創作。這是檢核表，這種檢核表主要藉幾個字的代號或縮寫，代表七種改進或改變的方向，能激發人們推敲出新的構想。奔馳法簡稱為「SCAMPER」，主要用於改善製程與改良事物。透過七個切入點：替換（substitute）、整合（combine）、調整（adapt）、修改（modify）、其他用途（put to other uses）、消除（eliminate）與重組（rearrange）有助於檢核是否具有調整現狀的新構想。

S＝Substitute（替換）＝是否有取代原有功能或材質的新功能或新材質？

C＝Combine（整合）＝哪些功能可以和原有功能整合？如何整合與使用？

A＝Adapt（調整）＝原有材質、功能或外觀，是否有微調的空間？

M＝Magnify/Modify（修改）＝原有材質、功能或外觀，是否有微調或更誇大的空間？

P＝Put to other uses（其他用途）＝除了現有功能之外，能否有其他用途？

E＝Eliminate（消除）＝哪些功能可刪除？哪些材質可減少？

R＝Rearrange（重組）＝順序能否重組？

奔馳法的五個步驟為：

Step1：製作5直欄、8橫列查核表格

Step2：為每一個切入點找出最適合的定義

Step3：設計問題

Step4：思考可能答案

Step5：評估可行方案，落實流程改善或產品改良

◆六項思考帽

英國學者愛德華・德・波諾（Edward de Bono）博士開發了六項思考帽（Six Thinking Hats）思維訓練模式，能夠迅速在既有框架下做出全方位決策的思考工具（**圖2-2**）。有別於傳統是非對錯的線性思考，六項思考帽利用全面性思考問題，創造具有建設性、前瞻性的解決辦法，避免浪費時間在互相爭執或侷限在雖有改善卻無法創新的泥淖裡，以探索合作取代對抗抨擊，除了能有效溝通，也是一種提高團隊思考層次的方法。六項思考帽是一種管理思維的工具，每個人都擁有六種基本思維，而這六種思維分別用白、黑、黃、紅、綠及藍色的帽子來比喻（維基百科，2017）：

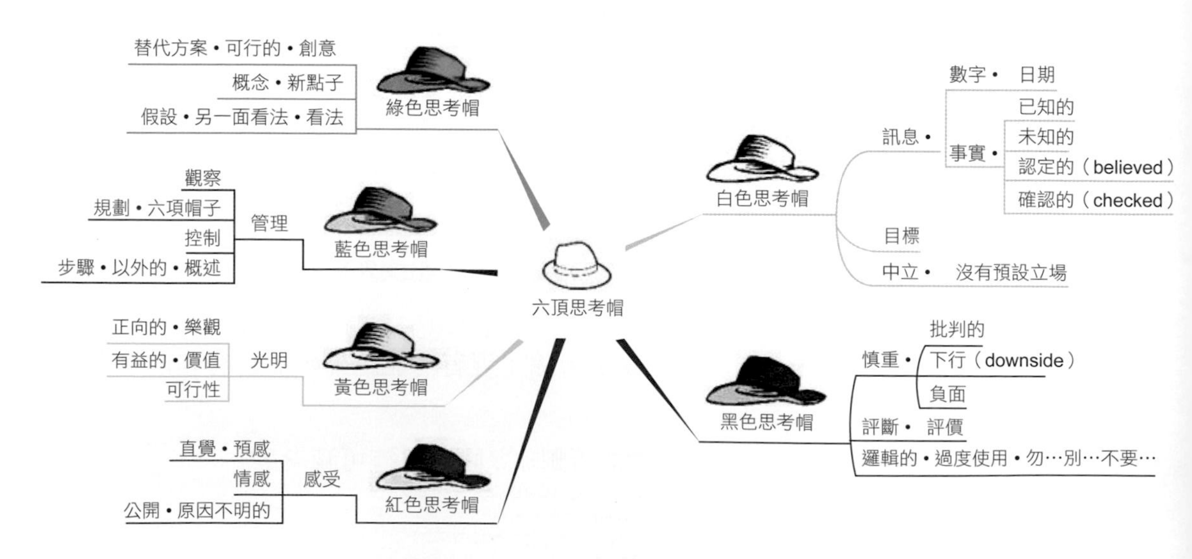

圖2-2　六項思考帽及其含意

資料來源：XMind。

1.白色（事實）思考帽：白色代表著中立及無私，不表達自己的意見，而客觀審視數據和資料來陳述問題事實。例如：我們掌握什麼資訊？

2.黑色（謹慎）思考帽：黑色代表合乎邏輯的否定，只考慮事物的負面因素，仔細謹慎的評估風險、列舉缺點，甚至批評。例如：是真的嗎？會起作用嗎？缺點是什麼？問題是什麼？為什麼不能做？

3.黃色（正面）思考帽：黃色代表耀眼、陽光和樂觀，以正面的思想給予合邏輯的肯定，積極找出可行性、建設性和利益點。例如：為什麼值得做？為什麼會起作用？益處優點在哪裡？

4.紅色（情感）思考帽：象徵紅色火焰，暗示最直接的情感，以情緒上的直覺甚至當下的感受進行判斷，將感覺、預感合理化。例如：感覺這個怎麼樣？

5綠色（創意）思考帽：象徵充滿生機，尋求新點子、新方案、新概念，以創意思考提出解決問題的建議。例如：新的想法、建議和假設是什麼？可能的解決辦法和行動是什麼？是否有其他可能性？

6.藍色（控制）思考帽：象徵天空縱觀全局，控制思考、總結陳述，進而得出決策，亦代表思維過程的秩序與組織，用來控制其他思考帽的使用。

運用波諾的六頂思考帽作為有形的架構，思考者必須戴上帽子扮演相對應的角色，將思考切割成許多面向，依次關心不同層面來解決問題，一個時間只能思考一個角度，進行單一且充分的考量，思考者能輕易區分資訊、邏輯、直覺與創造，充分研究每一種情況和問題，使混亂的思考變得更清晰，思考效果更全面、完善，除了提高專注力之外，可以提高對問題的分解技能，隨時變換思考方向，訓練腦部發展（賴昀，2014）。

① 六頂思考帽的功用

在多數的團隊中，成員因原本既定的思維模式限制了個人思考與團隊的配合度，帶上不同顏色的帽子擺脫習慣性思維的束縛，讓發言變成一種思考要求，而非扮演者本人，能更客觀的從多角度去探討問題，全方位性觀察事物產生新想法。在團隊中，使用六頂思考帽將思考角度分開，團隊成員不再被侷限在傳統單一思維模式，透過不同顏色的帽子扮演不同的角色，使用不同的思考真諦做到不同的思考要求，利用規則讓團隊中的爭論變成集思廣益的創造，將思維模式加以分解，再對事件進行全方位思考，充分重視及考慮問題的所有面向，整合每個人的意見創造超常規的解決方案，既可以有效的支持個人思維，也可以互相激發團體討論，除了提高團隊的協作能力，增加建設性產出，更讓團隊的潛能發揮到極限，以得到全方位周全的結論（賴昀，2014）。

團隊使用六個思考帽的主要目的如下（劉慧玉譯，2010）：

1.創造積極的環境提高成員參與度。
2.簡化思考方法，讓思考者聚焦並專注在某一事件上。
3.不必兼顧資料彙整、情緒、邏輯、優缺點等，是種改進想法的方式。
4.鼓勵創造性，利用水平思考加速決策流程。
5.改進溝通方式，避免辯論與爭執，提高團隊協作效能。
6.在多數人只能發現問題的地方發現機會。
7.經理人提升管理效能。

企業運用六頂思考帽於團體會議，讓決策同時兼顧深度與廣度，除了討論得更充分透徹之外，也可以減少個人攻擊並壓縮會議時間提高效率，在藍色思考帽的掌控下避免偏離主題，使用白色思考帽蒐集資訊，使用黃色思考帽找出最好的辦法，使用黑色思考帽評估缺點和不足，使用紅色思考帽確認目標，使用綠色思考帽找出可能的選擇，最終得到周延完整且更具質量的結論（賴昀，2014）。

② 打造國際創新團隊

思考是企業創新的關鍵，世界首席思維培訓專家愛德華．德．波諾認為，思考能力是可以訓練並可多方應用的，而六頂思考帽正是讓思考者頭腦更清晰，思維更敏捷的最佳工具，戴上思考帽能在既定規則下對任何情況展開思索，是一種能解決各種困難的完整思考模式。而帽子，作為角色定義之用，代表以專一的角度，強調慎重思考，以下分為個人、團體之思考帽使用技巧（劉慧玉譯，2010）：

1.個人操作：當面臨複雜的問題，使用六頂思考帽可以達到簡化思考，讓思考者一次只做一件事的目的，用排列組合也讓六帽思考法更加靈活，使用方法如下：

(1)透過正反思考，迅速作出結論：以樂觀正向的黃帽思考優點，謹慎評估的黑帽列出缺點，再用直覺的紅帽得出結論。

(2)提出新方案：以客觀白帽輔佐創意的綠帽，提出新想法。

(3)改進既有的想法：以負面思考的黑帽找出問題，搭配創意綠帽提出精進做法。

(4)進行中的思考有無缺點，更深入的風險評估：以思維管理的藍帽找出正確的問題，利用慎重判斷的黑帽進一步評估風險。

(5)進行中的思考有無益處、幫助：以思維管理的藍帽清楚定義問題，使用正面積極的黃帽提出建議使其成功。

2.團隊應用：當團體討論中，多少面臨相互爭吵或錯誤決策，此時使用六頂思考帽，幫團隊成員扮演不同思考者的角色，六頂思考帽讓團隊成員藉由不同的帽子，專注且集中的思考，典型的思考帽應用步驟如下：

(1)Step 1所有成員使用白帽客觀性思考：成員只要中立的針對議題陳述問題，不加以詮釋的提出事實與數據，以及想要解決的問題是什麼？

(2)Step 2所有成員使用綠帽水平性思考：成員提出新想法、新觀念、新認知及新解決方案，可以天馬行空，可以發揮創意，甚至提出改變。

(3)Step 3所有成員使用黃帽建設性思考、黑帽批評性思考：成員積極找出綠帽所提之方案的優點，提出肯定及具體建議，之後盡可能嚴厲慎重的批評缺點。

(4)Step 4所有成員使用紅帽直覺性思考：成員對各方案進行直覺判斷，無須提出理由或根據，藉由預感、印象、非理性層面的思考展現直覺的價值。

(5)Step 5所有成員使用藍帽集中性思考：在團體討論進行中，所有成員都可以使用藍色思考帽的功能，例如維持討論秩序，並監督討論進行，也可指定一位成員擔任藍帽思考角色，再討論所設定的架構內進行監督思考的責任，最後總結陳述，提出見解及概觀，摘要結論、收穫，得出最佳解決辦法。

六頂思考帽已被全世界五十多個國家政府設為教學課程，超過一百五十萬人研修，同時也被世界著名商業組織推廣及運用（百度百科，2017）。

1.1996年，歐洲最大的牛肉生產公司（ABM）由於狂牛症引起的恐慌失去80%的營收，利用六頂思考帽，十二個人在六十分鐘內想出三十個降低成本的方法及三十五個銷售收入來源，利用黃帽及黑帽篩選無用的方案，剩下二十五個創意陪伴ABM公司度過六星期沒有任何收入的日子。
2.全球數一數二的保險公司（Prudential）利用六頂思考帽改革傳統的保險方式，被認為是一百二十年來人壽保險業最重要的發明。
3.德國西門子公司有三十七萬人學習六頂思考帽思維課程，產品開發時間減少30%。
4.芬蘭最大的跨國集團（ABB）往往花三十天討論國際專案，運用六頂思考帽後會議時間僅需要短短兩天。
5.挪威著名的石油集團（Statoil）遇到每天耗費10萬美元的石油裝配問題，運用六頂思考帽後十二分鐘解決問題，耗費降低為零。
6.J. P.摩根國際投資公司利用六頂思考帽減少了80%的會議時間，並改變整個歐洲的企業文化。

◆九宮格（曼陀羅）思考法（MBA智庫百科，2017）

① 九宮格（曼陀羅）思考法的緣由

曼陀羅思考法的原文是梵語Mandala，是由Manda＋la兩個字彙所組成。manda的梵語意思是「本質」、「真髓」，而la意思是「得」、「所有」，因此「Mandala曼陀羅」一詞的意思就是「獲得本質」或「具有本質之物」。其理論主要依據「放射性思考法」和「螺旋狀思考法」兩種思考技術

來進行學習層次提升的思考策略（陳木金、黎珈伶，2010）。

曼陀羅藝術原本起源於佛教，被今泉浩晃先生加以系統化利用之後，卻成為絕佳的計劃工具。曼陀羅生活筆記最終目的是將「知識」轉變為實踐的「智慧」。按照此方法製作備忘錄，應付學業與工作上各項疑惑，靈感將不斷自然涌出。它也是學習與工作時最佳的武器。最早推行曼陀羅思考法是由日本今泉浩晃博士，他從日本空海大師所帶回「胎藏界曼陀羅」和「金剛界曼陀羅」成功解密此隱藏在曼陀羅的智慧密碼。其義以九宮矩陣為基礎，8×8輻射發散式，快速產生八次方的IDEA。利用曼陀羅思考法，跳脫平日想不出好構想的直線思考，而將思緒四面八方拓展，輕易產生成千上百的好靈感（陳木金、黎珈伶，2010）。

曼陀羅最早出現在古印度5世紀，是聚集諸佛與菩薩之聖像於一壇城，將諸尊的本質真理完整的表現出來。演變至今，曼陀羅是將諸佛悟道的智慧藉由美麗的圖畫呈現在我們眼前，它可作為我們心靈啟發、日常生活實踐開啟智慧所用。例如，日本學者今泉浩晃博士發展的曼陀羅筆記學，有系統化地利用曼陀羅於生活筆記，擴充思考空間，調節人際網絡，開發創意掌握人際，提高學習與工作效率，幫助許多學習者透過曼陀羅筆記學成功地將學習的「知識」轉化為實踐的「智慧」。在大學的學習歷程，勤做筆記是一種良好的學習習慣，更是一種有效率的學習態度，平日做好筆記及學習準備，就不用擔心突如其來的抽考、小考及期中期末大考，學習是一個歷程，勤作筆記就是學習歷程中不可或缺的記憶便利貼。以曼陀羅思考法勤做筆記來精進學習，可以讓自己從不斷的學習當中，逐漸累積知識，並時常評估自己的學習成果。因為在大學的學習，想要成功的把課程學好，必須要瞭解課程內容，並將它儲存到長期記憶中，勤做筆記可以讓自己在大學的學習歷程之中建立自己的學習系統，透過勤做筆記的策略幫助自己將學習的專業知識理解、內化、統整、建構為系統知識的有效學習策略，形成高層的創造思考。因此，本文試從筆者的教學經驗及使用曼陀羅思考法的學習心得，首先探討曼陀羅思考法的理論，瞭解曼陀羅思考法的核心技術分析，分析曼陀羅思考法理論在精進學習策略的應用，並試著應用曼陀羅思考法理論繪製精進學習筆記圖提供參考，介紹曼陀羅思考法理論及技術，作為大學生如何做好筆記的學習策略參考（陳木金、黎珈伶，2010）。

② 九宮格（曼陀羅）思考法的意義

第一，它能夠開發創意，能立即發現問題，提高學習與工作效率。第二，它能掌握人際關係情況，能作為計畫表，幫助人們走完豐富的一生。就其形態來看，曼陀羅生活筆記共分九個區域，形成能誘發潛能的「魔術方塊」。與以往條列式筆記相比較，可得到更好的視覺效果。一般逐條記錄的筆記製作方法無法使人產生獨特的想法和創意，因為思想唯有在向四面八方發展之時才可能產生創意，這種根據直線循規蹈矩的思考方式，稱為「直線式思考」。反之，曼陀羅生活筆記能在任何一個區域（方格）內寫下任何事項，從四面八方針對主題作審視，乃是一種「視覺式思考」。人類思考必在感覺器官感覺事物之後，方能利用曼陀羅圖形予以系統化，給予有方向感的利用，潛能便可在連續反應下持續被激發（MBA智庫百科，2017）。

③ 曼陀羅思考法的理論探討

曼陀羅指的是密宗修法觀想的壇、壇城、道場，其為聚集諸佛、菩薩、聖者所居處之地，也被視為宇宙萬物居住世界的縮圖。而現在我們所稱的曼陀羅，是指曼陀羅使用一定的方式聚集諸佛與菩薩之聖像於一壇，將諸尊的本質真理完整的表現出來，猶如圓輪一般圓滿無缺。目前全世界所出現的曼陀羅圖譜，一共有四、五十種，包括「金剛界曼陀羅」和「胎藏界曼陀羅」。大部分都出現在印度、西藏、尼泊爾的廟宇牆壁上，有「印密曼陀羅」、「藏密曼陀羅」、「唐密曼陀羅」與「東密曼陀羅」（張宏實，2004）。以下分別從「九宮格的圖形」及「曼陀羅思考法兩種模式探討」來探討曼陀羅的理論。

第一，九宮格的曼陀羅圖的形式。

曼陀羅圖的九宮格形式，產生了所謂「九宮格中智慧圖，全現心象曼陀羅」。對於記憶術及學習策略有很大的啟示。例如，我國學者陳政見教授曾使用詩詞：「方格形中分九宮，兩股交斜看三度，東南西北會於中，九九宮中格九九，九又三三成定局；乾坤渾圓力輻射，陰陽向背亦相諧，圓中求圓圓更圓，體態雍容具華麗，多重幾何分層疊。」來作為傳承九宮格曼陀羅心

法口誦要訣。另外，日本學者今泉浩晃博士也發現這張曼陀羅圖裡潛藏九宮格圖形，進而有系統地發展出「曼陀羅思考法」，並指出曼陀羅是個以網狀組織（network）所造就的世界，脫離以往直線思考的束縛，而涵蓋一切空間，自然形成一個「視覺世界」。這種曼陀羅的結構設計完全符合人腦的自然思考，順應生理結構的發展，可使潛在意識活性化，今泉浩晃博士以日本空海大師所帶回「金剛界曼陀羅」和「胎藏界曼陀羅」為基礎，成功解開隱藏在曼陀羅圖像裡的智慧密碼，其以九宮格矩陣為基礎，八乘八輻射發散式的思考方式，快速產生八次方的思考因子，發展出「曼陀羅思考法」，漸漸被推廣與運用，歷久不衰。若畫一個「曼陀羅」，就是畫出一個九宮格的意思（黎珈伶，2009）。

第二，曼陀羅思考法兩種模式探討。

曼陀羅圖潛藏的智慧圖形就是「九宮格」，不過，在應用上卻有兩種不同的思考模式，一是向外放射的「放射性思考」，另一種是像陀螺般旋轉的「螺旋狀思考」，兩種模式的用法並不相同（今泉浩晃著，陳秋月譯，1999；黎珈伶，2009）。以下分別以說明：

1.「放射性思考」的曼陀羅思考法：「放射性思考曼陀羅思考法」所轉化出的思考方式，其潛藏的九宮格智慧圖形與由1而8，由8而64放射性思考，可激盪出無限創意，是一種可以活用在多功能用途的擴散性思考策略。藉由九宮格圖形之助，學生可以由1而8，由8而64，激盪出無限創意，培養創造思考的能力。曼陀羅思考法的特色，始於九宮格的「固定格式」，終於入乎其內，出乎其外，打破「格式化」的牢籠；由限制、引導，邁向自由、創發。陳秀娟（2007）指出，教學設計是以九宮格為主線，意在運用強迫思考法，讓學生擴大思維，深化思維。其經由曼陀羅思考法的訓練，學生的思考力由「點」至「線」，由「線」至「面」，獲得擴展提升。學生對辭格知識的掌握不但越來越精確，寫作技巧漸次提升，作品正確度也逐步提高。

2.「螺旋狀思考」的曼陀羅思考法：「螺旋狀思考曼陀羅思考法」所轉化出的思考方式，大多用在有前因與後果的發展關係上（由格子1發展到格子8的過程），或者是有關做事的方法步驟、事情的發生順序，以順時鐘方向推進思考，在獲得結論前需經過七個步驟。例如，今泉浩晃（1999）利用螺旋狀思考曼陀羅思考法介紹如何訂定一週計畫行程表，先過濾該該週必須完成的事情、工作、乃至約會，找出最重要者作為曼陀羅中心，接著仍然以順時鐘方向將七天行程逐一填入。記錄時，應注意文句需儘量簡潔。八個格子對一週七天，最後一定會剩下一格，可作附註使用。如此一來，設計行程表就像企業界擬定戰略一般，將自己一週的行動計畫記在曼陀羅備忘錄，即可大致看出能完成和無法完成的各別是些什麼，而一週的節奏可以掌握。將一週的行程管理好，則一週的成功就能在自己的掌握之中。這種螺旋狀曼陀羅思考法則，有助於思考的擴展與歸納，因此若想在開會場所舉手發言表示個人意見，事前亦可以利用作為自己的發言內容做整理歸納的工作。

④ 九宮格（曼陀羅）思考法的六個路徑（百度文庫，2011）

這六個路徑其實就是英語當中所提到的六個常用問句（5W1H）：What、Why、Who、Where、When、How。每一件事情或主題，如果都可以透過這六個路徑，其實也就可以得到一個完整的景觀了。在六個路徑與曼陀羅圖的搭配操作上，由於How本身就是一種詢問過程，它是融合在5W當中的，不管你在思考哪一個W，都可以把How的精神跟態度加進來，也因此How並不出現在曼陀羅圖中（**圖2-3**）。

這五個W擺在九宮格的十字當中，中心點擺的是Who，右邊是When，左邊是Where，下邊是Why，上邊是What。因此橫軸

Who 人	What 什麼	
Where 地點	曼陀羅思考法 5W+1H	When 時間
	Why 為什麼	How 如何

圖2-3　基本曼陀羅圖

上是Where→Who→When，是空間一人一時間的安排；縱軸是What→Who→Why，是一種問的安排，問做什麼，問主體，問為什麼這麼做。Who、What、Why、Where、When並不僅僅只是人、對象、價值觀、空間、時間的簡單對應，從Who（人）當中還可以延伸出主體、對象、朋友、自我、欲望、生命、性格、態度；What（對象）可以延伸出行為、行動、動作、目的、目標、願望、現象、人、事、物；Why（價值觀）可以延伸出理由、根據、原理、原則、理念、理想、潛在意識、為人處事；Where（空間）可以延伸出環境、處所、社會、狀況、立場、構造、結構、網路；When（時間）可以延伸出人生、經驗、成長、時代、時期、變化、期間、週期、機會、順序、時機。

⑤ 九宮格（曼陀羅）思考法的種類與使用方式（MBA智庫百科，2017）

曼陀羅思考法提供如魔術方塊般的視覺式思考，其兩種詳細的基本形式舉例說明如下：(1)四面八方擴展型：向四面擴散的輻射線式（**圖2-4**）；(2)圍繞型：逐步思考的順時鐘式（**圖2-5**）。

「四面八方擴展型」是一種沒有設限的模式，特別適合用來蒐集靈感進行創意思考。只要使用者在九宮格的中間填上想要發揮的主題後，便會自然地想要把其他周圍的八個空格填滿，而這種填滿的過程也正是創意發揮的時候。如果點子不斷的時候，也可以把九宮格當中周圍八個格子的想法繼續向外擴散，變成中心九宮格外圍的八個九宮格當中的中心主題，然後再次運用向四面八方擴展的方式把空格再填滿，如此，8個idea可以生出64個idea，如果真的創意無限，還可以生出512個idea，然後再把這些想法加以精簡，得到自己所要的。而這樣的思維模式是一般條列式的memo所難以達到的，你能想像自己在列出一個主題以後，可以在紙上條列出512個idea嗎？另一種形式是「圍繞型」，圍繞型的運用比較適合用來作為流程性質的思考與安排，這是一種順時針的思考順序，在中心格上列出主題以後，便可以開始以逆時針的方式安排行程。這樣的形式可以跟「四面八方擴展型」搭配使用，亦即「圍繞型」中的任何一個空格也都可以被拿出來當作「四面八方擴展型」中的中心議題，然後再加以發揮。

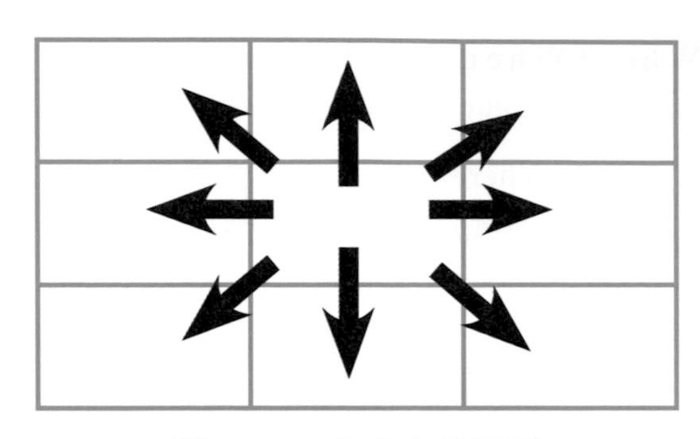

圖2-4　四面八方擴展型

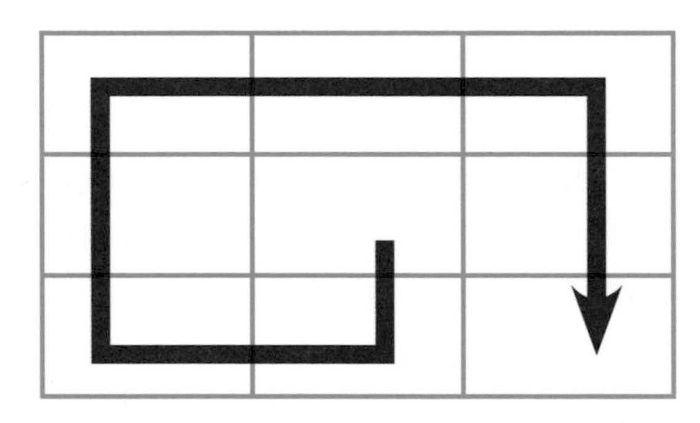

圖2-5　圍繞型

⑥ 曼陀羅思考法的核心技術分析

今泉浩晃（1999）指出，曼陀羅思考法其形狀由中間向四面八方放射出去，代表我們要以中間的主題為主，再向外去聯想八個和中間主題有關事物。比如說中間主題是「學校」，可能會聯想到「學生、老師、家長、校長、課本、課桌椅、黑板、校徽」這八種和學校有關的事物。接著，將自己聯想到的八個事物照順序填入1～8的空格上（因為是日本人發明的，所以順序是以日本「の」字形進行思考方向），就完成了（黎珈伶，2009）。曼陀羅的放射性思考法，最常被應用在教育、商業企管、心靈啟發、藝術設計領域，可說是一個十分簡單卻又非常實用的思考技巧，經常可以發揮「小兵立大功」的神奇妙用，接下來研究者就來介紹最基本的應用方法。曼陀羅思考法的基本用法，包括：(1)中間是主題，想出八個和主體有關的聯想；(2)依序由格子「の」字形1～8填入八個聯想；(3)必須在九十秒內完成相關聯想並要適度的多元化。

在曼陀羅思考法裡頭所謂的「實」與「虛」的策略。所謂「實」的策略，簡單來說就是代表一切看得到、摸得到、擁有實體的東西，比如說「桌子」、「鉛筆」、「電腦」這種具體存在的東西就是「實」。而所謂「虛」的策略則正好相反，所有看不到、摸不到的「抽象名詞」、「集合性名詞」和「形容詞」等都是「虛」，比如說「政治」、「科技」（抽象名詞）；「水果」、「動物」（集合性名詞）；「可愛」、「聰明」（形容詞）等，都算「虛」。在曼陀羅思考法的四種學習策略模式，包括：(1)「實—實：創意」；(2)「實—虛：概念」；(3)「虛—虛：隱喻」；(4)「虛—實：圖像化」。每一種模式研究者都會分成「說明」、「舉例」、「應用」三階段。所有的聯想例子，都是依照個人的直覺所寫成，由於每個人的聯想都不相同，也沒有固定答案，因此僅供參考（黎珈伶，2009）。以下分別加以說明：

1.實—實：創意的曼陀羅思考法。方法：「實—實」中的第一個「實」代表的是曼陀羅中心主題，而第二個「實」則是表示，其周圍的八個聯想也是「實」。舉例：比如中間主題是屬於「實」的手機，從手機出發，研究者聯想到相關的八個具體的「實」，分別是電池、螢幕、按鍵、照相機、周杰倫、遙控器、防狼噴霧、飛機。

2.實—虛：概念的曼陀羅思考法。方法：「實—虛」中第一個「實」是指的是曼陀羅中心主題，而第二個「虛」則是周圍八個聯想是「虛」。舉例：比如中間主題是屬於「實」的「書包」，因為書包研究者聯想到八個「虛」詞，分別是知識、希望、壓力、夢想、負擔、科技、設計、重量。

3.虛—虛：隱喻的曼陀羅思考法。方法：「虛—虛」中的第一個「虛」是指曼陀羅的中心主題，而第二個「虛」是指周圍的八個聯想也是「虛」。舉例：比如主題屬於「虛」的「記憶」，因為「記憶」研究者聯想到相關的八個「虛」詞，分別是童年、愛情、清晰、模糊、老年癡呆、快樂、悲傷、珍惜。

4.虛—實：圖像化的曼陀羅思考法。方法：「虛—實」的第一個「虛」是指曼陀羅中心主題，而第二個「實」是指其周圍的八個聯想是「實」。舉例：比如中間主題是「虛」的「智慧」，而研究者所聯想到相關的八個「實」，分別是佛祖、孔子、媽媽、圖書館、百科全書、故宮、電腦、金字塔。

⑦ 曼陀羅思考法在精進學習策略的應用

曼陀羅思考法是開啟學生智慧與快速聯想力的一個好工具，其九宮格模式又可以活用在教育界、企業界及藝術界許多地方，故這幾年透過坊間一些記憶術、心智繪圖文教機構、資策會數位教育研究所以及台北教育大學多元智能與效率學習中心，在民間與學校推廣之下，越來越被熟知與重視。例如，林建睿（2006）研究發現各種圖像曼荼羅（曼陀羅）都隱藏著一種「智慧密碼」，它可以幫助社會大眾各個階層人士，快速增加「思考力、創意、聯想力與理解力」，用以在第一時間內解決在日常生活中所發生的各種問題。黎珈伶（2009）全腦學習策略課程發展，在介紹完一般左、右腦知識並做完活化全腦小體操後，第一個教學目標便是透過曼陀羅思考法來活化學生快速聯想力、腦力、創意，並為下兩階段的全腦記憶術與全腦心智繪圖暖身與打下活潑、彈性思考基礎。其曼陀羅思考法的教學訓練，開啟學生的快速聯想力、創意思考、寫作文的能力。另外，曼陀羅思考法也被多面向的活用在學習策略方面，比如說寫日記、抓取文章重點、目標設定、自我探索、提升心靈等，對於學生各種能力與思考上也能有很大的啟發與幫助。在啟發學生寫作力與創意思考、聯想力、閱讀理解能力有不錯的成效，且均一致反應受到多數學生喜愛，實施之適用性高。因此，「曼陀羅思考法」理論在精進學習策略的應用方面，並試著應用曼陀羅思考法理論繪製精進學習筆記圖提供參考，可以歸納以下四個特點：

1.應用「創意、概念、隱喻、圖像化思考」：應用創意、概念、隱喻、圖像化的曼陀羅思考法，可以利用來寫論文、新詩、一般寫作與創作，常有意想不到的佳作。也可訓練在短時間聯想到對各種事物看法的多元面向，增強反應力與口才表達，無形之間對於工作與教學都會有很大的幫助。

2.應用在目標設定與各種心靈啟發與提升：應用在目標設定與各種心靈啟發與提升的曼陀羅思考法，可以加深對自己的瞭解外，對於各項目

標的達成、生涯規劃、情緒管理、正面思想的改造等，都可獲得很大的改善與提升。

3.應用在抓住學習重點的精進策略：曼陀羅思考法是應用在抓住學習重點的曼陀羅思考法，讓學生透過曼陀羅思考法自我介紹與自我分析，或者鼓勵學生利用它來抓文章重點、寫心得與寫作。配合學生學習特性的適當教學譬喻，能夠增進學生的學習效果。

4.應用在提升多元能力的多功能技術：應用在提升多元能力的多功能技術，曼陀羅思考法活用與應用可如此的廣闊，歸因於思考由主題延伸的八個聯想只能花九十秒鐘，並希求能有多元、多面向的聯想，故作為訓練反應力與聯想力是相當實用的工具。常常自我訓練並活用曼陀羅，會發現自己表達力、夢想力、思考力、創作力、記憶力等，都能一併提升，讓學生做出大膽的選擇，從適合的目標向較高的目標邁進，配合學生學習特性的適當教學譬喻，能夠增進學生的學習效果。

◆心智圖法（孫易新，2014）

心智圖（Mind Map）源起於語言學（Linguistics）的一般語意學（General Semantics），是由學者Alfred Korzybski在1919～1933年之間所進行的研究。1960年代美國西北大學的Allan M. Collins教授所研究的語意網絡（semantic network）已經具備心智圖的雛形，因此也被稱之為現代心智圖之父。今天大家所認知的心智圖（在中國大陸譯為思維導圖）由Tony Buzan發表於1974年所出版的*Use Your Head*一書當中，Tony Buzan說明他的構想是來自於Alfred Korzybski的一般語意學。由此脈絡可以得知，心智圖結構概念的形成深深受到Alfred Korzybski一般語意學與Allan M. Collins的語意網絡的影響。心智圖融入了全部左、右腦的心智技能，以達到兼具邏輯與創意、科學與藝術、理性與感性的全腦思考模式。

① 心智圖法四大核心關鍵

心智圖法四大核心關鍵說明如下（孫易新，2014）：

1.關鍵字：心智圖法使用的關鍵字在詞性上以名詞為主、動詞次之，再輔以必要的形容詞與副詞，這是因為名詞、動詞最能呈現出具體視覺化的概念與圖像，同時在字數方面，心智圖法特別要求在每一個支幹線條上只書寫一個語詞，也就是必須掌握一個關鍵字的原則，讓我們的思緒有更多的「自由度」，這應用在腦力激盪（brainstorming）、問題分析與解決（problem solving）以及專案管理計畫（project plan）時，能夠讓思緒更加縝密，強化思考的深度與廣度並開啟思考的活口（**圖2-6**）。

2.分類與階層化的圖解結構：心智圖法透過樹狀結構為主，網狀脈絡為輔的圖解思考方式，依照關鍵字的邏輯結構做出分類與階層化的放射性思考（radiant thinking）樹狀圖。台灣HP惠普科技前任總經理廖仁祥先生表示，心智圖不但能夠讓你找出所有的關鍵字，更重要的是掌握關鍵字的因果關係。因此，從一張心智圖當中，就可以完全掌握某一主題的所有資訊（one page control）以及邏輯脈絡（**圖2-7**）。

3.顏色：心智圖法透過顏色的運用達到兩大目的，首先是在視覺上透過顏色來區分不同的主題，其次是運用顏色來表達對該主題內容的感受性。這不但有助於釐清不同主題的內容，更因為啟動了右腦的心智能力，不但有助於激發創造力更能強化對內容的記憶力（**圖2-8**）。

4.圖像：一般人經常會誤以為畫得很漂亮、充滿美麗插圖的心智圖才是一張好的作品，這樣的想法是有些偏誤的，也會讓畫圖能力較差的人

圖2-6　心智圖法使用的關鍵字

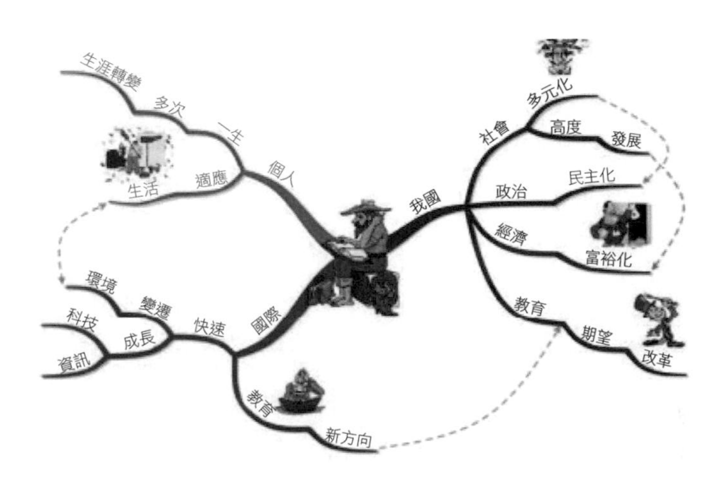

▲以〈終身學習的社會〉一文之心智圖筆記來說明樹狀結構與網狀脈絡的圖解思考方式

圖2-7　分類與階層化的圖解結構

▲以《達文西密碼》一書之心智圖筆記來說明顏色的應用技巧

圖2-8　心智圖法透過顏色的運用

為之卻步，因而排斥使用心智圖。其實，圖像在心智圖當中的運用是為了標示出重點所在，提醒目光視覺的注意力並強化記憶的效果。在重點地方所要加的插圖只要用簡筆畫的方式畫出能表達對該資訊的聯想圖像即可，更何況現在有許多心智圖軟體可以使用，插圖已經不再是問題了（**圖2-9**）。

《心智圖練習簿》作者片剛俊行，則將繪製過程歸納成三大技巧：放射狀聯想、群組化及整體檢視。「放射狀聯想」讓思考能圍繞著中央關鍵字，不偏離主題；「群組化」則讓你在寫下關鍵字時，能依序分層、分類，閱讀、思考時更有邏輯，也會刺激靈感；「整體檢視」則能使你對事物全貌有客觀的思考，不至偏重或遺漏某個項目。孫易新認為，將四大核心關鍵搭配三大技巧，可使繪製心智圖成為「主動思考與學習」的過程，而非只是被動接受資訊，自然能夠強化分析和記憶，用更少的時間完成更多的工作，提高效率。

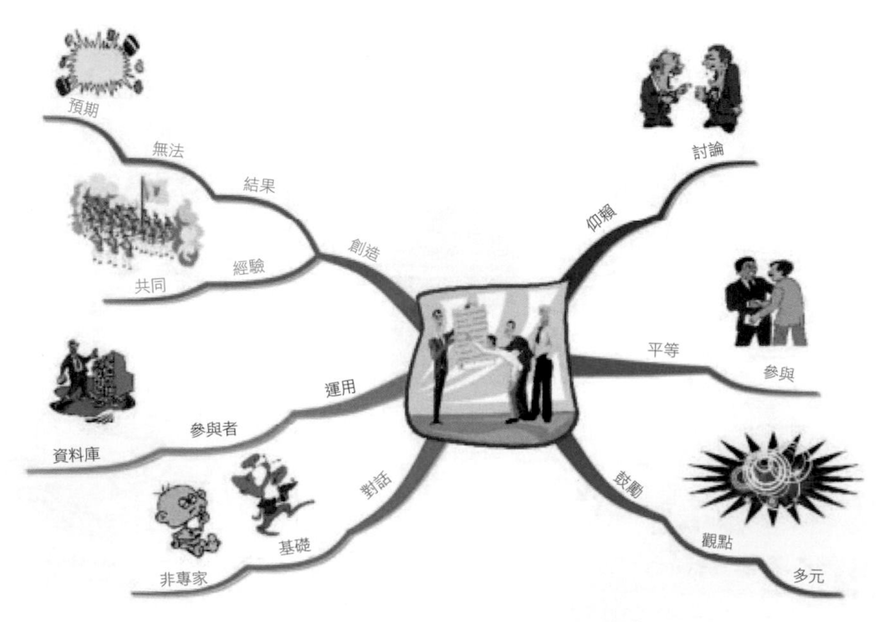

▲以「走廊學習七大關鍵要素」之心智圖來說明圖像的使用

圖2-9　圖像在心智圖當中的運用

心智圖法已經被證實可以應用到各個不同的領域，但是絕非任意畫一張充滿色彩、圖畫樹狀圖就是心智圖，它必須遵循一些必要的規則，除了本文先前已經提過的四大核心關鍵之外，以下是為了達到不同效果在運用心智圖時必須注意的事項（孫易新，2014）：(1)達到強化印象的效果；(2)達到強化聯想的效果；(3)達到簡潔清晰的效果。

② XMind——數位心智圖法最佳工具軟體

XMind為開放源碼軟體（open source software）授權，下載安裝自由使用，完全免費！符合完整的心智圖法繪製編輯，包含強大的電腦化操作功能，圖型漂亮。可以匯入FreeMind、MindManager檔案，匯出多種格式圖檔。詳見產品介紹說明。提供免費的心智圖上傳網頁分享使用，請註冊取得免費的帳號（XMind ID）（https://actsmind.com/blog/software/xmind3download）（**圖2-10**）。

綜合上述，國內外學者對創意的技巧和方法著墨甚多，加之創意的技巧和方法不勝枚舉，可自由組合各種創意的技巧，形成創意的方法，運用之妙本身就是一種創意；各種方法有其優缺點，多元使用方能創意無限。

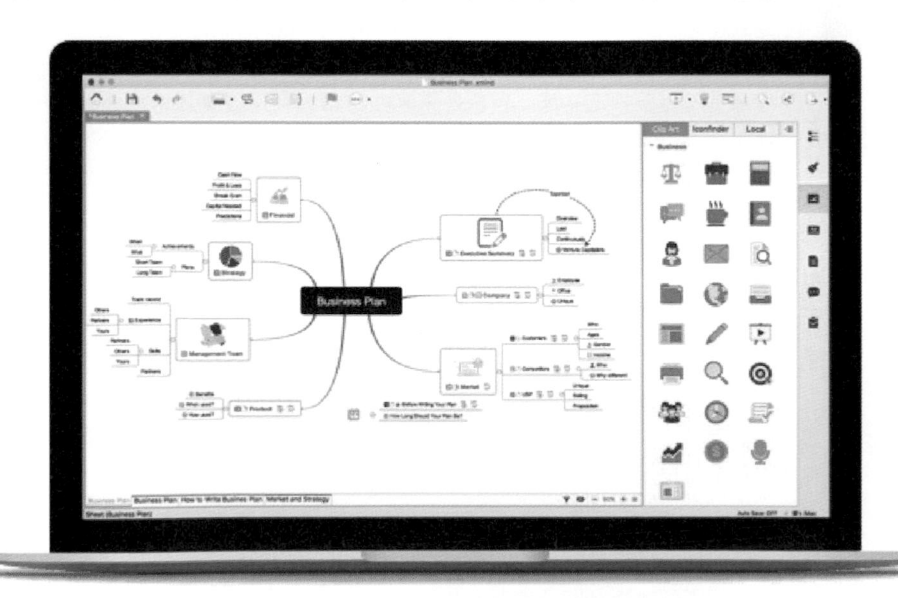

圖2-10　XMind——數位心智圖法軟體

二、創意思考原則

創意思考的原則如**表2-3**所示。

表2-3　創意思考的原則

原則	內容
拋棄包袱	• 拋棄舊有的觀念、思維方式、工作程序、經驗、習慣、原則、制度、權威、傳統 • 包袱會限制你的思想，蒙蔽你的判斷力 • 革新就是要向現況挑戰
拋棄準則	• 產品銷售必須透過經銷商 • 員工必須嚴格監督才能有生產力 • 擴大市場占有率才能獲利 • 我們不能和競爭者合作
突破框格	• 陷阱（entrapment）： 「如何增加書店內的人潮以增加銷售量？」 「該不該買六千億元軍火？」 • 逃脫陷阱：改革者拒絕在這樣的命題框架下解決問題
找出真正的目標	• 增加利潤 • 人民幸福 • 超越界限 李光耀說：如果中國崛起，新加坡是不堪一擊的！因此我擔任新加坡國民年金的理事長一定要投資中國，目標是未來的持續獲利可以養活新加坡三百萬人！
另闢蹊徑	• 迪士尼樂園：溫馨、和平、親子同樂 • MGM青少年樂園：恐怖、驚悚 • 迪士尼卡通：溫馨、善良、純潔、愛護動物 • 日本卡通／電玩：暴力動作、炫惑聲光效果
懷疑成見	• 出生率降低，大學錄取率持續升高，必然造成大學萎縮！ • 不能接受外國留學生或回流教育嗎？ • 出生率降低，人口老化，國內生產力必然降低，市場規模必然減小，GDP必然縮小！ • 不能接受移民、以亞洲為第二國內市場嗎？ • 教育是政府的義務！ • 教育不可以是一種可以獲利的知識服務產業嗎？ • 領土是不可能增加的！ • 日本農民到澳洲種越光米 • 日本公司收購海外石油、天然氣、礦產的產權 • 到菲律賓蘇比克灣開日本老人社區 • 經濟成長不必受限於國土，可以世界為領土

資料來源：正修科大觀光學系張月園

三、創意問題思解法（CPS）

(一)創意問題思解法之定義與來源

創意問題思解（CPS）是一個全面性的認知和情感系統，建構在自然的創意過程上，並且激發創意思考，然後獲取創意的解決之道和改變。CPS是影響人們對於自身的觀感，以及對於所處的環境的變化；在沒有立即答案出現時，可以藉此提高個人或是團隊的表現。CPS的第一個字——Creative（創意），產生新穎且有用的構想或是方案；Problem（問題），你所擁有的和所想要的之間的差距；Solving（思解）的意思是，採取某種方式來行動。

此思考方法源自於Graham Wallas於1926年所提出的四階段創意歷程：準備期（preparation）、醞釀期（incubation）、豁朗期（illumination）及驗證期（verification）。CPS模式代表著個人或團隊重新組織他們的思考過程，CPS最大的獨特處在於每個思考的步驟，都包含著發散思維（divergent thinking）與收斂思維（convergent thinking）（陳明惠，2009）。

(二)創意問題思解的結構與步驟

CPS包含三個循序漸進的主要步驟，以及含括深思熟慮的努力和創意（陳明惠，2009）：

1.找尋事實階段（fact-finding）。
2.找尋點子階段（idea-finding）。
3.找尋解答階段（solution-finding）。

CPS包含了三個概念性的階段，分別是：

1.釐清（clarification）。
2.轉化（transformation）。
3.執行（implementation）。

CPS包含六個步驟，以O、F、P、I、S、A表示之，O（objective-finding）表示尋找目標，F（fact-finding）表示尋找事實，P（problem-finding）表尋找問題，I（idea-finding）表示尋找意見或構想，S（solution-finding）表示尋找解答，A（acceptance finding）表示尋找接受或認同（陳明惠，2009）。

六項明確的過程步驟，每個步驟中都有發散思維和收斂思維。CPS包含了六個明確的步驟：

1.願景探究（exploring the vision）。
2.挑戰系統化（formulating challenges）。
3.構想探究（exploring ideas）。
4.解決方案系統化（formulating solutions）。
5.接受度探究（exploring acceptance）。
6.規劃系統化（formulating a plan）。

六個步驟都是用菱形所畫成的，表示每個階段均包括發散思維（例如generating options）和收斂思維（例如選擇或是評估選項）兩項過程。

(三)創意的鑽石思維模式：發散思維和收斂思維

發散性思考與收斂性思考是老祖宗傳承下來的本能，遇到問題設想各種可能解決方法，整合分類，篩選，決定可行方案。由心理學家J. P. Guilford於1956年發現並提出，此後成為創意思考的兩大中流砥柱（**圖2-11**）。腦力激盪法（brainstorming techniques）由此發展而出，大將之一：歐斯本（Alex Osborn）以及水牛城學院創意激匯學派（Creative Problem Solving, State College of Buffalo, SUNY, International Center for Studies in Creativity）。

在發散思維階段，最常被運用的創意思維為腦力激盪法。此為歐斯本所發展創意問題思解的主要代表性的方法，其設計是用來激勵和支持群體中觀念決策的產生和發展。此種會議由五至十人集中坐在圓桌旁，對某項問題任意發表自己的想法，在自由開放的氣氛下蒐集創意，以創新手法解決問題。「延遲判斷」是指在創造出可能引導解決的方案和構想之前，參與成員不要

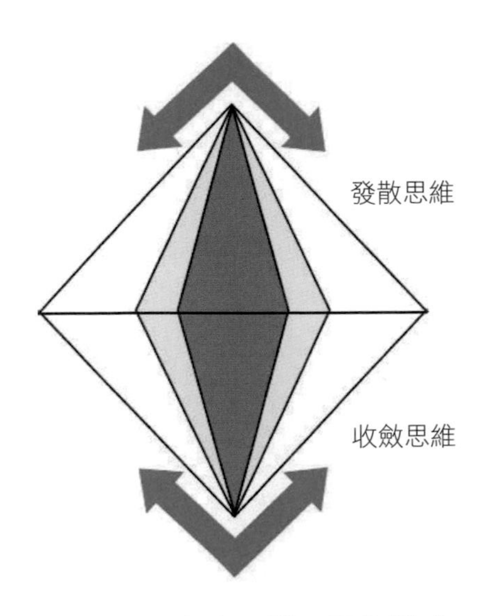

圖2-11　創意的鑽石思維模式

資料來源：J. P. Guilford (1956)，陳明惠（2009）。

太早做出判斷與決定，那麼便可以在相同的時間內思考更多的好意見。「數量孕育品質」是指思考愈多的新概念，就愈有可能找出高品質與最佳的解決方案（陳明惠，2009）。

在運用腦力激盪法時，麥可．高登（Michael Gordon）教授提出十項原則：

1.選定參與的成員。
2.選定團隊的導引師（facilitator）。
3.自然地做腦力激盪。
4.不要有批評、不要有否決。
5.記錄所有的意見。
6.絞盡腦汁地思考。
7.不要讓自己對某個意見過於執迷。
8.確定幾個最令人信服的意見。
9.評估和訂出優先順序。

◆發散思維（MBA智庫百科，2017）

發散思維（divergent thinking）又稱「輻射思維」、「放射思維」、「多向思維」、「擴散思維」或「求異思維」，是指從一個目標出發，沿著各種不同的途徑去思考，探求多種答案的思維，與聚合思維相對。不少心理學家認為，發散思維是創造性思維的最主要的特點，是測定創造力的主要標誌之一。發散思維是大腦在思維時呈現的一種擴散狀態的思維模式，比較常見，它表現為思維視野廣闊，思維呈現出多維發散狀。可以透過從不同方面思考同一問題，如「一題多解」、「一事多寫」、「一物多用」等方式，培養發散思維能力（**表2-4、表2-5**）。

① 發散思維的作用（MBA智庫百科，2017）

1. 核心性作用：想像是人腦創新活動的源泉，聯想使源泉匯合，而發散思維就為這個源泉的流淌提供了廣闊的通道。
2. 基礎性作用：創新思維的技巧性方法中，有許多都是與發散思維有密切關係的。
3. 保障性作用：發散思維的主要功能就是為隨後的收斂思維提供盡可能多的解題方案。這些方案不可能每一個都十分正確、有價值，但是一定要在數量上有足夠的保證。

② 發散思維的特點（MBA智庫百科，2017）

1. 流暢性：流暢性就是觀念的自由發揮。指在盡可能短的時間內生成並表達出盡可能多的思維觀念以及較快地適應、消化新的思想概念。機智與流暢性密切相關。流暢性反映的是發散思維的速度和數量特徵。
2. 變通性：變通性就是克服人們頭腦中某種自己設置的僵化的思維框架，按照某一新的方向來思索問題的過程。變通性需要藉助橫向類比、跨域轉化、觸類旁通，使發散思維沿著不同的方面和方向擴散，表現出極其豐富的多樣性和多面性。
3. 獨特性：獨特性指人們在發散思維中做出不同尋常的異於他人的新奇反應的能力。獨特性是發散思維的最高目標。

4.多感官性：發散性思維不僅運用視覺思維和聽覺思維，而且也充分利用其他感官接收資訊並進行加工。發散思維還與情感有密切關係。如果思維者能夠想辦法激發興趣，產生激情，把資訊情緒化，賦予資訊以感情色彩，會提高發散思維的速度與效果。

表2-4　發散思維形式舉例

思維形式	內容
立體思維	思考問題時跳出點、線、面的限制，立體式進行思維。 立體綠化：屋頂花園增加綠化面積、減少占地改善環境、淨化空氣。立體農業、間作：如玉米地種綠豆、高粱地裡種花生等。立體森林：高大喬木下種灌木，灌木下種草，草下種食用菌。立體漁業：網箱養魚充分利用水面、水體。立體開發資源：煤、石頭、開發產品。你還能想出什麼樣的立體思維形式？
平面思維	以構思二維平面圖形為特點的發散思維形式，如用一支筆一張紙一筆畫出圓心和圓周。這種不連續的圖形是難以一筆畫出的。
逆向思維	背逆通常的思考方法。從相反方向思考問題的方法，也叫做反向思維。因為客觀世界上許多事物之間甲能產生乙，乙也能產生甲。如：化學能能產生電能，據此義大利科學家伏特1800年發明了伏打電池。反過來電能也能產生化學能，透過電解，英國化學家戴維1807年發現了鉀、鈉、鈣、鎂、鍶、鋇、硼等七種元素。如説話聲音高低能引起金屬片相應的振動，相反地，金屬片的振動也可以引起聲音高低的變化。愛迪生在對電話的改進中，發明製造了世界上第一台留聲機。那麼如何進行逆向思維呢？ 1.就事物依存的條件逆向思考，如小孩掉進水裡，把人從水中救起，是使人脫離水，司馬光救人是打破缸，使水脫離人，這就是逆向思維。 2.就事物發展的過程逆向思考，如人上樓梯是人走路，而電梯是路走，人不動。 3.就事物的位置逆向思考，如開展「假如我是某某」活動。 4.就事物的結果逆向思考，據説俄國大作家托爾斯泰設計了這樣一道題：從前有個農夫，死後留下了一些牛，他在遺書中寫道：妻子得全部牛的半數加半頭；長子得剩下的牛的半數加半頭，正好是妻子所得的一半；次子得還剩下的牛的半數加半頭，正好是長子的一半；長女分給最後剩下的半數加半頭正好等於次子所得牛的一半。結果一頭牛也沒殺，也沒剩下，問農夫總共留下多少頭牛？ 在商業營銷運作中，也常有逆向思維應用：如做鐘錶生意的都喜歡説自己的錶準，而一個錶廠卻説他們的錶不夠準，每天會有一秒的誤差，不但沒有失去顧客，反而大家非常認可，踴躍購買。 用8根火柴做2個正方形和4個三角形（火柴不能彎曲和折斷）。 一般在正方形中做三角形都容易從對角線入手，但對角線的長度大於正方形的邊長，所以反過來想，又組成三角形，又有相同的邊長，那就要錯開對角線。

（續）表2-4　發散思維形式舉例

思維形式	內容
側向思維（旁通思維）	從與問題相距很遠的事物中受到啟示，從而解決問題的思維方式。例如：19世紀末，法國園藝學家莫尼哀從植物的盤根錯節想到水泥加固的例子。當一個人為某一問題苦苦思索時，在大腦裡形成了一種優勢竈，一旦受到其他事物的啟發，就很容易與這個優勢竈產生相聯繫的反映，從而解決問題。
橫向思維	相對於縱向思維而言的一種思維形式。縱向思維是按邏輯推理的方法直上直下的收斂性思維。而橫向思維是當縱向思維受挫時，從橫向尋找問題答案。正像時間是一維的，空間是多維的一樣，橫向思維與縱向思維則代表了一維與多維的互補。最早提出橫向思維概念的是英國學者德波諾。他創立橫向思維概念的目的是針對縱向思維的缺陷提出與之互補的對立的思維方法。
多路思維	解決問題時不是一條路走到黑，而是從多角度、多方面思考，這是發散思維最一般的形式（逆向、側向、橫向思維是其中的特殊形式）。
組合思維	從某一事物出發，以此為發散點，盡可能多地與另一（或一些）事物聯結成具有新價值（或附加價值）的新事物的思維方式。第一次大組合是牛頓組合了克卜勒天體運行三定律和伽利略的物體垂直運動與水平運動規律，從而創造了經典力學，引起了以蒸汽機為標誌的技術革命；第二次大組合是麥克斯韋組合了法拉第的電磁感應理論和拉格朗日、哈密爾頓的數學方法，創造了更加完備的電磁理論，因此引發了以發電機、電動機為標誌的技術革命；第三次大組合是狄拉克組合了愛因斯坦的相對論和薛定諤方程，創造了相對量子力學，引起了以原子能技術和電子電腦技術為標誌的新技術革命。所以愛因斯坦説過：「……組合作用似乎是創造性思維的本質特徵。」在科學界、商業和其他行業都有大量的組合創造的實例。當然組合不是隨心所欲的拼湊，必須遵循一定的科學規律的有機的最佳組合。中國思維魔王許國泰所創造的資訊交合法就是進行組合思維的很好的工具。

資料來源：MBA智庫百科（2017）。

表2-5　發散思維的方法

方法	內容
一般方法	1.材料發散法：以某個物品盡可能多的「材料」，以其為發散點，設想它的多種用途。 2.功能發散法：從某事物的功能出發，構想出獲得該功能的各種可能性。 3.結構發散法：以某事物的結構為發散點，設想出利用該結構的各種可能性。 4.形態發散法：以事物的形態為發散點，設想出利用某種形態的各種可能性。 5.組合發散法：以某事物為發散點，盡可能多地把它與別的事物進行組合成新事物。 6.方法發散法：以某種方法為發散點，設想出利用方法的各種可能性。 7.因果發散法：以某個事物發展的結果為發散點，推測出造成該結果的各種原因，或者由原因推測出可能產生的各種結果。

（續）表2-5　發散思維的方法

方法	內容
假設推測法	假設的問題不論是任意選取的，還是有所限定的，所涉及的都應當是與事實相反的情況，是暫時不可能的或是現實不存在的事物對象和狀態。 由假設推測法得出的觀念可能大多是不切實際的、荒謬的、不可行的，這並不重要，重要的是有些觀念在經過轉換後，可以成為合理的、有用的思想。
集體發散思	發散思維不僅需要用上我們自己的全部大腦，有時候還需要用上我們身邊的無限資源，集思廣益。集體發散思維可以採取不同的形式，比如我們常常戲稱的「諸葛亮會」。

資料來源：MBA智庫百科（2017）。

◆收斂思維（MBA智庫百科，2017）

收斂思維（convergent thinking）也叫做「聚合思維」、「求同思維」、「輻集思維」或「集中思維」，是指在解決問題的過程中，盡可能利用已有的知識和經驗，把眾多的資訊和解題的可能性逐步引導到條理化的邏輯序列中去，最終得出一個合乎邏輯規範的結論。收斂思維也是創新思維的一種形式，與發散思維不同，發散思維是為了解決某個問題，從這一問題出發，想的辦法、途徑越多越好，總是追求還有沒有更多的辦法。而收斂思維也是為了解決某一問題，在眾多的現象、線索、資訊中，向著問題一個方向思考，根據已有的經驗、知識或發散思維中針對問題的最好辦法去得出最好的結論和最好的解決辦法（**表2-6、表2-7**）。

① 收斂思維的特徵（MBA智庫百科，2017）

1.封閉性：如果說發散思維的思考方向是以問題為原點指向四面八方的，具有開放性，那麼，收斂思維則是把許多發散思維的結果由四面八方集合起來，選擇一個合理的答案，具有封閉性。
2.連續性：發散思維的過程，是從一個設想到另一個設想時，可以沒有任何聯繫，是一種跳躍式的思維方式，具有間斷性。收斂思維的進行方式則相反，是一環扣一環的，具有較強的連續性。
3.求實性：發散思維所產生的眾多設想或方案，一般來說多數都是不成

表2-6　收斂思維的形式

形式	內容
目標確定法	平時我們碰到的大量問題比較明確，很容易找到問題的關鍵，只要採用適當的方法，問題便能迎刃而解。但有時，一個問題並不是非常明確，很容易產生似是而非的感覺，把人們引入歧途。這個方法要求我們首先要正確地確定搜尋的目標，進行認真的觀察並作出判斷，找出其中關鍵的現象，圍繞目標進行收斂思維。目標的確定越具體越有效，不要確定那些各方面條件尚不具備的目標，這就要求人們對主客觀條件有一個全面、正確、清醒的估計和認識。目標也可以分為近期的、遠期的、大的、小的。開始運用時，可以先選小的、近期的，熟練後再逐漸擴大。在實際生活中，我們也常遇到選擇目標的情況。如我們急需一篇電腦打字稿上交，但專職打字員又不在，我們可能就用兩根手指非常不專業的用比打字員長的時間打出來上交了。有的人指責說：你的打字水準太低，太不專業，而且速度慢，應該先去打字班訓練。這裡就有目標的問題，前者是為了及時交上打字稿件，不是為了學習打字。而後者則是學習了專業打字，可以提高打字的速度和品質。顯然地，目標不同，處理問題的方法也會不同。
求同思維法	如果有一種現象在不同的場合反覆發生，而在各場合中只有一個條件是相同的，那麼這個條件就是這種現象的原因，尋找這個條件的思維方法就叫求同思維法。
求異思維法	如果一種現象在第一場合出現，第二場合不出現，而這兩個場合中只有一個條件不同，這一條件就是現象的原因。尋找這一條件，就是求異思維法。
聚焦法	聚焦法就是圍繞問題進行反覆思考，有時甚至停頓下來，使原有的思維濃縮、聚攏，形成思維的縱向深度和強大的穿透力，在解決問題的特定指向上思考，積累一定量的努力，最終達到質的飛躍，順利解決問題。

資料來源：MBA智庫百科（2017）。

熟的，也是不實際的，我們也不應對發散思維做這樣的要求。對發散思維的結果，必須進行篩選，收斂思維就可以起這種篩選作用。被選擇出來的設想或方案是按照實用的標準來決定的，應當是切實可行的。這樣，收斂思維就表現了很強的求實性。

② 收斂思維與發散思維的區別（MBA智庫百科，2017）

1.思維指向相反：收斂思維是由四面八方指向問題的中心，發散思維是由問題的中心指向四面八方。

2.兩者的作用不同：收斂思維是一種求同思維，要集中各種想法的精

表2-7　收斂思維的思考方法

思考方法	內容
輳合顯同法	就是把所有感知到的物件依據一定的標準「聚合」起來，顯示它們的共性和本質。例如：我國明朝時候，江蘇北部曾經出現了可怕的蝗蟲，飛蝗一到，整片整片的莊稼被吃掉，人們顆粒無收……徐光啟看到人民的疾苦，想到國家的危亡，毅然決定去研究治蝗之策。他搜集了自戰國以來兩千多年有關蝗災情況的資料。
層層剝筍法（分析綜合法）	我們在思考問題時，最初認識的僅僅是問題的表層（表面），因此，也是很膚淺的東西，然後，層層分析，向問題的核心一步一步地逼近，拋棄那些非本質的、繁雜的特徵，以便揭示出隱蔽在事物表面現象內的深層本質。
目標確定法	確定搜尋目標（注意目標），進行認真的觀察，作出判斷，找出其中的關鍵，圍繞目標定向思維，目標的確定越具體越有效。
聚焦法	聚焦法，就是人們常說的沉思、再思、三思，是指在思考問題時，有意識、有目的地將思維過程停頓下來，並將前後思維領域濃縮和聚攏起來，以便幫助我們更有效地審視和判斷某一事件、某一問題、某一片段資訊。由於聚焦法帶有強制性指令色彩，其一，可透過反覆訓練，培養我們的定向、定點思維的習慣，形成思維的縱向深度和強大穿透力，猶如用放大鏡把太陽光持續地聚焦在某一點上，就可以形成高熱。其二，由於經常對某一片段資訊、某一件事、某一問題進行有意識的聚焦思維，自然會積澱起對這些資訊、事件、問題的強大透視力與溶解力，以便最後順利解決問題。

資料來源：MBA智庫百科（2017）。

華，達到對問題的系統全面的考察，為尋求一種最有實際應用價值的結果而把多種想法理順、篩選、綜合、統一。發散思維是一種求異思維，為在廣泛的範圍內搜索，要盡可能地放開，把各種不同的可能性都設想到。

收斂思維與發散思維是一種辯證關係，既有區別，又有聯繫，既對立又統一。沒有發散思維的廣泛蒐集，多方搜索，收斂思維就沒有了加工物件，就無從進行；反過來，沒有收斂思維的認真整理，精心加工，發散思維的結果再多，也不能形成有意義的創新結果，也就成了廢料。只有兩者協同動作，交替運用，一個創新過程才能圓滿完成。

◆平衡發散思維和收斂思維

A圖代表團隊花在創造選擇的時間很少，而將大部分的精力花在例行性的議題上。當待解決的問題或議題定義清楚，大家都能瞭解，或是屬於相當例行性的問題時，則適合這種方式。B圖代表團隊成員熱愛討論爭辯及思考各種可能的選擇，但在解決方案上的決定，相對之下留待執行的時間及資源就不是那麼充裕。如果時間不是問題，這個模式是可以。C圖代表團隊成員花在發散思維與收斂思維的時間是一樣的，這個模式尤其適合創意的問題解決方式（**圖2-12**）（陳明惠，2009）。

(四)創意問題思解法——MPIA方法

在設計這一連串活動的過程中，有可能遇到所多不同的問題，需要找出適合的方案和步驟，然後一一解決這些問題。首先必須先瞭解目前或未來可能會遇到的問題，找出問題的本質，再利用MPIA創意問題思解法（里卡士教授，1988）所包含的四個連續步驟：M（Mapping）也就是議題描述；

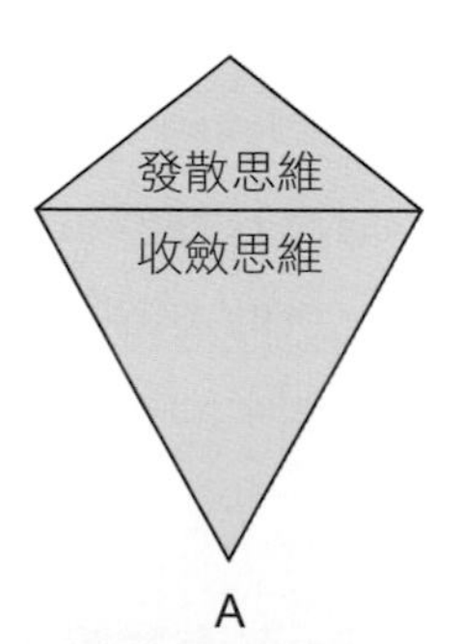

A
用最少的時間做發散思維。把大部分時間用在收斂的實行議題上。例如：例行性的問題

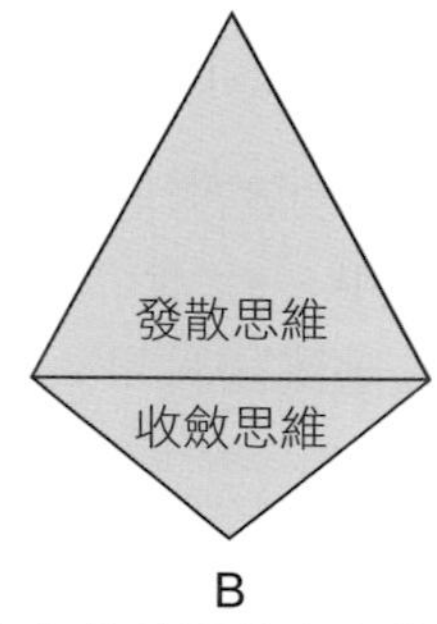

B
大多數時間花在發散思維。最後被迫收斂。因此不太有時間討論如何實行。例如：討論時間是充裕的

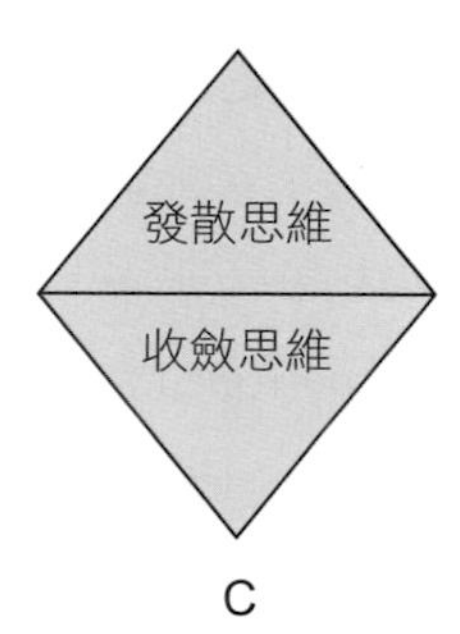

C
發散思維與收斂思維的時間相當。例如：創意的問題

圖2-12　平衡發散思維與收斂思維

資料來源：陳明惠（2009）。

P（Problem）是有關問題階段的模式；I（Ideas）意見階段；A（Actions）指的是行動階段。MPIA不但是一種有順序的創意問題思解法，也是一套學習過程，若在最後的行動階段的步驟仍無法解決問題，則必須回到最初議題描述之階段，重新找出另一項重要的議題（**圖2-13**）（引自廖婕雯等，2011）。

1. M代表Mapping「議題描繪」，表示將所有可能的相關議題都描繪出來，並找出最重要的議題。
2. P代表Problem「問題階段」，表示將該議題轉換為多重問題的模式議題，也就是為了解決該議題所衍生出的重要問題，並以如何的問句方式列出，然後再找出最關鍵的問題。
3. I代表Ideas「意見階段」，是表示發展所有可行的意見或方案，並挑選出令人信服的行動方案。
4. A代表Actions「行動階段」，表示列出該行動方案，可能產生的所有優點和缺點，並且考慮該行動可能產生的負面影響。

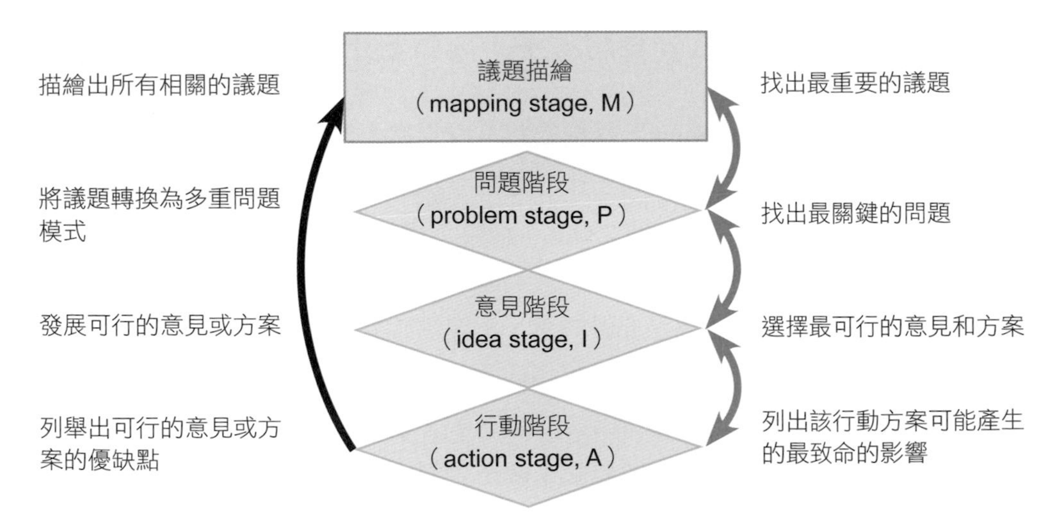

圖2-13　MPIA

資料來源：里卡士教授（1988）；廖婕雯等（2011）。

四、創意思考小故事

(一)紐約停車一個月且能保障車子不受損害，只要15塊美金

女孩走進紐約銀行：「我要到歐洲出差一個月，我想向銀行借5,000美元。」銀行經理拿起契約：「妳必須要有擔保品做抵押。」女孩交了停放銀行前的勞斯萊斯汽車鑰匙，銀行接受那輛車作為擔保品，並且開車到停車場保管。一個月後，女孩到了紐約銀行，還了5,000美元，並且付了15美元的利息。銀行經理很困惑地問：「很開心和妳合作，而且這項交易非常的良好，但我有些問題，當妳出差時，我對妳做過調查，發現妳是某家知名企業的總經理，因此，我非常疑惑為什麼妳要貸款5,000美元？」女孩簡單而伶俐地回答：「紐約哪裡能停車一個月，而且還要能保障我的車子不受損害，只要15塊美金呢？」（http://www.carp.org.tw/Board/board_read.asp?bid=simling2&idx=53&start=1&cur1）

(二)孫正義：每天五分鐘想點子，成就五十年計畫

在軟體銀行（SoftBank，後稱軟銀）成立三十年的股東大會上，創辦人兼執行長孫正義發布「軟銀新三十年藍圖」，宣布公司的三十年目標是將市值從目前的約2.7兆日圓（約8,220億新台幣）增加到200兆日圓（約60兆新台幣），進入全球前十大企業。孫正義笑著對台下觀眾說，他知道這個目標聽起來很遠，但「我至今說過要做的事，下定決心的長期目標，都完成了」。他說得沒錯，三十多年前，孫正義19歲的時候，規劃了人生五十年藍圖：30歲前闖出名號；40歲以前累積至少1,000億日元的資金；50歲之前，要做出一兆、兩兆日圓的事業。當時聽起來像是年輕人的豪語，都一一實現。孫正義從小就對目標有著無比的自信和熱情，這和孫正義父親孫三憲的教育有關。孫三憲總是褒獎孩子的長處，告訴他們：「你是天才，凡事只要去做，都可以成功。」不僅讚美，每當孫正義想出有趣、創新的點子時，做生意

的孫三憲也一定會採用，這讓孫正義從小就懂得思考的價值。孫正義常說：「最初擁有的只是夢想，以及毫無根據的自信而已，但是，一切就是從這裡出發。」父親的教育讓他有勇氣追尋遠大的目標，但遠大不代表不切實際，關鍵在於找到最值得追求的目標（張玉琦，2015）。

◆每天五分鐘發想點子，有效累積目標

孫正義在美國讀大學時，就決定畢業後要回日本創業，既要創業，就一定要在念書時籌集創業資金。他心想，「打工存錢太慢，我要靠發明賺錢」。而且，發明要能商品化，要測試樣品、申請專利、銷售和訂定契約，這些經驗也可供以後創業參考。但是，集中心力從事一項發明的風險太高，不如多想出一些點子再從中篩選。為了累積想法，孫正義規定自己每天得想出一個點子，他給自己設定了每天五分鐘的發明時間，在五分鐘內盡情發揮想像力，並記錄自己的想法。一年下來，孫正義的發明筆記中記載了二百五十項發明，他選擇了其中一項——多國語言電子翻譯機，繼續發展。確定目標後，孫正義列出在小型電腦領域中著名的教授名單一一拜訪，因為孫正義的堅持不懈，最後成功地組成了多國語言翻譯機的研發團隊，並約定等孫正義取得專利費用之後才領取報酬。1977年孫正義帶著翻譯機的原型機回日本推銷，獲得夏普青睞，簽下1億日圓，也就是100萬美元的契約，那一年，孫正義20歲。翻譯機成功後，孫正義體會到，年齡、國籍其實都不重要，從此之後，他捨棄了在日本時使用的姓氏安本，改回韓籍姓氏孫正義（張玉琦，2015）。

◆用檢查項目表，摸索值得投入的事業

1980年孫正義回到日本，決心要成為日本第一的企業家。孫正義自認，最重要的是選擇舞台，「我必須決定，值得我投入一生的事業是什麼？」孫正義列出了：(1)是否能讓我在今後五十年集中心力投入？(2)是不是其他人想不到的獨特事業？(3)未來十年內是否至少可以在日本名列前茅？(4)獲利高；(5)對人類有貢獻；(6)產業結構正在成長......他洋洋灑灑列了二十五項「事業檢查項目表」。依據這二十五項標準給分，孫正義找到了四十種新事業。針

對這四十項事業，孫正義編製出十年份的預估損益表、資產負債表、資金周轉表、人員計畫、行銷計畫、競爭分析、市場規模分析等。這項工作花了孫正義一年半的時間。孫正義接受傳記作者瀧田誠一郎訪問時說：「我不願用惰性或偶然來決定自己的人生方向。一定要在個人充分理解的前提下，決定未來的人生大道。」嚴謹淘選的過程讓孫正義看到目標：資訊產業的基礎建設。1981年9月，孫正義成立軟體銀行。軟體銀行在成立短短數個月的時間內，成為日本第一的軟體流通公司。爾後，只要遇到有發展性的數位服務或基礎建設公司，孫正義就亟欲納入自己旗下。軟銀之後陸續投資了雅虎（Yahoo!）、阿里巴巴，併購了日本Vodafone（後改名Softbank Mobile）與美國第三大電信公司Sprint Nextel，成為全球第三大行動通訊集團。孫正義人生五十年藍圖中，還包括兩個部分：60歲之前，事業成功；70歲之前，把事業交給下一任接班人。他在2010年的股東大會上，宣布成立軟銀學院，培養未來的領導者，直到今天，孫正義仍照著他19歲的志向前進（張玉琦，2015）。

圖2-14　孫正義與軟銀機器人

資料來源：https://www.limitlessiq.com/news/post/view/id/1523/

資料來源：https://www.roboticschina.com/news/201706131101.html

Chapter 3

創意商機、創意行銷、創意產業及數位應用與數位創意產業

一、創意商機的來源與準則

二、網路的商機潛力

三、如何推銷創意？

四、創意行銷

五、創意產業及數位應用

六、數位創意產業

七、創意應用小故事

一、創意商機的來源與準則

(一)創意商機的來源

2000年以後知識經濟時代來臨，知識經濟時代打破科技與文化的藩籬，創造新的創意與商機。在這一波產業革命中，企業或個人從組織到產品與服務更加知識導向（吳明璋、陳明發，2004）。創新、創意等智慧資產成為企業獲利與競爭力的重要來源，智慧資本成為知識型產業的主要價值來源，尤其在全球製造外包盛行下，當時許多學者提出企業的實體資產將大幅減少，而無形資產，特別是智慧資產將越來越重要。經過十年的發展，智慧資產的重要性確實日益提高，有些甚至取得專利、著作權、商標等智慧財產權的法律權益，但基本上這些權益主要是作為市場競爭的用途（如攻擊或保護）、交易的用途（如授權、移轉），或作為吸引外部投資者（如創投VC、個人投資天使Angel，或其他公司的併購）。再從世界潮流與趨勢來看，企業價值創造的驅動力已經從專利與科技研發，朝向更寬廣的創新模式拓展，如服務模式的創新，以及包含各行各業的創新，如文創產業或其他服務業。但不論是何種創新，最終還是要回歸對企業價值創造的貢獻，這也是最關鍵的部分（杜英儀，2010）。

一個從知識經濟到創意經濟的新時代已然來臨。隨知識創新及文化積累，近年來，創意日漸成為經濟核心動力，創意經濟已被世界先進大國認定為未來繼資訊經濟後，下一波主導經濟與社會之力量。創意必須有機會被彰顯出其經濟價值，方能發揮強大的經濟實力。文化創意產業以文化為底蘊、創意為核心，是具有附加價值高、從事人員多樣化、結合人文素養與文化特色的高產值產業，正是台灣永續經營邁進文化大國的最佳策略（陳德富，2014）。虞孝成（2009）針對創意商機的來源提出以下重點：

◆創業的理念

夏普（SHARP）創辦人九歲輟學，探索如何可以不必削鉛筆？發明「自

動鉛筆」，歐姆龍自動控制公司的理念：任何流動的事物都需要被控制，達到流得快、有效率的目標：工廠中氣體、液體、固體流動；公路鐵路中人與車流動：車流控制器、自動售票機、自動驗票機；金錢流動：ATM。YKK——世界最大拉鍊公司，何以必須用會刺激肌膚的冰冷尖硬鉛銅製作拉鍊？發明尼龍拉鍊。山葉YAMAHA戰後看到美國經濟復甦繁榮、休閒旅遊發達，相信日本亦將走上相同趨勢，投資鋼琴、小提琴、鋼琴教室、摩托車、遊艇……，用實驗設計的方法測試各種木材產生的音質。美國Miliken地毯公司首先開發出像地磚一樣的拼裝地毯。

◆探索消費者使用產品的情況與目的

相機廠商努力開發更高性能的機種，但是，消費者使用相機的目的是什麼？

深入調查分析消費者沖洗的相片，發現：經常操作錯誤，例如焦距、曝光時間、快門速度等問題，以及閃光燈忘記帶、十二張軟片未照完就沖洗、二十張軟片希望再擠出一兩張、三十六張會拖幾個月才沖洗……。

◆製造商與經銷商的網路關係

Toyota經銷店、東元電器行、星巴克咖啡館、中立的經銷商、電腦賣場、網際網路入口網站協助搜尋產品、比較價格、訂旅館、機票、買汽車、家電、買書，成為供應商和經銷商之間的「橋樑」，提升交易效率、降低交易成本，提供消費者省時省錢的價值，壓縮經銷商和製造商的利潤。

製造商強勢：決定給誰賣，不給誰賣；經銷商強勢：決定賣誰的貨，不賣誰的貨；可能向上垂直整合，賣自己的貨（例如Walmart）；經銷商推銷關係企業的產品，會引起其他製造商和顧客的疑慮；經銷商對各家製造商應保持中立的立場嗎？利潤不同呀？Nokia和Motorola「不准」中國手機經銷商賣大霸的手機。

◆資訊流通的類型

1.大眾資訊給大眾消費者，實體運送：報紙。

2.大眾資訊給大眾消費者，廣播傳送：電視廣播、衛星廣播。
3.小眾資訊給小眾消費者，廣播傳送：Narrowcasting、有線電視。
4.小眾資訊給個人使用者，Internet：Pushing。
5.個人資訊給小眾消費者，Internet：Blog。
6.個人資訊給個人使用者，Internet：E-mail、Skype。

◆保險單和金融商品的銷售方式

過去保險項目少，金融商品選擇少，藉由「親切的」推銷員向顧客推銷，WTO後可以購買全球的金融商品，需要「專業的」理財顧問，消費者可以上網，自己搜尋最適合的金融商品，推出自助餐式的「DIY壽險」，網際網路讓採購者更能決定要什麼，不完全競爭的市場也是如此嗎？

◆為什麼日本缺少成功的新創事業？

日本今日之大企業如同過去之藩鎮，人民效忠郡主，郡主照顧衣食，離職員工忠貞度不及格，操守與能力受懷疑，不獎勵個人英雄，團體以和為貴，創投、銀行、社會給予新創事業的支援不足，大財團盤根錯節、關係糾纏不清、不易淘汰沒效率的企業。

◆第二名企業的商機何在？

當交通不發達、資訊不流通，各個分隔的市場都有其Captive Clients，在網際網路中沒有市場區格，每個消費者都能買到最好的、最便宜的商品，每個人都能買補習班第一名師上課的DVD，誰要買第二名老師的DVD？老虎伍茲的高爾夫教學DVD熱賣，誰會為了省幾塊錢去買亞軍出的DVD？

◆投資上市公司和新創公司之差異

都是持有其股票，上市公司產品銷售、營業額與獲利均已上軌道，變數較少，新創公司除了事業理念吸引人外，其經營能力與獲利潛力尚未經過檢驗，未來變數大。

◆企業否定自己而後重生

先要能否定自己，從過去的輝煌中走出來、理性地切割取捨才可能重生，IBM否定自己在電腦硬體的龍頭地位，轉型成為軟體、業務解決方案諮詢顧問服務公司；GE的Jack Welch否定其在電機領域的地位，轉型進入金融、媒體（NBC）、不動產、核能、飛機引擎、工程用橡膠、資訊與通訊等各種賺錢行業；Nokia放棄其他事業決定進入行動通訊市場。

(二)創意商機的準則

「為什麼不可以？為什麼沒有一個可以讓家長和孩子玩成一片的地方呢？」迪士尼創辦人華特．迪士尼說道。為什麼幼稚園不能與老人院合在一起？為什麼不允許受刑人養寵物？虞孝成（2009）提出創意商機的準則如**表3-1**。

二、網路的商機潛力

網路對物流、資訊流和金流的影響，郵政網路、電信網路、有線電視網路、媒體網路、Internet網路、運輸網路，流通的方式應持續改進，流通的效率應持續提升，網路的科技突飛猛進，網路的應用日新月異，網路把世界的距離縮短了，障礙弭平了。虞孝成（2009）提出網路的商機潛力如**表3-2**。

三、如何推銷創意？

以謙虛的語氣，尋求指導協助——我有一個不成熟的構想，希望你給我些指導。大多數人樂於接受一個新的構想，如果那是經由他們發起、參與、改進的，Making other people champions of the idea. NIH（Not Invented Here）complex.推銷一個構想最上策是幫助人們主動需要它（虞孝成，2009）。

表3-1　創意商機的準則

準則	內容
機會存在於現況的缺點	購書者覺得傳統書店的缺點是找不到想要的書，感到無力和挫折，不適合想要買書的人。傳統書店的優點是方便瀏覽、翻閱、感受到書的氣氛、人的親切、音樂的優美、咖啡的香味，適合不想買書的人。
向自然界學習，以生物為師	動物會挑一些藥草治病，向鳥學飛，向魚學習游泳，仿生學（Biomimicry），流線型造型的由來。
將功能自形式中抽離	醫生必須在病人面前才能看病嗎？看病是功能，面對面是形式，買書一定要上書店嗎？買書是功能，書店是形式，求知一定要上學嗎？教室一定要在學校嗎？（Choo Choo Classroom），老師一定要是人嗎？我們的目標是達成功能，形式是應該持續更新的，禪師說：「佛祖是什麼？」。
線上下載軟體的業務	節省經銷商的佣金、運費、磁片成本、包裝成本、說明書的印刷費、存貨成本，開發人員、客服人員在家上班，辦公室租金也省了。
將問題化整為零	有些問題過於龐大複雜，不知如何著手，將問題拆開為許多小部分，有些可用現成的解決方案，其餘的關鍵就是最值得投入之處，萊特兄弟解決設計飛機的三個問題之一，機翼，動力，飛行中的平衡和控制。
改善界面的機會無窮	改善人和機器的互動，Graphic Interface、Menu Driven；改善人和人之間的互動，E-mail、Chat、User Group；改善公司和人之間的互動，Call Center、User Profile；改善公司和公司之間的互動，Supply Chain、E-commerce。
逆向思考	保險理賠為什麼必須那麼久？保險公司推出「碰撞剋星廂型車」（Crash Busters），內附一切辦公設備，開往受保車所在之處，估價之後立即開出支票理賠；汽車修理保養廠設立於機場附近，提供接送服務（適合與租車公司合作）；樂團同意樂迷在現場錄音／錄影；某電視台提供摸彩對獎，競爭電視台即時播放中獎號碼。
聯想、靈活、彈性	「特氟隆」化學鈍性很高，何不做不沾鍋？「威爾鋼」原是打算治療心臟病的藥；打麻將每摸一張牌都應調整新的策略。
從歷史中學經驗	日本人均GDP在1976年達到5,000美元，鋼琴、小提琴銷售成長，補習班流行、旅遊熱門；中國沿海城市人均GDP接近5,000美元，什麼行業會快速成長呢？
尋找市場的空隙	大前研一無校舍研究所，衛星廣播，固網回傳，雙向教學，數位教學，教材內容可以累積重複使用，只招收十至二十年以上經驗的企業菁英，訓練他們面對現代經營挑戰的能力，適合在職商務人士修習。

（續）表3-1　創意商機的準則

準則	內容
從顧客的角度而非業者的利益思考	美國各大航空公司都以Hub為城市之間旅客交通的轉運站，優點：增加每班次的載客率，缺點：增加旅客轉機的不便和旅程時間。美國在1971年解除對航空事業的管制，開放航線競爭，西南航空公司開闢中型城市之間的直航班機，控制低成本、陽春服務，但是票價折半，刺激需求成長。
整合	整合各別單區有線電視成全區有線電視網，增加節目議價能力，獲得全國廣告，整合各自獨立的傳統零售商店成為宅配系統的收／取貨中心。
專精	地面廣播電視台節目包括新聞、體育、綜藝、電影……有線電視普及之後，觀眾可以收看的頻道數增加，泰德．透納（Ted Turner）在1980年創立CNN有線電視二十四小時美國國內新聞專業頻道，1985年拓展國際新聞頻道，其他國家有線電視不如美國普及，和大飯店簽約，自衛星接收即時國際新聞，1991年波灣戰爭，CNN提供即時新聞，聲名大噪。

資料來源：虞孝成（2009）。

表3-2　網路的商機潛力

潛力	內容
金融的商機潛力	網際網路讓全球的資訊與金錢瞬間流通，世界各地的金融商品五花八門，上網都買得到；基金經理人的服務全球化，WTO法規強制各國開放金融市場，過去靠製造產品銷售國外賺錢，如今可以用資金到世界各地去賺錢，且更靈活、更迅速、獲利更在彈指之間，全球金融商品，適合透過網路提供諮詢。
法規管制鬆綁的機會	民營化、自由化、解除管制、取消合併限制；WTO開放各國市場自由競爭，電信、金融、保險、教育、運輸、媒體。
科技改變商業模式	衛星電視與網際網路打破傳統銷售通路的壟斷；Wireless LAN vs. Wired LAN；USB vs. RS232；iTune單曲銷售vs.整片CD銷售；Skype vs.國際長途電話。
共用重複的功能	客廳中電視機與音響都有喇叭；PC與Printer中都有CPU；辦公室PC只在白天用，家中PC只在晚上用；共用電視機螢幕與影像電話螢幕。
將多種功能整合	洗車手套與洗車抹布整合；擦鞋油與擦鞋刷子整合；指甲剪與放大鏡整合；洗潔精整合於拖把桿內；Projector整合PC CPU & Powerpoint軟體。
將既有商品組合成新商品	電視機＋數位時鐘；電視機＋錄放影機；PC＋Projector；腳踏車＋馬達；手機＋MP3＋照相機；手機＋電子錢包＋提款卡＋信用卡＋存摺。

（續）表3-2　網路的商機潛力

潛力	內容
為特殊對象製造特殊商品	籃球鞋、網球鞋、足球鞋、慢跑鞋、扁平足鞋、透氣鞋、排汗鞋、除菌鞋、不同走路姿勢習慣者穿的鞋……滿足特殊嚴苛需求的挑戰更艱難，因此可以促使自己技術提升，一旦能開發出滿足特殊需求的解決方案，將能更廣泛地滿足廣大消費者的需求。
出賣某些行業不願示人的祕密	Family Royal將上千個律師函和契約範例燒於光碟販售，定價98美元，賣出超過一千萬片；Quicken報稅軟體光碟搶走了許多會計師的業務；魔術祕笈、堪輿祕笈、食譜、習題解答。
擴張業務範圍	Federal Express店鋪除了接受包裹，開始提供以下服務：代客包裝、計時上網、列印、影印放大、包裝紙／卡片、通俗書籍……；書店賣咖啡、賣畫、賣禮品、賣CD/DVD……；咖啡店賣咖啡壺、咖啡杯、咖啡豆、禮品……，銀行＋保險＋證券投資，服務項目增加、消費者投資的選擇增多，業者提供服務的成本降低、效率提升。
為大企業執行其非核心業務	大企業人事負擔重、管理層級多，作業流程效率低；小企業執行某些事務有其利基，在全球垂直分工的價值鏈中找到定位。
瞄準大企業的缺失	Compaq瞄準IBM只重視大型電腦主機的盲點；大汽車廠引擎的能源效率低；醫療保險的費用過高；通訊的費率過高；郵局、鐵路局以及公營市業提供的服務多樣性不足、彈性不足、效率不足、費率太高。
斷臂求生(cannibalization)	PLUS一向批發文具給文具店，成立「明日來」子公司，以郵購模式和母公司爭奪文具店客戶，也銷售競爭者的產品，成為日本最大的郵購事業。
轉移焦點重心	墨西哥水泥市場一向以重量為計價單位，利潤微薄，然而，顧客更重視準時送達，Cemex以準時配送為其競爭差異化策略，資訊、後勤、運輸系統創新，營業模式、業績指標、獎勵制度跟著變更，併購沒有競爭力的對手加以改革，成為全球第三大水泥公司。
尋找先期指標	利息低、債市吸引力差、股市表現較佳，貸款負擔輕、房市熱絡、換房者多，建築師事務所接案少、新建大樓少，則未來三、五年完工的新大樓必定少。
增加所有業者的利益	日本黑川溫泉允許遊客進到任何一家溫泉旅館去泡湯，增加溫泉區全體業者的價值，範疇經濟的效益，策略聯盟、擴大產品線。
以世界觀來構想	在網路的時代，商機不再是先從本國市場再擴大到區域市場，然後才拓展至全球市場，必須在開始時就設想顧客來自全球、有相同的需要；在世界上最適合生產的地方製造，與具備全球銷售、全球配送能力的業者當夥伴，eBay、UPS；不需要大資本也能做的生意，百貨公司未建之前向承租專櫃業者先收未來十五年的租金；授予業者收過路費的特權，政府以BOT方式建設公路；代理國外產品，仲介賣方與買方；「石頭湯」中出石頭者的貢獻（歐洲傳說，傳達打開心門與人分享的真理），全球化之下的本土化商機。

（續）表3-2　網路的商機潛力

潛力	內容
網際網路事業應以全球無疆界市場為目標	願景明確，深度，速度，各地區因語言和文化差異，形成本土化的商機；Yahoo靠提供本土化新聞在世界各地立足，在日本搶在eBay之前占領拍賣市場，奇摩是台灣最早的入口網站，所以被Yahoo併購；博客來成為台灣網路書店；iTune在美國成功，Napster搶占日本音樂下載市場；YouTube在美國影像下載市場成功，在台灣趕快起跑；複製好創意到其他市場實施，珍珠奶茶在台灣流行，在美國中國人多的商場也賣珍珠奶茶；在新竹賣上海湯包、西安水餃、新疆烤羊肉串、美式冰淇淋……；到上海開婚紗攝影、沙龍攝影。
改變空間距離觀念	時間距離：高鐵新竹—台北只要三十分鐘；直飛後上海—台灣只要一個半小時。 費用距離：大陸工人800元人民幣，台灣工人20,000元台幣以上。 合約限制之外的空間：獲得迪士尼在台灣地區的授權只能在台灣市場賣，對吧？拜訪其他國家獲得迪士尼授權的廠商，何不省下開模製版費用？何不省下製造的成本和時間？現成的產品在此！下單貨就送到！一各國家，一個代理，一個價錢。
Intangible Value of Tangible Products	一般帆布業務員到小店去推銷一片10,000元的帆布，匹歐匹董事長林國清到工地找建商，一片100,000元的帆布送給你，讓我做廣告，衛浴設備廣告收入百萬元。
尋找新的商品功能	人體平面解剖圖一向賣給學校作為教學之用，設計人體立體解剖圖做成各種禮品，供藥廠送給醫院、診所、醫生公關之用。
物極必反	華爾街M & A諮詢服務是最高報酬的代表，一向是大型投資銀行的天下，在西方資本主義獎勵制度下，逐漸變成唯利是圖的冷血動物，安隆案之後，美國不允許會計師事務所同時提供諮詢顧問服務，日本財務諮詢顧問渡邊章博因受客戶倚重，離開KPMG創立GCA併購顧問公司。

資料來源：虞孝成（2009）。

Motive商業洞察（2015）提出五種有創意並且有效的促銷方式的思考路徑：

1.成本偷換：大量採購低價禮品＋禮品增強需求＋禮品刺激回購（可選）。

2.跨界置換：找相同目標顧客品牌跨界合作＋產品成本價置換＋推出限量合作版。

3.產品免費送：免費送試用裝＋回購賺錢／升級賺錢。

4.一箭雙鵰：為意見領袖狠打折＋蒐集傳播素材＋後續炒作提升品牌。

5.截胡：顧客以競爭對手宣傳素材為憑證可享受我方優惠。

四、創意行銷

研究創意行銷的理由有三點：(1)創意行銷提供大多數的新就業機會；(2)強大力量——政府政策、社會變動、商業趨勢、資訊科技的進步與全球化正改變行銷市場；(3)認識創意行銷有助於個人競爭優勢。創意行銷概念及其定義：普遍上都涉及時間相關的表現以對接受者或接收者負有責任的資產達成預期效果；顧客預期由商品、勞務、設施、環境、專業技能、網路、系統的使用獲取價值，以彌補金錢、時間、心力與體力的花費。創意行銷賦予產品動人故事，獨闢蹊徑，例如La New，策略性思考融入創意裡，以消費者需求為主，掌握天時地利人和，激發消費者注意。例如eBay，逆向思考突圍，強調單一特質，營造顧客群價值。創意行銷好點子——創意產品增加實質價值。創意行銷相對於商品具有獨特的行銷挑戰，需要擴充行銷組合，包含8Ps而非傳統行銷4Ps，整合行銷、作業、人力資源三大管理功能。發展有效的創意行銷策略之架構圖如**圖3-1**（周逸衡、凌儀玲、劉宜芬譯，2012）。

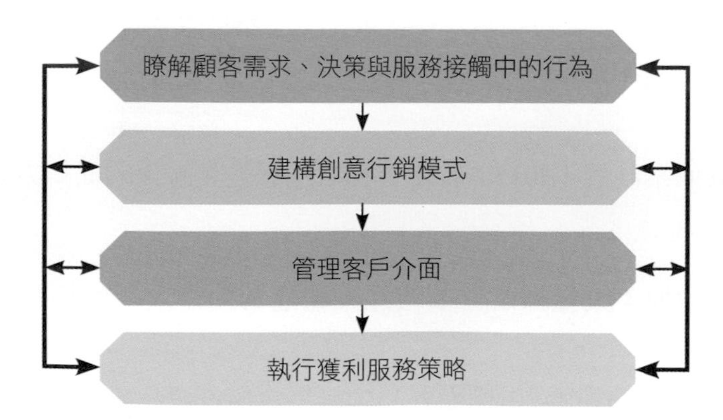

圖3-1　發展有效的創意行銷策略之架構圖

資料來源：周逸衡、凌儀玲、劉宜芬譯（2012）。

五、創意產業及數位應用

(一)創意產業

目前在世界上推動創意產業最具成效者，主要為英國。英國被世界各國公認是全球最早提出國家級「創意產業」政策的國家。英國在1997年由工黨的首相參選人布萊爾提出創意產業的概念，隨即於同年成立「創業產業任務小組」，並將「創意產業」定義為：「起源於個體創意、技巧及才能的產業，透過知識產權的生成與利用，而有潛力創造財富和就業機會。」英國將創意產業分成十三大類，包括：廣告、建築、藝術及古董市場、工藝、設計、流行設計與時尚、電影與錄影帶、休閒軟體遊戲、音樂、表演藝術、出版、軟體與電腦服務業、電視與廣播（夏學理等著，2011）。

對於英國而言，「創意產業」的定義是為：「起源於個體創意、技巧及才能的產業，透過知識產權的生成與利用，而有潛力創造財富和就業機會。」至於六年國發計畫中的「文化創意產業」，則是被定義為：「源自創意或文化積累，透過智慧財產的形成與運用，具有創造財富與就業機會潛力，並促進整體生活環境提升的行業（夏學理等著，2011）。

(二)數位應用

九年1,700億！行政院通過「數位國家．創新經濟」發展方案——「數位國家．創新經濟發展方案（2017～2025年）」（DIGI+），除了將以首年110億台幣投資基礎建設、數位人才、城鄉、經濟與科技，並希望在追求數位經濟高速成長同時，兼顧數位人權與開放資料等方向。行政院會第3524次會議於今日通過「數位國家．創新經濟發展方案（2017～2025年）」（後簡稱DIGI＋方案），將主要由科技政委吳政忠與數位政委唐鳳督導「數位通訊傳播法」及「電信法」修正案；並計以2017年110億台幣，並以逐年增至200億台幣的預算規模，推動國家未來產業、社會發展的重要關鍵性工作。輔以

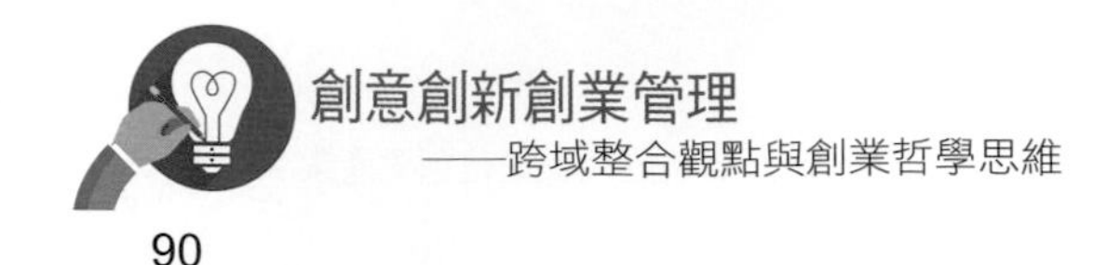

法規調適與預算投資，希望可以擴大台灣數位經濟規模、提升網路頻寬並確保國民數位近用的基本權利，以提升台灣資訊國力作為主要目標（James Huang, 2016）。

林全內閣的行政院科技會報在本日（2016年11月24日）推出的「數位國家．創新經濟」方案，主要是接替已經延續十五年的「國家資通訊發展方案」。自2002年起，行政院的國家資訊通信發展小組（NICI）通過了台灣第一個主要推動國內資通訊建設發展的政策——「國家資訊通信發展方案（2002～2006年）」，一般讀者所熟知的「數位台灣（e-Taiwan）計畫」、「行動台灣（M-Taiwan）計畫」皆主要包含其中，並整合成為新十大建設的一部分。陳水扁政府後期，政府接續通過了「國家資通訊發展方案（2007～2011年）」，主要推動「發展優質網路社會（u-Taiwan）」計畫，後被馬英九政府整合為愛台十二建設。馬英九政府於2011年接續通過「國家資通訊發展方案（101～105年）」，成為「智慧台灣（Inteligent Taiwan）計畫」的一部分，隨後由毛治國內閣任內提出了「創意台灣ide@Taiwan 2020」，希望推動台灣在2020年全面數位化（James Huang, 2016）。

「國家資通訊發展方案」，是過去十五年台灣政府具體推動資訊、通訊建設最重要的發展綱領，行政院科技會報在今日行政院會所提出的「DIGI+方案」，主要推動重心從硬體或網路覆蓋率與頻寬等建構有利數位創新的基礎建設（DIGI+Infrastructure）與智慧城鄉（DIGI+Cities），移往人才、人權、數位服務經濟、產業面擴展，重點方向包括培育數位創新人才（DIGI＋Talent）、支持跨產業數位創新（DIGI＋Industry）、重視數位人權、開放網路社會的先進國家（DIGI+Right），並連結台灣在全球數位服務經濟的地位（DIGI+Globalization）（James Huang, 2016）。

(三)快速拉動數位經濟的同時，期待弭平數位落差

科技會報引用台灣近年在世界經濟論壇（WEF）的全球資訊科技報告（The Global Information Technology Report），台灣從2012年的全球國家／經濟體總體排名11名跌落至2016年的19名（**表3-3**）。報告建議，台灣需要

表3-3　世界經濟論壇（WEF）全球資訊科技報告排名

IC指數排名	2012	2013	2014	2015	2016
總體排名	11	10	14	18	19
整備（Readness）	14	17	7	2	2
使用（Usage）	14	15	17	22	16
影響（Impact）	3	6	7	15	20
環境（Environment）	24	24	25	28	29

持續在數位國力方面，在全球競爭中維持並精進ICT相關環境、使用、整備與影響的整體排名水準（James Huang, 2016）。

為期約九年的「數位國家．創新經濟」方案，期待透過友善法治環境、培育跨領域數位人才、研發新數位科技等三項數位國家基磐政策方向指引，有利於數位創新的基礎環境，具體推動數位經濟、數位政府、網路社會與智慧城鄉等創新生態。其上則配合蔡英文政府原有5＋2創新產業政策：「亞洲矽谷」、「生技醫藥」、「智慧機械」、「綠色能源」、「國防安全」與新增的「新農業」與「循環經濟」，具體推動數位金融（Fintech）、虛實整合（O2O）、開放資料（Open Data）等相關應用，孕育創新活躍的數位國力。透過DIGI+方案，政府希望推動台灣高速寬頻服務，從2015年90% 100 Mbps的覆蓋率，提升至2025年的2Gbps（頻寬成長為二十倍），並保障全台弱勢家戶的保證頻寬在2025年達到25Mbps。唐鳳特別強調並提醒，政府在推動高速寬頻覆蓋率的同時，需要確保所有台灣國民都有網路、數位近用權利與能力，否則在追求高速發展的同時，會造成公民間分別不同成因，而有更大的數位落差（James Huang, 2016）。

(四)特別重視軟體、資訊科技與人才培育

綜觀本次「數位國家．創新經濟」方案與前述「國家資訊通信發展方案」最大的差別，主要在行政院科技會報層級，將資訊領域的軟實力提升至與硬體建設、硬體產業同樣的政策高度來進行預算分配與投資。透過DIGI+的政策宣示，台灣政府首度將「網路服務」、「資訊安全」、「軟體設計」

圖3-2　「數位國家．創新經濟」發展方案預計培育數位人才

資料來源：行政院新聞傳播處提供。

產業，提列為與「半導體」、「晶片設計」、「ICT設備」等產業同一重視水平的數位創新生態系（James Huang, 2016）。

DIGI+方案中所要投資的數位人才，也從台灣原本產業中強調「晶片與系統硬體設計」等，增列「網路服務」、「電子商務經營與行銷」、「測試與品質管理」、「資通訊系統與軟體」，並首度列入新興科技：「資訊數據分析」、「人工智慧」（Artificial Intelligence）、「擴增實境」（VR、AR）、「區塊鏈」等人才培育與數位職能項目。數位人才政策中，也首度列入政府過去少見希望深耕相關國際數位社群，並吸引全球人才等方向（James Huang, 2016）。

(五)數位互動生活應用

從電腦走入家庭開始，數位資訊就與我們的生活越來越密不可分，大家熟知的www從出現到目前也不過只有五千多天，卻已經成了多數人每天生活的一部分。由於硬體與軟體的發展快速，許多「類比」的物品開始「數位

圖3-3　行政院會提「數位國家．創新經濟」發展方案（2017-2025年）簡報

資料來源：行政院科技會報辦公室（2016），「數位國家．創新經濟」發展方案（2017～2025年）報告。

化」，小到手錶，大至汽車，我們早已生活在數位時代。而「互動設計」近年來不斷出現，牽涉到跨領域的結合，包括產品設計、藝術設計、數位媒體設計、資訊科學、認知心理學、人因工程、軟體工程等。互動設計在不同時期與不同領域中有不同的涵義，在這裡是指設計互動產品支援人們的日常生活及工作，讓使用者能夠改進工作、溝通與互動的方式（陳俊瑋，2012）。

利用影像辨識達到互動的目的，完全是基於現今處理器的高速運算能力。而影像辨識技術，除了能夠辨識肢體動作外，還可以有像是目前數位相機的「人臉辨識」功能，或者結合虛擬實境做如軍事、醫學上的應用。也許未來的電視可以完全拋棄複雜按鍵的遙控器喔！就娛樂產業的革命來看，生活中的食衣住行如何搭配人類與生俱來的聽、視、嗅、觸、味覺五感，創造更便利的數位生活，也逐漸成為重點。針對家用娛樂主機，已經有人提出利用脈博、呼吸來操控遊戲的想法，甚至已有實驗證明可以利用腦波訊號來操控電腦。或許現階段仍無法像科幻電影般神奇，但許多早年提出的互動概念已經慢慢成形，並非只是空談（陳俊瑋，2012）。

另外，真實與虛擬整合概念的第一種方式是「可觸式的位元」，指整合運算並擴增於真實環境中，也就是說，透過數位資訊和真實物件的結合，支持人的日常活動。例如，真實環境下利用樂高積木進行拼裝，而數位虛擬世界也把資訊傳遞至電腦並同步組裝。第二種方式是「擴增實境」，是把虛擬影像疊加在真實設備或物件上，早期的「數位桌面」便是利用攝影機和投影機，把辦公室物品如書本、檔案、文件、紙張等虛擬和真實物件融合在桌面上。近幾年來，擴增實境大量運用在把3D模型結合實境，以及利用座標定位使虛擬資訊與空間結合（陳俊瑋，2012）。

六、數位創意產業

何文雄（2008）對數位內容產業與數位創意產業的定義及範疇如下：

(一)數位內容產業的定義與範疇

數位內容產業的定義是指將圖像、字元、影像、語音等資料加以數位化並整合運用之技術、產品或服務。其範疇是指各類遊戲軟體（電腦遊戲、線上遊戲、遊戲機）、動畫影片、各類數位內容製作與多媒體應用軟體、各類行動應用服務（如手機簡訊、股市金融即時資訊）、各類網路多媒體應用服務（透過網路傳輸各類數位化的電視／電影／音樂／廣播／互動節目等數位影音內容）以及數位學習、數位出版、數位典藏等。

(二)數位創意產業的定義與範疇

數位創意產業的定義是指運用資訊與網路科技來驅動創意產業的創造、流通與加值，及以各種數位型態的媒材與內容（如影音動畫、電腦遊戲、行動多媒體、數位藝術等）來提供服務與經營的產業綜合體。其範疇（應用類種）是指視覺藝術、音樂與表演藝術、文化展演設施、工藝、電影、廣播電視、出版、廣告、設計、數位休閒娛樂、設計品牌時尚、建築設計、創意生活等共十三項產業。另一範疇（媒材及服務）是指影音動畫、電腦遊戲、行動及網路多媒體應用服務、軟體設計及服務、數位學習、數位藝術等。

(三)全球的創意經濟趨勢

全球的創意經濟趨勢如下（英國文化媒體體育部，2001；日本數位內容白書，2006；台灣文化創意產業推動辦公室，2006；台灣數位內容產業白皮書，2006）：

1.英國的創意產業是全國第二大產業，其產業規模已超過2,230億美元。
2.日本的內容產業，包括動漫畫及影音、遊戲產業，已達2,100億美元，僅次於汽車產業。
3.中國大陸文化產業的市場規模已達到2,200億美元，近年來平均成長率超過25%，占大陸GDP 2.1%。
4.美國目前有3,800萬名創意階層；英國則估計，在未來十五年內，創意產業的產值將達6兆多美元，成為全球最大的經濟動力之一。
5.台灣文化創意產業營業額在2005年為180億美元，年平均成長率約為7.5 %；台灣數位內容產業2006年產值約103億美元，較2005年成長17.6 %。

(四)數位創意產業重要性（何文雄，2008）

◆經濟目的

1.提升我國高科技製造業的創意與設計加值。
2.加速傳統產業與科技化產業的創新與整合。
3.引領台灣策略性服務業的生活與時尚主流。
4.凝聚數位創意產業新生態並激發其生命力。

◆社會意義

1.藉數位創意園區提升台灣觀光品質及價值。
2.塑造台灣創意園區所蘊育的國際品牌形象。
3.建構多元化藝文社區所帶動創意生活社會。

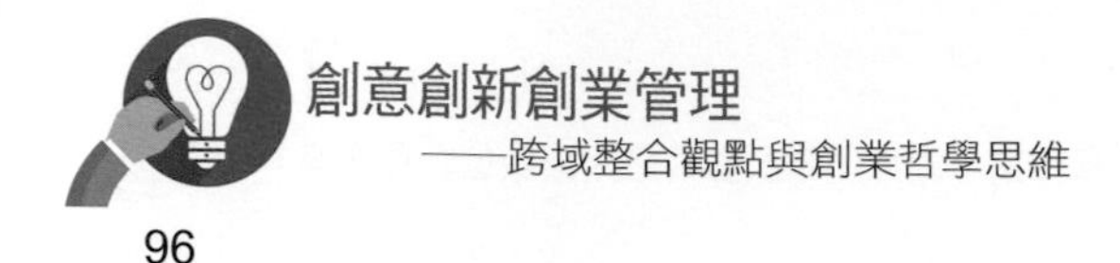

4.營造由台灣藝文美學所產生新的社會活力。

(五)一縣市e特色——結合區域特色發展（何文雄，2008）

1.台北縣：平溪天燈（數位典藏）。
2.基隆市：九份古城（3D/VR概念）。
3.桃園縣：石門活魚及新屋蓮園（行動內容）。
4.新竹市：科學園區（行動內容）。
5.新竹縣：客家文化（內容軟體）。
6.苗栗縣：木雕文物數位化（數位典藏）。
7.台中縣：兩馬文化觀光季（3D/VR概念）。
8.台中市：行動城市（線上學習／行動內容）。
9.南投縣：休閒產業數位化（行動內容）。
10.彰化縣：花卉博覽暨電子商務平台（內容軟體）。
11.雲林縣：咖啡文化與多媒體劇場（3D/VR及線上學習）。
12.嘉義縣：大阿里山休閒園區（線上學習／行動內容）。
13.台南縣：蘭花及台灣鯛等農特產（數位休閒）。
14.高雄市：電影博物館（3D/VR及數位影音）。
15.高雄縣：老濃溪及寶來溫泉等旅遊業（數位休閒娛樂）。
16.屏東縣：鮪魚季及風鈴季（數位休閒）。
17.宜蘭縣：童玩節（內容軟體）。
18.花蓮縣：賞鯨與石雕（線上學習）。
19.台東縣：太麻里及知本溫泉等觀光資源（數位休閒娛樂）。

(六)產業發展機會（整合數位內容）（資策會，2006）

1.電視動畫影集。
2.數位休閒娛樂。
3.華語數位學習。

4.數位影音匯流。

5.行動數據加值。

6.肖像授權商機。

7.網路創新服務。

8.區域特色產業。

(七)數位典藏加值——數位創意銀行之應用（資策會，2006）

數位典藏加值——數位創意銀行示意圖如**圖3-4**所示。

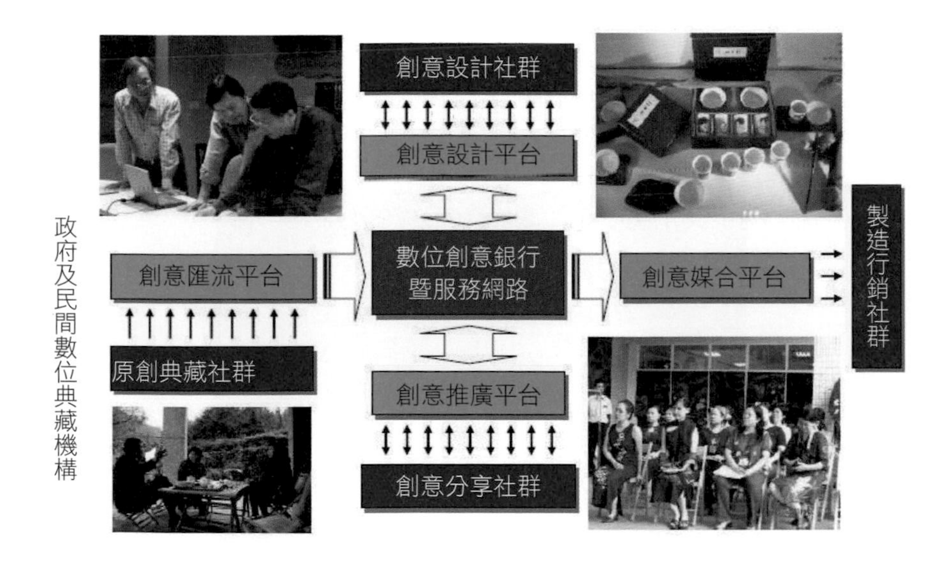

圖3-4　數位典藏加值——數位創意銀行

資料來源：資策會產業支援處（2006）。

(八)製造業（資策會，2006）

製造業經由蝴蝶攝影所萃取的紋路與色彩元素，再加以設計成為傳統創意型商品及高科技（3C）整合加值產品，如**圖3-5**。

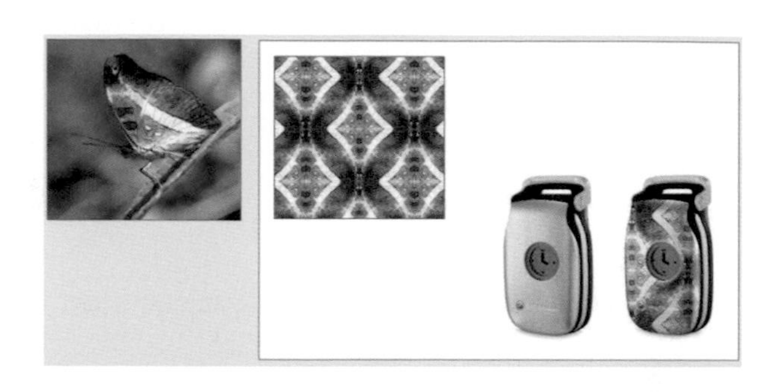

圖3-5　傳統創意型商品及高科技（3C）整合加值產品

(九)服務業（資策會，2006）

運用油畫原創作品之色彩與圖騰，再加以數位形式設計成為餐廳下午茶茶具之組合或企業之贈品套件，如**圖3-6**。

圖3-6　以數位形式設計成為餐廳下午茶茶具之組合或企業之贈品套件

(十)設計業（資策會，2006）

運用水墨畫家之原創作品，再加以數位形式設計、加值，應用在服飾、建材及室內外裝潢設計業，如**圖3-7**。

圖3-7　水墨畫家之原創作品應用在服飾、建材及室內外裝潢設計業

(十一)表演業（資策會，2006）

結合文學、水墨創作及音樂、舞蹈創作，成為一多元創作、多媒體形式之表演服務，如**圖3-8**。

圖3-8　多元創作、多媒體形式之表演服務

七、創意應用小故事

(一)QR Code最創意應用案例（36氪，2011）

QR Code已經越來越流行，不管是在星巴克玩互動遊戲，或是做成簡歷，都是眾多應用的其中幾種。這次帶你來看看，QR Code還有更多新奇的應用。

① 虛擬超市購物

韓國是世界上第二忙碌的國家，如何讓大家不需要逛超市就能買到自己想要的商品呢？Tesco有新招：Tesco在韓國首爾地鐵站架設了大幅的QR Code展示海報，讓忙碌的上班族用智能手機應用程序掃描後即可虛擬下單購物，不用到超市，也能快速購物，貨品可以快速配送到家。這樣創意的銷售方式，讓Tesco的網絡業績上漲了130%！

圖3-9　虛擬超市購物

② 與音樂互動

一個韓國嘻哈藝人Shin-B很有創意地運用QR Code，讓樂迷在看她的音樂錄影帶時，捕捉稍縱即逝的QR Code，藉以得知各種資訊，如關於她的Google搜尋結果與Twitter帳號。由於影片中的QR Code太難馬上捕捉到，因此你得不時暫停影片，這也達到了讓樂迷停留在影片更久的目的，實在很有創意！

圖3-10　韓國嘻哈藝人Shin-B運用QR Code，讓樂迷與音樂互動

③ 即時對牛仔褲按讚

如何把Facebook的「讚」帶到現實中來？在Diesel店裡，你只要用智慧手機對喜歡的牛仔褲旁的QR Code掃描後，就可以直接連接到Facebook上相應按讚的網頁，讓你的朋友馬上知道你現在在店裡愛上哪條褲子。

圖3-11　用手機對喜歡的牛仔褲旁的QR Code掃描後即可到臉書相應按讚

④ 吃的美味也要知道來歷

波士頓餐廳Taranta用QR Code讓顧客能馬上瞭解盤子裡的魚的來歷。讓你馬上知道這條魚在哪裡被捕捉到、何時捉的、何時被送到餐廳。感覺很適合塑化劑風暴下的台灣啊！

⑤ 創意藝術

最近有一個法國QR Code展覽，展出的所有QR Code作品都可以讓你掃描，瞭解製作該作品的藝術家資訊及其他作品。影片介紹網站如**圖3-12**。

圖3-12　創意藝術

(二)從生活中找創意

垃圾袋架，以實用功能和簡約外形，顛覆垃圾桶的老形象，充分利用超市塑膠袋，另外平板包裝設計降低了運輸成本，暫時不用的時候還可以方便收納。簡單實用的「好神拖」，一年三個月創十億元業績；雙傘結合的情侶傘，好用又浪漫；ㄇ字型曬衣夾；結合量腰圍的皮帶；賣吃的也要很有創意，如熊貓便當、小豬義大利麵、小貓咖啡，以及水果攤的創意擺設與價格促銷策略等，都是從生活中找創意最好的例子（**表3-4**）。

表3-4　從生活中找創意

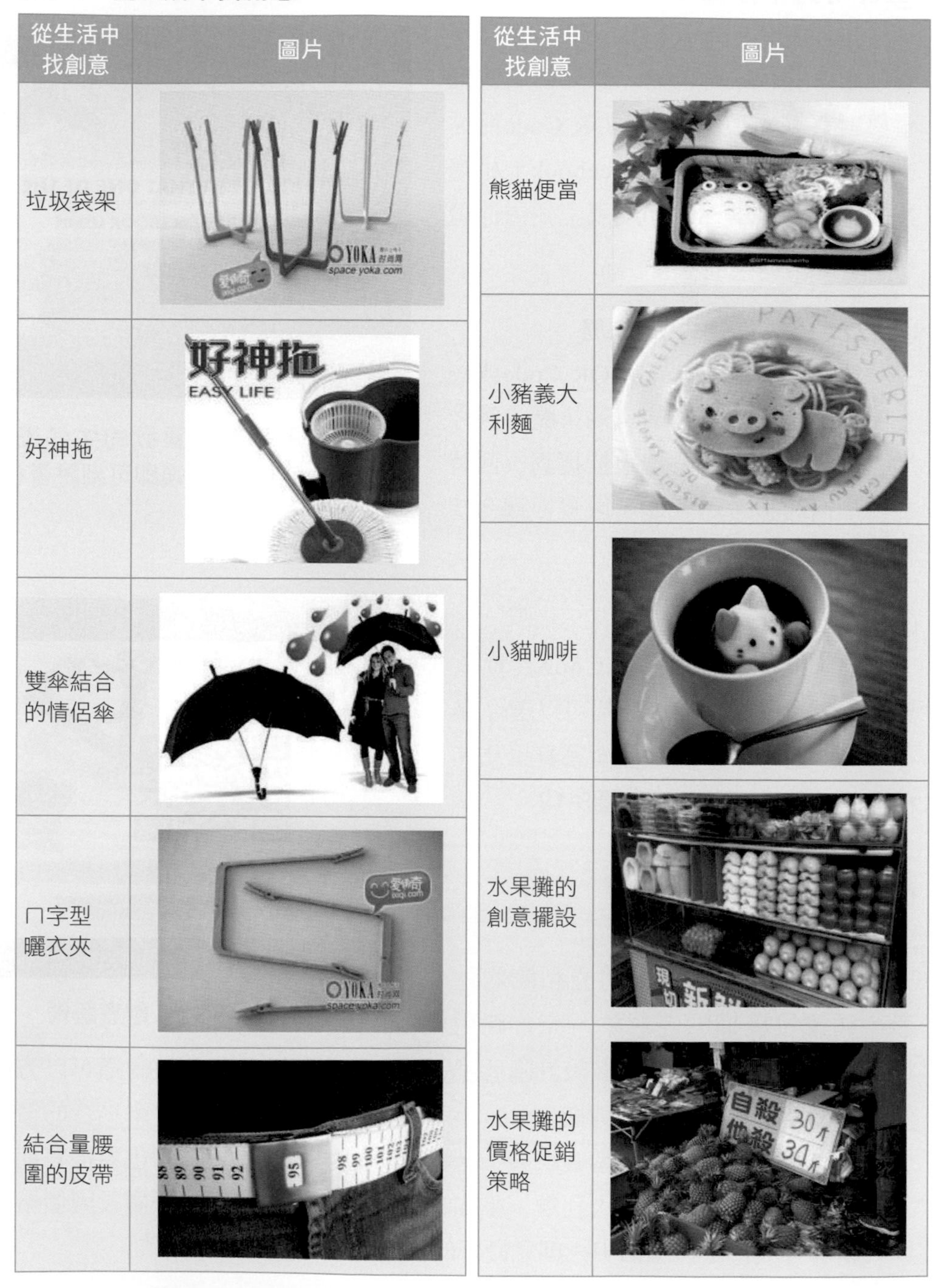

從生活中找創意	圖片	從生活中找創意	圖片
垃圾袋架		熊貓便當	
好神拖		小豬義大利麵	
雙傘結合的情侶傘		小貓咖啡	
ㄇ字型曬衣夾		水果攤的創意擺設	
結合量腰圍的皮帶		水果攤的價格促銷策略	

(三)實體滑鼠、鍵盤落伍啦！

奧丁（ODIN）結合光電與雷射相關技術，推出空氣鍵盤、空氣滑鼠，不管外在環境光線如何變化，都可以感應到手部動作，顛覆現有產品的使用規則（曾饕，2015）。

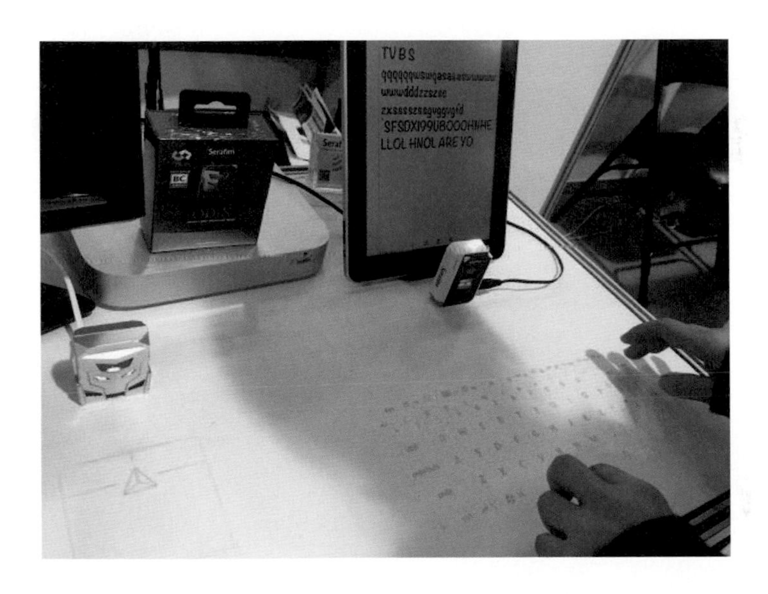

圖3-13　結合光電與雷射相關技術推出空氣鍵盤、空氣滑鼠

創新管理篇

創新定義、要素、動機與原則

一、創新的定義
二、卓越創新的要素
三、創新元素表
四、創新的動機
五、創新的原則
六、創新小故事

一、創新的定義

創新（innovation）≠創意（creativity）≠發明（invent）≠發現（discovery）

創新＝理論概念＋技術發明＋商業利用

MIT教授Ed Roberts指出，「創新是將知識體現、結合或綜合，以造就原創、相關、有價值的新產品、新流程或新服務」。

創新＝發明＋商業化

「發明」，係指產生以前未曾出現的人事物觀念等個體（entity）；「商業化」，係指能夠達成商業上的交易活動；「創新的核心精神」，係指改變主體的欲求屬性及客體的屬性最終來滿足主體的欲求（廖本洋，2007）。

創新是一種探索與犯錯的過程，沒有行動就沒有回饋，企業也永遠無法知道市場真正需求，企業需要冷靜的布局者，也需要強韌的行動者（何霖譯，2007）。美國產品發展管理協會（PDMA）前理事長Bob Gill說：速度不是唯一，更重要的是對的方向。找出方向是企業從事創新時最重要的一帖藥（廖志德，2004）。創新乃新的事物（有形物體）或是新的創意（無形點子）創造價值的過程（process），大前研一說：創新是指凡是在所有經營領域中未曾有過的思考方法或做法，皆可納入創新的範疇。而創新者乃看見生意與創意之源頭者。Wikipedia對創新的定義是：經由引進新事物，進而改變舊有事物的程序，並且創新通常會增加價值（add value）。創新就是讓創意（新點子）產生價值——最單純類型的價值就是「錢」（科技產業資訊室，2009）。

創新理論是美籍奧地利經濟學家熊彼特（Joseph Alois Schumpeter）1912年首先建立的，他在其代表作《經濟發展理論》中提出；創新是建立一種新的生產函數，是一種從來沒有過的關於生產要素和生產條件的新組合，包括引進新產品，引進新技術，開闢新市場，控制原材料的新供應來源，實現企業的新組織。根據幾十年來人類的實踐和理論發展，創新就是在有意義的時空範圍內，以非傳統、非常規的方式，先行性地、有成效地解決社會技術經濟問題的過程。該定義包括以下涵義（MBA智庫百科，2017）：

1.創新的目的是解決實踐問題，是一項活動。

2.創新的本質是突破傳統、突破常規。

3.創新是一個相對的概念，其價值與時間、空間有關。同樣的事物在今天看來是創新，明天可能是追隨，後天大多數人都接受了，可能就是傳統了。創新必須在一定範圍內具有領先性，有的是世界領先，有的是地區領先。

4.創新可以在解決技術問題、經濟問題和社會問題的廣泛範圍內發揮作用，它是每個人都可以參與的事業。

5.創新以取得的成效為評價尺度。有成效才能認為是創新，根據成效，創新可以分成若干等級：有的是劃時代的創新，例如，北大方正的漢字激光照排系統，淘汰了鉛字，使全國印刷業告別了對鉛與火等自然資源的依賴，結束了鉛與火對環境的依賴。有的不過是時尚創新，例如，電子寵物曾為廠商帶來豐厚利潤，但不久就失寵了。

(一)創新的定義

創新（innovation）的觀念最早是由Schumpeter在1912年所提出，透過創新，企業組織可以使投資的資產再創造其價值（鄭睿祺，2001）。中外學者對於創新所下的定義各因其觀點或研究重點的不同而異，以下將對於創新的定義進行探討，以釐清創新的意涵。**表4-1**是國內外學者對於創新所下的定義。

(二)創新的內涵

由以上資料之探討可以發現有些研究者是由產品的觀點來看創新。主張以具體的產品為依據來衡量創新；有些研究者則由過程的觀點來定義創新，認為創新是一種過程；有的研究者主張創新不應只是產品的創新或是過程的創新，而是以產品及過程的雙元觀點來定義創新；另外，有的研究者更從多

表4-1　創新的定義

學者（年代）	創新的定義
蔡啟通（1997）	指組織內部產生或外部購得的設備、過程及產品（技術層面）；以及系統、政策、方案及服務（管理層面）等之創新活動。創新來源可能是內部產生，也可能是由外部獲得。
吳思華（2000）	創新指的是將創意形成具體的成果或產品，能為顧客帶來新的價值，且得到公眾認可者。例如：經過專業審查在學術期刊刊登，並普遍得到共鳴的論文；在各項比賽中脫穎而出，受眾人矚目的各項創作；或是得到機構主管或內部成員共同認可的制度調整；以及經過市場考驗，被消費者普遍接受的新材料、新製程、新產品或新的經營模式。
馮清皇（2002）	「創新」包括了認知與行動，涵蓋了歷程與結果。
吳清山、林天祐（2003）	創新是變革的一種，它是一種新的觀念應用在增進產品、過程或服務效果上。是故，創新涉及到改變，但不是所有的改變都會用到新的觀念或產生顯著的改進效果。
林新發（2003）	藉由創意與轉化，形成或產出一種有價值的觀念、流程、技術、課程與教學、產品、服務、管理與文化，進而提升學校競爭力和永續發展的一種過程。
Thompson (1965)	新的觀念、流程、產品、服務的產生、接受和執行。
Freeman (1982)	創新是引進新的技術，推廣新的與改良化的產品或程序。
Tushman & Nadler (1986)	創新對企業而言，是指創造出新的產品、服務或製程，多數成功的創新是建立與累積有效產品和製程的改變，或是以創造性的能力將現有的技術、意念和方法結合。
Drucker (1986)	創新指的是「改變資源的產出」、「改變資源給消費者的價值與滿足」，即賦予資源創造財富的新能力，使資源能夠發揮最大的功效。創新不僅只有科學性、技術性、程序或產品，同時亦包含社會性的創新在內。
Gattiker (1990)	創新是經由個人、群體或組織的努力與活動，所形成的以新技術為基礎的產品或程序，其不同於現狀，同時會對資源的分配更有效率。
Porter (1990)	創新包括技術的改善和較佳的做事方法。創新可以增加產品的改變、製程的改變、開發新市場和新的行銷方法。
Brown (1994)	是在產品、流程、秩序上，以不同或更好的做法來增加附加價值或績效，又提出全面創新管理（Total Innovation Management, TIM），這不只關心到產品發展，同時也執行全組織的創意。
Amabile (1996)	創新是在組織內創意觀念的成功實現。
Pereira & Aspinwall (1997)	創新要有更廣的定義，企業流程再造（Business Process Reengineering, BPR）是與創新同意義的。

資料來源：修改自鄭睿祺（2001）。

元的角度來詮釋創新，主張將技術創新（包含產品、過程及設備等）與管理創新（包括系統、政策、方案及服務等）同時納入創新的定義中（林義屏，2001）。

綜上所述，創新應包含以下幾項內涵：

1.創新必來自於創意，來自於個人或組織的創意，或是沿用他人的發明，都是創新的基礎。
2.創新是落實創意的一種過程、行動和結果。
3.創新的目的在提升個人或組織的績效。
4.創新的項目包括技術創新（產品、過程及設備等）與管理創新（系統、政策、方案及服務等）。

二、卓越創新的要素

虞孝成（2009）指出卓越創新的要素包括以下五點：

1.深度（deep）：功能設想週到仔細，例如iMac（**圖4-1**）。

圖4-1　iMac

資料來源：https://www.techplz.com/apple-imac-2017-release-date-specs-kaby-lake-processors-three-color-options-oled-touchbar/175817/

2.使人沉迷（indulging）：讓人喜愛受寵若驚，例如iPhone（圖4-2）。

3.完整（complete）：思考周全審慎，例如iPad（圖4-3）。

4.優雅（elegant）：美觀高雅，例如iWatch（圖4-4）。

5.引人聯想（evocative）：喚起別人的創造力或愉快的經驗，例如VR（圖4-5）。

圖4-2　iPhone 8

資料來源：https://www.youtube.com/watch?v=cjdFcGYWvos

圖4-3　iPad

資料來源：http://www.macworld.co.uk/review/ipad/new-ipad-2017-review-3656385/

圖4-4　iWatch

資料來源：https://www.macrumors.com/2014/06/06/apple-iwatch-october/

圖4-5　VR

資料來源：http://technews.tw/2016/01/05/samsung-gear-vr-is-coming-taiwan/

三、創新元素表

一般人通常會將創新、創意、發明與發現等混淆，其實創新的最基本想法就是「新的事物（有形物體）或是新的創意（無形點子）創造價值的過程」。一個簡單的比喻就是「將創意變成新台幣」。換句話說，創新的組成元素中，第一個要有的就是有新的元素或是新的東西，第二個就是要能創造價值，而最基本的價值就是商業價值。從上述基本定義，我們可以將創新元素整理成**表4-2**。表中「小創意」即是在過去的基礎上所持續努力與最佳化的結果；「大創意」可以當成歷史上第一次的發現或是應用。「價值低」表示表示市場接受度較低，或是較小眾的市場需求；而「價值高」即表示具高市場占有率或是高市場拉力等。根據創意大小與價值高低，我們可以初步將**表4-2**區分為四個象限，並在四個象限中以一簡單實例表示（科技產業資訊室，2009）。

創新元素表的區分僅為示意，並未有嚴謹的定義。例如，我們認為多數的工程改良即是屬於小創意價值低的創新，而基礎科學發現雖然創意極高，但是並未經過商業化過程，因此通常價值不高或是價值並未充分展現。此外，我們認為，許多新的電子商務營運模式雖然知識含量並未太高（只是充分使用工具而已），但是由於創造出新的商業模式，因此具極高商業價值。最後，若是部分基礎研究得以將其申請專利保護，那麼隨著時間的進展極有可能創造高價值，因此具專利保護的基礎發明通常大發明具有極高商業利益（科技產業資訊室，2009）。

表4-2　創新元素表

創新元素表			
		技術推力	
		小創意	大創意
市場拉力	價值低	A：工程改良	B：基礎科學發現
	價值高	C：新營運方法	D：具專利保護的發明

資料來源：科技產業資訊室（2009）。

(一)如何濾出精粹——創新者的元素分析

Keeley等人（2013）觀察成功的創新作為，分析出哪些創新元素，作為他人仿效再利用的基礎。以四川航空為例，提供旅客免費接駁的創新做法，不只旅客獲得完全免費的服務，對四川航空而言，也幾乎是零資本投入，創造了多贏的結果（洪慧芳譯，2016）。

(二)如何濾出精粹——創新者如虎添翼的逆向工程

在Keeley等人所著的《創新的10個原點》一書中，明確的做出一個關於創新的描述，說道「創新需要找出重要的問題，系統化地深入瞭解之後，提出俐落的解決方案」，作者團隊蒐集當時2,000個最佳的創新案例加以分析，尋找創新的十個原點，希望為創新做法打造出類似元素週期表的架構。該書的核心，就是基於大量實例的分析彙整結果，而得出10個創新原點的元素組合表。作者團隊對2,000組創新案例分析整理出10個創新的原點，分別為獲利模式創新、網絡創新、結構創新、流程創新、產品表現創新、產品系統創新、服務創新、通路創新、品牌創新、顧客參與創新，各種創新作為基於不同的創新程度，會採用多到5個以上的創新原點相互組合。在這10個創新原點之下，更進一步分別整理出較細節的創新策略，讓分析者更能透過這些策略提示，理解各種已經發生的創新作為並且找出模式轉殖到不同類別的應用上。**表4-3**是所謂的「創新的10個原點元素週期表」（洪慧芳譯，2016）。

(三)創新的10個原點檢查表

採用這樣的分析方法實施在四川航空的商業模式創新案例上，就能更進一步看見此一創新作為背後隱含的原點元素，這相對於該篇報導中，計算資源交換與獲利金額之類的定量分析而言，實為定性分析的一種，我們將可從不同的視角透視其中！將四川航空的案例，以「創新10原點元素表」來呈現，可以得到**圖4-6**的情況（洪慧芳譯，2016）。

表4-3　創新的10個原點元素週期表

獲利模式	網絡	結構	流程	產品表現	產品系統	服務	通路	品牌	顧客參與
廣告支援	聯盟	資產標準化	群眾外包	增加功能	互補商品	附加價值	特定情境	品牌延伸	自治和權利
拍賣	合作	研發中心	彈性製造	環境保護	延伸／外掛	禮賓服務	交叉銷售	品牌槓桿	社群和隸屬
組合定價	互補合作	企業大學	智慧財產權	客製化	商品整合	售後保證	多角化	認證	策展
成本領導	整合	分權管理	精實生產	好用	模組化系統	租賃或借出	體驗中心	聯合品牌	體驗自動化
分拆定價	競合	獎勵機制	在地化	吸引人的功能	套裝產品	忠誠計畫	旗艦店	關鍵零組件品牌	拓展體驗
融資	連鎖加盟	資訊科技整合	物流系統	環境友善	產品／服務平台	客製化服務	直銷	自有品牌	體驗簡化
彈性定價	併購	知識管理	按需求生產	功能彙整		自助服務	間接經銷	資訊訊明	精通技能
預付款	開放式創新	組織設計	預測分析	聚焦		卓越服務	多層次傳銷	一致的價值	個人化
限量供應	次級市場	外包	流程自動化	功能簡化		補充服務	分傳統通路		地位和肯定
免費增值	供應鏈整合		流程效率	安全		全面體驗管理	按需求提供		與眾不同與人性化
建立基礎客戶			流程標準化	時尚		購買前先試用	期間限定店		
授權			策略設計	卓越產品		使用者社群／支援系統			
會員制			使用者原創						
以量計費									
小額交易									
溢價									
風險分擔									
規模交易									
訂閱									
集散中心									
使用者決定									

資料來源：洪慧芳譯（2016）。

四川航空的創新，採用了5個創新原點，分別是獲利模式創新、網絡創新、流程創新、產品系統創新、服務創新，我們透過圖表可以理解在這5個原點之下，進一步實施了哪些創新策略，分別是規模交易、互補合作、策略設計、產品／服務平台、附加價值。更精準的來理解，四川航空是以產品系統創新作為支點，企圖打造一個吸引客戶的系統服務平台，透過更好的服務獲取更多的機票銷售，為了達到這個期望，接著將思維移動到服務創新，他們選擇提供更高的附加價值，也就是完全免費的機場市區接駁，讓旅客在原來的價格內獲得額外的服務或功能，如**圖4-7**所整理（洪慧芳譯，2016）。

接著，為了以最小的資本投入達成免接駁的附加價值，四川航空將創新的思考移到獲利模式創新、網絡創新、流程創新三個面向上，透過規模交易、互補合作、策略設計三項創新策略的組合運用而達成多贏的免費接駁服務。這其中，規模交易是一切操作的源頭，也就是以四川航空的旅客流量為基礎，因為規模夠大，才足以吸引不同類別的互補者共同參與並願意交換資源，反過來說，如果旅客流量太小，風行汽車或許會因為廣告效益不足而不願意提供半價MPV車輛，後續策略的操作就可能有所阻礙。事實上，四川航空的老總對此案的期許是更高的，不但希望促成免費接駁的服務，更設定要在資源交易的過程中獲取價差利益，用以彌補服務系統的建置與司機薪資等費用，如此一來，四川航空的資本與費用的投入，就趨近於零。簡單來說，具規模的客戶流量可以產生體驗式廣告利益，而換取了車輛價值，再將車輛價值換取司機勞務，並且從車輛價值中賺了一手，所以，我們理解到，在這其中發生了很多的換利細節，但原則上不脫規模交易、互補合作、策略設計三大框架，作為我們後續思考的指引（洪慧芳譯，2016）。

獲利模式	網絡	結構	流程	產品表現	產品系統	服務	通路	品牌	顧客參與
廣告支援	聯盟	資產標準化	群眾外包	增加功能	互補商品	附加價值	特定情境	品牌延伸	自治和權利
拍賣	合作	研發中心	彈性製造	環境保護	延伸／外掛	禮賓服務	交叉銷售	品牌槓桿	社群和隸屬
組合定價	互補合作	企業大學	智慧財產權	客製化	商品整合	售後保證	多角化	認證	策展
成本領導	整合	分權管理	精實生產	好用	模組化系統	租賃或借出	體驗中心	聯合品牌	體驗自動化
分拆定價	競合	獎勵機制	在地化	吸引人的功能	套裝產品	忠誠計畫	旗艦店	關鍵零組件品牌	拓展體驗
融資	連鎖加盟	資訊科技整合	物流系統	環境友善	產品／服務平台	客製化服務	直銷	自有品牌	體驗簡化
彈性定價	併購	知識管理	按需求生產	功能彙整		自助服務	間接經銷	資訊訊明	精通技能
預付款	開放式創新	組織設計	預測分析	聚焦		卓越服務	多層次傳銷	一致的價值	個人化
限量供應	次級市場	外包	流程自動化	功能簡化		補充服務	分傳統通路		地位和肯定
免費增值	供應鏈整合		流程效率	安全		全面體驗管理	按需求提供		與眾不同與人性化
建立基礎客戶			流程標準化	時尚		購買前先試用	期間限定店		
授權			策略設計	卓越產品		使用者社群／支援系統			
會員制			使用者原創						
以量計費									
小額交易									
溢價									
風險分擔									
規模交易									
訂閱									
集散中心									
使用者決定									

圖4-6　創新的10個原點檢查表_川航

資料來源：洪慧芳譯（2016）。

產品系統創新
產品／服務平台
開發連結其他合作夥伴的產品或服務系統，形成完整的商品組合。

除了維持原有機票折扣方案，進一步打造貼心服務，提供大多數旅客「完全免費」的接駁服務，以解決機場到市區交通不便的困擾。

⊕

服務創新
附加價值
基本價格裡包含額外服務或功能。

在原有機票折扣方案下，附加機場到市區接駁服務，且完全免費。

獲利模式創新
規模交易
以大量大規模的交易來提升利潤。

四川航空以自有大規模客戶流量為基礎，與風行汽車交易資源，半價取得MPV車輛，之後大量招募成都司機，以提供免費接駁服務，結果日增加了10000張機票銷售。

⊕

網絡創新
互補合作
和瞄準相似市場，但供應不同產品和服務的公司共用資產，提升價值。

四川航空以提供飛航服務，販售機票為主要業務，為再提供免費接駁，進一步結合風行汽車提供車輛，而風行汽車也透過體驗式廣告獲得潛在銷售機會，此外，四川航空也結合成都司機提供勞務，打造出完全免費的接駁服務。

⊕

流程創新
策略設計
刻意顯示出公司在商品、品牌、體驗上保持一致。

為了達成「免費」接駁服務，四川航空在資源建構上採取的二次資源交換的策略，從風行汽車半價取得車輛資源，再以車輛資源交換成都司機的勞務。

圖4-7　四川航空的5個創新原點

資料來源：洪慧芳譯（2016）。

四、創新的動機

(一)什麼是「創新動機」？

木人巷股份有限公司（2016）提出創新動機（innovative motive）如下：

1.創新動機一：突破生存困境。

2.創新動機二：提升生活品質。

3.創新動機三：解決工作難關。

4.創新動機四：滿足客戶需求。

5.創新動機五：追求夢想興趣。

彼得杜拉克在《創業與創新精神》一書中曾提到七種不同的創新來源：

1.意料之外的事件。
2.不協調的事件。
3.程序需要。
4.市場及產業結構的突然改變。
5.人口結構的改變。
6.認知觀點的改變。
7.新知識。

根據上述七種不同的創新來源可以歸納創新動機如下：

1.企業體發現經營矛盾。
2.產生再造的徵兆。
3.基於經營過程需要。
4.產業或市場結構改變。
5.產業或企業所處環境改變。
6.科技知識增長。

(二)三星模式：從危機到崛起的矛盾與新經營策略

◆三星競爭力的根源——三星模式

成功的企業都會具備獨特的經營模式或經營體系。當一個企業活用其特有的經營方式，歷經長時間而取得高度成果之際，研究者為了表達敬意，對於該企業的經營方式及體系，往往稱之為「模式」（Way），例如奇異電子（GE）的「GE Way」或惠普（HP）的「HP Way」，長久以來都是美國管理學界的主要研究對象。此外，在日本長期不景氣中，營收也持續創新高的豐田汽車，其核心能力、經營方式及體系，也被統稱為「豐田模式」（Toyota Way），並且一度成為全球矚目的焦點。

南韓企業向來以導入美式及日式的經營模式為主，一方面是因為美國及日本都是工業革命的後進國家，屬於在短期間內成功產業化的模式，更適合南韓企業，另一方面也是由於地緣政治學及歷史背景因素所致。在重視現場改善及品質管理的1970～1980年代，南韓企業主要模仿日式管理，而在企業流程再造（BPR）及結構調整成為話題的1990年代，則轉為美式管理。尤其是亞洲金融風暴之後，在世界標準的名號之下，更是大幅採納了重視股東權益的美式公司治理結構及經營方式。會長李健熙於1994年透過在德國《法蘭克福匯報》（*Frankfurter Allgemeine Zeitung, FAZ*）的投稿，提出了如下觀點：「過去我們雖然相信有規格化的典範型經營方式存在，但是現今的企業必須拋棄這種唱老調的思考方式，而應依據實際情況採取自己獨特的經營模式。亦即以「日本式」、「美國式」、「德國式」來區分經營模式已不具任何意義。這意味著未來所有的企業都會具備其獨特經營模式，亦即是對於傳統管理學的一種反叛。」李會長的這番言論，暗示著躋身全球一流企業群的三星，在1993年新經營革新之後的走向，以及未來為了確保在全球市場的競爭優勢，必須要達成的目標為何，這正是以競爭對手難以模仿的方式，創造出客戶價值及企業競爭力的三星特有的核心能力、經營方式及體系，也就是建構出「三星模式」（李修瑩譯，2014）。

◆三星經營管理的三大矛盾策略

一般而言，具有相衝突性質的事物或相互排斥的要素同時存在時，稱為「矛盾」（paradox）。所謂矛盾經營意謂著同時追求差異化與低成本、創造性革新與效率性、全球整合與在地化、規模經濟與快速等，乍看之下不可能同時並存的要素之經營模式。三星在1990年代初期，還是默默無名的企業，到了2010年代已經躍升為全球一流企業，這是因為1993年新經營宣言之後，三星採取了矛盾經營，成功地同時創造出多元競爭優勢所致。李健熙（1997）針對新經營以後的矛盾經營之重要性，曾經強調如下：「全球的優秀企業或長青企業，均具有調和相反要素之『矛盾經營』的強大能力。我提倡新經營，並且強調品質管理，許多人將此解釋為三星未來將放棄規模經營。然而，在企業經營方面，品質與數量、銷售與獲利，均無法放棄任何一方。唯獨偏重其中一方的經營，如同開車時不注意對面車道一般。若是無法調和表面上看似互相衝突的經營要素，將難以躋身為一流企業。」若是深入探究三星在新經營革新之後的二十年間所確立的三星模式，就可以發現其核心具有互相衝突的現象，或是異質特性並存的情形。此一狀況稱為「三星式經營矛盾」。目前，在三星身上可以發現到的經營矛盾，大致可分為如**表4-4**所示的三大層次（李修瑩譯，2014）。

(三)創新動機的產生

創新動機是指引起和維持主體創新活動的內部心理過程，是形成和推動創新行為的內驅力，是產生創新行為的前提。創新主體的創新動機並不是單一的，而是多元的，這既與創新主體的價值取向有關，也與組織的文化背景、創新者的素質相關。一般而言，創新動機的產生如**表4-5**所示（張敏、丁傳奉，2005）。

五、創新的原則

(一)什麼是「創新原則」？

管理的創新原則是權變管理原理最有效的體現。管理的核心內容就是「維持」與「創新」。任何社會系統都是一個由眾多要素構成的，與外部環境不斷發生物質、信息、能量交換的動態、開放的非平衡系統。而系統的外部環境是在不斷發生變化的，這些變化必然會對系統的活動內容、活動形式和活動要素產生不同程度的影響；同時，系統內部的各種要素也是在不斷發生變化的。系統內部某個或某些要素在特定時期的變化，必然要求或引起系統內其他要素的連鎖反應，從而對系統原有的目標、活動要素間的相互關係等產生一定的影響。系統若不及時根據內外環境條件變化的要求，適時進行局部或全局的調整，則可能被變化的環境條件所淘汰，或為改變了的內部要素所不容。這種為適應系統內外變化而進行的局部和全局的調整，便是管理

表4-4　三星經營管理的三大矛盾策略

矛盾策略	內容
龐大組織與效率經營	三星集團包括電子、金融、服務、重化學工業、建設業等多樣化的產業領域，擁有七十九個子公司，共有四十二萬名多元化的員工，遍及全球七十一個國家，設立了將近六百個海外據點，以龐大的企業規模傲視全球。但是，三星卻以比任何先進企業更為快速的決策及執行速度而自豪。對三星而言，「速度」本身就是一種戰略。最近三星推動的高價策略，便是以即時上市（time-to-market）為基礎，主要仰賴新產品的領先開發。同時，三星也透過建構全球最高水準的供應鏈管理（SCM）及企業資源規劃（ERP）系統等IT基礎架構的創新，作為其物流及原材料、資訊快速流通的後盾。最近，三星活用卓越的決策及執行速度，成功地由過去的「快速追隨者」（fast follower）轉型成為「市場領導者」（market leader）。
多角化與專業化之調和	三星集團自創立以來持續推動多角化，目前其事業領域非常廣泛，包括時裝、半導體、大型廠房（plant）、金融、主題樂園等，其事業光譜（spectrum）遍及輕工業與重工業、製造業與服務業。三星傳統的競爭力來源，便是透過大規模的投資，形成規模經濟，使其製造競爭力攀升至世界最高水準。然而，三星最近在創新的技術力、品牌力、設計力等軟實力方面，也提升至全球頂尖水準，使得其主要事業領域的專業競爭力更為強化。此外，在多角化及垂直整合化的體系下，經常會因為欠缺策略性焦點，導致官僚主義式的低效率性，以及過度依賴子公司而降低水準等情形，但是三星卻能加以克服，反而充分活用此體系的優點，透過有機的分工合作，創造出融合式綜效，使其全球競爭力更為強化。三星雖然是多角化且垂直整合化的企業，卻能在各個事業及產品領域，與全球專業化的企業競爭，並且反而確保著卓越的競爭力，這也是三星模式的內在矛盾相當重要的層面。
日式管理與美式管理之結合	三星是兼具著日式管理與美式管理優點的企業，這是學習能力卓越的三星長期以來標竿美日企業的成果。過去，三星借鏡豐田的日式管理及奇異的美式管理，而且幾乎達到相同水準。連在三星內部採取最為美式管理的三星電子半導體部門，每年也派遣了數百名人力到豐田去，學習豐田的長處。三星的關鍵特色，包括垂直及水平整合體系，重視製造競爭力、產品品質及經營效率，並且透過公開招募員工方式，確保及訓練出水準一致的優秀人才，以及嚴格的組織紀律，強調員工的高忠誠度等等，這都是導入日式管理的結果。同時，在三星內部也有許多美式管理要素，例如總公司的策略及人事決策即是如此。以選擇與集中為原則的經常性結構調整、引進核心人才、以能力與績效為準的破例性誘因，還有年薪制、承擔風險（risk taking）的執行長（CEO）等，均是三星具有的美式管理風格。三星成功地實現美式管理與日式管理的所有優點，還成功地與韓國式、儒教文化及三星傳統的價值文化加以融合，重新組合成三星特有的經營體系，而且持續創造出卓越的營運實績。

資料來源：李修瑩譯（2014）。

表4-5　創新動機的產生

動機	內容
創新心理需求	創新心理需求是指創新主體對某種創新目標的渴求或欲望。創新的心理需求作為創新主體對某種創新目標實現的欲望，實際上是創新主體希望自己的創新能力能夠在創新過程中得以發揮，因此，創新心理需求可以認為是人的需求的最高層次之一。 創新主體的創新心理需求是由自己對個人成就、自我價值、社會責任、企業責任等的某種追求而產生的，具體來說則是在各種創新刺激的作用下產生的。創新刺激可以分為內部刺激和外部刺激兩大類。內部刺激來源於創新主體內在因素變動的影響；外部刺激來源於外部環境各種因素的變動對創新主體的影響。內部刺激通常受到一定的年齡、生理等特點的制約；外部刺激則受到環境的制約。當內外刺激和諧時會產生共振，使創新心理需求程度加大，推動創新主體積極進行創新。創新心理需求可反覆產生，按照心理學所揭示的規律，需求產生動機，動機支配著人們的行動。
成就感	成就感是成功者獲得成功時為所取得成就而產生的一種心理滿足。許多創新主體進行創新的直接動機就是追求成就和成就感，因為他們把自己的成就看得比金錢更重要。對某些人來說，創新工作取得的成功或者解決了難題，從中所得到的樂趣和心理滿足，超過了物質上的激勵。正因為如此，具有成就感的創新主體更容易在艱苦的創新過程中保持頑強的進取心，推動自己不達目標誓不罷休。 成就感通常只有成功的創新主體才會具備，因為如果創新總是不成功，創新主體的成就感就不會存在，原有的那麼一點成就感也會慢慢地消失。但創新主體追求成就仍然是維持創新行動的動機。儘管這種成功可能未必給他帶來多少經濟利益，卻能為其帶來尊重，這就足夠了。在日本那種自尊性很強的組織中，員工們的創新行動除了因為把企業視為是自己的家之外，還有就是希望創新成功能使其他人對自己刮目相看，受到他人的尊重。
經濟性動機	創新主體也要首先解決衣食住行等基本生存問題，因此不能排除創新主體因對收入報酬的追求和需要而產生創新的行動。創新主體在創新時的經濟性動機，可以分為兩大類：第一類是為了組織的經濟效益提高；第二類是為了自己個人利益的增加。雖然第一類動機表面上只與組織效益有關，但組織效益良好最終還會以各種方式回報給為此作出貢獻的創新主體。因此，創新主體的經濟性動機是明確的，這就是各種創新的成功在增進資源配置效率從而導致企業效益的增加，提高資源配置效率的同時也能增加自己的經濟收入。

（續）表4-5　創新動機的產生

動機	內容
責任心	責任心是創新主體的另一重要創新動機，因為創新主體在其工作範圍內是一個責任人，要對其所做的工作負責。只有具備高度責任心的人才會去尋找當前工作中的毛病和缺陷，希望從中找到改進和提高的方向，進行創新，使自己的工作做得更好。責任心有兩種：一是對社會的責任心，這是巨集觀的；二是對企業的責任心，這是微觀的。這兩種責任心會使創新主體在思想意識中產生一種使命意識，促使自己堅持不懈地努力，最終獲得創新成功。
勇氣	僅有創新欲望、創新意識是不夠的，還要有創新的勇氣。由於創新是對舊理論、舊觀念的懷疑、突破，對權威的挑戰。創新的結果有可能成功，也有可能失敗。因此，既要敢於質疑，敢於創新，同時又要有充分的思想和心理準備，勇於承擔因創新而帶來的風險。

資料來源：張敏、丁傳奉（2005）。

的創新原則（MBA智庫百科，2017）。

(二)創新原則在管理中的應用

根據MBA智庫百科（2017），創新原則在管理中的應用包括：

1.對創新活動過程的把握：總結眾多成功企業的經驗，成功的創新要經歷「尋找機會」、「提出構思」、「迅速行動」、「忍耐堅持」這幾個階段的努力。

2.對創新活動的組織引導：組織創新，不是去計劃和安排某個成員在某個時間去從事某種創新活動——更重要的是為部屬的創新提供條件、創造環境，有效地組織系統內部的創新，包括：(1)正確理解和扮演「管理者」的角色；(2)大力促進創新的組織氛圍的形成；(3)制定有彈性的計畫；(4)正確地對待失敗；(5)建立合理的獎酬制度。

綜合上述，歸納創新的原則如下：

1.企業創新源自於需求。

2.創新者必須追求顧客及市場的價值利基。

3.創新必須符合市場需求。

4.創新具有行動導向的依循標準。

5.創新要有特定且系統化明確目標。

6.創新需要有計畫管理機制的依循。

7.創新需要與獎賞激勵結合。

8.創新是朝成為標竿企業或領導者的地位而努力。

9.創新要成為企業習慣且由領導人帶領全力以赴。

六、創新小故事

以下精選六個創新小故事（啟文國際教育，2016）：

(一)設計創新——世博明星

1904年，在美國聖路易斯舉辦「世博會」後。評選出了本屆世博會的真正明星，它不是任何一家參展商提供的產品，而是世博會門口小商販售出的食品，這是怎麼回事呢？原來，一位叫哈姆威的小販在會場外出售甜脆薄餅。他旁邊的一位是賣冰淇淋的小販。夏日炎炎，冰淇淋賣得很快，不一會兒盛冰淇淋的小碟就不夠用了。熱心的哈姆威於是把自己的脆薄餅捲成錐形，給旁邊的小販當作盛冰淇淋的小碟用。沒想到，冰淇淋和脆薄餅結合在一起，受到了出乎意料的歡迎，人們爭相購買。會後也被市民評選為「真正的世博明星產品」，它就是今天我們熟知的蛋捲冰淇淋。

靈犀一點 進行從未有人嘗試過的產品組合，就可能孕育一種新的創新。

HRC的報紙廣告示意圖

(二)空白廣告

有一天，一個香港居民翻開報紙，竟然看到有一個版面是空白的。他以為是報社漏印了。仔細看一下，這張空白版的中央有幾個很小的字母「HRC」。讀者們都看到了這面空白版面，覺得莫名其妙，想知道「HRC」究竟是什麼意思。後來連續好幾天，報紙都出現了這種莫名其妙的印刷。終於有人沉不住氣了，打電話給報社：「你們在搞什麼，HRC究竟是什麼東西？」就在大家都關注「HRC是什麼」時，有一天，版面上出現了大家想知道的答案，原來這是新手錶HRC的廣告。於是在很短的時間內，香港人都熟悉了這個品牌。

靈犀一點 比第一夫人更聰明的是總統，比總統更聰明的是廣告人。

(三)海鷗司令

二戰期間，英國潛艇司令官本傑立在研究如何對付德軍潛艇。有一天，他獨自在沙灘上散步，他注意到附近海面上一群海鷗在低空盤旋。他用望遠鏡一看，原來海面上漂浮著潛艇裡扔出的剩飯剩菜，海鷗出來覓食了。於是，本傑立想出一個辦法，他下令潛艇士兵每次在潛艇巡航時，不斷地向海面施放食物。從此，每次出航，都有大批海鷗在海面上爭搶食物。時間一長，海鷗一發現水下有黑影，就會在海面尾隨等食了。後來，戰鬥打響了，本傑立給士兵下命令：只要發現海面上有海鷗集結低空飛翔，即可對此地方發動攻擊！靠這種方法，英國潛艇多次對德國部隊進行猝不及防的打擊。本傑立也被士兵戲稱為「海鷗司令」。

靈犀一點 在工作中我們其實有很多巧妙的方法可以解決難題，不要把目光僅僅侷限在解決問題的傳統方法。

(四)技術創新——不要浪費

美國加州曾通過一項新法案，原來的高速公路採用黃色反射標誌因為不明顯，一律全部改成橘色。由於塗了黃色漆的標誌無法塗成橘色，政府決定將所有的黃色標誌全部廢掉。就在這時，加州高速公路監管處一位員工想出一個獨到的辦法：只要在黃色標誌上塗上透明的紅色漆，這樣標誌同樣可以呈現出橘色來。這個創意被政府採納，一下子節省了11萬美元的費用，這位員工也受到了政府的獎勵。

靈犀一點 如果一種東西需要淘汰，不要輕易扔掉，它或許有新的用途。

(五)管理創新——苛刻節約

稻盛和夫被日本稱為「經營之神」。他所創辦的陶瓷公司，是日本著名的高科技企業。剛創辦不久就接到松下給出的訂單。這筆訂單對公司的意義絕不一般。但是松下給出的價格奇低，很多人認為這筆生意不該做，但稻盛和夫認為：現在沒有其他生意，雖然松下給的

確立各部門功能・建立阿米巴組織（以京瓷初期為例）

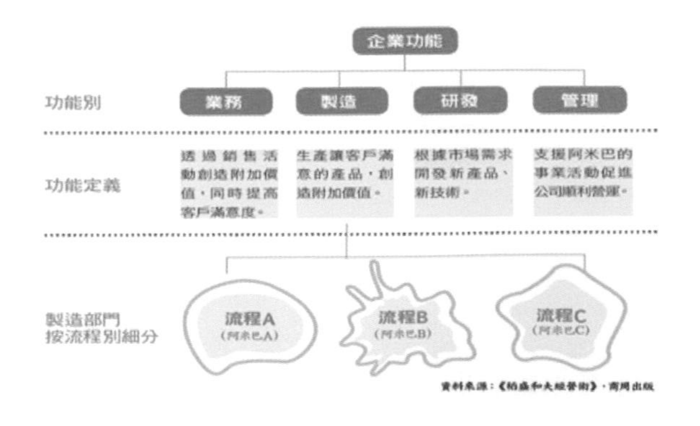

價格低，但透過努力還是可以掙錢。經過摸索，公司創立了一個稱為「變形蟲經營」的管理模式。具體做法是將公司分成一個個「變形蟲」小組，作為最基礎的經濟核算單位，降低成本的責任落到每一位員工身上。最終，陶瓷公司運營成本大大降低，在滿足松下供貨的價格情況下，也可取得可觀的利潤。

靈犀一點 我們不要問「明天將會有什麼樣的情況？」，只問「今天我們要做什麼才能創造我們所希望的明天？」

(六)雙向輸水

新加坡政府是一個非常精明的政府。新加坡獨立不久，政府發現由於國家大量缺少水資源，他們不得不向馬來西亞買水。不過，他們在建設輸水管道時，刻意修建了雙向輸水管道。這是怎麼回事？

原來，新加坡向馬來西亞買水的同時，還花錢引進了世界最先進的淡水淨化處理技術，並建起很大的淨水處理廠。新加坡把從馬來西亞流過來的水經過處理後，除了部分自用，其餘再賣回馬來西亞。不過，回去的水價格已經翻番了。

資料來源：光華日報。

靈犀一點 行政者要善於「經營」利益。

5

創新類型、管理創新、創新運用架構、整合性創新管理

一、創新類型

二、管理創新

三、六項創新運用架構

四、整合性創新管理

五、創新運用小故事

本章將探討創新類型、管理創新、創新運用架構、整合性創新管理，分述如下：

一、創新類型

分析各研究學者對於創新的定義，可以發現其對於創新的類型亦多所分歧。有些研究學者從創新的性質來分類，認為創新的類別包括：

1.產品創新（product innovation）。
2.製程創新（process innovation）。
3.技術創新（technical innovation）。
4.服務創新（service innovation）。
5.組織創新（organizational innovation）。
6.管理創新（administrative innovation）。
7.財務創新（financial innovation）。
8.行銷創新（marketing innovation）。

有些研究學者從創新的歷程來分類，將其分為：

1.突破式創新（radical innovations）。
2.漸進式創新（incremental innovation）。
3.系統性創新（systematic innovation）。
4.架構式創新（architectural innovation）。
5.革命式創新（revolution innovation）。
6.利基式創新（niche innovation）。
7.規律式創新（regular innovation）。
8.微變型創新（micro-variant innovation）。
9.綜合型創新（comprehensive innovation）。
10.破壞式創新（disruptive innovation）。

Schumann（1994）更提出了創新矩陣（innovation map）的概念，將組織中的創新活動依據性質（nature）及類別（class）分成二構面九細類。

依性質分，創新包括：

1.產品創新（product innovation）。
2.製程創新（process innovation）。
3.程序創新（procedure innovation）。

依類別分，創新指的是：

1.漸進式創新（incremental innovation）。
2.獨特性創新（distinctive innovation）。
3.突破式創新（breakthrough innovation）。

以下彙整分述如**表5-1**所示。

表5-1　創新的類型

學者（年代）	創新的類型
林靈宏、劉水深、洪順慶（1994）	整合性創新；技術性創新；行銷性創新；生產性創新。
黃佑安（1997）	技術創新或管理創新；產品創新或製程創新；革命性創新或漸進性創新。
吳思華（1998）	製程創新；產品創新；組織創新；策略創新。
吳清山、林天祐（2003）	產品創新；製程創新；手法創新。
Kniht (1967)	產品或服務創新；生產製程創新；組織結構創新；人員創新。
Daft (1978) Damanpour (1984)	管理創新；技術創新。
Marguir (1982)	突破性創新；系統性創新；漸進式創新。
Betz (1987)	產品創新；程序創新；服務創新。
Chacke (1988)	產品創新；程序創新；組織創新。
Henderson & Kim (1990)	躍進式創新；漸進式創新。

（續）表5-1　創新的類型

學者（年代）	創新的類型
Schuman (1994)	創新矩陣（innovation map）：組織中的創新活動分為性質（nature）及類別（class）二構面九細類。依性質分：產品創新、製程創新、程序創新；依類別分：漸進式創新、獨特性創新、突破式創新。
Christensen (1997)	沿革式創新（sustaining innovation）；破壞式創新（disruptive innovation）。
Johne (1998)	市場創新；產品創新；管理創新。

資料來源：修改自林義屏（2001）。

以下分析探討十項主要的創新類型：

(一)產品創新

曼斯費爾德（Mansfield）認為產品創新乃改善或創造產品，進一步滿足顧客需求或開闢新的市場。產品創新包括產品的品種和結構的創新。品種創新要求企業根據市場需求的變化，根據消費者偏好的轉移，及時地調整企業的生產方向和生產結構，不斷開發出用戶喜歡的產品；結構創新在於不改變原有品種的基本性能，對現有產品結構進行改進，使其生產成本更低，性能更完善，使用更安全，更具市場競爭力。產品創新在當前的市場中繼續關注已有的產品，透過提供當前產品沒有提供的特性、功能來實現差異化。通常，這種創新形式的成功取決於進入市場的速度，儘管有時候專利可以在一段時間內阻止競爭者快速模仿，但儘早地占領市場能獲得更多的優勢（Moore, 2006）。

◆產品創新的原理（何穎、唐葆君、孫星，2009）

1.產品基因原理：指產品資訊基因，產品資訊是產品創新過程中所需要的各種技術經濟資訊的總稱，它們來源於人、設備、組織系統、現有產品和工藝等產品創新的最基本要素。產品基因原理主要表現在產品資訊優化、資訊基因生成、資訊基因的繼承三個方面。

2.產品生物原理：在激烈的市場競爭中，成功的新產品在其優良的遺傳基因控制下，也表現出這方面的明顯特點：(1)開放性與自組織性；(2)相似性與多樣性；(3)生命階段性。

3.產品群落原理：企業產品結構透過有序的縱橫關聯，表現出明顯的生物群落特徵：(1)品種的有機組合；(2)數量的自動平衡；(3)首領的實力產生。

4.產品生態原理：首先要盡可能以環保產品、綠色產品為目標，減少製造和使用過程中的廢品與汙染；其次應充分考慮新產品使用後廢物回收利用問題，將產品的循環利用納入產品創新的內容。因此，產品創新是對產品設計、製造、使用及廢物利用的綜合創新、全面創新。

◆產品創新的分類（呂叔春，2005）

根據創新對原消費模式的影響，產品創新可分為如下幾種：

1.連續創新：此種模式下的創新產品與原有產品相比，只有細微差異，對消費模式的影響也十分有限。消費者購買新產品後，可以按原來的方式使用並滿足同樣的需求。

2.非連續創新：是指引進和使用新技術、新原理的創新。它是創新的另一個極端，要求消費者必須重新學習和認識創新產品，徹底改進原有的消費模式。

3.動態連續創新：是指介於連續創新和非連續創新之間的創新，它要求對原有的消費模式加以改變，但不是徹底打破。

◆產品創新的方式（資料來源：MBA智庫百科）

在產品創新的具體現實中，主要有兩種方式：

1.自主創新：是指企業不是對外有技術被動依賴與購買，而是透過自身的努力和探索產生技術突破，攻破技術難關，達到預期的目標。

2.合作創新：是指企業間或企業、科研機構、高等學院之間的聯合創新行為。合作創新透過外部資源內部化，實現資源共用和優勢互補，有助於攻克技術難關，縮短創新時間，增強企業的競爭地位。企業可以根據企業自身的經濟實力、技術實力選擇適合的產品創新方式。

◆產品創新的形式（資料來源：MBA智庫百科）

產品創新有兩種形式：

1.後向創新（backward invention）：是指對老產品的翻新，把以前國內的某種產品形式加以適當的改變，從而適合某國現在的要求。
2.前向創新（forward invention）：是指創造一個全新的產品以滿足另一個國家的需求。

◆產品創新的策略

產品創新的策略包括（宋航、付超，2008）：(1)搶先策略；(2)緊跟策略；(3)最低成本策略；(4)擴展產品功能策略；(5)周全服務策略；(6)挖掘用戶需求策略；(7)降低風險策略；(8)聯合策略。

◆產品創新的途徑（劉寶成，2004）

1.內部研發：指企業主要透過自己的力量來研製新技術，開發新產品。正如帕維特（Pavit, 1986）所指出的，公司的技術積累的源泉反映了諸如供應商、用戶、生產工程以及政府出資的研究等來源的相互依賴性：(1)自主創新；(2)逆向研製；(3)委託創新；(4)聯合創新。
2.外部獲取：外部獲取是指企業不透過自己的研究和開發，而直接從企業外部獲取某種新技術、新工藝的使用權或某種新產品的生產權和銷售權。其形式有三：(1)創新引進；(2)企業併購；(3)授權許可。

◆產品創新的基本模式（何穎、唐葆君、孫星，2009）

與企業產品創新密切相關的主要因素是消費者的需求、市場競爭態勢以及科學技術發展水平。據此，現代企業的產品創新的主要模式包括：(1)產品創新的消費者驅動模式；(2)產品創新的技術驅動模式；(3)產品創新的競爭驅動模式。

◆產品創新的動力機制

產品創新可分為：(1)全新產品創新；(2)改進產品創新。全新產品創新的動力機制既有技術推進型，也有需求拉引型。改進產品創新的動力機制一般是需求拉引型。需求拉引型即：市場需求→構思→研究開發→生產→投入市場。產品創新的動力從根本上說是技術推進和需求拉引共同作用的結果。

(二)流程創新

流程創新（process innovation）是管理創新的重要內容之一，也是具有一定技術性的工作。它是指技術活動或生產活動中的操作程式、方式方法和規則體系的創新。廣義的流程創新，包括各種工作流程的創新，不僅局限於生產、工藝。這種類型的創新關注邊際利潤的提高，其做法並不是減少產品本身的浪費，而是從生產產品的過程中減少浪費。目標是取消在工作流程中沒有價值的步驟。案例包括沃爾瑪的供應商管理庫存流程（VMIP）、豐田公司看板管理製造流程以及戴爾的直銷模式（Moore, 2006）。

不同產業流程創新的策略重要性各不相同。資訊密集型產業，例如金融服務領域，工藝流程本身就是一種產品，那麼流程創新就很重要；而在其他產業，例如商品製造業，就會給流程創新以很低的加權值。在這兩者之間就是過渡性產業，例如食品雜貨零售業，由於盈利的空間有限，那麼他們會非常重視顧客的忠誠度，他們就需要強調新型的、更有效的工藝。這樣就需要企業找到自己真正所處的地位，從而確定進行流程創新的程度。在組織生產流程和服務運作中引入新的流程和要素。只是改變生產產品的過程，而不是結果。因此，可見度很低，實施起來難度更大，需要引發組織結構和管理系統的全方位變革。大多數企業在生命周期的各個階段，都較少引入流程創新。但在企業規模坐大、結構複雜度增強時，流程變革能夠帶來更明顯的效果（董小英、周玲，2011）。

(三)系統創新

◆系統創新定義與內容體系

系統創新是一項創新的組織管理技術，是對組成系統的諸要素、要素之間的關係、系統結構、系統流程及系統與環境之間的關係，進行動態的、全面地組織的過程，以促進系統整體功能不斷升級優化。系統創新是由以下五個構面創新共同組成的創新內容體系（陳勇星、李國棟、潭浩俊，2007）：(1)管理創新和制度創新是企業創新的保證；(2)觀念創新和人才創新是企業創新的根本；(3)技術創新和知識創新是企業創新的關鍵；(4)產品創新和品牌創新是企業創新的載體；(5)市場創新和行銷創新是企業創新的實現。

◆局部創新與系統創新

局部創新是指對產品的一部分功能或技術要素進行創新，系統創新是指意欲使整個技術系統發生質變或部分質變的創新。局部創新的結果表現為現有產品的不斷完善，系統創新的結果表現為更新換代產品的推出。局部創新具有風險小、見效快的特點，故幾乎所有企業都對其較為重視。但充分利用局部創新的同時，應看清其固有的局限性，那就是它無法保證企業擺脫現有競爭對手的圍追堵截，也很難對企業的長足發展做出貢獻。實踐證明，幾乎企業的每一次突破性進展都源於系統創新，如果企業一味強調局部創新，忽視對企業系統創新能力的培養，就極有可能陷入局部創新的策略盲點（李作戰，2005）。

◆TRIZ理論

TRIZ理論是由前蘇聯發明家阿舒勒（G. S. Altshuller）在1946年創立的，Altshuller也被尊稱為TRIZ之父。現代TRIZ理論體系主要包括以下幾個方面的內容：(1)創新思維方法與問題分析方法；(2)技術系統進化法則；(3)技術矛盾解決原理；(4)創新問題標準解法；(5)發明問題解決演算法ARIZ；(6)基於物理、化學、幾何學等工程學原理而構建的知識庫。

◆SIT理論

SIT理論是系統創新思考（Systematic Inventive Thinking）理論的縮寫，是一個起源於90年代中期以色列的創新方法理論，該理論源自阿舒勒的TRIZ理論。這一理論更關注創新解決方案的共同點而非不同點，這就是SIT方法的關鍵。SIT理論告訴你，在熟悉的世界「裡」（在框架之「內」）使用所謂的「範本」（template）來思考，會產生更多的創新，不僅更快，也會更好。這就是「系統性創新思考」，有人稱它為「盒內思考法」（inside-the-box approach），又名「框架內思考法」。這套方法能讓我們在任何時刻使用現有資源創造創新的構想。組織性或結構性的想法產生理論成為SIT理論的起點。從TRIZ理論到SIT創新思維方法的演變，是為了希望創造更容易學習的方法論（透過更少的規則和工具），希望更廣泛的實際運用（透過減少工程特定工具），希望在實際創新構架中更緊密連結要解決的問題（透過封閉世界原則）。SIT主要應用於兩方面：創造新的概念以及解決問題（百度百科，2017）。

① SIT理論的原則

SIT理論的兩個原則如下（黃煜文、鄭乃甄譯，2014）：

第一，「封閉世界」原則——盒內思考。

封閉世界原則是SIT方法的關鍵。使用SIT方法解決問題的第一步是定義問題世界，問題世界亦即是與解決問題有關的事物。只要完成定義，所有解決問題的材料就呈現在眼前，簡化問題的解決只需要重新建構現有目標。「限制範疇原則」的理論認為，把需要思考的變化數目從無限多個縮減到有限個數，甚至限制在一定數量之內，比較容易發揮潛力，想出具體的解決方案，因為在限制下能提升專注力，可以促進創造過程。另外一個重點：封閉世界原則最初最重要之目的是教導創意，封閉世界內所得出的解答不一定是最好的。有時候，最好的問題解答出現在框架之外。但是若你的目標是將創意系統化，那麼你就只能在封閉世界的限制下運作，這是SIT理論的重點。

第二，「形式決定功能」原則。

第二項原則需要重新訓練你的頭腦，改變你從前解決問題的方式。大多數人認為，創新是從界定清楚的問題開始，然後再試著去思考解答。然而這個方法剛好相反。它先從抽象、概念的解答開始，然後回頭追溯要解決的問題。因此，在創新時，我們必須學習反轉大腦平常的思考方式。這項原則稱為「形式決定功能」。1992年，心理學家羅納德・芬克（Ronald A. Finke）、湯瑪斯・沃德（Thomas A. Ward）與史帝芬・史密斯（Steven M. Smith）三者率先指出「形式決定功能」的現象。他們發現，人在創意思考時會從兩個方向中選擇一個：「從問題到解答」，或「從解答到問題」。他們發現，為現有的配置尋求好處（從解答開始），要比為現有的好處尋求最好的配置（從問題開始）容易。當你從解答開始時，你將傾向於使用這種思考方向。使用我們的方法將有助於活化「形式決定功能」，並且有系統地加以運用。

② SIT理論的五大設計思考原則

SIT理論的五大設計思考原則如下（黃煜文、鄭乃甄譯，2014）：

1.簡化：少即是多（減法原則）。
2.分割：分而治之（模組化原則）。
3.加乘：增生繁多（相輔相成原則）。
4.任務統合：老狗學新把戲（一箭雙鵰原則）。
5.屬性相依：巧妙的關聯（舉一反三原則）。

(四)服務創新

服務創新（service innovation）是指新的設想、新的技術手段轉變成新的或者改進的服務方式。從經濟角度看，服務創新是指透過非物質製造手段所進行的增加有形或無形「產品」之附加價值的經濟活動。從技術角度看，服務創新是以滿足人類需求為目的的軟技術的創新活動。從社會角度看，服務創新是創造和開發人類自身價值，提高和完善生存質量，改善社會生態環境的活動。隨著物質文明程度的提高，人們更在乎生活的感覺（視覺、聽覺、味覺、嗅覺、觸覺、直覺），更希望自己的心情、情緒、感情、倫理

道德和人的尊嚴得到尊重。尊重人的情緒、感情和道德的技術。即重視人「心」的技術。製造業服務化的動力，提高軟技術附加價值的重要內容，是服務創新重要課題。從方法論角度看，服務創新是指開發一切有利於創造附加價值的新方法、新途徑的活動。服務創新是指發明、創造或開發、應用新的服務方法、服務途徑、服務對象、服務市場的活動（金周英、任林，2004）。

◆服務創新的類型（金周英、任林，2004）

1.按照服務的領域或範圍劃分：一是按產業部門劃分，分為為第一產業、第二產業以及第三產業服務的服務創新；或者按行業部門，如為建材、電子、化工等部門服務的服務創新。二是按服務按區域劃分，分為為國內外服務的服務創新；為各地區服務的服務創新。

2.按服務目的的不同劃分：主要分為生產性服務創新、生活性服務創新和發展性服務創新。

◆服務創新的思路

服務創新應把握好以下幾個方面（王英俊，2005）：

1.把注意力集中在對顧客期望的把握上。
2.善待顧客的抱怨。
3.服務要有彈性。
4.企業員工比規則更重要。
5.用超前的眼光進行推測創新。
6.在產品設計和體現的服務，要與建立一攬子服務體系結合起來。
7.把「有求必應」與主動服務結合起來。
8.把無條件服務的宗旨與合理約束顧客期望的策略結合起來。
9.把企業硬體建設與企業文化結合起來。

◆服務創新實例

CNN在創辦以前，美國三大電視網——哥倫比亞廣播公司（CBS）、美國國家廣播公司（NBC）和美國廣播公司（ABC）——已幾乎壟斷了整個美國的電視節目市場。「時至1980年，根據蓋洛普民意調查發現，全美有三分之二的人認為電視（特別是三大電視網），是大部分甚至全部新聞和資訊的來源。」當時的「三大」已成市場寡頭壟斷局面，逐漸忽視了作為新聞傳播企業，在新聞傳播方面的社會責任與資訊受眾對新聞及時性、真實性的需求。資訊受眾在此局面下，被迫接受了「三大」所形成的行業慣例——「新聞就是這樣的」。透納察覺到這一影響到資訊受眾利益的「行業慣例」，並下決心打破這個慣例，開辦一個二十四小時實時滾動播出的純新聞台。透納以高超的談判技巧、堅定的決心和創新的管理模式，用了一年多時間籌備，在1980年6月1日使CNN開播，耗資僅2,000萬美元。而在當時，業界普遍認為純新聞台沒有什麼廣告價值，而且開播準備無論如何要花費4,000～6,000萬美元。結果，CNN一開播，就以深入和快速的新聞衛星實況，使觀看新聞的受眾耳目一新，受到熱烈追捧，尤其是後來爆發的伊拉克戰爭，更使CNN的快速、真實得到淋漓盡致的展現，使CNN成為「三大」之後又一電視巨頭（鄭懷超譯，1998）。

一個是以「一個塑料袋」的小創新獲取了客戶忠誠度，一個是以2,000萬美元的大創新砸開了新的利基市場，但兩者都有一個共同點：就是以創新行為給客戶帶來了前所未見的新奇和快樂體驗。因此，服務創新源於對客戶體驗的深度挖掘與認知；服務創新應著眼於客戶體驗價值的提升；服務創新對價值的提升，將進一步影響到產業行為，進而升級成為產業創新（許雷濤，2008）。

(五)行銷創新

◆行銷創新的定義與主體

所謂行銷創新（marketing innovation）就是根據行銷環境的變化情況，

並結合企業自身的資源條件和經營實力，尋求行銷要素在某一方面或某一系列的突破或變革的過程。在這個過程中，並非要求一定要有創造發明，只要能夠適應環境，贏得消費者的心理且不觸犯法律、法規和通行慣例，同時能被企業所接受，那麼這種行銷創新即是成功的。能否最終實現行銷目標，不是衡量行銷創新成功與否的唯一標準。這種類型的創新關注在購買過程中，與有價值的顧客交互過程的差異化。其目標是比競爭對手銷售更多的產品而不是比他們生產更好的產品（Moore, 2006）。

Brown（1992）認為，行銷創新是以新的競爭型態或以新的顧客行為，去改變現有市場的新產品或新系統，創造有潛力的新市場。Kim與Mauborgne（1997）認為，競爭激烈的高成長公司會在產品、服務及配送三個平台上，藉由價值創新做法使對手無法與其競爭。Han、Kim與Srivastava（1998）主張，行銷創新與市場導向有密切的關係，應包含產品、服務及產品流程技術，以及組織結構和管理流程兩個層面。Johne（1999）則主張，行銷創新是一種改善目標市場的行銷組合，進入新市場的活動。Nargundkar與Shergill（2005）認為，行銷4P策略包含了價值創新所指涉的產品、服務及配送三個平台，每一個行銷活動也應被視為是一個潛在的價值創新平台；因此他將行銷創新定義為「在行銷策略4P上根本的改變」。Chen（2006）以經濟分析角度將行銷創新界定為，是一種新行銷工具與方法的發展，允許公司更有效地獲得目標消費者信息，以及降低消費者的交易成本。Halpern（2010）主張，行銷創新是企業推廣自己進入潛在或已存在消費市場的新方法，而市場創新僅是進入新市場的活動，兩者不能混為一談。

行銷創新的主體包括：(1)行銷管理者；(2)企業家；(3)企業。除了這些主體，企業中的其他職能人員在工作過程中會可能產生某些初始的或不連續的創新想法，他們為行銷創新的主體的創意形成起到了幫助作用，而他們的工作配合也為行銷創新的創意實施起到了輔助的作用：(1)行銷理論家提出的科學的創新見解和理論對主體的創新行為起到了指導作用；(2)企業外部的市場行銷諮詢、策劃機構為行銷創新活動的創意提出和創新的初步實施起到了促進作用；(3)顧客作為行銷的對象不斷「拉動」著行銷創新並為行銷創新的創意評估與篩選提供了檢驗條件（黃沛、王丹、周亮，2005）。

◆行銷創新的分類（黃沛、王丹、周亮，2005）

① 漸進性創新和根本性創新

根據行銷創新過程中行銷活動變化強度的不同，行銷創新可分為漸進性創新和根本性創新。漸進性創新或稱改進型創新，是對現有行銷活動進行改進所引起的漸進的、連續的創新。根本性創新或稱重大創新是指重大突破的行銷創新。它常常伴隨著一系列漸進性的產品創新與過程創新，並在一段時間內引起產業結構的變化。

② 產品創新和過程創新

根據行銷創新中創新物件的不同，行銷創新可分為產品創新和過程創新。產品創新是指技術、材料、工藝上有變化的產品的商業化。從市場行銷角度看，產品只要在功能或形態上發生改變，與原來產品產生差異，甚至只是產品單純由原有市場引入新的市場，都可視為產品創新。據此產品創新可分為以下幾種類型：

1.全新產品：指採用新原理、新結構、新技術、新材料製成，開創全新市場的創新產品。據統計，在美國市場這類新產品占到新產品總數的10%左右。
2.改進或革新型產品：指在原有產品基礎上，部分採用新技術、新材料、新工藝，使其性能獲得改進，或增加其功能，改變其構造與形狀而得到的創新產品。
3.仿製型新產品：指產品在市場上已存在，本企業模仿生產並推向市場的創新產品。
4.新牌號產品：指透過改變產品的外觀、包裝、款式，對新產品重新定位，並啟用新品牌的產品。

過程創新是指行銷活動策略的組合和組織管理方式的創新。過程創新同樣也有重大和漸進之分。例如，由於電腦技術的應用，企業開始出現了無店面銷售和電子結算方式，這就屬於重大的過程創新。行銷創新的真正經濟意義往往取決於它的應用範圍，而不完全取決於是產品創新還是過程創新。

◆行銷創新的過程（張國元，2007）

① 企業市場機會分析

企業可以從以下幾種類型的機會中尋找到企業市場創新的機會：(1)環境機會與公司機會；(2)表面市場機會和潛在市場機會；(3)行業市場機會和邊緣市場機會；(4)目前市場機會與未來市場機會。

② 市場創新策略選擇

市場創新有兩個基本方向：一是縱向創新，即對現有市場的挖掘和深化，提高產品的市場滲透率；二是橫向創新，即開拓新的市場，擴大產品的銷售量。因此，市場創新可以有兩個基本途徑，滲透型市場創新和開發型市場創新。

1.滲透型市場創新：是指企業利用自己在原有市場上的優勢，在不改變現有產品的條件下，透過挖掘市場潛力，強化銷售，擴大現有產品在原有市場上的銷售量，提高市場占有率。具體說來，滲透型市場創新又有三種基本途徑：

(1)透過各種促銷活動，擴大現有顧客多購買本企業產品。

(2)透過完善售後服務等，將競爭對手的顧客爭取過來。

(3)尋找新顧客，這是指爭取原來不使用本產品的顧客成為購買者。

2.開發型市場創：是指企業用已有產品去開發新市場。具體說來，也有三種基本途徑：

(1)擴大市場半徑，即企業在鞏固原有市場的基礎上，努力使產品從地區市場走向全國市場，從國內市場走向國際市場。

(2)開發產品的新用途，尋求新的細分市場。

(3)重新為產品定位，尋求新的買主。

③ 行銷產品策略

實施行銷產品策略主要是解決企業以什麼樣的產品來滿足市場的需要，這是企業能否真正占領市場的又一重要環節。

1.產品的整體概念：企業向市場提供的產品可以是有形的物資，也可以是無形的服務。據此，產品的定義應當是廣泛的，即產品不僅指產品的實體和外觀形象，還包括無形的服務，這便是所謂的整體產品概念。基於上述觀點，作為一個整體，產品概念可分解為三個基本層次：核心部分、外觀部分和延伸部分。核心部分即產品的基本使用價值，它是購買者需要的中心內容；外觀部分包括產品的款式、花色、規格、商標、包裝等，它不僅可以滿足購買者的物質需要，而且能夠滿足其精神需要；延伸部分，是指產品的售前、售中和售後服務，包括諮詢、送貨、安裝、維修、技術指導、退換貨等。整體產品概念有助於企業透過出售產品給購買者提供一種整體性的滿足。

2.產品組合策略：所謂「產品組合」，就是指賣方向買方提供的所有產品系列（或產品線）、產品專案的組合，亦即企業的業務經營範圍。產品系列是產品組合的一個組成部分、一個產品集合體；產品專案是指在某一產品系列內不同品種、規格、價格、樣式、品質的特定產品。產品組合包括三個方面，即產品組合的寬度、深度和關聯性。產品組合的寬度是指產品系列或產品線的數目，產品組合的深度是指產品專案的數目，產品組合的關聯性是指產品系列之間最終用途、生產條件、銷售管道或其他方面相互關聯的程度。

3.產品差異策略：採用產品差異策略就是在不改變物理、化學、生物基本性能的條件下，採取不同的設計造型、不同的包裝，或附加某一特殊功能、標誌等，使自己的產品顯示出與競爭對手產品不同的特色來，以吸引購買者，占領市場。市場上的產品到處存在著差異。事實上，所有參與市場活動的人，無論是生產者還是經銷商，都儘量使自己出售的商品具有特色。即使同樣的物質產品，也可在交貨、售後服務、包裝、商標和廣告宣傳等方面形成差異。企業必須致力於提高自

己的技術能力、管理能力和人員素質，在產品品質、功能以及服務等方面創出實質性的差異。為了提高產品競爭力，還要注意在產品上附加滿足顧客要求、期望和方便的某些具體內容。還應從顧客期望發展到顧客尚未想到的領域。在激烈的競爭中為勝過競爭對手而擴大附於產品的特性，是形成產品差異的重要手段。

4.產品延伸策略：

產品延伸策略可分為三種：

(1)向上延伸：即在市場存在著對某種產品具有較高層次要求的前提下，在原有產品線中增加一些優質高價產品專案或品牌，將產品系列向上擴展。

(2)向下延伸：即企業在高檔產品市場上奠定了自己的地盤後，在高檔高價產品系列中增加低檔低價的產品專案或品牌，將產品系列向下擴展。

(3)向上向下延伸：是指企業在鞏固中級領域的市場地盤後，向高級和低級兩個方向擴展產品系列，填補產品系列所有的空隙，以排除欲參加進來的競爭對手，取得市場的全面支配地位。

5.產品細分策略：即運用市場細分化原理，將作為整體看待的產品市場，由大劃小，由粗劃細，以尋求若干潛在的、尚未滿足的而又是企業可為之服務的細小市場，並將這些細小市場分割獨立出來，作為目標市場，根據每一個目標市場的需求特點，設計不同的品種，制定出不同的市場行銷策略和計畫，從而迅速占領這些細小市場。

6.產品價格策略：在這方面的創新，主要是根據企業定價目標（一般可以利潤、市場占有率或適應競爭等為目標）和企業產品特點以及市場供求情況，靈活運用各種不同的定價策略，以實現企業經營目標。產品價格策略如**表5-2**。

④ 銷售管道策略

銷售管道的選擇和創新，一是長管道與短管道的選擇——銷售管道的長短實質上是指銷售環節的多少；二是寬管道與窄管道的選擇——銷售管道的

表5-2　產品價格策略

策略	內容
需求導向定價策略	需求導向定價一改傳統的成本定價方法，根據消費者對產品需求的強度和感知的價值決定價格。
低價策略	低價策略以保本微利為原則，在新產品上市之初，制定較低的價格，以儘快打開銷路，占領市場。這種策略在短期內收益受到影響，但在取得較高的市場占有率後，就能獲得總利潤的增加，並可阻止競爭者進入市場，甚至獨占市場。
高價策略	剛上市的新產品一般都具有新穎性，沒有代用品或代用品很少，且上市量小。一些顧客在求新心理的支配下，對價格問題不很敏感。適當制定較高價，可以提高產品的身價，刺激需求者購買，從而在短期內獲得較多的利潤。當競爭者紛紛介入以至於不能維持銷量時，又能適當地降低價格甚至撤出該領域。
優惠價格策略	實施這一策略，是在正式價格基礎上，透過折扣或折讓的方式，提供給顧客較原來優厚的價格條件，刺激其購買欲望，以達到擴大銷售的目的。其方式包括數量優惠、經銷優惠、季節優惠、現金優惠等。
心理定價策略	實施心理定價策略就是在商品零售活動中，運用心理學的原理，針對顧客的心理狀態，靈活地制定價格：(1)尾數定價；(2)整數定價；(3)聲望定價；(4)招徠定價。

寬窄是指企業所選擇的中間商數目的多寡。

⑤ 促銷策略

促銷的基本策略包括廣告促銷、人員推銷、行銷公關、營業推廣等。運用促銷方式組合策略考慮下列因素：(1)產品的種類；(2)產品所處的生命週期階段；(3)目標市場環境；(4)企業自身的實力。

(六)組織創新

以產品（product）的觀點來定義組織創新者如Tushman及Nadler（1986），認為組織創新是事業單位從事新的產品、製程或服務的生產；邱淑芬、張莉慧及陳雲隆（2003）則將組織創新定義為事業單位從事新產品、服務或製程的製造。有些學者則以過程（process）的觀點來定義組織創新，例如Clark與Guy（1998）將組織創新定義為把知識轉換為實用商品的過程，

強調該過程中人、事、物，以及相關部門的互動與資訊的回饋；創新過程是創造知識與科技知識擴散的最主要來源，也是組織提升競爭優勢的重要方法。

而近年來，採取多元（multiple）的觀點來定義組織創新蔚為主流，學者咸認僅限於產品或過程觀點未免狹隘，管理上的創新對組織之重要亦不容小覷。例如Daft（1978）認為凡概括於組織架構管理程序及其他公司在管理上有直接因素者，均可視為組織創新。Damanpour與Evan（1984）則認為非得要導入新技術方為組織創新，舉凡能順利完成既定目標，透過技術上或管理上成功的整合架構者，亦為組織創新的展現。蔡啟通（1997）採取多元概念，將組織創新定義為企業由外部引進或內部產生之各項在規劃、組織、用人、領導與控制等管理創新，以及在產品、製程及設備等技術創新，且該創新活動均已受組織成員肯定其貢獻度者。

企業組織創新是指隨著生產的不斷發展而產生的新的企業組織形式，如股份制、股份合作制、基金會制等。換句話說，就是改變企業原有的財產組織形式或法律形式使其更適合經濟發展和技術進步。組織創新乃企業管理創新的關鍵。現代企業組織創新就是為了實現管理目的，將企業資源進行重組與重置，採用新的管理方式和方法，新的組織結構和比例關係，使企業發揮更大效益的創新活動。企業組織創新是透過調整優化管理要素人、財、物、時間、資訊等資源的配置結構，提高現有管理要素的效能來實現的。作為企業的組織創新，可以有新的產權制、新的用工制、新的管理機制，公司兼併和策略重組，對公司重要人員實行聘任制和選舉制，企業人員的調整與分流等等。企業的組織創新，要考慮企業的經營發展策略，要對未來的經營方向、經營目標、經營活動進行系統籌劃（MBA智庫百科，2017）。

組織創新的主要內容就是要全面系統地解決企業組織結構與運行以及企業間組織聯繫方面所存在的問題，使之適應企業發展的需要，具體內容包括企業組織的職能結構、管理體制、機構設置、橫向協調、運行機制和跨企業組織聯繫六個構面的變革與創新：(1)職能結構的變革與創新；(2)管理體制（組織體制）的變革與創新；(3)機構設置的變革與創新；(4)橫向協調的變革與創新；(5)運行機制的變革與創新；(6)跨企業組織聯繫的變革與創新

（MBA智庫百科，2017）。

(七)商業模式創新

泰莫斯定義商業模式是指一個完整的產品、服務和資訊流體系，包括每一個參與者和其在其中起到的作用，以及每一個參與者的潛在利益和相應的收益來源和方式。商業模式創新（business model innovation）是指企業價值創造提供基本邏輯的創新變化，它既可能包括多個商業模式構成要素的變化，也可能包括要素間關係或者動力機制的變化（喬為國，2009）。Osterwalder（2004、2007）指出，在商業模式這一價值體系中，企業可以透過改變價值主張、目標客戶、分銷通路、顧客關係、關鍵活動、關鍵資源、夥伴承諾、收入流和成本結構等因素來激發商業模式創新。亦即，企業經營的每一個環節的創新都有可能成為一個成功的商業模式。

◆商業模式創新的構成條件（喬為國，2009）

商業模式創新企業幾個共同特徵，或者說構成商業模式創新的三個必要條件：

1.提供全新的產品或服務、開創新的產業領域，或以前所未有的方式提供已有的產品或服務。
2.其商業模式至少有多個要素明顯不同於其他企業，而非少量的差異。
3.有良好的業績表現，體現在成本、營利能力、獨特競爭優勢等方面。

◆商業模式創新的特點（喬為國，2009）

相對於傳統的創新類型，商業模式創新有幾個明顯的特點：

1.商業模式創新更注重從客戶的角度，從根本上思考設計企業的行為，視角更為外向和開放，更多注重和涉及企業經濟方面的因素。
2.商業模式創新表現得更為系統和根本，它不是單一因素的變化。它常常涉及商業模式多個要素同時大的變化，需要企業組織的較大策略調

整，是一種集成創新。

3.從績效表現看，商業模式創新如果提供全新的產品或服務，那麼它可能開創了一個全新的可營利產業領域，即便提供已有的產品或服務，也更能給企業帶來更持久的營利能力與更大的競爭優勢。

◆商業模式創新的方法

商業模式創新有四種方法（尹一丁，2012）：

1.改變收入模式（revenue model innovation）：就是改變一個企業的客戶價值定義和相應的利潤方程或收入模型。客戶要完成一項任務需要的不僅是產品，而是一個解決方案。一旦確認了此解決方案，也就確定了新的客戶價值定義，並可依次進行商業模式創新。

2.改變企業模式（enterprise model innovation）：就是改變一個企業在產業鏈的位置和充當的角色，亦即改變其價值定義中「製造」和「購買」的搭配，一部分由自身創造，其他由合作者提供。企業的這種變化是透過垂直整合策略或出售及外包來實現。如谷歌就實施垂直整合，大手筆收購摩托羅拉手機和安卓移動平台操作系統，進入移動平台領域，從而改變了自己在產業鏈中的位置及商業模式，由軟變硬。即將推出智慧型手機的Facebook等都是採取這種思路進行商業模式創新。

3.改變產業模式（industry model innovation）：是最激進的一種商業模式創新，它要求一個企業重新定義本產業，進入或創造一個新產業。如IBM透過推動智能星球計畫和雲計算。它重新整合資源，進入新領域並創造新產業，如商業運營外包服務和綜合商業變革服務等。亞馬遜正在進行的商業模式創新向產業鏈後方延伸，為各類商業用戶提供如物流和資訊技術管理的商務運作支持服務，並向它們開放自身的二十個全球貨物配發中心，並大力進入雲計算領域，成為提供相關平台、軟體和服務的領袖。

4.改變技術模式（technology-driven innovation）：企業可以透過引進激進型技術來主導自身的商業模式創新，如當年眾多企業利用互聯網進行商業模式創新。如雲端運算能提供諸多嶄新的客戶價值，從而提供企業進行商業模式創新的契機。另一是3-D列印技術。它將幫助諸多企業進行深度商業模式創新。如汽車企業可用此技術替代傳統生產線來列印零件，甚至可採用戴爾的直銷模式，讓用戶在網上訂貨，並在靠近用戶的場所將所需汽車列印出來！

◆商業模式創新的維度

一般商業模式創新可以從策略定位創新、資源能力創新、商業生態環境創新以及這三種創新方式結合產生的混合商業模式創新這四個維度進行，如**表5-3**所示（彭俊、高萍萍，2012）。

蘋果公司的巨大成功，不單單在其獨特的產品設計，還源於其精準的策略創新。他們看中了終端內容服務這一市場的巨大潛力，因此，它將其策略

表5-3　商業模式創新的維度

維度	內容
策略定位創新	主要是圍繞企業的價值主張、目標客戶及顧客關係方面的創新，具體指企業選擇什麼樣的顧客、為顧客提供什麼樣的產品或服務、希望與顧客建立什麼樣的關係，其產品和服務能向顧客提供什麼樣的價值等方面的創新。
資源能力創新	指企業對其所擁有的資源進行整合和運用能力的創新，主要是圍繞企業的關鍵活動，建立和運轉商業模式所需要的關鍵資源的開發和配置、成本及收入源方面的創新。所謂關鍵活動是指影響其核心競爭力的企業行為；關鍵資源是指能夠讓企業創造並提供價值的資源，主要指那些其他企業不能夠代替的物質資產、無形資產、人力資本等。
商業生態環境創新	指企業將其周圍的環境看作一個整體，打造出一個可持續發展的共贏的商業環境。主要圍繞企業的合作夥伴進行創新，包括供應商、經銷商及其他市場中介，在必要的情況下，還包括其競爭對手。企業策略定位及內部資源能力都是企業建立商業生態環境的基礎。
混合商業模式創新	是以上三種創新相互結合的方式。企業的商業模式創新一般都是混合式的，因為企業商業模式的構成要素策略定位、內部資源、外部資源環境之間是相互依賴、相互作用的，每一部分的創新都會引起另一部分相應的變化。而且這種由策略定位創新、資源能力創新和商業能力創新兩兩相結合甚至同時進行的創新方式，都會為企業經營業績帶來巨大的改善。

資料來源：彭俊、高萍萍（2012）。

從純粹的出售電子產品轉變為以終端為基礎的綜合性內容服務提供商。從其iPod+iTune到後來的iPhone+App都充分體現了這一策略創新。在資源能力創新方面，蘋果突出表現在能夠為客戶提供充分滿足其需求的產品這一關鍵活動上。蘋果每一次推出新產品，都超出了人們對常規產品的想像，其獨特的設計以及對新技術的採用都超出消費者的預期。總之，商業模式創新既可以是三個維度中某一維度的創新，也可以是其中的兩點甚至三點相結合的創新（彭俊、高萍萍，2012）。正如Morris等（2005）提出的，有效的商業模式這一新鮮事物能夠導致卓越的超值價值（supervalue），商業模式創新將成為企業家追求超值價值的有效工具。

(八)科技創新

◆科技創新的定義

科技創新（technology innovation）是組織成功地採用一個新想法，而這想法的利用能夠詮釋設計、發展，或增進產品、流程或服務，直接影響組織的主要工作活動，為組織中最基本且最重要的元素，亦是產業競爭的主要動力因素之一（蔡啟通，1997；Lin, 2006; Studt, 2005; Moore, 2004; Damanpour & Evan, 1984）。Damanpour（1991）認為科技創新對組織而言是最基本、最重要的影響因素，而管理創新則是在連結社會結構與技術系統平衡時所採取的手段。組織藉由科技創新來增強競爭優勢，再加上管理創新有助於科技創新的實踐，故科技創新與管理創新皆是組織的必要關鍵因素（Wan et al., 2005; Studt, 2005）。

科技創新是指創造和應用新知識和新技術、新工藝，採用新的生產方式和經營管理模式，開發生產新產品，提高產品質量，提供新的服務的過程。科技創新是指新知識、新技術和新工藝的開發和創新，是科學含量較高的創造性的技術；科技創新是發展生產力、推動人類社會發展的重要動力，創新包括科技創新、體制創新和理論創新，創新的關鍵則是正確的政策、良好的機制與主體素質的提高。按錢學森開放的複雜巨系統理論的分類，科技創新包括三類：知識創新、技術創新以及現代科技引領的管理創新。從微觀上講，科技創新有助於企業占據市場並實現市場價值，從而提升企業核心競爭力乃至區域競爭力；從巨集觀上講，能推動技術的創新發展，促進整個社會生產力的提高，同時減少環境汙染，滿足社會需求，解決社會問題。科技創新正是科學研究、技術進步與應用創新協同演進下的一種複雜湧現，是這個三螺旋結構共同演進的產物。科技創新體系由以科學研究為先導的知識創新、以標準化為軸心的技術創新和以資訊化為載體的現代科技引領的管理創新三大體系構成，知識社會新環境下三個體系相互滲透，互為支撐，互為動力，推動著科學研究、技術研發、管理與制度創新的新形態（錢學森，2007）。

◆知識創新、技術創新、管理創新

知識社會環境下的科技創新包括：知識創新、技術創新和現代科技引領的管理創新。知識創新的核心科學研究，是新的思想觀念和公理體系的產生，其直接結果是新的概念範疇和理論學說的產生，為人類認識世界和改造世界提供新的世界觀和方法論。技術創新的核心內容是科學技術的發明和創造及價值實現，其直接結果是推動技術進步與應用創新的創新雙螺旋互動，提高社會生產力的發展水平，進而促進社會經濟的增長。管理創新既包括巨集觀管理層面上的創新——社會政治、經濟和管理等方面的制度創新，也包括微觀管理層面上的創新，其核心內容是科技引領的管理變革，其直接結果是激發人們的創造性和積極性，促使所有社會資源的合理配置，最終推動社會的進步（錢學森，2007）。

◆如何使科技創新成為推動企業的催化劑

如何使科技創新成為推動企業的催化劑，包括：

1.深化改革，強化企業自主創新的動力機制。
2.完善融資機制，拓寬籌資通路。
3.加強政策引導，完善激勵機制。
4.加大企業對科技創新的投入。
5.完善人才激勵機制，充分發揮人才策略作用。

◆技術創新的分類

1.技術創新的總體分類（Stewart, 1989; Warner, 1996）：

(1)巨觀創新：全新之產品或技術之創新，使產業、經濟、社會重大改變，如電力、電腦、汽車。

(2)基本創新：係個別創新，重點在提供轉移技術之發展。

(3)改善式創新：不屬技術創新的範疇，只是將技術做某種程度的改善或形式改變。

2.企業技術創新的個體分類（Baker, Green, Bean, 1986）：分為產品與製程的技術創新兩者。

(1)產品的技術創新：製造產品的整體製造技術已完全改變，且產品功能特性也全然改變或提升。

(2)製程的技術創新：改善製程技術的某一部分，使其產品品質達到顧客的要求。

3.企業技術創新分類（Tushman & Nadler, 1986）：分為產品技術創新與製程技術創新。可再細分為：

(1)微變型：增加產品特性、調整製程條件、降低成本。

(2)組合型：與現有技術做適當組合，以產生新產品或新製程。

(3)突破型：重大技術或創意之發展應用。

4.產品技術創新的分類（Coombs, Narandren, Richards, 1996）：

(1)創新（novel）產品：指產品功能全然不同，或是產品加入新技術、更改產品的內外部設計，使之與原產品顯著不同。

(2)改良式（improved）：產品更改原有產品的某些屬性（外觀、性能、品質、材料成本）。

(3)配件式（accessory）：產品搭配產品的新式配件差異化的產品。

表5-4為製程技術創新類型——生產面，**表5-5**為技術創新類型——行銷面。

表5-4　製程技術創新類型——生產面（Henderson, Clark, 1990）

製程科技創新	特底改變技術的核心設計概念	稍微加強技術的核心設計概念
改變既有設計與個別元件	突破式創新 radical innovation	架構式創新 architectural innovation
不改變既有設計與個別元件	模組式創新 modular innovation	漸進式創新 incremental innovation

表5-5　技術創新類型——行銷面（Henderson, Clark, 1990）

區分	不針對現有 市場與顧客	針對現有的 市場與顧客
不針對現有製造技術	架構式創新 architectural innovation	革命式創新 revolution innovation
針對現有製造技術的基礎	利基式創新 niche innovation	規律式創新 regular innovation

(九)文化創新

創新不僅是現代企業文化的一個重要支柱，而且是社會文化中的一個重要部分。如果文化創新已成為企業文化的根本特徵，那麼，創新價值觀就能得到企業全體員工的認同，行為規範就會得以建立和完善，企業的創新動力機制就會高效運轉（MBA智庫百科，2017）。文化在交流的過程中傳播，在繼承的基礎上發展，都包含著文化創新的意義。文化發展的實質，就在於文化創新。文化創新，是社會實踐發展的必然要求，是文化自身發展的內在動力（百度百科，2017）。

◆文化創新的源泉（百度百科，2017）

實踐，作為人們改造客觀世界的活動，是一種有目的、有意識的社會性活動，人類在改造自然和社會的實踐中，創造出自己特有的文化。社會實踐是文化創新的源泉。文化自身的繼承與發展，是一個新陳代謝、不斷創新的過程。一方面，社會實踐不斷出現新情況，提出新問題，需要文化不斷創

新，以適應新情況，回答新問題；另一方面，社會實踐的發展，為文化創新提供了更為豐富的資源，準備了更加充足的條件。所以，社會實踐是文化創新的動力和基礎。

◆文化創新的作用（中華語文知識庫，2015）

文化創新可以推動社會實踐的發展。文化源於社會實踐，又引導、制約著社會實踐的發展。推動社會實踐的發展，促進人的全面發展，是文化創新的根本目的，也是檢驗文化創新的標準所在。文化創新能夠促進民族文化的繁榮。只有在實踐中不斷創新，傳統文化才能煥發生機、歷久彌新，民族文化才能充滿活力、日益豐富。文化創新，是一個民族永保生命力和富有凝聚力的重要保證。

◆文化創新的途徑（百度百科，2017）

社會實踐是文化創作的源泉，所以，立足於社會實踐，是文化創作的基本要求，也是文化創新的根本途徑。著眼於文化的繼承，「取其精華，去其糟粕」，「推陳出新，革故鼎新」，是文化創新必然要經歷的過程。一方面，不能離開文化傳統，空談文化創新，對於一個民族和國家來說，如果漠視對傳統文化的批判性繼承，其民族文化的創新，就會失去根基；另一方面，體現時代精神，是文化創新的重要追求。文化創新，表現在為傳統文化注入時代精神的努力中。

不同民族文化之間的交流、借鑑與融合，也是文化創新必然要經歷的過程。實現文化創新，需要博採眾長。文化的交流、借鑑和融合，是學習和吸收各民族優秀文化成果，以發展本民族文化的過程；是不同民族文化之間相互借鑑，以「取長補短」的過程；是在文化交流和文化借鑑的基礎上，推出融匯各種文化特質的新文化的過程，由此可見，文化多樣性是世界的基本特徵，也是文化創新的重要基礎。在文化交流、借鑑與融合的過程中，必須以世界優秀文化為營養，充分吸收外國文化的有益成果，同時要以我為主、為我所用。

各地的文化不是一成不變的，常會在不斷與外來文化接觸時受到影響，在吸收外來文化的同時，也會對自己的文化做調整，因而創造新的文化。例如：漢堡是西方飲食文化下的產物，在進入以米食為主的東方社會以後，演變成具有漢堡形式，但以米飯為材料的「米堡」，就是文化創新的實例。為了追求美好與和平的世界，在文化交流的過程中，如何使各種不同的文化更具包容性，是不是值得我們深思和努力呢？蘭嶼達悟族的椰油教堂，融合了西方建築的特色與原住民藝術的特性（**圖5-1**）。

圖5-1　米堡與蘭嶼達悟族的椰油教堂

◆文化創新案例：《無米樂》／導演莊子蘭權的阿沙力人生（林百貨官網，2017）

《無米樂》為顏蘭權和莊益增共同執導的台灣電影，主題為台南縣後壁鄉菁寮四位老農民的勞動身影與樂天知命的故事。從田莊阿伯阿嬤的生命智慧中，可以體會到敬天畏地、愛人惜物的精神。其拍攝手法為貼近現實的紀錄片，拍攝地位於嘉南平原，有「台灣大穀倉」之稱的台南後壁。該片描繪台灣農民在外在環境不允許中如何延續稻作農業。導演人文的底子與著重真實影像的堅持讓此紀錄片少見劇情張力，正是這種平實讓整片更顯得具有說服力。也因此，影評人與觀眾都給予該片一致好評，甚至造成轟動。

此電影的出現，使得崑濱伯與菁寮的名聲大為提升。例如政府若有農業方面的新政策，媒體通常會訪問崑濱伯探知其見解。而菁寮在電影上映後，亦因有老街、農村以及由著名建築師哥德佛伊德．波姆設計的菁寮天主堂，

順勢成為著名觀光景點，吸引體驗台灣早年農村生活的海內外旅客。而媒體介紹至後壁時，往往也會加上「無米樂的故鄉」作為開頭介紹（**圖5-2**）。

圖5-2　無米樂的故鄉

(十)金融創新（資料來源：MBA智庫百科）

金融創新的涵義，目前國內外尚無統一的解釋。有關金融創新的定義，大多是根據美籍奧地利著名經濟學家熊彼特（Joseph Alois Schumpeter, 1883-1950）的觀點衍生而來。熊彼特於1912年在其成名作《經濟發展理論》（*Theory of Economic Development*）中對創新所下的定義是：創新是指新的生產函數的建立，也就是企業家對企業要素實行新的組合。按照這個觀點，創新包括技術創新（產品創新與工藝創新）與組織管理上的創新，因為兩者均可導致生產函數或供應函數的變化。具體地講，創新包括五種情形：(1)新產品的出現；(2)新工藝的應用；(3)新資源的開發；(4)新市場的開拓；(5)新的生產組織與管理方式的確立，也稱為組織創新。

中國學者定義金融創新，是指金融內部透過各種要素的重新組合和創造性變革所創造或引進的新事物。並認為金融創新大致可歸為三類：(1)金融制度創新；(2)金融業務創新；(3)金融組織創新。從思維層次上看，「創新」有三層涵義：(1)原創性思想的躍進，如第一份期權合約的產生；(2)整合性，將已有觀念的重新理解和運用，如期貨合約的產生；(3)組合性創性，如蝶式期權的產生。

◆金融業務創新與金融技術創新

金融業務創新包括金融產品、金融交易方式和服務方式、金融市場、金融經營管理機制和監控機制等的創新。金融技術創新要在金融業務創新的基礎上，大力發展以資訊技術為基礎的先進的金融手段和金融機具與裝備，完善電子金融體系建設，實現金融能力質的躍升。

◆金融創新的概念理解

金融創新定義雖然大多源於熊彼特經濟創新的概念，但各個定義的內涵差異較大，總括起來對於金融創新的理解無外乎有三個層面，如**表5-6**所示。

金融創新的理論基礎如**表5-7**所示。

表5-6　金融創新的三個層面

創新層面	內容
巨集觀層面的金融創新	從這個層面上理解金融創新有如下特點：金融創新的時間跨度長，將整個貨幣信用的發展史視為金融創新史，金融發展史上的每一次重大突破都視為金融創新；金融創新涉及的範圍相當廣泛，不僅包括金融技術的創新、金融市場的創新、金融服務／產品的創新、金融企業組織和管理方式的創新、金融服務業結構上的創新，而且還包括現代銀行業產生以來有關銀行業務、銀行支付和清算體系、銀行的資產負債管理，乃至金融機構、金融布場、金融體系、國際貨幣制度等方面的歷次變革。如此長的歷史跨度和如此廣的研究空間使得金融創新研究可望而不可及。
中觀層面的金融創新	指上世紀50年代末，60年代初以後，金融機構特別是銀行中介功能的變化，它可以分為技術創新、產品創新以及制度創新。技術創新是指製造新產品時，採用新的生產要素或重新組合要素、生產方法、管理系統的過程。產品創新是指產品的供給方生產比傳統產品性能更好、質量更優的新產品的過程。制度創新則是指一個系統的形成和功能發生了變化，而使系統效率有所提高的過程。從這個層面上，可將金融創新定義為，是政府或金融當局和金融機構為適應經濟環境的變化和在金融過程中的內部矛盾運動，防止或轉移經營風險和降低成本，為更好地實現流動性、安全性和盈利性目標而逐步改變金融中介功能，創造和組合一個新的高效率的資金營運方式或營運體系的過程。中觀層次的金融創新概念不僅把研究的時間限制在60年代以後，而且研究對象也有明確的內涵，因此，大多數關於金融創新理論的研究均採用此概念。
微觀層面的金融創新	僅指金融工具的創新。大致可分為四種類型：信用創新型，如用短期信用來實現中期信用。以及分散投資者獨家承擔貸款風險的票據發行便利等；風險轉移創新型，它包括能在各經濟機構之間相互轉移金融工具內在風險的各種新工具，如貨幣互換、利率互換等；增加流動創新型，它包括能使原有的金融工具提高變現能力和可轉換性的新金融工具，如長期貸款的證券化等；股權創造創新型，它包括使債權變為股權的各種新金融工具，如附有股權認購書的債券等。

資料來源：MBA智庫百科

表5-7　金融創新的理論基礎

理論	內容
西爾柏的約束誘導型金融創新理論	1.西爾柏（W. L. Silber）主要是從供給角度來探索金融創新。西爾柏研究金融創新是從尋求利潤最大化的金融公司創新最積極這個表象開始的，由此歸納出金融創新是微觀金融組織為了尋求最大的利潤，減輕外部對其產生的金融壓制而採取的「自衛」行為。 2.西爾柏認為，金融壓制來自兩個方面：其一是政府的控制管理，其二是內部強加的壓制。
凱恩的規避型金融創新理論	1.凱恩（E. J. Kane）提出了「規避」的金融創新理論。所謂「規避」就是指對各種規章制度的限制性措施實行迴避。「規避創新」則是迴避各種金融控制和管理的行為。它意味著當外在市場力量和市場機制與機構內在要求相結合，迴避各種金融控制和規章制度時就產生了金融創新行為。 2.「規避」理論非常重視外部環境對金融創新的影響。從「規避」本身來說，也許能夠説明它是一些金融創新行為的源泉，但是「規避」理論似乎太絕對和抽象化地把規避和創新邏輯地聯繫在一起，而排除了其他一些因素的作用和影響，其中最重要的是制度因素的推動力。
希克斯和尼漢斯的交易成本創新理論	1.希克斯（J. R. Hicks）和尼漢斯（J. Niehans）提出的金融創新理論的基本命題是「金融創新的支配因素是降低交易成本」。這個命題包括兩層涵義：降低交易成本是金融創新的首要動機，交易成本的高低決定金融業務和金融工具是否具有實際意義；金融創新實質上是對科技進步導致交易成本降低的反應。 2.交易成本理論把金融創新的源泉完全歸因於金融微觀經濟結構變化引起的交易成本下降，是有一定的局限性的。因為它忽視了交易成本降低並非完全由科技進步引起，競爭也會使得交易成本不斷下降，外部經濟環境的變化對降低交易成本也有一定的作用。 3.交易成本理論單純地以交易成本下降來解釋金融創新原因，把問題的內部屬性看得未免過於簡單了。但是，它仍不失為研究金融創新的一種有效的分析方法。
金融深化理論	1.美國經濟學家愛德華．肖（Edward S. Shaw）從發展經濟學的角度對金融與經濟發展的關係進行了開創性的研究。 2.肖提出金融深化理論，要求放鬆金融管制，實行金融自由化。這與金融創新的要求相適應，因此成了推動金融創新的重要理論依據。
制度學派的金融創新理論	1.以戴維斯（S .Davies）、塞拉（R. Sylla）和諾斯（North）等為代表。 2.這種金融創新理論認為，作為經濟制度的一個組成部分，金融創新應該是一種與經濟制度互為影響、互為因果關係的制度改革。
理性預期理論	1.理性預期學派是從貨幣學派分離出來的一個新興經濟學流派，最早提出理性預期思想的是美國經濟學家約翰．穆斯。20世紀70年代初，盧卡斯正式提出了理性預期理論。 2.理性預期理論的核心命題有兩個：(1)人們在看到現實即將發生變化時傾向於從自身利益出發，作出合理的、明智的反應；(2)那些合理的明智的反應能夠使政府的財政政策和貨幣政策不能取得預期的效果。
格林和海伍德的財富增長理論	格林（B. Green）和海伍德（J. Haywood）認為財富的增長是決定對金融資產和金融創新需求的主要因素。

資料來源：MBA智庫百科

◆金融創新工具的分類

金融創新大致可以歸類如**表5-8**所示。

◆金融科技的定義和關鍵領域

金融科技（Financial Technology, FinTech），是指一群企業運用科技手段使得金融服務變得更有效率，因而形成的一種經濟產業。這些金融科技公

表5-8 金融創新工具的分類

工具	內容
所有權憑證	股票是所有權的代表。傳統的主要有普通股和優先股，由於創新出現了許多變種。以優先股為例，有可轉換可調節優先股、可轉換可交換優先股、再買賣優先股、可累積優先股、可調節股息率優先股、拍賣式股息率優先股等。
融資工具	債務工具對借款人來說是債務憑證，對放款者來講是債權憑證。最早的債務工具是借據，緊接著出現的是商業票據，以後又出現了銀行票據以及企業、政府發行的各種債券。由於創新，債務工具又發生了許多新變化。就個人債務工具而言，其變種主要表現有：信用卡、可轉讓提效單帳戶、可變或可調節利率抵押、可轉換抵押、可變人壽保險等。
股權帳戶等	就企業而言就更多，主要表現為以下幾類： 1.可調節的利率有：浮動利率票據、利率重訂票據、可調節利率、可轉換債券、零息票可轉換債券。 2.可變期限的有：可展期票據、可賣出可展期票據、可變期限票據、可賣出可調節清償債務。 3.可以外國通貨標值的有： 外國通貨標值債券、雙重通貨標值債券、歐洲通貨債券。 4.可擔保的債務有：以抵押為後盾債券、以應收項目為後盾債券、以不動產為後盾債券、有附屬擔保品抵押債券。
衍生金融產品	最傳統的金融產品是商業票據、銀行票據等。由於創新，在此基礎上衍生出許多具有新的價值的金融產品或金融工具，如期貨合同、期權合同互換及遠期協議合同。遠期合同和期貨近幾年又有新的創新，具體表現在：遠期利率協議、利率期貨、外國通貨期貨、股票指數期貨等。目前最新的傑作則為歐洲利率期貨、遠期外匯協議，前者為不同通貨的短期利率保值，後者為率差變動保值。
組合金融工具	組合金融工具是指對種類不同的兩種以上（含兩種）的金融工具進行組合，使其成為一種新的金融工具。組合金融工具橫跨多個金融市場，在多個市場中，只要有兩個市場或兩個以上市場的產品結合，就能創造出一種綜合產品或一種組合工具，如可轉換債券、股票期權、定期美元固定利率等等，都是組合金融工具。其他衍生金融工具還有票據發行便利、備用信用證、貸款承諾等。

資料來源：MBA智庫百科

圖5-3　金融科技

資料來源：黃敬哲（2017）。

司通常在新創立時的目標就是想要瓦解眼前那些不夠科技化的大型金融企業和體系（陳飴，2017；Schueffel, 2017）。即使在世界上最先進的數字經濟體之一的美國，這種金融服務變化的演變仍處於早期階段（Toptal, 2017）。

位於愛爾蘭都柏林的國家數位研究中心把金融科技定義為一種「金融服務創新」，同時認可這個名詞也可以用於指稱那些廣泛應用科技的領域，例如：前端的消費性產品、新進入者與現有玩家的競爭，甚至指比特幣這樣的新東西（National Digital Research Centre, 2014）。

FinTech可說是一種新型的解決方案，這種方案對於金融服務業的業務模式、產品、流程和應用系統的開發來說，具有強烈顛覆性創新的特性。這些解決方案可以從下面五個比較顯著的差異性來分類（Alt, Puschmann, 2012）。

1. 銀行業和保險業分屬兩個不同的業務領域：保險業的解決方案通常被稱為InsurTech。
2. 支援不同業務處理流程：例如財務資訊、支付、投資、融資、投資顧問、跨進程支援等，行動支付系統就是其中一例（Accenture, 2014）。

3.目標客戶群的不同：在銀行業因應客群不同而有零售金融、企業金融、私人銀行；保險業則可分為人壽保險、非人壽保險兩大類。例如以遠程通信及資訊處理技術為基礎的人壽保險（telematics-based insurances通常指藉由智慧車載系統的輔助來進行風險評估）就是利用非人壽保險領域的客戶行為來核算壽險保費。

4.交流模式不同：可分為企業對企業（B2B）、企業對消費者（B2C）、消費者對消費者（C2C）。社交網型金融交易（social trading solutions）就是一種C2C。

5.市場定位不同：例如某些方案僅提供互補性的個人財務管理服務，而有的方案則可能專注於提供像P2P網路借貸這種具競爭性的解決方案。

全球在金融科技的投資從2008年的9.3億美元到2014年的120億美元總共成長了十二倍（Accenture, 2014）。根據倫敦市長辦公室表示，新興的金融科技業在倫敦有著快速成長，我們勞動人口約有40%是在金融業和科技業服務（Hot Topics, 2014）；FundingCircle、Nutmeg和TransferWise等公司是比較有名的代表。2014年歐洲總共有15億美元投資在金融科技上，其中總部在倫敦的公司占有5.39億，在阿姆斯特丹的占有3.06億，在斯德哥爾摩的占有2.66億。在歐盟過去的十年裡，就獲得投資基金挹注的多寡而言，斯德哥爾摩是僅次於倫敦的城市（Stockholm Business Region, 2015）。在亞太地區，2015年4月有一個新的金融科技中心在澳大利亞雪梨開幕以因應這個成長態勢（BRW, 2014）。現在已經有一批有實力的金融科技企業，包括Tyro Payments、Nimble、Stockspot、Pocketbook and SocietyOne等公司在市場上拚搏，而這個中心將會加速這方面的成長（Australian Financial Review, 2015）。香港正在準備成立一個金融科技的創新實驗室，這對於孕育當地的金融服務科技創新將會有很大的幫助（Forbes, 2015）。

在學術方面，金融數據科學協會（FDSA）成立的同時舉辦了第一次的大型活動，參加的成員來自人工智慧、機器學習、自然語言處理（NLP）等領域。FDSA的宗旨是試圖建立一個結合電腦與投資統計的研究型社群。至於企業方面，賓州大學的華頓商學院在2014年10月成立了Wharton FinTech，

他們的目標是希望結合金融科技業內的學術界、創意人才、投資者以及各方意見領袖，共同重新塑造全球的金融服務的業態。而香港大學的法學院和澳大利亞新南威爾斯大學曾經共同發表過一篇關於FinTech的演進及其法規的研究報告（Arner et al., 2015）。

◆全球十大FinTech公司之商業模式

隨著金融業在全球低利率環境下獲利的增速放緩，傳統金融業受到新技術的挑戰，所需人力越來越少，歐美各大行裁員縮編由科技取代的趨勢基本上不會改變。H2 Ventures每年都會發布全球FinTech百強公司，**表5-9**是全球前十名的FinTech公司之商業模式（IEObserve國際經濟觀察，2017）。

表5-9　全球前十名的FinTech公司之商業模式

前十名	商業模式
螞蟻金服 Ant Financial	若你沒有聽過螞蟻金服，那講支付寶你就肯定聽過了，這家阿里系的公司除了有支付寶這樣的支付巨獸以外，還有像是網路數據徵信的芝麻信用。之前寫過的網路金融文章，就簡述過螞蟻金服的業務範圍，這是一隻毫無疑問的FinTech巨獸，光是全球最大的第三方支付工具支付寶，加上最大的電商網站阿里巴巴的淘寶天貓，就有取之不盡的數據可以作分析應用。
趣店	原本叫做趣分期的這家企業，主打的是給沒有信用卡的年輕人大學生分期購物累積信用，更直白來說就是用App對大學生放高利貸，但是透過大的用戶量可以做到更好的數據徵信和風控。主要的優勢在於它擁有了龐大的年輕消費族群的用戶數據，FinTech行業擁有數據就是金礦，有越多數據基礎，理論上就能夠越精準的切割市場做風險控管。但是趣店其實也很有可能遭遇夾殺，因為分期付款消費總要到某個地方去買東西，而現實情形是像阿里、京東這些巨大電商都在推廣自己的購物分期服務，沒有電商出海口購物分期變得市場小很多，必須要找到更多使用場景才能繼續這樣玩。
OSCAR	這家美國的公司則是專注在健康醫療保險上，主要銷售給中小企業和個人醫療險，定位自己不只是保險公司還是健康管理公司，提供了個人化的線上問診和健身健康管理的服務，由於資訊透明化、納保和理賠手續簡便廣受歡迎，非常受年輕人歡迎。不過理想上很美好，現實倒是有點殘酷，事實上它也虧錢虧很大，去年上半年就虧損了8,300萬美元，業務開發成本高，能否燒錢燒到轉正，猶未可知。
陸金所	有中國平安集團這個富爸爸的陸金所，原本是以P2P信貸聞名，但是如今P2P網貸平台死得死、逃得逃，有點臭掉，而陸金所的P2P業務也降至不到10%。將P2P業務分拆至陸金服，轉而主打綜合性線上財富管理平台，不過真的看不出除了平台大，技術和服務有什麼特殊之處。

（續）表5-9　全球前十名的FinTech公司之商業模式

前十名	商業模式
眾安保險	眾安保險是中國第一家純網路保險公司，主打的是財產險，它的來頭不小，三大股東分別是馬雲的螞蟻金服、馬化騰的騰訊、馬明哲的中國平安。三馬合作的保險公司對其的公信力加分不少，累積了5.23億客戶。這篇詳細解析眾安保險的商業模式，最近還成立了眾安科技，說是要在區塊鏈、人工智慧和雲端運算、大數據領域持續探索，所有華麗的名詞這家公司都有包了，你說他能不火嗎？不過中國網路上對它的評價蠻差的，買保險很容易，找人理賠很困難。從保監會的保險消費投訴率來看，則會發現它在財險公司中排名最低，以這種迅猛增長的速度來看，控管的能力還算蠻強。
Atom Bank	這家是第一間拿到英國銀行證照的純線上網路數位銀行，只能使用App，採用生物辨識技術來進行身分確認，開戶流程只要掃描身分證件和填寫基本資訊，簡便、透明、客製化的銀行App也很受年輕人族群歡迎，跟傳統銀行的形象大不同。其實Atom Bank也揭示了銀行業未來的發展，事實上需要的人力可能會是非常低的，只是在陳舊的金融法規面前，很多創新都被束縛住。英國作為全球金融中心之一的地位也在發放執照上有了開創性的突破。
Kreditech	這家德國的FinTech公司，主打的是讓正規金融機構得不到授信的借貸者提供信貸，用人工智慧和機器學習來處理每個申請人兩萬筆的數據資料，來對申請人進行信用評分和發放貸款，其中數據資料包含Facebook檔案、Amazon和eBay消費紀錄、PayPal交易紀錄等。其實中國和國外FinTech公司的徵信邏輯都一樣，看申請人電商與支付的數據來決定授信，但因為歐美對個資保護的法規嚴厲許多，這樣的公司要擴張難度比在中國要高得多。
Avant	這是另一家美國線上借貸公司，服務的客戶主要介於信用優級和次級之間的借款人，放貸的資金則是來自平台而非投資人，已經放貸超過10億美元，平均貸款額度是8,000美元，最高可到3.5萬美元，也是主打透過大數據和機器學習來建立精確的消費者信用資料，號稱能有效降低違約風險和詐騙。
SoFi	SoFi是美國另一家網路貸款公司，它的定位十分有趣，專門低息貸款給美國名校高材生付學貸，因為美國的學費是天價貴，但是這群名校高材生未來的預期收入高，違約率1.6%，低於整體學生違約率的8%。它的資金來源是這些名校校友投資一筆基金，讓學生能用較低固定利率貸款，還將這個高材生P2P貸款打包證券化，因為違約率低，所以穆迪還給SoFi 3A的高信用評級。同時校友貸款給學生，也建立起人脈資源連結，校友的投資在未來也能回收（沒有違約的情形之下），不過這公司除了簡便的網路申貸外，也沒有看出有什麼很高的金融科技技術。
京東金融	作為另一個中國大電商平台，阿里做什麼，京東就做什麼，京東金融還有騰訊的入股，明顯是在打對台，但是京東更強調供應鏈金融，貸款給中小企業，還有京東股權眾籌等。至於真有什麼特別的？其實中國這些巨頭的營業模式還真的是混戰互抄，能擴大用戶，拿越多數據並進行分析，就能夠降低風險提高獲利，事實上，這是需要富爸爸輸血的產業，越小的業者越難玩。

資料來源：IEObserve國際經濟觀察（2017）。

總結這十強來看，主要的FinTech的商業模式大同小異，講的就是透過非常簡便、透明和易用的手續吸引用戶，蒐集消費者或貸款者的大數據，然後用人工智慧、機器學習來分析給出信用評等作風險控管，接著再貸款給貸款者，盡力去除中介機構和複雜耗時長的手續與不透明的費用（傳統金融機構的硬傷。未來這樣的趨勢只會更進一步，即便中美P2P行業都有因詐欺和倒債遇冷的情形，但是傳統金融行業被金融科技顛覆的時日依舊迫近，懂得順應潮流的金融機構在未來才能有競爭力，想要用法規來阻擋金融科技的大潮，只是延長自己被淘汰的陣痛期（IEObserve國際經濟觀察，2017）。

◆2016年金融科技三大趨勢：電子支付、API經濟、IOE應用（TechOrange, 2016）

金融科技（FinTech）掀起全球熱潮，國內金融業者無不在今年大動作推出數位金融應用，資策會產業情報研究所（MIC）更直指，2016年全球金融科技有三大亮點，分別是全民搶攻的支付領域、會加速金融業改變的API經濟與引領應用趨勢朝萬物聯網（IOE）環境的商業模式。

◆金融科技勢不可擋，支付成發展重心

根據資策會MIC分析全球主要的研究資料發現，2014年全球金融科技創投金額成長201%，其中美國創投金額約占全球創投金額的80%，其中超過50%的資金投入支付產業。2015年上半年，全球已揭露的192件金融科技併購事件中，併購金額最高的前十個案件中，就有六個案件與支付相關，包括PayPal併購Paydiant、Optimal Payments併購Skrill及Snapdeal併購FreeCharge等。這六件併購案的總金額約為105億美元，占整體併購金額55%，而在美國各銀行、科技公司金融專利戰中，也以支付的專利數最高，顯示支付產業已成為發展重心、各家業者必爭的技術。資策會MIC資深產業分析師童啟晟分析，金融科技的誕生，最先是伴隨著網路商務與行動商務的需求而生，因此，相關衍生的電子支付解決方案也最受到投資人肯定，主要是過去的金流都是發生是消費行為的最末端，但電子支付則具有適當融入現有金融體系的商業模式，甚至能協助傳統金融支付機構，尋求改善客戶體驗的機

會，顯示金融科技的核心價值不是在顛覆，而是要提供完善的金融服務體驗（TechOrange, 2016）。

◆朝IOE整合，實現新商業模式

數位金融的快速發展，除了跟網路有關外，也被資通訊科技的成熟度推著往前走，童啟晟表示，金融科技產業在「雲端運算、智慧分析、行動商務與社群媒體」等新興科技的商業化整合應用逐漸成熟後，有助於在現有網路平台基礎上，提高人才流、物流、資訊流與資金流的訊息匹配效率，這個背後意思就是各種不同的「流」運作成本變低了，也讓過去想不到或做不到的商業模式變可能（TechOrange, 2016）。

◆金融業API逐步開放，加深消費性產業應用

也因為萬物皆可聯網，這將大幅度影響人們的經濟與生活型態，出現對新興資通訊科技所主導的新形態商業與金融服務需求，包括更即時性、個性化、生活化的服務內容，更便捷、互動性更佳的服務通路，以及阻礙更低的服務門檻等。在這個趨勢之下，全球金融業者莫不以積極連結每個消費性產業的「異業聯盟」方式為新戰場，而目前看到的最佳方式就是透過開放金融API，一方面結合外部開發商，打造廣泛的創新金融服務，一方面也轉型成金融資訊服務業者，藉此大幅提升組織內部與外部資源的整合效率，同時加深消費性產業應用，滿足消費者生活化的金融服務體驗（TechOrange, 2016）。

二、管理創新（MBA智庫百科）

管理創新（management innovation）是指組織形成一創造性思想並將其轉換為有用的產品、服務或作業方法的過程。管理創新亦指企業把新的管理要素（如新的管理方法、新的管理手段、新的管理模式等）或要素組合引入企業管理系統以更有效地實現組織目標的創新活動。有三類因素將有利於組織的管理創新，它們是組織的結構、文化和人力資源實踐。

1.組織結構因素：有機式結構對創新有正面影響；擁有富足的資源能為創新提供重要保證；單位間密切的溝通有利於克服創新的潛在障礙。
2.文化因素：充滿創新精神的組織文化通常有如下特徵：接受模棱兩可、容忍不切實際、外部控制少、接受風險、容忍衝突、注重結果甚於手段、強調開放系統。
3.人力資源因素：有創造力的組織積極地對其員工開展培訓和發展，以使其保持知識的更新；同時，它們還給員工提供高工作保障，以減少他們擔心因犯錯誤而遭解僱的顧慮；組織也鼓勵員工成為革新能手；一旦產生新思想，革新能手們會主動而熱情地將思想予以深化、提供支持並克服阻力。

(一)管理創新的基本理論

要有效地進行管理創新，必須依照企業創新的特點和基本規律，因此，管理創新要依據**表5-10**的基本理論。

(二)管理創新的內容

管理創新的內容主要包括：(1)觀念創新；(2)制度創新；(3)技術創新；(4)環境創新，詳如**表5-11**所示（劉濤、趙蕾，2009）。

(三)管理創新的分類（邢以群，2007）

◆根據創新內容分類

根據創新內容的不同，管理創新可分為觀念創新、手段創新和技巧創新。其中，手段創新又可細分為組織創新、制度創新和方法創新。管理創新貫穿全過程。管理觀念創新是指形成能夠比以前更好地適應環境的變化，並更有效地利用資源的新概念或新構想的活動。管理手段創新是指創建能夠比以前更好地利用資源的各種組織形式和工具的活動，可進一步細分為組織創

表5-10　管理創新的基本理論

理論	內容
企業本性論	追求利潤最大化——企業是現代社會的經濟主體，是社會政治、經濟和文化生活的基本單元。現代社會是以企業為主宰的團體社會。企業沒有利潤，怎樣體現自己的生命意義，又怎樣追求自己的價值，這是企業進行管理創新首要的和基本的理論依據。
管理本性論	「管理本性論」指明瞭企業生存的目標。怎樣實現這一目標必須靠科學的管理。透過加強基礎管理和專業管理，保證產品質量的提高、產量的增加、成本的下降和利潤的增長。這是企業管理創新的又一依據。
員工本性論	「員工本性論」明確創造利潤這一企業本性，認識到實現企業本性要靠科學的管理，根據市場和社會變化，有效地整合企業內部資源，創造更高的生產率，不斷滿足市場需求，是管理創新的常新內容。但還必須明確管理的主體。在構成企業的諸多要素中，人是最積極、最活躍的主體性要素，企業的一切營運活動必須靠人來實現。人是生產力的基本要素，又是管理的主體。這是企業活力的源泉所在，也是管理能否成功的關鍵。
國企特性論	國營企業是國有資產的運營載體，當前在國民經濟中占有主導地位，是一種「特殊」的企業。政府要依靠和發揮國有經濟的作用，透過國營企業與外資企業抗衡，穩定市場秩序，維護公開、公平的市場競爭，保證經濟社會發展目標的實現。改革只會改變國企承擔社會目標的形式和某些內容，但絕不會改變其承擔社會目標的職能，也不會改變經營者所面對的較之私人企業更多的管理難題。

資料來源：MBA智庫百科

新、制度創新和管理方法創新。其中，組織創新是指創建適應環境變化與生產力發展的新組織形式的活動，制度創新是指形成能夠更好地適應環境變化和生產力發展的新規則的活動，管理方法創新是指創造更有效的資源配置工具利用方式的各種活動。管理技巧創新是指在管理過程中為了更好地實施調整觀念、修改製度、重組機構，或更好地進行制度培訓和貫徹落實、員工思想教育等活動所進行的創新。

◆根據創新程度分類

根據創新的程度，管理創新可分為漸變性創新和創造性創新。漸變性創新主要基於對原有事物的改進，創造性創新更多的是基於新事物的引入。例如，根據實踐情況對現有的管理思想的實現方法加以改進或對運用範圍加以拓展，應屬於「漸變」性管理創新；根據環境的新變化提出新的管理思想，並在此基礎上形成新的管理模式或管理方法，應屬於「創造」性管理創新。根據管理創新程度的不同，在實踐中，管理創新還可歸結為以下三種類型的

表5-11　管理創新的內容

類別	內容
觀念創新	管理觀念又稱為管理理念，指管理者或管理組織在一定的哲學思想支配下，由現實條件決定的經營管理的感性知識和理性知識構成的綜合體。一定的管理觀念必定受到一定社會的政治、經濟、文化的影響，是企業策略目標的導向、價值原則，同時管理的觀念又必定折射在管理的各項活動中。從20世紀80年代開始，經濟發達國家的許多優秀的企、專家提出了許多新的管理思想和觀念。如知識增值觀念、知識管理觀念、全球經濟一體化觀念、策略管理觀念、持續學習觀念等。
制度創新	制度創新就是企業根據內外環境需求的變化和自身發展壯大的需要，對企業自身運行方式、原則規定的調整和變革。制度創新要以反映經濟運行的客觀規律、體現企業運作的客觀要求、充分調動組織成員的勞動積極性為出發點和歸宿。企業制度創新的方向是不斷調整和優化企業所有者、經營者、勞動者三者之間的關係，使各個方面的權利和利益得到充分的體現，使組織的各種成員的作用得到充分發揮。 企業產權制度的創新也許應該朝著尋求生產資料的社會成員「個人所有」與「共同所有」的最適度組合的方向發展。經營制度的創新方向應該是不斷地尋求企業生產資料的最有效利用的方式。
技術創新	技術創新是管理創新的主要內容，企業中出現的大量創新活動是有關技術方面的，因此，技術創新甚至被視為企業管理創新的同義詞。現代企業的一個主要特點是在生產過程中廣泛運用先進的科學技術，技術水平是反映企業經營實力的一個重要標誌，企業要在激烈的市場競爭中處於主動地位，就必須不斷進行技術創新。由於一定的技術都是透過一定的物質載體和利用這些載體的方法來體現的，因此，技術創新主要表現在要素創新、要素組合方法的創新及產品創新三個方面。
環境創新	環境是企業經營的土壤，同時也制約著企業的經營。環境創新不是指企業為適應外界變化而調整內部結構或活動，而是指透過企業積極的創新活動去改造環境，去引導環境向有利於企業經營的方向變化。例如，透過企業的公關活動，影響社區、政府政策的制定；透過企業的技術創新，影響社會技術進步的方向等。

資料來源：MBA智庫百科

管理創新：

1.重大創新：始於管理觀念創新，從根本上改變原有管理思想或管理手段的創新。如企業再造理論，它的提出就是源自對傳統的分工理論前提條件的否定。

2.一般創新：管理基本思想改變不大，創新發生在管理手段和技巧上，而且與原方法相比變化不大，即主要是根據實際情況對現有管理思想的實現手段或運用領域、範圍進行改進，管理技巧創新一般屬於此類。另外，變化較小的管理手段創新，如管理信啟、系統的進一步開發也屬此類。

3.綜合創新：既有管理思想的改變，又有管理手段或管理技巧的改變，但變化程度不大的這類管理創新，如股份合作制、員工持股制度等。

(四)管理創新的特點

管理創新是不同於一般的「創新」，其特點來自於創新和管理兩個方面。管理創新具有創造性、長期性、風險性、效益性和艱巨性。管理創新的特點如**表5-12**（汪潔，2009）。

表5-12 管理創新的特點

特點	內容
創造性	以原有的管理思想、方法和理論為基礎，充分結合實際工作環境與特點，積極地吸取外界的各種思想、知識和觀念，在汲取合理內涵的同時，創造出新的管理思想、方法和理論。其重點在於突破原有的思維定式和框架，創造具有新屬性的、增值的東西。
長期性	管理創新是一項長期的、持續的、動態的工作過程。
風險性	風險是無形的，對管理進行創新具有挑戰性。管理創新並不總能獲得成功。創新作為一種具有創造性的過程，包含著許多可變因素、不可知因素和不可控因素，這種不確定性使得創新必然存在著許多風險，這也就是創新的代價之所在。但是存在風險並不意味著要一味地冒險，去做無謂的犧牲，要理性地看待風險，要充分認識不確定因素，盡可能地規避風險，使成本付出最小化，成功概率最大化。
效益性	創新並不是為了創新而創新，而是為了更好地實現組織的目標，要取得效益和效率。透過技術創新提高產品技術含量，使其具有技術競爭優勢，獲取更高利潤。透過管理創新，建立新的管理制度，形成新的組織模式，實現新的資源整合，從而建立起企業效益增長的長效機制。
艱巨性	管理創新因其綜合性、前瞻性和深層性而頗為艱巨。人們觀念、知識、經驗等方面的及組織目標、組織結構、組織制度，關係到人的意識、權力、地位、管理方式和資源的重新配置，這必然會牽涉到各個層面的利益，使得管理創新在設計與實施中遇到諸多「麻煩」。

(五)管理創新的策略（李世宗，2008）

◆根據創新的程度不同

根據創新的程度不同，可以分為首創性創新策略、改創型創新策略和仿創性創新策略。

1.首創型創新策略：首創型的創新是指觀念上和結果上有根本突破的創新，通常是首次推出但對經濟和社會發展產生重大影響的全新的產品、技術、管理方法和理論。這類創新本身要求全新的技術、工藝以及全新的組織結構和管理方法。首創型創新還常常引起產業結構發生變化，從而徹底改變組織的競爭環境和基礎。
2.改創型創新策略：改創型創新是指在自己現有的特色管理或在別人先進的管理思想、方式、方法上進行順應式或逆向式的進一步改進，現在的特色管理是自己所獨有但尚未系統化或完全成型的管理方式。改創型創新就是在借鑑別人的先進管理的基礎上進行大膽創新，探索出新的管理思路、方式、方法，簡單地說，就是在別人已有的先進成果上進行有創意的提高。日本是採用這種管理創新策略的典型國家。
3.仿創型創新策略：仿創型創新是創新度最低的一種創新活動，其基本特徵在於模仿性。在創新理論的創始人熊彼特看來，模仿不能算是創新，但是模仿是創新傳播的重要方式，對於推動創新的擴散具有十分重要的意義，沒有模仿的創新的傳播可能十分緩慢，創新對社會經濟發展和人類進步的影響也將大大的減小。模仿可以分為創造性的模仿和簡單性的模仿，創造性模仿就是我們上面介紹的改創型創新，而簡單性模仿就是仿創型創新。

◆根據創新的過程是量變還是質變

根據創新的過程是量變還是質變，可分為漸進式管理創新策略和突變式管理創新策略。

1.漸進式管理創新策略：漸進型創新是指透過不斷的、漸進的、連續的小創新，最後實現管理創新的目的。企業的管理創新是從無數的小創新開始的，當大量的小創新不斷地改善著企業的經營管理，並達到一定程度時就會產生導致質變的大創新。這種創新具有漸進性、模仿性，創新的週期一般較長，而創新的效果卻不錯。日本的企業多採用這種漸進式管理創新策略。

2.突變式管理創新策略：突變式管理創新是指企業的管理首先在前次管理創新的基礎上運行，經過一段時間，直到創新的條件成熟或企業運行到無法再適應新情況時，就打破現狀，實現管理創新質的飛躍。它具有突變性，創新的週期相對較短，而創新的效果相對較好。這種突變式管理創新的實現通常由專業管理人員、企業家來實現。歐美的企業和政府的管理創新多採用這種策略。

◆根據創新的獨立程度

根據創新的獨立程度，可以分為獨立型創新策略、聯合型創新策略和引進型創新策略。

1.獨立型創新策略：獨立型創新策略的特點是依靠自己的力量自行研製並組織生產，同時獨立型創新的成果往往具有首創性。

2.聯合型創新策略：聯合型創新策略是若干組織相互合作進行的創新活動。聯合型創新往往具有公關性質，可以更好地發揮各方的優勢。但是這種創新活動涉及面廣，組織協調及管理控制工作比較複雜。

3.引進型創新策略：引進型創新策略是從事創新的組織從其他組織引進先進的技術、生產設備、管理方法等，並在此基礎上進行創新。這種創新的開發週期相對較短，創新的組織實施過程有一定的參照系，風險性相應降低。但是這種創新策略需要對引進的技術進行認真的評估和消化。

(六)管理創新的階段

一般來說，管理創新過程包含四個階段，如**表5-13**所示（姚鳳雲、朱光，2010）。

(七)企業創新管理的階梯（姚鳳雲、朱光，2010）

◆模仿創新

模仿創新是指企業透過學習模仿率先創新者的創新思路和創新行為，吸

表5-13　管理創新的四個階段

階段	內容
第一階段：對現狀的不滿	在幾乎所有的案例中，管理創新的動機都源於對公司現狀的不滿，或是公司遇到危機，或是商業環境變化以及新競爭者出現而形成策略型威脅，或是某些人對操作性問題產生抱怨。
第二階段：從其他來源尋找靈感	管理創新者的靈感可能來自其他社會體系的成功經驗，也可能來自那些未經證實卻非常有吸引力的新觀念。有些靈感源自管理思想家和管理宗師。此外，有些靈感來自背景非凡的管理創新者，他們通常擁有豐富的工作經驗。管理創新的靈感很難從一個公司的內部產生。很多公司盲目對標（benchmarking）或觀察競爭者的行為，導致整個產業的競爭高度趨同。只有透過從其他來源獲得靈感，公司的管理創新者們才能夠開創出真正全新的東西。
第三階段：創新	管理創新人員將各種不滿的要素、靈感以及解決方案組合在一起，組合方式通常並非一蹴而就，而是重複、漸進的，但多數管理創新者都能找到一個清楚的推動事件。
第四階段：爭取內部和外部的認可	在管理創新的最初階段，獲得組織內部的接受比獲得外部人士的支持更為關鍵。這個過程需要明確的擁護者。如果有一個威望高的高管參與創新的發起，就會大有裨益。另外，只有儘快取得成果才能證明創新的有效性，然而，許多管理創新往往在數年後才有結果。因此，創建一個支持同盟並將創新推廣到組織中非常重要。管理創新的另一個特徵是需要獲得「外部認可」，以說明這項創新獲得了獨立觀察者的印證。在尚且無法透過數據證明管理創新的有效性時，高層管理人員通常會尋求外部認可來促使內部變革。外部認可包括四種來源：(1)商學院的學者；(2)諮詢公司；(3)媒體機構；(4)行業協會。外部認可具有雙重性：一方面增加了其他公司複製創新成果的可能性；另一方面也增加了公司堅持創新的可能性。

收成功的經驗和失敗教訓，引進購買或破譯率先者的核心技術和技術秘密，並在此基礎上改進完善，進一步開發。對於面廣量大的中小企業來說，應該從模仿創新開始，踏踏實實地進行技術積累、消化、吸收和「二次創新」，以逐步培育出一支善於創新的人才隊伍，不斷增強自己的研究開發實力。模仿創新是中小企業以最小代價、最快速度追趕世界先進水平的現實途徑，是最終實現自主創新的必經階段。歷史上，美國工業的發展正是得益於對歐洲國家先進技術的模仿創新；日本戰後經濟振興的奇蹟正是得益於對世界發達國家，尤其是美國工業技術的模仿創新；南韓也是透過模仿創新，迅速改變落後面貌，一躍進入新興工業化國家行列的。

◆自主創新

自主創新是指企業透過自身努力，攻破技術難關，形成有價值的研究開發成果，並在此基礎上依靠自身的能力推動創新的後續環節。完成技術成果的商品化，獲取商業利潤的創新活動。自主創新是當今世界上許多著名企業推崇的創新策略，具有三個顯著的特點：(1)核心技術的自主突破。核心技術或主導技術應該是由企業依靠企業自身力量，獨立研究開發獲得的；(2)關鍵技術的領先開發。新技術成果具有獨占性。自主創新企業必須以技術率先性作為努力追求的目標；(3)新市場的率先開拓。

自主創新對企業成長具有重要的意義：(1)自主創新是市場競爭力的有力武器。自主創新首先在技術方面具有較強的壁壘，這是由於新技術的解密、消化、模仿需要一定的時間，而從投資到形成生產能力，發展成為較強的競爭者也需要一定的過程。專利制度從法律上確定自主創新者的技術創新地位，保護自主創新者的權益。因此自主創新企業能在一定的時期內獨占某項產品或工藝的核心技術，使自己在競爭中處於有利的地位。具有強大實力的企業如能利用自身優勢自主開發創新，則可在一定程度上控制新興產業的發展，奠定自身在該產業的領袖地位，從而獲得極大經濟利益，並促進企業的進一步成長；(2)自主創新一般都是新市場的開拓者和行銷網路的率先建立者，在產品投放市場的初期，自主創新企業可獲得大量的壟斷利潤。透過轉讓新技術專利和技術訣竅，也可獲得相當可觀的收入。

(八)管理創新的基本條件

為使管理創新能有效地進行，必須創造以下的基本條件：(1)創新主體（企業家、管理者和企業員工）應具有良好的心智模式；(2)創新主體應具有較強的能力結構；(3)企業應具備較好的基礎管理條件；(4)企業應營造一個良好的管理創新氛圍；(5)管理創新應結合本企業的特點；(6)管理創新應有創新目標（李京文，2002）。

(九)如何提高公司的管理創新能力

要成為一個管理創新者，必須：(1)向整個組織推銷其觀念，創造一個懷疑的、解決問題的文化；(2)更深入地瞭解問題，努力發現新的解決之道，才能將公司引向成功的管理創新，管理者應當鼓勵員工尋解決問題而非選擇逃避，尋求不同環境中的類比和例證；(3)公司應該向一些高度彈性的社會體系學習，培養低風險試驗的能力；(4)利用外部的變革來源來探究你的新想法。當公司有能力自己推進管理創新時，有選擇地利用外部的學者、諮詢顧問、媒體機構以及管理大師們，會很有用。他們有三個基本作用：新觀念的來源、作為一種宣傳媒介讓這項管理創新更有意義、使公司已經完成的工作得到更多的認可；(5)持續地進行管理創新，真正的成功者是持續的管理創新者。通用電器就是一個例子，它不僅成名於其「群策群力」原則和無邊界組織，還擁有很多更為古老的創新，例如策略計畫、管理人員發展計畫、研發的商業化等（李京文，2002）。

三、六項創新運用架構

六項創新運用架構分別是：延伸創新、降低創新、合併創新、逆向創新、轉移創新、改變創新。

陳明惠（2009）提出六項創新運用的架構如**圖5-4**。

延伸創新
哪些競爭因素可以延伸或是提升至高於產業標準

合併創新
哪些競爭因素可以合併以創造價值及綜效

轉移創新
哪些競爭因素的用途可以從相關或非相關的產業轉移過來或由本產業轉移出去（※指內在用途）

六項創新運用的架構

降低創新
哪些競爭因素可以去除或低於產業標準，或是將因素做分割

逆向創新
哪些競爭因素可以逆向操作以創造未曾發現的價值（※一邊增加，另一邊減少）

改變創新
哪些競爭因素可以改變方向以創造出產業從未提供的（※指外在樣式）

圖5-4　六項創新運用的架構

(一)延伸創新

延伸創新主要是從現有的競爭因素著手，並延伸產業或產品的某些競爭因素，或是將產業或產品的競爭因素提升或增加，該競爭因素有可能是產品的容量、大小、長度或是服務項目等，每項產品或是產業的競爭因素可能會有所不同，主要是依據產品特性或是產業特性而定。

(二)降低創新

降低創新主要是指去除某些現有的競爭因素，或是將現有競爭因素降低於產業標準，抑或是將現有因素做分割，降低創新可以說是延伸創新的相反。競爭因素有可能是體積、大小、長度、時間，或是所謂的輕、薄、短、小等，而降低創新，每項產品或是產業的競爭因素可能會有所不同，主要是依據產品特性或是產業特性而定。

(三)合併創新

合併創新主要是將產品或產業的競爭因素合併，以創造價值或是產生綜效。亦是將產業內外各種技術、材料、觀念等加以合併、交叉合併，以產生全新的產品及附加價值。

(四)逆向創新

逆向創新是將產業或產品的競爭因素採逆向操作以創造未曾發現的價值，例如一方面增加產品的某些競爭因素，另一方面卻同時減少產品的某些競爭因素。這競爭因素可能是產品的理性價值，像是產品成本、功能，或是感性的價值，像是顧客的主觀價值以及心理的感受等。

(五)轉移創新

轉移創新是將相關或不相關產業的競爭因素轉移過來，或是將現有產業的競爭因素轉移到其他產業，以產生不一樣或是全新的效果，競爭因素指的是產品或產業的技術、知識，或是做事方法等。轉移的方向有轉入或轉出兩種方式，技術的轉入指的是技術授權，技術的轉出則是科技商品化、技術移轉或是成立衍生性事業。知識的轉入指的是公司內部的組織學習；而知識的轉出則是公司內部的知識管理。做事方法的轉入指的是公司運用標竿學習法（benchmark）將其他公司最好的實例轉移到公司來，轉出指的是組織的創新。

(六)改變創新

改變創新是指某些產品或產業的競爭因素是可以改變方向的，如外觀的改變或是商業模式的改變，以創造出產業過去未提供的產品、服務或商業模式。改變創新強調外在樣式的改變。改變的方向可以是平面的水平與垂直的改變，也可以是旋轉方向的改變。

學者Johnson等人將各方對新服務的分類做整理，提出兩大類：基本創新（radical innovation）與延伸創新（incremental innovation）。

1.基本創新。包含：(1)主要創新：為市場設計尚未被定義的新服務，通常是以資訊和電腦為基礎的技術所驅使的服務；(2)開創新市場：以既有服務開創新的市場；(3)提供市場新服務：提供新服務給市場原有顧客。
2.延伸創新。包含：(1)服務線的延伸：擴充現有的服務線，例如增加服務手冊內新項目、增加公車的新路線和學校提供新課程；(2)服務的改善：改善既有服務的特色；(3)風格改變：視覺性的改變，會影響顧客知覺、情感與態度，但不會改變服務的本質，僅影響服務給顧客的外在印象。

四、整合性創新管理

整合性創新管理的目的，在於提升企業的創新能力。所謂創新能力，係指企業透過新知或對市場的瞭解，而激發出新的創意，並成功地將新創意轉換成新產品的能力（AWK, 1999）。德國弗勞恩霍夫（Fraunhofer Gesellschaft, FhG）生產技術研究所（IPT）根據瑞士聖加倫大學（University of St. Gallen）的「整合性經營管理模式」（SGMK）發展出「阿亨創新管理模式」（Aachen Innovation Management-model, AIM）。主體是一套「W模式」的「創新藍圖方法論」，此模式對創新管理的重要性建起相關性，以便發現整合時的疏漏，並找出適合企業本身的管理要項。

(一)創新管理三大任務

從企業經營理念發展出來的縱向和橫向的觀點，將AIM的整合性和全面性聯結起來，目的是持續不斷地激發創新能力。根據關鍵性要素，企業可以

在重要的行動領域內及其細部化部分加以調整。此一模式進一步呈現以企業發展為依歸的「理想目標狀態」，再從企業的理想狀態和現有狀態間的差距，引導出策略上需要做的行動和方向設定。經營理念是指引企業整體運作方向的北極星，涵蓋所有影響企業領導階層的思維和行為的基本態度、信念和價值觀（Ulrich & Fluri, 1992）。

從縱向而言，AIM的管理結構分為：規範、策略和作業三個層面，規範管理和策略管理形成觀念架構，從中引出領導階層因地制宜的決策行為。管理結構除了橫面觀察外，還可以縱向分析。從橫切面來看，每個管理層面都可以再區分成結構、活動和態度三大區塊，這三大區塊與規範、策略和作業三大管理層面交錯運作，可以凸顯創新管理的觀念與實際執行的作業績效間，以及在協調轉換與整合時，可能產生的問題，三大區塊的內容如能具體落實，則可減低管理層面的投入（Bleicher, 1999）。企業必須有意識地營造出成功的條件，才能在競爭中創造出長期維持在水準以上的成功（Pümpin, 1986）。創新管理的三大任務：(1)結構上的任務是創新組織；(2)活動上的任務是創新規劃；(3)態度上的任務是創新領導。

(二)創新規劃

創新規劃為未來的創新指引出策略性方向。創新規劃有四個層面：時間導向、能力導向、輸出導向及規劃系統（華特・艾維斯漢姆，2010）。

1.時間導向的創新規劃是將計畫活動分為目前或未來。時間導向從「時效性」和「資訊特性」兩個構面來分析創新規劃。時效性分為短期與長期，而提供策略規劃參考的資訊特性，則分成輪廓分明／鉅細靡遺、輪廓模糊／概略資訊兩種。
2.能力導向對創新規劃也有影響。企業的能力從技術及場面來加以評估。當企業取得到目為止尚未引進的技術知識和能力時，表示該企業已建立起自己的技術力。如果這項技術正處於產品生命週期初期的話，那麼此技術在市場上即創造長期的競爭優勢。若要攻占尚未被開發的新市場，就與產業、客戶競爭對手等的知識息息相關，同時要考量市場能力的建立。與能耐建立相反的是綜效利用。

3.輸出導向的創新規劃，在從供應商關係及客戶關係兩個構面，研擬企業的發展方向。供應商關係是指企業與供應商之間的合作方式和往來密度；是指在產品發展過程中，企業與客戶間的合作互動。強調外部合作的創新規劃，在產品發展初期，企業就會尋找領導型客戶（lead-user）試探市場需求，並與相關的供應廠商，就該產品的未來發展，建立合作基礎。

4.規劃系統創新規劃，重點是發展計畫任務的整合性和發展過程中所需的彈性。試探法，也就是規則不多但可解決題的規劃系統，可以解決發展規劃所遇到的複雜問題，以及保有發展過中所要求的彈性。試探法的規劃模式在尋求系統性的決方案上尤其有用，特別是在中、長期創新規劃中出現的最典型問題。

以整體性的創新管理角度來看，創新規劃中各層面的策略必須互相協調。要達到這一步，需從整體角度來觀察創新規劃四個層面中個別的特點。創新規劃中最特別的是有兩種相對模式：穩健模式vs.變動模式。穩健模式是：目前導向、以綜效利用策略發展企業能力、與客戶及供應商的關係是自給自足、以演算的方法進行策略規劃。採用這種模式的企業，其創新活動屬於逐步改進型。若企業在過去的時間推出各種新產品，而失去了宏觀，對每一個單項產品關注不足（Voegele, 1999）。在這種情況下，便需採取穩健模式的策略進行創新規劃。創新規劃的主要任務在於對既有的市場地位，盡可能地加以利用與擴大。

穩健模式的特性，在追求創新並致力於持續改進。與穩健模式相反，變動模式的特點是，規劃時程著重在未來導向、傾向以新產品技術的開發來建構企業能力、在產品發展初期，便積極尋求與供應商及客戶建立緊密的外部合作關係、試探法規劃系統等。採取這種策略模式的企業，多屬於激進創新型。透過與客戶或外部研發機構的合作，有利於變動模式開發出有成功希望、有利用價值的潛能，若再與設定的目標結合，則能發展出非常激進的

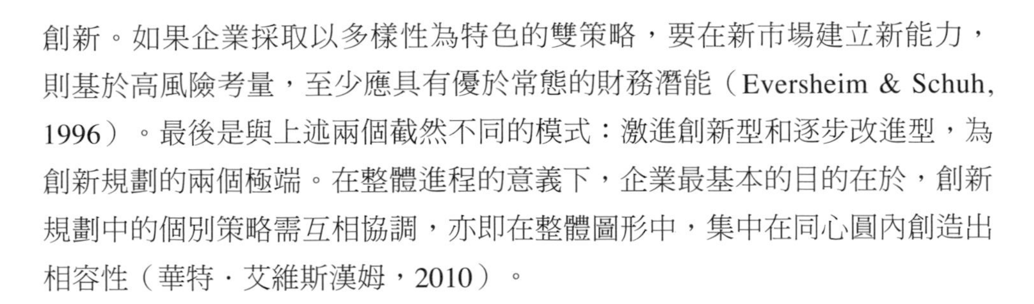

創新。如果企業採取以多樣性為特色的雙策略，要在新市場建立新能力，則基於高風險考量，至少應具有優於常態的財務潛能（Eversheim & Schuh, 1996）。最後是與上述兩個截然不同的模式：激進創新型和逐步改進型，為創新規劃的兩個極端。在整體進程的意義下，企業最基本的目的在於，創新規劃中的個別策略需互相協調，亦即在整體圖形中，集中在同心圓內創造出相容性（華特．艾維斯漢姆，2010）。

(三)企業內的運用

在運用上述模型時，企業必須在四大創新規劃類型中找出本身的定位，而這需要企業對其目前所採取的創新規劃做適合當前情況的分析。企業可以針對這四個層面（時間導向、能力導向、規劃系統以及輸出導向）的單一策略做個別的觀察，並對照極端類型將自己歸類；創新規劃現狀可能出現不規則圓形，因為每一個受分析的層面與座標軸的間距離不同。如果每一個層面的個別策略彼此協調，則會形成以座標為中心的同心圓，該同心圓的半徑代表穩健模式或變動模式的整體策略。為了有效又長期地進行整體性策略，必須從現狀圖形中確定同心圓狀的理想圖形。從兩圓相重疊後所產生的落差，能直接推論出個別策略的必要作為及其目標方向。由於激進創新型與逐步改進型，這兩種創新規劃策略最基本的差異，在於企業所欲達成的目標是急遽完成的創新，還是漸進式的創新。因此，不該將這兩種策略視為一成不變的線型目標。這裡應該是它們涵蓋的範圍，在時間的考量下，從這兩種極端策略間，找出適合的策略目標與發展方案。當創新目標達到理想圖形時，必須設法維持此項成果，然後再根據企業當時的創新能耐與執行能力，檢視並更新下一個發展目標。創新規劃以上述方式激盪出未來創新的方向；創新規劃以企業目前的創新能力為基礎，更新企業的政策，並付諸活動。最後的階段就是將研發產品和革新製程的系統性發展，在創新專案中實現（華特．艾維斯漢姆，2010）。

(四)創新組織

創新管理在結構和策略上的優勢為創新組織，為創新規劃和創新指導設立範疇（Bleicher, 1999）；創新組織的目的是建立組織系統，使企業創新能發揮得淋漓盡致。從這個目的來看，任務定位、資訊交換、編列預算、資源運用這四項要素，便形成了創新組織的四個層面。

1.從任務定位的角度觀之，可分成集中式結構和分散式結構兩種。若創新任務以人為依歸，其組織結構是中央領導的，則屬集中式結構。所有的優勢與能力集中於一個單位，有利於激進創新型發展（Boutellier et al., 1999）。若純粹是配合中央組織的事務性工作，則屬於分散式結構。

2.資訊交換的方式有激進型及保守型兩種特性。激進型的資訊交換，組織內部的溝通是開放式的，以多元的方式與外界互動，例如：經常出現在公眾場合，即是激進型的資訊交流。保守型的資訊交換，則不論是內部或外部資訊，都是透過單向或封閉的方式進行。

3.編列預算有計畫式和機動式兩種。所謂計畫式的預算編列，係指組織的創新活動，是根據固定的年度預算來加以規劃；而機動式的預算編列，是依據需要來規劃年度預算。

4.組織的資源運用包含人及時間，完全對整個創新計畫加以整編，或在個別創新專案中分別運用。綜觀來看，創新組織和創新規劃的各項分析構面，相去不遠，穩健模式的特色就是分散式任務定位、保守型資訊交換、機動式預算編列以及整編式的資源運用；而變動模式的特性，是集中式任務定位、激進型資訊交換、計畫式預算編列以及分別式的資源運用（華特．艾維斯漢姆，2010）。

(五)創新領導

創新領導的目的，在促使員工支持企業創新能力。因此，必須注意下列議題：員工激勵、決策模式、能力評價及溝通態度。

1.就員工激勵這個議題來說，以專業及一般員工為目的。對於一般員工，除了專業訓練外，還要加強領導和協調能力。

2.決策模式取決於決策者，決策者之選出是階級權威式的，而決策者的商討方式是不重視商議內容的；反之，則為集體決策模式。

3.能力評價是結果取向和發展取向。結果取向的能力評價，是以狹隘的評價範圍和絕對性的評價來進行；反之，以發展取向的能力評價，則是採取廣泛的評價範圍，以及相對性的評價。

4.在溝通態度方面，可分為接納式和界限式兩種。接納式的溝通是全面的、闡述內容的溝通態度；而界限式的溝通，是在事後做出針對任務指示的溝通態度。

創新領導層面與創新規劃相似，創新領導也可分為兩種主要的類型，即穩健模式和變動模式。穩健模式的創新領導，其特色在於專業的員工激勵、由上而下的決策模式、結果取向的能力評價以及界限式的溝通態度。反之，集體決策、發展取向的能力評價和接納式的溝通態度，則屬於變動模式。後者的創新領導可激勵出創新態度，表現出來的是對例行的過程不斷提出質疑，進而檢驗結果的效益。創新領導是一種強而有力的工具。對每一位成員的要求較高，必須長期執行，除非在得到所有參與者的接受之下，才能改變現狀（華特．艾維斯漢姆，2010）。

(六)創新組合

創新組合的基礎，是從企業內外部的角度來評價創新專案或產品的創新程度。創新組合的座標表現這兩種觀察角度（華特．艾維斯漢姆，2010）：

1.在企業內部的觀點中，就現有產品及其他創新專案之關係，可區分為綜效運用及能耐建立。在創新專案中，滿足資源的綜效運用及能耐建立的標準是不同的。以高度學習效應為目標的創新專案，也是能耐建立的專案，綜效運用的比例較低；以既有知識為基礎，加以綜合運用來開發新產品者，也就是綜效利用其他專案為基礎者，較無法有能耐建立的功能。在決定創新專案時，應看情況來求取兩者間的平衡，因為企業的成功與否，須建立在綜效運用，以及能耐建立的學習過程之上。

2.就外部觀點來看，企業的創新專案可分為新創型及改善型兩種，不論哪一種，都是企業追求成功不可或缺的要素。新創型的創新專案，會經常有技術失敗、市場失敗的風險；市場失敗可透過技術改善、低風險研發來解決。不過，運用新技術開發新產品是勢在必行的，因為現有技術發展到一定年限會失去吸引力，只能進行一些皮毛、利潤也有限的改進。

要是將創新專案內部與外部觀點連接起來話，可產生四種不同類型的專案，或是衍生出產品，分別是：基本型、明星型、教師型、高風險型四類。從企業觀點來看（華特．艾維斯漢姆，2010）：

1.基本型的創新專案，是指運用組織既有的知識，從事改善型的技術創新，這種類型的新風險較低，因為企業已經根據經驗評估技術的可行性及市場潛力，例如汽車業將有車系做改款升級，就是一種基本型的創專案。

2.明星型的創新專案，雖然也是透過企業部的綜效利用，但對外（市場上）卻是新創型的產品。透過外在的美譽，明星型的創新專案是企業的成功關鍵，然而，所產生的內部學習效益較低。當企業利用其既有核心能力開發新產品，並在新市場取得技術領導地位時，該產品即可視為明星型產品（例如汽車工業將既有技術運用到單車工業）。

3.教師型創新專案，是一種學習型方案；企業內部利用這些方案建立能力，在外部被評定為改善。企業透過這些方案發展具有高度前景的新市場和新技術。例如，如果有零組件廠商想要擴展為系統廠商，可以透過教師型專案的刺激，並設立目標，將新產品技術的Know How注入企業中。

4.高風險型的創新專案，結合了教師型與明星型專案的風險潛能，對內是建立企業能力，對外被視為新創。高風險型的創新專案，其目的在

以新技術刺激新市場。成功之後，也會證明高風險型創新專案的所費不貲。然因為風險太高，這類專案大都是個別推動。

企業想要成功，必須穩健地綜合這四種方案。高風險方案能帶來高獲利的激進創新（Gassmann et al., 2004），確保企業長期的成功；而基本型可以創造必要的短期現金流量，平衡高風險方案的高冒險；企業可以根據個別情況，選擇施行哪種類型的專案。

(七)創新藍圖法九大法則

創新藍圖法（Innovation Road Map Method, IRM）為創新管理的執行提供一系列的輔助工具，協助企業有系統地進行產品創新的規劃，IRM法本身並不是目的，而是用來找出成功的解決方案。新藍圖法的基本法則如**表5-14**（華特・艾維斯漢姆，2010）。

表5-14　創新藍圖法九大法則

法則	內容
以明確目標為導向	以目標為導向所採取的行動，可以確保企業目標和決策者的目標受到大家的認同和追隨。只有在創新目標、創新策略與企業策略達成共識，亦即受到大家的認知、定義和溝通，且在策略面和作業面的規劃之間產生「合適性」時，企業才能找到適當的解答，也就是找到適合企業體本身的產品創意（Saad, 1991）。
創意品質勝於創意數量	創新研究和專案經驗證實，成功的產品創新經常出自於個別和積極員工的突發奇想。雖然每個企業裡經常會出現無數個偶然產生的產品創意（Albers, 1991），但是其中可行的創意卻微乎其微（Droege, 1999）。因此，創新規劃的方法必須具備系統化激發高創意品質的功能。
為未來設計	前瞻性的科技才能滿足未來和潛在客戶的需求，企業才能營造獨一無二的地位。如果企業要維持、擴展企業成就，持續又精確地滿足客戶需求，其基本條件是必須具備以下能力：察覺市場新趨勢，甚至自己發動新趨勢，並且組合最有競爭力、最有創意與研發的企業供需鏈，生產出符合該趨勢的產品（Warnecke, 1997）。因此，一個具策略性的產品創新規劃的先決條件，必須能發掘潛在與未來顧客及市場需求（Kleinschmidt et al.,1996）從而激發出創新潛能。然而，這些條件是無法靠客戶問卷或其他傳統的市場調查方法來掌握，所以，必須導入能發掘創新潛能的方法，如此，才能將潛能轉為成功的產品創新。

（續）表5-14　創新藍圖法九大法則

法則	內容
利用現有優勢	當好的創意能被正確地轉換為行動時，創意才會開花結果。創意要能成功的條件是，企業能夠運用本身的優點，將創意付諸行動。因此，在選擇產品創意時，企業除了評估市場潛力外，還要考慮產品創意的「企業契合性」。
設立透明與標準化程序	要掌握複雜問題，必須一方面以系統及簡化的方式思索及分析問題；另一方面，在進行細節工作的同時還能保持整體觀。運用理性化潛能，有助於工作效率的提高，尤其是資訊、實體、程式盡可能只研發一次，做好備用並全面標準化（Schmidt, 1996）。
客觀、邏輯地選取創意	事情越簡單，越容易想像，也就是說，某個選項的資訊越充足，相對的該選項被評價為正面的可能性越高（Tversky, 1986）。在實務中，相較於名不見經傳的新科技而言，廣為人知而現成的科技常享有較高的評價（Lenk, 1994）。結果是，表面上資訊充足的新方法獲得青睞的機會較高，一般人不會因為新方法可能比較適合，而去蒐集相關資訊（Dyckhoff, 1998; Eisenfuehr, 1999）。因此，想要選出客觀的創意，最重要的是，評價的方法不該只侷限於自身產品或企業的歷史，以及是否適合企業本身或已知的技術，而應廣納其他（功能性相當）的可能性（Pfeiffer, 1995）。企業在進行評估時，還必須顧及到模糊但優質的資訊，因為如果決策者堅持運用鉅細靡遺和多量的資訊，雖然比較容易估算出實行的風險，但要獲得這類資訊，必須等待結果，例如：等到新的競爭產品問世，然而在產品發展當中，此舉往往會造成研發產品的時間不夠充裕，導致企業經常會選擇沿用多年的解答方法，而未對其潛在的差異性加以評估（Brandenburg, 2002）。
處理不確定性	在產品創新流程的前幾個階段，談到了很多結合許多不確定性的未來發展，例如：假設解決方式的技術可行性、環境及市場演變等。在不確定性和時間性兩相衝突的情況下，就必須運用適合該特定情況的方法來處理（Staudt, 1996）。
市場與技術演變同步	在技術密集的市場上，越早占有技術優勢是成功的基本要素。為了讓新的技術能占有領先地位，必須以適當的資源來發展這項技術，及推動這項技術。其目的是希望未來能夠在市場真正需要此項技術的那個時間點，適時滿足市場要求。發展過晚的技術解決方案，最明顯的缺點是無法即時滿足市場要求，但過早發展的技術解決方案，則可能為企業帶來財務拮据和人力不足的困擾。因此，最重要的是運用方法，「適時」準備好必要的技術，使市場發展和技術發展同步進行。
開放態度與創意激勵	原則上，對於每個規劃標的物、規劃流程以及技術產品創新付諸行動時的方法運用，都是獨一無二的。沒有所謂的「放諸四海皆準的方法」，只有成功產品創新的「經典模式」（AWK, 1999; Schultz-Wild, 1997; Zahn,1992; Sabish, 1991）。因此，企業應該運用一種涵蓋所有要求的普遍性方法。然而，這種方法應該被建構成一種模型，模型的各個階段可以分開運用，即使是新手也能從不同的步驟開始運用。尤其是在尋找創意階段時，自由發揮空間是非常重要的，因為單靠純邏輯行為，是無法發展創意的（Schmitz, 1996）。

(八)W模式七大規劃步驟

建立在創新藍圖法的基礎上的W模式共分為七大階段，各個階段凸顯了規劃單元間在邏輯上的分界。每個階段需進行特定的規劃活動。由於市場、技術及企業發展規模與效應並非靜止不動的，因此階段一、二和七可週期性地重複；而階段三、四、五及六，則屬企業產品規劃過程內的持續性活動（Brandenburg, 2002）。由於各階段的施行步驟並非依照順序排列的，彼此間也沒有明確的分野（Thom, 1980）；不同的階段彼此相互交錯，並非個別獨立，可以單獨或同時進行。基於這項原則，企業必須依據本身特性進行修改或進行內容細化。W模式的規劃階段區分如**表5-15**（Brandenburg, 2002）。

以上所提的階段模式是一種理想的流程，在這個流程中，個別的規劃階段有部分是平行使用，並交互連結成一個網路，尤其是「尋找創意」和「創意細部化」兩個階段，在現實中經常互相交錯，或同時被運用在同一個工作步驟中。這兩個階段間沒有明確的界線，也沒必要進行明確的分野，更確切地說，應該根據不同的邊緣條件，在「尋找創意」階段就處理或解決細部化的問題。同樣的，「創意評估」以及「概念評估」兩階段也多有重疊和重複（Brandenburg, 2002）。階段三和五以及階段四和六重疊的情形，特別會出現在下述規劃情形（Brandenburg, 2002）：只有極少的產品創意可以進行細部化。簡單、牽涉面不廣的產品創意。內容上互相競爭的產品創意，在市場上的區分要清楚。如果認為使用IRM法就能自動產生創新、成功的產品，那就大錯特錯了。參與人員的創造力永遠是關鍵，IRM法的行為模式可以確保成功的產品創意必備的規劃步驟，可以有系統、有結構地進行，可以系統地運用IRM法來強化創新的目標。

表5-15　W模式七大規劃步驟

階段	內容
階段一：目標設定	在「目標設定」階段，必須從企業最高策略引導出策略方針和創新目標。除了企業潛能外，也必須確定企業在策略上要以創新來塑造的領域，這與下一階段的產品創新規劃有關。規劃初期階段所輸入的資訊，是與企業相關的內外部資料，而輸出的資訊則是：創新目標、創新策略、企業潛能以及選定的企業創新領域。
階段二：未來分析	「未來分析」的目的，在為企業發掘創新潛能及擬定創新任務。首先必須分析的是一般趨勢，及選出企業所要創新之領域內的趨勢，並且針對它們在創新領域以及在未來預測中的企業影響力，進行調查。以此為基礎，並顧及企業潛能的前提下，導出與未來市場和技術發展步調一致的創新潛力。因此，在未來分析所得到的資訊，是與企業有關的創新潛能和創新任務。
階段三：尋找創意	在「尋找創意」這個階段，產品創意是建立在創新潛力上；首先，在創意分歧的階段裡，先構思第一類的產品創意架構，亦即問題和解決方案的創意。在之前所導出的創新潛力背景下，應該有許多前瞻性的創意。尋找創意的結果，是發展第二類不同創意的產品創意，這類創意的特色在於，每個問題創意至少搭配一個解決方案。最後將這些產品創意進行分類歸檔，作為日後規劃階段使用。
階段四：創意評估	「創意評估」的目的，是找出並評估有成功機會的產品創意。除了以市場和技術的角度進行評估外，還必須檢驗策略的一致性和對企業的利益。評估結果，可以將產品創意就時間與內容的屬性，納入創新藍圖法中。
階段五：創意細部化	在「創意細部化」這個階段，針對選定的產品創意繼續蒐集關於市場和科技方面的資訊，目的是發展產品概念。同時詳細界定此產品是否有需求，並且為所導出的技術任務激發出詳細的解決方案。在此基礎上，產品概念得以發展，而創意細部化的結果，就是對個別的產品創意提供各種不同的概念，在第一次模型成型時，便可證明是否為有用的創意。
階段六：概念評估	「概念評估」的目的，是針對已提出的產品概念做量化的評估。首先，必須以產品細部化及證實過的完整資訊為基礎，再重複一次創意評估，除此之外，還要從經濟的角度來評估，亦即將成本、獲利和可能的費用與期待的利益目標做比較。此精密的評估結果將對創新藍圖法的細部化有很大助益。
階段七：執行計畫	「執行計畫」的目的，在於將企業為了發展產品創意或產品概念的個別活動，統合在創新藍圖法中。所以這個計畫等於是所有計畫的總和，中長期的目的是要建立、運用和維護技術的創新潛能。此外，先前步驟中所產生的個別結果資料，也將在創新藍圖法中進行整合。而運用創新藍圖法的目的，則在於呈現環境要求、市場要求、技術性的產品創意以及其發展之間短、中、長期的相互關係。

資料來源：Brandenburg, 2002.

五、創新運用小故事

(一)創新科技（RELIIS DESIGN, 2016）

以最近火熱的VR／AR／MR（虛擬實境／擴增實境／混合實境）來說，這三個類別都源自同一技術，也早在1960年代就開始發展，這三個科技也衍生出各自不同的應用；許多人最近開始注意到，並且想要投入這個領域。無人機、機器人、虛擬實境這類原本只在科幻電影中出現的東西，如今一項一項被創造出來，而現今的科技也已經到達了可以實現夢想的階段；而實現這些夢想的人們，絕對不是在看到無人機在天上飛之後才開始打造，而是在數十年前就在專業領域中耕耘。創新科技絕對不是在市場買個青菜蘿蔔這樣的輕鬆：找個現成的團隊、收割現有的成果，然後說：「Me too！」。

圖5-5　VR虛擬實境

資料來源：http://benevo.pixnet.net/blog/post/63012046-%E5%9B%9B%E7%A8%AE%E5%AF%A6%E5%A2%83---vr%E3%80%81ar%E3%80%81sr%E3%80%81mr

圖5-6　VR／AR／MR（虛擬實境／擴增實境／混合實境）

資料來源：https://www.inside.com.tw/2015/10/08/what_are_vr_mr_ar

在現有的團隊上做投資跟架構，絕對是後進者的最佳選擇，但是決策者們準備好了嗎？準備好在現有的架構下，讓創新繼續研發產出，還是要讓你的非專業來摧毀這一切？除此之外，還有讓人覺得更有趣的方式，就是成立一個小團隊，煞有其事的跟風做了一些東西出來，然後開始進行「銷售遊戲」；正所謂市場有需求就會有供給，這個供給卻是假創新的供給，拿著假創新、假議題，騙取投資人的希望，然後再一舉虧空。這樣的「創新」，在世界上各個國家跟企業都不乏案例。

(二)創新應用（RELIIS DESIGN, 2016）

有了如此難得的創新科技之後，則要靠創新應用來將創新技術運用得更加廣泛。最近被泛濫使用的UX（使用者體驗），其實早在很久以前，就是人類科技歷程中已經存在的科學。過去它被稱為「user behavior」（使用

行為）或是「usability」（適用性）；目的大同小異，都是透過專業的方式與科學，來發現與界定需求與行為，找出對世界有幫助的方向，以避免或降低錯誤造成的危害。透過觀察與知識的累積，來發現需求與科技之間的連結——這就是創新應用。先跳開科技領域來舉個例子。生產眾所皆知的「威而鋼」藍色小藥丸的輝瑞藥廠有個小故事：19世紀中，當時人們的生活條件十分落後，而且缺乏冷藏設備，大部分的食物中都有一定數量的腸道寄生蟲，而這些寄生蟲會造成消化道疾病。當時人們普遍使用的藥物，是一種叫做「山道年」（Santonin）的專用腸道寄生蟲驅除藥。這藥最大的問題不是效果不好，而是味道太苦，因此有著化學經驗的輝瑞公司和瞭解糖果製造技術的厄哈特找到了一個機會點，兄弟二人將「山道年」和太妃糖香料混合，並製成糖果的形狀，製成了該公司劃時代的產品「山道年塔糖」。這項突破，改變了過去這類產品有療效但口感苦的缺點；這是一個透過不同領域知識與技術的結合運用，產生出新的產品跟新的價值的創新應用範例。

圖5-7　山道年

資料來源：https://kknews.cc/news/g2ay6ne.htmlhttp://wulong7398.blog.sohu.com/267753926.html

Chapter

6

企業創新營運十大領域、建立創新事業的概念與團隊創新

一、企業創新營運的十大領域

二、建立創新事業的概念

三、團隊創新

四、創新營運小故事

五、服務創新與製造業創新的差異

一、企業創新營運的十大領域（國家實驗研究院，2006）

如果由智慧資本與企業營運角度來看創新模式，則企業營運的十大領域皆有創新空間，包括生產製造、市場行銷、人力資源、研究開發、財務會計、授權移轉、租稅環境、投資業務、商業模式與資訊網路等。換句話說，就算只是一個小改變，只要能夠創造利潤或是降低成本（兩者均是創造價值），都算是創新，因此創新無所不在。

(一)生產製造創新營運

近年轟動全台的工業4.0，從製造大國競相推出的產業政策到街頭巷尾討論的機器人未來，它究竟是夢想、理想，還是未來商機、轉型典範？製造業面對的挑戰：儘管經濟學家直指，供過於求是造成金融海嘯與全球經濟危機的核心問題，然而發生在製造業現場的狀況卻是：產品複雜性提高，但是交期越來越短、人工越來越貴，因而使得能夠完成過去需求的傳統生產線，在遭遇機台故障、零件短缺、產線缺工時造成的虧損也越發驚人；更遑論少量多樣的客製化需求對一條龍式生產線帶來的挑戰，以及為了滿足喜新厭舊的消費者而快速縮短的商品生命週期，更壓縮著研發到量產的時間（IBM, 2015）。

圖6-1　工業4.0製造業創新經營模式
資料來源：IBM (2015).

◆工業4.0儼然成為所有問題的解答

IBM全球電子產業總監John Constantopoulos指出，製造業主要面對的挑戰，回歸根本便是如何提升品質、增加效率、降低成本和提高生產力。其

中，品質又是最重要的一環，不光是因為成本問題，更由於品質會直接影響到客戶的滿意度與營業額；其次是生產效能，尤其在大量製造的規模式生產中，即使是極小百分比的提升，也能夠大幅增加產量。因此，德國率先提出了以工業4.0（Industry 4.0）為口號的高科技戰略計畫。IBM全球電子產業總監John Constantopoulos分析，這個計畫的目的，是將製造業推向數位化及智慧化，大幅優化現有的製造模式，帶領製造業從人為控制的程序轉移到全自動運作。自德國發起了這個概念，美國、日本、韓國、中國、台灣……每個國家也陸續推出了各自版本的工業4.0計畫。在全球擁有廣大製造業客戶基礎，同時也仍是半導體與高階系統製造廠商的IBM，對工業4.0的發展藍圖，也勾勒出一個完整的架構，幫助企業瞭解工業4.0在不同層面的發展方式，及每個層面能為企業創造的效益（IBM, 2015）。

◆工業4.0階段目標

IBM認為，工業4.0是邁向未來製造必經的旅程，企業應依自己的策略目標選擇階段性實踐方案，與時俱進達到工業4.0。第一步要做的，就是決定要投入工業4.0的規模，並且可以分為三類（IBM, 2015）：

1. 第一類是工廠／企業內優化（M2B Intra-Factory/Enterprise Optimization），即是如何在數位化價值鏈的前提下打造智慧工廠，智慧化連結所有生產設備與系統，建立雲端與大數據平台，運用自動化控制來管理相關的設備及生產流程。
2. 第二類是企業間價值鏈整合（B2B Value Chain Integration），透過供應鏈數位化的互聯，形成端到端的價值鏈，有利於資訊的傳遞和交流，藉由先進的預測分析，提高生產效率與增加應變能力。
3. 第三類是點對點價值網路創造（P2P Value Network Creation），以軟體定義製造，不同的企業透過雲端互連形成點對點價值網路，進而促成新的商業模式，降低少量多樣的個性化生產成本，滿足消費者求新求變的需求。

John Constantopoulos指出，依據企業預備投入工業4.0的規模，會有不同

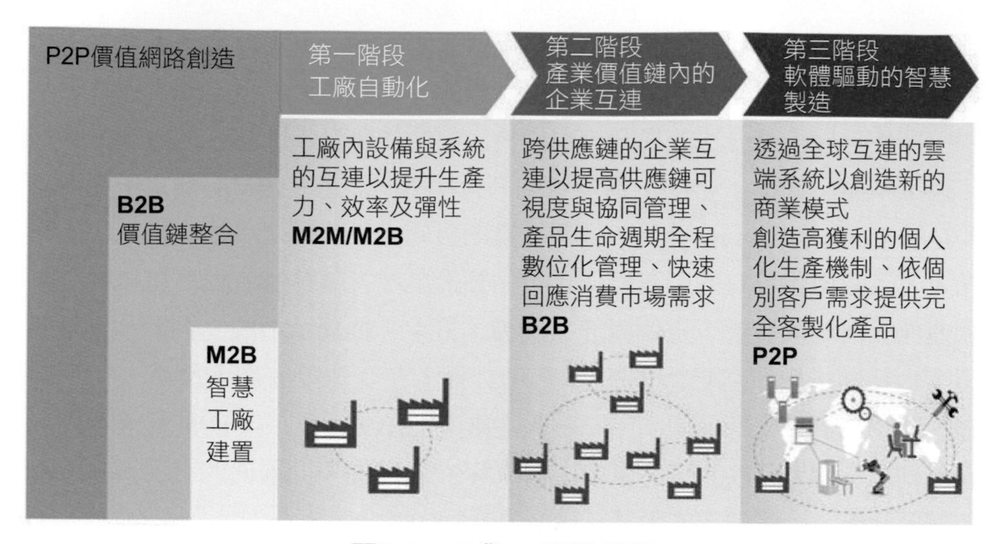

圖6-2　工業4.0實踐藍圖

資料來源：IBM (2015).

階段的實踐方案，以及每階段企業必須發展的核心能力。將這個工業4.0發展藍圖分為三部分來看，每一部分都有三個階段，可以作為企業實踐工業4.0的參考，但是他也提醒，並不是每一個企業都需要從頭到尾的採用整份藍圖，而應該是依照自己的核心價值，找到相對應的發展策略，三部分說明如下（IBM, 2015）：

第一部分，工廠／企業內優化的三個階段依序為建立平台、整合工廠、優化工廠，企業必須先布建感知網路，做到機器設備的相互連結，蒐集產線數據，自動化生業流程，同時整合Shop Floor、MES、ERP等系統，利用先進分析技術即時優化產能與品質，提升工廠的能源效率，進行機台設備的預測維修與動態生產排程，在數位化、效率化的前提下打造智慧工廠。

第二部分，企業間價值鏈整合的三個階段依序是為生產而設計、供應鏈整合、價值鏈協調，從產品研發生命週期的數位化開始，在設計時就以能快速量產為考量，將產品設計與生產製造無縫整合，在正式進入生產流程前與設計者進行協同開發，並透過高可視度的供應鏈，進行動態與即時的生產排程，以及智慧化的品質與保固管理，透過協調價值鏈中的不同夥伴，達到虛

擬工廠與全球整合供應鏈。這個優化的過程是不斷反覆進行的，IBM提供非常多的工具來幫助企業改善產品品質、生產效率、生產力，以及能提升競爭力的大數據解決方案。

第三部分，點對點價值網路創造的三個階段是行動化、認知運算、新業務和新服務。這一階段的整合能夠橫跨整個價值網路，透過行動化、擴增實境、認知運算等科技做到資訊物理系統（Cyber-Physical Systems），數位化整個價值網路，並運用先進的認知分析能力優化價值網路的各個環節，催生新的產品、服務、商業模式。

◆打造數位製造價值鏈

John Constantopoulos積極參與亞太區製造業大廠的工業4.0專案，對工業4.0將對台灣電子代工產業帶來的效益相當期待。他分析，以往數十條大量生產的產品線，彼此之間無法互相合作串聯，也較難即時變更產線的排程。但是，當工業4.0被落實，產線跟產線間將不再壁壘分明，可互通的零組件可以同時生產、混合運用，智慧工廠可以依據每張訂單的交期、材料的變化等等資訊，自動做出優化的判斷，隨時調整排程，每條產線變得可以互相支援，靈活運用。同時，工業4.0更回應了對客製化的需求，當客戶有特定產品的需求，訊息將能夠直接從客戶下單採購的那一刻起，便直接被送到工廠端，自動化設備依照需求的緊急程度、獲利程度、設備使用率等等資料來進行生產計畫的排程，而生產過程中蒐集的資訊，不僅可用於改善生產線，更可以作為未來研發的參考。軟硬融合、數據與生產相互協作、自動化邁向數位化，這便是工業4.0的核心，也是物聯網得以實現的基礎，更是製造業邁向第四次工業革命的轉型道路（IBM, 2015）。

(二)市場行銷創新營運

在實證研究方面，經濟合作暨發展組織（OECD）與歐盟統計局（Eurostat）合作的第四次創新調查（Community Innovation Survey IV, CIS4）中的《奧斯陸手冊》（*Oslo Manual*），將創新分為技術創新（technological innovation）與非技術創新（non-technological innovation）。技術創新包括產品創新與製程創新；而非技術創新又稱管理創新，分為組織創新及行銷創新；其中行銷創新泛指一種新的行銷執行方法，涉及產品設計（design，含產品外觀、形象設計或包裝設計）、行銷推廣（promotion，含對新客群的行銷策略或廣告促銷）、銷售配置（placement，含銷售通路、產品展示方式或管道）及定價付款方式（pricing）等範圍的顯著改變（OECD & Eurostat, 2005）。

台灣的TIS2考量產業發展形態有其特殊性，和OECD的先進國家相當不同，除了以CIS4及《奧斯陸手冊》的精神為藍本外，還參考英、法等國產業技術創新調查的執行過程，並結合國內外相關智庫與資源作為產業創新調查工作規劃之準則。將創新定義為：「以新的技術或管理方式來提升企業營收，創新的內容可以是新材料、新製程、新產品、新市場或新組織，但重點是這個新的方式要影響到公司的營收才能算是創新。」並定義行銷創新是：「一種影響產品買賣交易方式的管理創新方法。」TIS2的行銷創新範圍雖採取CIS4相同的界定，但TIS2的行銷創新方式則與CIS4大不同（國科會，2009）。

TIS2將行銷創新方式細分為下列四個面向進行研究：

1.以原有的產品對原有的顧客市場以新方式來銷售。
2.以原有的產品對新的顧客市場以新方式來銷售。
3.以新的產品對原有的顧客市場以新方式來銷售。
4.以新的產品對新的顧客市場以新方式來銷售。

這四種行銷創新方式和安索夫成長矩陣（Ansoff, 1965）理論架構相吻合，如**圖6-3**所示。

組合／市場	現有的產品	新的產品
現有市場	市場滲透策略	產品延伸策略
新的市場	市場開拓策略	多角化策略

圖6-3　安索夫成長矩陣

資料來源：Ansoff (1965).

安索夫成長矩陣係描繪企業成長策略思維的另一種工具，依據產品與市場之目前與未來狀況的四種組合，將企業成長策略分為下列四種象限：

1.市場滲透策略：將現有產品投入現有市場的成長策略，可透過大量廣告宣傳及推廣活動的投入等方法，說服現有顧客改變產品使用習慣，提高產品使用頻度等。
2.市場開拓策略：將現有產品拓展至新市場的成長策略，可透過新的市場區隔（如訴求年齡與性別、流通通路、用途等和現有市場不同附加價值）或拓展地理範圍（從地方到全國，甚至從國內至國外之地理區域市場）的方法，來刺激具有相同產品需求的新顧客使用現有產品。
3.產品延伸策略：用現有市場的優勢投入新產品的成長策略，可透過與競爭者差異化的技術（要投入大量的資源），開發新產品或增加現有產品特性的方法，運用現有的顧客關係降低銷售成本。
4.多角化策略：開發新產品投入新市場的成長策略，是全新的領域、風險較大，但可獲得較大的回收，可透過併購與技術授權等方法，提供新產品給新顧客。

◆行銷創新——打破框架限制

行銷創新（marketing innovation）是透過創新的行銷手法，讓顧客在購買過程中，有不同的感覺，或者製造與潛在消費者的趣味互動，吸引更多消費者或是讓同一消費者購買更多數量。屈臣氏「一日樂翻天」的限時全店八五折優惠吸引顧客衝動消費；LP33抗敏優酪乳的過敏指數APP讓顧客感覺貼心溫暖；居酒屋打卡送例湯、飲料品牌在中國好聲音的冠名播出提升知名度，品牌廠商與行銷公關公司搭配的各式行銷手法皆是希望與消費者有更多互動（股感知識庫，2015）。

◆葡萄王——打破框架限制的保健食品王國

葡萄王（1707）是一家生產、銷售營養保健食品的公司。在1990年以前以實體銷售通路為主，主力產品「康貝特P」機能性飲料，在各大零售超商販售。1991年，公司轉型開發營養保健食品，跨入生技領域，並發展傳直銷通路。1998年旗下為多層次傳銷公司，並在2008年成長為葡萄王公司最大獲利來源，約占營收八成。當初跨入保健食品業初期，礙於法律嚴格規定，營養保健食品必順經過嚴格科學證實具有實際「功能性」（或療效）才能進行廣告；而廣告許可證的取得非常麻煩費時，會使企業投資報酬時間延長。此時，直銷特有的行銷模式，透過心得分享、口耳相傳就成為保健食品業的最佳經營管道，而這也是葡萄王跨入直銷業主要考量。從原本要到實體店面買葡萄王產品的被動式銷售，轉進直銷通路讓會員主動出擊，創造一個穩固且快速成長的銷售網路，對葡萄王而言即是一個行銷創新。董事長曾水照說：直銷這種產業實在非常神奇！當會員數與營業額達到一定規模時，每年就會以20%、30%的速度飛快成長，這是一般實體通路業者無法想像的。藉由過去打下的品牌優勢，直銷通路更容易虜獲消費者的心；之後葡萄王也開始跨足美容產品市場，如今葡眾成為全球百大直銷業中唯一的台灣企業。另外較特別之處在於，葡萄王公司並沒有放棄傳統的實體通路，而且做出差異化的產品；把高階高價市場交給直銷通路，並在實體站面、藥房、甚至網路虛擬通路販售成分較簡單的產品，這個市場區隔滿足不同消費者的需求，也做得相當成功（股感知識庫，2015）。

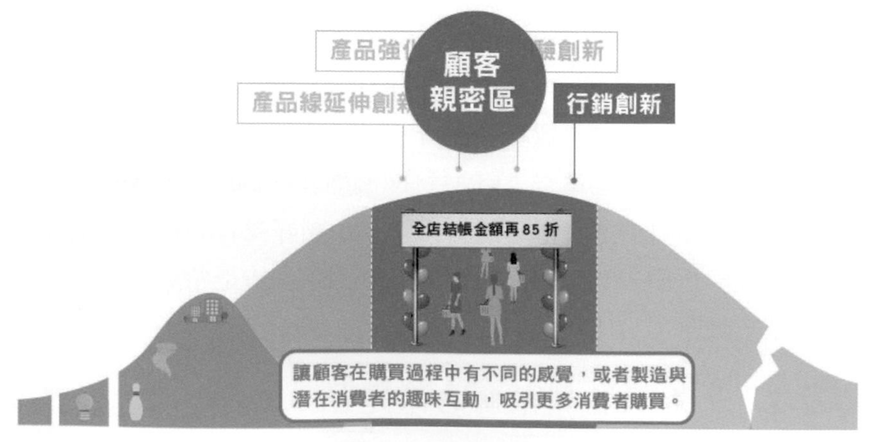

圖6-4　行銷創新

資料來源：Joseph Wang (2015).

(三)人力資源創新營運

網路的應用是21世紀企業管理不可阻擋的潮流，而運用網路技術的人力資源管理創新（HRMI）確實是可以降低人力資源管理成本與改進對員工的服務品質。IBM在1995年成立集中式人力資源服務中心（Human Resources Service Center, HRSC），已為該公司節省了1億8,000萬美金（Flynn, 2000）；戴爾電腦公司（Dell Computer Corp.）將著名的戴爾直銷模式運用在人力資源管理上，透過網路技術讓該公司可以與全球三萬多名員工直接接觸，並因此降低人力資源的行政管理成本（Greengard, 2000）；Capital One財務公司以其創新式的招募策略聞名，該公司運用網路技術，每年從四萬多封履歷表當中篩選出五千名合格的員工，透過網路讓該公司可以持續不斷獲取所需人才，並能將公司的員工流動率維持10%以下（Hays, 1999）；Boston Scientific公司結合人力資源功能與組織長短期目標，在執行自助式服務人力資源管理應用系統後，在1998年為該公司節省成本3,000萬美金，同時提高組織效能2%（相當於獲利4,700萬美金）（Cranney, 2000）。這些實例告訴我們，現代企業的人力資源主管，應要設法採用現代化的工作程序，以降低管理成本，使人力資源管理部門可以從交易性（花錢的）組織蛻變成企業的策略夥伴。

根據惠悅顧問公司（Watson Wyatt Worldwide, 2000）的年度調查，大多數公司運用網路技術來提供人力資源相關服務有逐年增加的趨勢，這些技術包括企業內網路（Intranet）、網際網路（Internet）、互動式語音回應系統（Interactive Voice Response Systems, IVR）及電話服務中心（call center）。運用這些技術性人力資源網路系統，其主要的目的在提升與員工的溝通、改進對員工服務品質、推廣企業文化、強化人力資源的策略活動、改進交易的正確與完整性及降低人力資源的管理成本。

在網路時代環境下，究竟有哪些人力資源管理的創新做法可以借鏡？以美國公司為例，有四種類型可以參考，即自助服務模式、人力資源服務中心、互動式網路招募及整合性人力資源網站，分別說明如下（陳惠芳，2005）。

1.自助服務模式（self-service model）：本模式是以網路技術為基礎的服務系統，主要分為兩大類，即員工自助服務系統及主管自助服務系統。員工自助服務是指透過網站可以提供員工包括個人資料、眷屬資料、到職紀錄、薪酬紀錄及休假／病假紀錄等的服務。主管自助服務指透過網站可以提供主管包括進入之位階紀錄、薪酬／職位異動、獎勵紀錄、考績紀錄、輪調及升遷紀錄等資訊。

2.人力資源服務中心：1995年1月IBM公司整合其下之所有服務功能，成立集中式的人力資源服務中心，這個中心是以技術為導向的單位，可以迅速提供IBM員工各種人事資訊。該中心成員分為三個層次，第一層人員負責接聽服務中心所有來電，第二層人員負責處理策略性問題，第三層人員為人力資源主管。該中心的電話系統確保所有電話都在六十秒鐘內接起，電子郵件也必須在二十四小時內回覆。該中心的即時回應系統稱HRAccess，提供員工自助式服務，員工透過此系統可以更新自己的人事資料，在1998年，這個HRAccess系統使用率高達七百七十萬次，換言之，它幫IBM人力資源部門節省同樣數量的人工服務。

3.互動式網路招募：許多企業都已採用全球資訊網站來作為招募新進員工的途徑，利用網路的互動性，建立高度個人化的徵才活動。在網路上從事招募作業，最有效的四種做法為：網站搜尋引擎、互動式工作申請書、電子郵件自動回覆系統及電子語音回應系統，這些工具使人力資源部門可以透過網路連結公司資料，並鼓勵應徵者持續與公司作有效互動。

4.整合性人力資源網站：要將人力資源整合為企業資源網站，必須使其先轉型為一個入口網站，以同時接收來自組織內外的訊息。企業可將網站首頁設計成讓員工與主管進入網路世界的窗口，員工透過公司網站可以和顧客、供應商或同事溝通，網站上可以張貼求才資訊及相關資訊；員工在網站上可以使用基本文書處理軟體、電子郵件及規劃個人退休活動等。以人力資源為中心的網站可以傳達組織社區感與企業文化，也可依個人喜好設計網頁瀏覽方式，也可整合提供企業內外相

關資訊與資源。

總而言之，人力資源管理使用網路技術可以獲得以下的效益（陳惠芳，2005）：

1.利用網站建立單一使用介面，使系統軟硬體的運用更有效率。
2.線上招募可以減少文書作業，縮短甄選程序。
3.員工自助服務系統，可以使人力資源資訊更新自動完成。
4.透過網路員工可以自行擷取企業相關資訊，減少人力資源服務中心詢問與處理時間。
5.透過網路處理員工彈性福利選擇、建立網路員工薪酬相關資訊及線上退休規劃系統等，都可降低人力資源部門的文書作業及詢問工作，進而降低人力資源行政管理成本。

(四)研究開發創新營運

企業的研發與創新不單指產品，還可以反應在各個影響企業市場價值的層面上；對企業營運而言，研發最重要的就是能為公司帶來市場價值。杜英儀（2007）提出，最後的市場價值大致由財務資本投入與智慧資本累積所影響；智慧資本又可分為人力資本、結構資本與關係資本（**圖6-5**）。若以企業研發為例，其詳細內容組成如下：

1.財務資本：政府投入的研發資金，以及企業本身所投入的研發資金等各式財務資本。
2.人力資本：指參與研發計畫人員的數量，以及其知識、技術、經驗與能力。
3.結構資本：此部分可分為基礎結構資本與創新資本兩項。基礎結構資本包括研發與製作的流程、制度以及資料庫等，如計畫管理、資料庫查詢系統；而創新資本則是指研發執行後產生的智慧財產，如專利、著作、服務標章等。

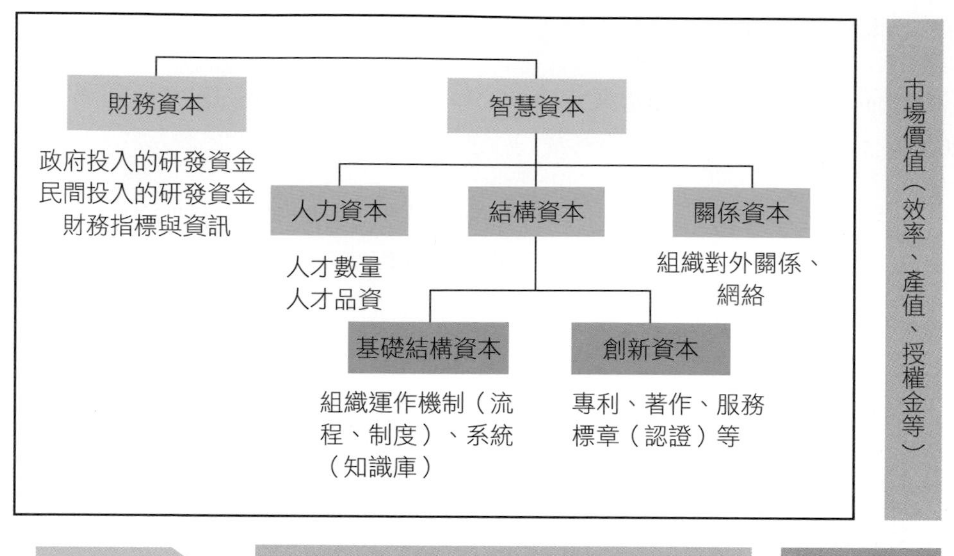

圖6-5　投入產出分析

資料來源：〈科技預算產出之經濟效益評估機制——健全科技經濟評估體系：經濟評估模式、人才培育模式及科技評估模式之研究〉（2007）。

4.關係資本：指企業研發的運作與外部的關係與網絡，包括與產官學界的技術移轉、授權、技術擴散等關係與互動，與國外的合作關係。

就國內外現有關於智慧資本的參考資料與文獻彙整，再加上我國行政院國家科學委員會評量科研計畫所制定的KPI指標，可整理出依投入資本分項的智慧指標群，也就是對企業研發創新的經濟效益有舉足輕重貢獻的各項因素。企業藉由這些指標，可不斷進步與改變，創造、提升公司的價值與競爭力（杜英儀，2007）。

◆創新研發啟動企業價值創造

加強研發創新機制的建立與連結，研發創新中心及研發聯盟的成立與提

升，皆是經濟部技術處近年來不遺餘力積極推動的項目。而隨著國內創新研發中心與各種產業創新聯盟的紛紛設立，除了彰顯出台灣產業參與全球競爭的策略雄心，也需歸功於政府積極推動各項優惠獎勵措施，在明確的推動策略與具體措施的引導之下，對於強化台灣創新研發機制，活絡產業創新研發活動有相當大的助益。對台灣產業而言，在全球製造體系及能量逐漸往中國大陸集中，產業結構走向細密的國際分工，技術競爭日趨白熱化之際，台灣的產業型態勢必儘速由「快速追隨者」轉型為「突破創新者」，明確定位發展成為「高附加價值創造中心」，才能夠突破現行成長所面臨的瓶頸，以取得永續經營的通行證，也才能夠維繫我國的產業競爭力於不墜。高附加價值產業的核心競爭力，源自於創新研發能力的觸發；研發創新環境的塑造與建立，是帶動我國產業永續發展的基石。創新研發是開啟企業願景的鑰匙，台灣產業新紀元的打造，端視創新研發的落實程度（張寶誠，2010）。

日本Sony株式會社前執行副總經理、現任顧問的渡邊誠一博士，以及新加坡Philips創新中心副總經理伊麗莎白．馬丁博士（Dr. Elizabeth Martin），分別就「研究開發主導的企業價值創造」及「研發中心的組織管理與人才培育」於「創新研發國際論壇暨研討會」大會上進行專題演說。渡邊博士於演講中，以其精闢的研究結合Sony的經驗，提出幾點建言供企業參考（張寶誠，2010）：

首先，在研究開發價值的重新建構上：

1.設定可創造新企業價值的企業研究主題，並將優良企業的研究納入經營基本策略中，以追求企業研究與經營基本策略的整合，並建構依據此項的獨特且壓倒性的優勢策略定位。
2.企業內的革新部門，特別是對研究開發部門的資源轉換賦予主導權的經營結構轉換。
3.經營策略以及與經營策略成一體的企業研究開發的擬定方面，預料數位網路會大幅降低業界的藩籬，研究開發的價值在企業內比重愈來愈高，過去企業訂定經營策略後才進行研究開發的工作，目前企業是以研究開發的成果及研究人員的實力，來訂定經營策略，也就是以研究

開發資源來主導企業經營，消費者領域（B2C）價值更趨重要，

其次，在研究開發的價值評估與投資結構的轉換上：

1.針對研究開發的價值如何讓投資者知道，亦或投資者如何評價研究開發之價值，可以在研究開發的評估中運用金融工程的手法等有效方法，追求價值評估條件與過程的透明化，並追求對高創造性的研究開發的策略性資金導入的簡化。
2.針對官、學的研究，運用研究開發評估的手法，使該價值評估的條件、過程透明化，藉此設立推動有力研究的產業界或金融界之投資機構。
3.在技術經營會議的功能中，附加提供智慧資產或專利及人力資源相互活用的管道與制度，將此定位為全球化平台的副平台，以作為有效活用全球化平台的管道。

此外，在激發創新研發人員的潛能上，渡邊博士特別提到所謂「事業分離型創業」（carve-out venture）。也就是企業研究開發人員拿出研發出成果，藉由第三者（投資者）參與，將研發成果實際應用於產業中，這樣做法與創投不同的是，分離型創業由母公司提供支援，也就是母公司、研究人員、第三者（投資者），皆有合理的架構設定，並與母公司維持關聯性的互動關係。以日本為例，在規模較大的製造業中，積極推動研究開發，對公司貢獻意識高，是較為適合的環境，因此事業分離型創業可望成為研究開發主導的企業價值化之手法。事業分離型創業的優點，首先，對母公司而研言，包括了研究開發選項的多樣化與對未來的有效布局，同時也可達到研究開發的活性化與效率化，以及人才培育與人才活用策略的選項擴大。其次，對於研究及技術開發人員來說，也可以擁有更大的舞台發揮專長，可以讓技術達到經濟價值化的機會，其能力除由公司內部來評價，也可以得到第三者評估的機會，擴大研發的知識範圍。再者，對投資者而言，透過與母公司的互動關係降低投資風險，並可接觸資源豐富的大企業的研究開發，發掘重要的技術種子及投資機會。

渡邊博士也提出另一種研究開發主導企業價值創造的做法，即是成立LLC（Limited Liability Company）有限責任公司。LLC的觀念來自美國，歐洲稱為LLP，目前美國有兩家公司中會有一家以LLC方式成立。LLC乃人才聚集之所，日本經濟產業省正在研擬日本有限責任公司該如何創造。舉個簡單的例子來說明，如果有三個技術人員發明一項技術，需要三年時間才能製作出原型，在此同時，為徵求投資者的青睞，三名技術人員成立技術團隊，提出構想計畫書，吸引第三者投資，三年後若所製作出的原型成功，投資者及技術人員皆可獲利，若是失敗，技術人員沒有金錢的損失，投資者會有損失。這種以有限時間、有限人力、投資者親自參與，督促技術人員為此專案展現其潛能，可以無後顧之憂專心致力於開發，使兩造共同參與創造出成果（張寶誠，2010）。

來自新加坡Philips創新中心的副總經理伊麗莎白．馬丁博士，則針對Philips新加坡創新園區（Philips Innovation Campus）的組織管理、人才的開發、獎勵與培訓進行了相當完整的描述。新加坡Philips創新園區中擁有八百多位研究、開發與設計工程師，於組織架構設計上，朝向建構出各事業單位間彼此可以分享服務、智慧財產、設備與基礎建設、人力資源流程、公共關係及教育訓練的平台，並加強和外界互動，建立支援與夥伴的關係。例如：與新加坡經濟發展局、新加坡通訊發展局、新加坡高性能電腦研究院、設計科技研究院、資料儲存研究院、新加坡大專院校以及其他技術夥伴，維持相互合作的夥伴關係（張寶誠，2010）。

有別於一般傳統的組織與管理模式，Philips創新園區建構的是一種「整合式網路組織」（Integrated Network Organization）。組織建立的原則是基於分散式職能與專屬業務的結構化結合，彼此關係較重視相互依存，而非獨立或單方依賴；連結跨部門的關係以達成協同解決問題、合作資源分享、集體式執行的目的，當然，馬丁博士也不諱言，要從傳統的組織與管理方式轉變成整合式相互依存的組織並不容易，也會經歷必然的痛苦過程。馬丁博士指出，為凝聚共識，啟動變革的能量，Philips創新園區的做法是先集合組織內的員工，共同規劃未來的發展藍圖，依憑著過去的專業進行：(1)支援新產品開發，以最快的速度提出；(2)檢討核心競爭力，有任何不足之處，透過教育訓練方式加以補強，蒐集完整之核心競爭力資訊，並與Philips其他地區共同分享。Philips深信建立整合式網路組織，公司得以發展分散式職能與專長，透過水平的資訊、知識與其他資源交流，連結職能，並且發展跨部門合作所需的信任，促進組織學習。建立互相依存的做法，相互依存並非單向式的依賴，而是互相依賴，要互相依賴，就必須要彼此合作、分享。馬丁博士並強調，有別於過去講的團隊合作，當然團隊合作也是非常必要的，但是互相依存談的是「沒有你我就活不下去」的觀念，整合式相互依存、連結跨部門來達成協同解決問題，分享合作資源及共同執行（張寶誠，2010）。

馬丁博士指出，過去工程師只要做好自己分內的工作，現在工程師必須和其他人分享他的專業、知識，大家通力合作，如大家庭般地合作，建立彼此信賴的關係，團隊合作才會有績效，員工也才會有獎酬。正確的績效評估將會導引出員工正確的行為，所以在Philips創新園區原工績效表現的評量上，50%屬於部門表現，30%屬於公司表現，20%才屬於個人表現。而Philips新加坡創新園區的種種努力與表現，也深獲Philips荷蘭總公司的肯定與讚賞。面對微利時代，企業需要更具國際觀的創新營運模式，尤其須具備策略定位的選擇能力，以差異化的定位、價值與核心能力，透過人員培訓、學習型組織與文化建立，拉開與競爭者的距離。現階段台灣已有六十六家創新研發中心的設立，在創新研發中心的經營與管理上，也許還有許多需要學習與借鏡他山之石之處，渡邊博士及馬丁博士的建言及其發表的實際案例，或可提供業界作為標竿學習的參考（張寶誠，2010）。

(五)財務會計創新營運

◆財務管理創新

① 企業財務管理創新的涵義與概述

企業財務管理創新是指由於企業財務管理在實現了量的漸進積累之後，由於相關因素的影響和改變，實現了質的突變飛躍，這一交替演進過程就是企業財務管理的繼承和創新過程。為適應知識經濟發展的要求，企業財務管理要從管理目標、融資內容、資本結構、風險管理方法、財務分析以及分配方式等方面進行創新；實現知識經濟下的財務管理創新是一個重大的理論和實踐課題，必須轉變理財觀念，提高財務人員創新能力，並借鑑國際經驗以積極開展相關理論研究（馬孟夏，2009）（**表6-1**）。

表6-1　財務管理創新的內容

財務管理創新	內容
財務管理目標的創新	企業財務管理目標是與經濟發展緊密相連的，這一目標的確立總是隨經濟形態的轉化和社會進步而不斷深化。西方發達市場經濟國家企業財務管理的目標先後經歷了「利潤最大化」、「股東財富最大化」到「超利潤目標管理」的轉換。世界經濟向知識經濟轉化，企業知識資產在企業總資產中的地位和作用日益突出，知識的不斷增加、更新、擴散和應用加速，深刻影響著企業生產經營管理活動的各個方面，使企業財務管理的目標向高層次演化。原有追求企業自身利益和財富最大化的目標將轉向「知識最大化」的綜合管理目標。其原因在於：知識最大化目標可以減少非企業股東當事人對企業經營目標的抵觸行為，防止企業不顧經營者、債權人及廣大職工的利益去追求「股東權益最大化」；知識資源的共用性和可轉移性的特點使知識最大化的目標能兼顧企業內外利益，維護社會生活質量，達到企業目標與社會目標的統一；知識最大化目標不排斥物質資本的作用，它的實現是有形物質資本和無形知識資本在最短時間內最佳組合運營的結果。
融資管理的創新	企業融資決策的重點是低成本、低風險籌措各種形式的金融資本。知識經濟的發展要求企業推進融資管理創新，把融資重點由金融資本轉向知識資本，這是由以下趨勢決定的：知識資本逐漸取代傳統金融資本成為知識經濟中企業發展的核心資本，深圳華為公司在人力資本產權量化方面進行了有益的嘗試；金融資訊高速公路和金融工程的運用，加快了知識資產證券化的步伐，為企業融通知識資本提供具體可操作的工具；企業邊界的擴大，拓寬了融通知識資本的空間。
資本結構的優化創新	資本結構是不同資本形式、不同資本主體、不同時間長度及不同層次的各種資本成分構成的動態組合，是企業財務狀況和發展戰略的基礎。知識資本在企業中的地位上升，使傳統資本結構理論的局限性日益突出，因而有必要按照知識經濟的要求優化資本結構：確立傳統金融資本與知識資本的比例關係；確立傳統金融資本內部的比例關係、形式、層次；確立知識資產證券化的種類和期限結構，非證券化知識資產的權益形式和債務形式以及知識資本中人力資本的產權形式等。優化創新資本結構的原則是透過融資和投資管理，使企業各類資本形式動態組合達到收益、風險的相互配比，實現企業知識占有和使用量最大化。

（續）表6-1　財務管理創新的內容

財務管理創新	內容
風險管理方法的創新	風險是影響財務管理目標的重要因素。知識經濟時代企業資本經營呈現出高風險性和風險表現形式多樣化的特徵：知識產品價格中物質材料成本的比重很小，而研究開發的固定成本急劇上升，使經營風險多倍擴大；因金融市場和內部財務結構的變化使財務風險更為複雜和多樣化，如技術債務資本的流失、洩密、被替代或超過保護期可能導致企業的破產，人力資本產權的特殊使用壽命和折舊方法會增加現有資本結構的不穩定性；開發知識資產的不確定性水平提高，擴大了投資風險。作為知識資本重要構成要素的企業信譽、經營關係等變化使企業名譽風險突出。為此應以現代手段創新風險管理方法，一方面要對風險的各種表現形式進行有效識別，確定風險管理目標，另一方面要建立風險的計量、報告和控制系統，以便採取合理的風險管理政策。
財務分析內容的創新	財務分析是評價企業過去的經營業績、診斷企業現在財務狀況、預測企業未來發展趨勢的有效手段。隨著企業知識資本的增加，企業經營業績、財務狀況和發展趨勢越來越受制於知識資本的作用，對知識資本的分析也因此構成財務分析的重要內容：評估知識資本價值，定期編製知識資本報告，披露企業在技術創新、人力資本、顧客忠誠等方面的變化和投資收益，使資訊需要者瞭解企業核心競爭力的發展情況。設立知識資本考核指標：(1)創新指標，如知識資本創新力；(2)效率指標，如知識資本利用率、知識資本利潤率；(3)市價指標，如每股知識資本帳面價值、知識資本與每股盈餘比率；(4)穩定指標，如知識資本增長率、知識資本損耗率等。設立知識資本與物質資本匹配指標和綜合指標。
財務成果分配方式的創新	財富分配是由經濟增長中各要素的貢獻大小決定的。地租是農業經濟中主要的分配形式，而工業經濟中有形資本的多少決定財富分配額的多少。隨著知識資本成為經濟增長的主要來源，知識資產逐漸轉變為財富分配的軸心，財務分配方式的創新需要：確立知識資本在企業財務成果分配中的地位，使知識職員及利用知識的能力在總體上分享更多的企業財富；改革以工作量為基礎的業績評估系統，如利用「經濟價值樹」技術來界定職工、小組所創造的價值；建立因人付薪、以個人所創造價值的合理比例為基礎的分配機制，如股票期權、知識付酬、職工持股、職業投資信託等。

資料來源：馬孟夏（2009）。

② 實現企業財務管理創新的對策（馬孟夏，2009）

面向知識經濟時代的企業財務管理是新形勢下企業理財的重大理論與實踐課題，在此提幾點想法：

1.轉變企業理財觀念。

2.加強培訓、提高財務人員的素質和創新能力。

3.積極開展對知識資本的理論研究和個案研究。

4.重視知識產權法在企業理財中的運用。

③ 企業財務管理創新效應（馬孟夏，2009）

1.企業財務管理創新的擴散效應：率先進行財務管理創新的企業會獲得短期超額利潤，驅動眾多的模仿者進入企業財務管理創新狀態，引起企業財務管理創新的擴散。這種擴散過程是複雜的，既有企業內部的擴散，又有企業之間的擴散，而且擴散過程本身又會引起新的財務管理創新。

2.企業財務管理創新的群聚效應：企業財務管理創新在時間和空間上分布是不均衡的，有時群聚，有時稀疏；有的企業財務管理創新很頻繁，而有的企業財務管理卻缺少創新。企業財務管理創新的成功，會帶來眾多企業的效仿，由於其他眾多因素的影響，都能誘發財務管理創新的群聚。

3.企業財務管理創新的加速效應：隨著企業財務管理基礎知識的增多、科學與技術在企業財務管理中的緊密結合，以及新的組織管理方式不斷應運而生，企業財務管理創新的速度越來越快。從最近幾年財務管理教學內容的變化發展也可以看出企業財務管理創新的加速變化。由於市場越來越變幻莫測，企業財務管理創新的加速效應尤為明顯。

4.企業財務管理創新的更新效應：企業財務管理創新也能給企業帶來巨大的收益，甚至擴大企業的市場份額。但由於創新不斷被模仿，加上客觀上存在創新生命期，這迫使企業財務管理創新必須不斷地更換，不斷地推陳出新。企業財務管理創新行為是沒有邊際的。一旦企業財務管理停止創新，則意味著企業財務管理開始走向衰敗。

◆會計創新

① 什麼是「會計創新」？

會計創新是指根據會計環境變化的要求，在傳統的會計理論、制度和方法的基礎上，對原有的理論、制度和方法進行調整、補充和拓展，從而形成新的、符合新的會計環境變化要求的會計理論、制度和方法體系。包括會計理論創新和會計規範創新，會計規範的創新是會計理論創新的具體化，它是將會計理論創新的精神運用於會計實踐的指導。會計規範本身是會計理論與會計實務的「橋樑」和「紐帶」，是會計理論的體現（張艷萍，2010）。

② 會計創新的動因（張艷萍，2010）

1.會計環境變化：會計環境是指會計所處的具體時空的情況和條件。而這些具體時空下的「情況和條件」又可從「巨集觀」和「微觀」兩個方面進行分析，即會計環境具體可分為巨集觀環境和微觀環境。「巨集觀環境」影響會計系統的主要因素包括科學技術水平、社會經濟發展狀況、國家法規及人文意識等；「微觀環境」影響會計的主要因素有企業經營規模、管理水平、組織形式等。會計系統的發展是一個由低到高、由簡單到複雜的過程，它不僅有自身內在的發展動力和軌跡，而且「遵從」、「趨同」環境的發展變化，以便與所處環境保持「協調」。

2.會計目標變化：「會計目標是會計理論體系的基石」，發揮著連接會計理論和會計實務的紐帶作用。會計目標的變化左右著會計理論和會計方法。而會計目標與會計環境協同，隨社會發展而變化。會計目標由「受托責任觀」到「決策有用觀」，再到「目標體系觀」，直至現在，仍然在求索之中。從不同角度來研究會計目標將會使結論更接近客觀實際，也將對會計發展、創新產生重大影響。

3.會計對象變化：人們關於會計對象的認識，由「財產」、「勞動量」，到「資金運動」，以至現在的「資源運動」等各種學說的變化，不僅體現出「認識」的變化和會計理論的發展，而且體現出會計對象具體內容的變化。會計對象變化，會拉動會計的創新。

③ 會計創新的影響因素（田鳳彩，2008）

1.會計環境變化推動會計創新：會計環境具體可分為巨集觀環境和微觀環境，如今會計的巨集觀環境與「工業時代」相比，呈現出「知識經濟」、「全球經濟」和「資訊經濟」等多元化的特徵。這種變化至少在三個方面推動會計創新：第一，會計與企業以外其他單位進行「資金」和「資訊」交流的方式發生變化，如電子商務、電子稅務、電子政務等方面的變化，要求改變會計現有的數據採集、存儲、加工、傳遞和輸出模式，以適應社會資訊化發展的需要。第二，當今社會引發了會計對象的內在結構發生變化、對會計提出了更為精準的目標、產生了全新的會計資訊技術（電子資訊技術），所有這些，要求突破現有的會計原則、假設，創新會計計量、確認和會計報告模式，構建全新的會計資訊機制，以便在經營管理和社會發展中發揮更大的作用。第三，當今社會會計工作者規模擴大，素質提高，尤其是會計研究工作者的變化，將助推會計創新。會計微觀環境的變化，有兩個方面較為突出。首先，由於國際市場的發展，引發企業生存、競爭的模式變化，促使企業不斷兼併擴張，刺激了價值鏈企業同盟及「虛擬企業」的出現。這些新的趨向，給企業組織和管理帶來了諸多新的情況，引發了一系列新的會計問題。其次，自動化、資訊化的發展刺激了企業流程再造，推動以部門職能分工為基礎的管理轉化為面向流程的管理；促使企業透過資訊技術將流程中各項具體分工集成為有機的系統，以達到提高管理效率之目的。

2.會計目標變化拉動會計創新：對於會計目標認識至少應該從三個方面超越思維定式。首先，超越會計僅向企業外部提供資訊的思維定式，正視管理會計是企業經營管理的有機組成部分的客觀現實。關於「決策有用觀」的會計目標，多數是從「所有權和經營權分離」、「社會資源的優化配置」角度，透過企業資訊和企業外部資訊使用者的關係來進行探討的。這一思維定式研究的是財務會計的目標，不包含管理會計的目標，所以不能稱其為完整的會計目標。其次，在準確把握管理會計的基礎上，研究會計目標。「管理會計」是會計方法和科學管理結合的產物，是在追求組織機構的目標中辨認、計量、分析、解釋和交流資訊的過程。管理會計是管理過程的整體組成部分之一，其中「會計」是方法，「管理」是核心。管理會計的管理活動需要企業許多職能部門共同參與，相互合作，並非會計部門能夠獨立完成。這是探討會計目標不容忽視的客觀現實。再次，對會計目標的研究，應超越「會計資訊系統論」。會計不僅是一個資訊系統，更是企業管理中量化管理子系統。會計「資訊系統論」的觀點無法得到「管理系統論」、「控制系統論」認可的事實，就說明會計資訊系統僅是會計的一個重要方面，而不能涵蓋「會計」的全部。如果能夠拓展思維空間，從不同角度來研究會計目標將會使結論更接近客觀實際，也將對會計發展、創新產生重大影響。

3.會計對象變化需要會計創新：社會經濟環境的變化使會計對象要素的變化錯綜複雜，相互影響。主要表現在三個方面：第一，知識經濟改變了「經濟資源」實際意義，對傳統意義上的會計要素產生重要影響。第二，資本市場、金融市場的發展、成熟，以及商業信用形式多樣化，為企業融資提供了便利，緩解了企業的各種責權、債務之間的矛盾，但也使企業與所有者的關係，企業與債權、債務人的關係複雜化，直接引發企業相關費用、利潤的確認和計量等問題。第三，市場經濟的發展和國際化，使企業的籌資、投資、生產、經營與市場呈多環節、多渠道的複雜連接狀態。關於會計對象的研究至少應作三個方面的超越思維定式。首先，從財務會計和管理會計統一體的角度研究會計對象。會計對象是會計實踐活動中的完整對象，既包括財務會計處理的業務對象，又包括管理會計處理的業務對象。會計對象應是會計預測、決策、預算、反映、分析、評價整個過程中所涉及對象，而不應只是財務會計的對象，僅局限於當前的「會計要素」。其次，把會計作為企業管理的一個有機組成子系統，從企業管理的角度研究會計對象，從企業管理需求以及發展變化的趨勢來研究會計對象，而不是僅就會計實踐活動探討會計對象。再次，超越以盈利評價企業經營成敗的思維定式，從企業經營所肩負全部責任的角度研究會計對象。企業要向所有者負責，但也應對社會負責，對員工負責。因此，單以「利潤」或「現金淨流量」來評判企業經營就很有局限性，因而，會計需要提供更為豐富的資訊，「會計對象」有更豐富的內容。一旦拓寬了會計對象的研究視野，改變了會計的空間觀、時間觀，關於會計對象認識將會產生突破性的變化，會計的發展將會有更為廣闊的空間。

4.會計資訊新技術加速會計創新：電子化會計資訊技術在實際工作的應用、完善和創新，是眾多科研工作者艱辛勞動的成果。在理論上，更多的表述是「會計電算化對會計的影響」。以下就會計資訊技術對會計理論體系的影響作簡要梳理。首先，電子化會計資訊技術應用、發展，催生了新的會計學科（會計資訊技術學），改變了會計學的學科體系結構。其次，對會計方法、技術理論產生重要影響。電子化後，財務會計的技術理論已經發生重要變化：(1)憑證、帳簿的作用和意義發生變化；(2)淘汰與新技術不相容的理論；(3)衍生電子化會計資訊技術所需要的新技術、新方法。再次，引發會計數據處理機制發生革命性的改變。會計數據處理機制，將會在多方面發生變化：(1)會計數據處理將突破單獨由會計部門處理定式，代之以企業內多部門參與會計數據處理，即會計資料庫與企業資訊資料庫集成，成為「共用資料庫」，網路成為各部門參與數據處理紐帶；(2)「原始憑證—記帳憑證—會計帳簿—會計報表」資訊機制受到挑戰，「數據源—會計資訊加工方法—適合個性需要的資訊」將成為構建會計資訊系統的基本構架。可見，電子化會計資訊技術的發展是會計重構的動力，也是會計創新的技術支撐。

④ 會計創新的途徑（張艷萍，2010）

1.會計觀念的創新：(1)會計工作應樹立增值的觀念；(2)樹立全新的資產觀念；(3)會計工作還要樹立風險觀念。

2.會計環境的創新：從創新過程看，會計創新環境是指在會計領域內影響創新主體進行創新的各種外部因素，即創新環境是「外因」，而創新人才是「內因」。「外因」透過「內因」而起作用，亦即創新環境必須透過創新人才而起作用。

3.會計教育模式的創新：管理資訊化環境下會計教育新模式的實施是一個涉及理論、技術、操作、管理、教師、學生等各個層次和方面的系統工程。會計教育的新模式是對傳統教學在理念、內容、方法、手段諸多方面的全面改革。在會計教育新模式的實施過程中，應該從樹立新的教育觀念、掌握新的教育技術、培養新的社會人才等方面要求和考察教師。

4.會計方法的創新：(1)會計科目級別的命名；(2)會計科目代碼的統一；(3)記帳憑證種類的統一；(4)三大會計報表的統一；(5)帳簿形式的改造；(6)取消中間過程表式的輸出，即科目彙總表、彙總記帳憑證、總帳科目試算平衡表等，可簡化工作程式。

5.會計確認、計量的創新：知識經濟的無形化首先是對會計確認的挑戰；其次使會計計量難度加大。在知識經濟形態中，構成微觀經濟主體的無形資產是一種動態資產。

6.會計內容的創新：知識經濟將以人的創造性知識作為最重要的生產要素，因此，人力資產和無形資產將是為企業帶來經濟利益的主要資源，人力資源會計將形成完善的理論和方法體系，同時應重點加強社會責任會計、無形資產會計、環境會計、會計規範體系、會計計量模式、內部會計控制理論等理論的研究與創新。

(六)授權移轉創新營運

技術移轉有以下的定義：技術移轉是將概念、知識、裝置和各種物品，由領先的企業、研發組織及學術研究機構移轉至工業與商業中，進行較有效的應用，以及提倡技術創新的過程（Seaton & Cordey-Hayes, 1993）。技術移轉是將設計製程、知識，或有關設計或製程的資訊，由某一個組織或單位，移轉到另外一個組織或單位的過程（Bozeman, 2000）。技術移轉是一種積極和具有企圖心的過程，透過授權、外人投資、購買等程序，以散布或取得知識、資料或經驗（Hameri, 1996）。技術移轉是某一個組織的創新，被其他組織取得、發展或使用（Tan, 1996）。技術移轉類似一種關係行銷（Piper, Naghshpour, 1996），是一個知識與資訊傳遞的互動過程（Calabrese, 1997）。

◆開放式創新的意涵與倡導者

「開放式創新」的重要倡導者，加州柏克萊分校科技管理學教授Henry Chesbrough，為加州大學柏克萊分校哈斯商學院（Hass School of Business）開放式創新研究中心（Center of Open Innovation）的創辦執行長，在此之前，他曾任職哈佛商學院助理教授，為創新領域知名專家。其代表作《開放式創新》（Chesbrough, 2003a）中認為，你無法將所有的聰明人都變成你的員工，因此企業組織應多加關注及善用組織外部的創意與技術，同時也能夠以開放分享的態度，把自己未使用的創意授權給其他企業組織使用，讓研發產生更大的效益。這樣的概念引發極大的迴想，該書一提出便榮獲美國國家廣播電視台評選為2003年最佳商業管理書籍之一，此外《科學人》雜誌則評選Chesbrough為2003年全球五十位頂尖商業與科技領袖之一（李芳齡譯，2005）。2006年Chesbrough更進一步將其概念再精煉出版《開放式經營模式》，該書獲得美國《商業周刊》評論為「2006年最佳創新與設計叢書」之一。此外，在歐洲也成立了有關Open Innovation的研究組織，其中蒐集了許多成功的案例，很值得對開放式創新有興趣的朋友參考。「開放式創新」的概念，Henry Chesbrough受邀來台接受《天下雜誌》專訪時談到：「開放式創新有兩個概念，一是由外而內，一是由內而外。由外而內是指，企業應盡量利用外部的技術和構想，來提升企業的營運。由內而外則是將公司內部未使用的創新或技術，放入市場，讓研發產生更大的效益。」（吳韻儀，2007）。

這樣的概念具有下列四項意涵：

1.「開放式創新」突破了組織創新的疆界，創新不再是局限於組織內研發的成果，而是可透過合作、聯盟，甚至採購組織外界的創新。
2.「開放式創新」釋放組織內閒置的創新，促進其實際的應用及效益的產生。
3.透過創新分享，增加創新的多元性及豐富性，促進「創新分工」概念的形成。
4.因應技術開發成本日益提升、產品生命週期日益縮短的產業趨勢，「開放式創新」已成為新世紀組織經營重要的核心能力。

Chesbrough（2003a）談到「經營模式」包含六項功能：(1)闡明價值主張；(2)辨識市場區隔；(3)定義公司所需價值鏈架構；(4)組織得以產生營收的機制；(5)能界定組織在價值網絡中之定位；(6)制定競爭策略。Chesbrough更進一步將「經營模式」之功能歸納為兩點：(1)創造價值：經營模式定義一系列產生新產品或服務的活動，在經歷各種活動後，能夠創造出之淨價值；(2)擷取價值：經營模式為公司擷取上述活動所創造價值的一部分。

◆經營模式的分類模型

經營模式六種分類模型的關鍵在於開放程度，企業主導從封閉式到開放式的過程。Chesbrough（2006）將經營模式分成六種分類模型，指出此六種不同分類模型有著經營模式、創新流程、智慧財產管理方式三個面向的差異，將此六種不同分類模型的類型比較差異整理製作成**表6-2**（李芳齡譯，2007）。

從類型1到類型 6的演進過程中，以經營模式的面向來看，著重於企業對於技術、產品的提供、市場的定位，其差異化的程度，以及企業主導開放的程度；以創新流程的面向來看，著重於企業組織的內部，其研發創新策略、組織流程創新以及與外部連結程度的差異；以智慧財產管理方式的面向來看，著重於智慧財產的管理及策略定位。觀察三者面向共同的脈絡，可發現開放式經營的演進過程，關鍵在於企業之開放的程度，描述企業主導從封閉式到開放式的過程。

表6-2　經營模式架構各分類模型之類型比較差異

經營模式架構	經營模式	創新流程	智慧財產管理方式
類型1	無明顯特徵	無	無
類型2	略具差異性	隨機	反應式
類型3	區隔化	有規劃	防禦性
類型4	留意外界創意與技術	自外引進支援	促成性資產
類型5	整合	和經營模式相連	財務性資產
類型6	調適	找出新經營模式	策略性資產

資料來源：李芳齡譯（2007）。

◆開放式創新與封閉式創新的比較

Chesbrough（2003b）將過去創新的典範稱為「封閉式創新」（closed innovation）。封閉式創新的思維是認為公司內部擁有最優秀的人才，其創新的流程從一開始的創意發想、技術研發、產品製造、上市、支援等流程，都必須憑藉公司一己之力完成。此外，封閉式創新認為成功的創新必定需要嚴格的管控，故企業努力地擴增研發經費、延攬專業的人才、申請專利、簽訂保密協定等。從中可以理解企業封閉式創新之意圖為自行掌握、擁有創新產物。產業中的「垂直整合」，即是封閉式創新最明顯的做法之一（李芳齡譯，2007）。而開放式創新以一全新的思維進行創新的流程，有別於過去封閉式創新的想法，企業不再都以研發自主創新為主，反之，開放式創新認為外界有更多優秀的人才、更充沛的資源。因此，企業在創新的過程中，可借重外力，結合多方的知識與資源，藉此更快、更有效率、更低成本的產生創新。

根據Chesbrough（2003b）所進行封閉式創新與開放式創新運作原則的比較分析，其中包含了公司員工、研發流程、產品上市、經營模式、企業疆界、智財管理、企業角色等，二者之原則比較如**表6-3**所示。開放式創新重新定義了企業疆界，將外部環境納入了整個企業的創新流程，也重新定義了

表6-3　「封閉式創新」與「開放式創新」之原則比較表

比較面向	封閉式創新原則	開放式創新原則
公司員工	延攬優秀人才，讓人才只為本公司服務	內部人才需要與外部的人才合作
研發流程	公司要一手包辦所有研發、上市過程	內外部的研發共同為公司創造價值
產品上市	靠自己產生創新發想，需要靠自己來上市	不一定要靠自己發起創新
經營模式	最快將產品／服務上市才會獲利	建立較佳經營模式比快速上市重要
企營疆界	內部產生創新成果獲利	善用公司內外部創新成果即可獲利
智財管理	緊守自身智慧財產，避免競爭者從中獲利	其他公司可利用自己的智慧財產，公司也可從外部購入他人的智慧財產
企業角色	資源、流程的擁有者	資源、流程的整合者

資料來源：Chesbrough (2003b).

企業的角色，從資源、流程的擁有者轉型為「整合者」。

開放式創新的典範即是研發的資源與創新的構想不盡然需要來自於企業的內部，企業可以採取委外研究、合作研究、技術移轉等方式來取得所需要的各項知識與技術。同時企業的創新成果也不一定要由企業本身來使用，企業可以採取技術授權、技術轉讓、內部創業等方式，盡可能為企業創造最多的回收與利潤（Chesbrough, 2003b）。

(七)租稅環境創新營運

◆立法院院會三讀通過制定「產業創新條例」

產業創新條例（以下稱產創條例）是攸關我國未來整體產業經濟發展的重大經濟法案，在立法院王院長金平鼎力協助下，密集邀請朝野黨團協商，釐清各界疑義，終於在2010年4月16日三讀通過。為協助產業面對國際競爭之環境，迎向創新及知識密集時代，產創條例以促進產業創新、改善產業環境、提升產業競爭力為立法目的，共計13章72條條文，已配合台灣未來產業發展趨勢，在企業投入創新活動、無形資產流通運用、產業人才資源發展、資金協助、產業投資、產業永續發展環境及土地提供等各方面提出具體措施，同時強化運用補助、輔導及低利融資等工具，鼓勵企業持續進行創新研發等活動，對促進產業創新、產業升級轉型及提升競爭力助益極大。發展台灣成為「全球創新中心」是政府的重要政策目標，尤其「研發」是邁向知識經濟之主軸，更是我國產業全球化布局及企業升級轉型之關鍵動能。現行我國企業創新研發能力尚顯不足，單憑補助、行政輔導等政策工具，無法有效全面引導企業往創新研發活動發展，尚須藉重租稅優惠作為誘因，以誘導企業長期從事創新活動。與我國發展程度相近的國家除了致力降低稅負外，仍多維持功能別獎勵及其他租稅減免的優惠（例如韓國、日本、馬來西亞、愛爾蘭等），為有效引導企業往創新研發活動發展，將繼續保留研發之租稅獎勵（經濟部工業局，2010）。

產創條例之立法重點包括：

1.提供多元化獎勵工具。
2.全面推動產業發展。
3.塑造產業創新環境。
4.落實產業永續發展。
5.轉型工業區為產業園區。

產創條例之經濟效益包括：

1.調降營所稅稅率至17%，促進產業與國際接軌。
2.降低中小企業及傳統產業租稅負擔。
3.透過研發租稅獎勵引導產業升級轉型。
4.補助中小企業增僱員工，創造就業機會。
5.協助新興服務業取得必要用地，促進相關產業發展。

◆服務業研發創新之租稅獎勵及政府資金投入研究

服務業是支持我國經濟發展的重要支柱產業，為配合2010年5月「產業創新條例」的公布，政府應如何運用獎勵工具激勵服務業增加研發創新之投入，為本研究的主要課題。杜英儀（2010）從服務業研發與創新的角度切入，發現服務創新的本質內容側重「需要」（need）基礎的市場驅動特性，並包含技術性的創新活動與非技術性創新活動。根據《奧斯陸手冊》，技術性創新包含產品與服務的創新、流程與製程的創新，非技術性創新則包括組織創新與行銷創新。然而過去對於研發的獎勵高度強調科技基礎與專門研發部門的設計與規範，並不符合服務業的特性與實際現況。因此，本研究綜合理論文獻、標竿國家經驗和我國的措施檢討，提出如下服務業創新策略與政策建議（杜英儀，2010）：

1.我國服務業研發創新策略：包含鼓勵企業自行創新研發策略、國外引進策略、市場促進策略、研發創新能量累積策略、產學研合作策略、異業合作策略。
2.政府介入產業研發創新活動的基本準則：強調效益原則，如有顯著的外部效益，或降低研發投入的門檻，促使產業持續創新發展，以及市場價值或社會效益的明顯改善。

3.獎勵（工具）設計的準則：租稅優惠應具有全國一致或公平的原則，輔導措施則是由各主管機關訂定，可以考量行業別特性或策略性目標進行設計。

4.配合公司營利事業所得稅由25%降為17%，研發租稅優惠的誘因限縮，其他獎勵工具相形重要。

5.放寬研發的定義與調整審查機制，應有助於服務業適用研發租稅優惠，提升誘發效果。

6.研發租稅獎勵機制設計建議：(1)從創新的角度定義研究與發展，提升服務業的適用性；(2)設立獎勵準則，包含創新性、外部效益、研發投入的門檻、風險性，以及後續研發投入的附加性與延續性等準則，以明確政策獎勵的方向；(3)申請資格限制：研發支出租稅抵減金額占企業營業收入的比率，並由各中央目的事業主管機關設定；(4)採負面表列的方式限制獎勵範圍，以包含較多元的創新活動；(5)抵減費用涵蓋非專門從事服務研究發展工作之人員的投入薪資，以符合服務業研發創新之實際運作；(6)採用兩階段審查方式，先由中央目的事業主管機關進行初審，從產業創新特性的角度確認申請者的創新是符合政策獎勵方向與範圍；第二階段彙整所有通過初審的案件進行橫向複審，由各中央目的事業主管機關代表、財政部代表，以及各專業領域之學界或法人代表組成審查小組，形成各界協調平台，依據獎勵準則進行複審，使各產業的創新特性或效益能夠獲得共識支持，並兼顧產業發展與財政目標。

7.非租稅政府資金獎勵機制設計建議：(1)健全創新環境為主、策略導向為輔的設計：促進服務業的全面創新，並兼顧策略性政策目標；(2)提供整合性、跨業種、單一窗口的多元創新計畫，以有助於創新獎勵資訊的完整取得與擴散；(3)建立目標控管與成效追蹤機制，落實成果與目標：事前申請→訂定效益目標→目標控管追蹤→補助金給付或追回；(4)高價值的目標典範計畫：支持企業運用知識、技術與know-how，發展高附加價值、具國際市場的重大創新計畫，並成為示範案例與國內標竿，以引導服務業提升生產力與國際競爭力；(5)加強各階層人才多元創新活動的補助與輔導；(6)強化政府服務創新：研發補助計畫（如SBIR）範圍放寬包含技術性創新、建立創新研究調查與資料庫或設立開放式創新平台。

(八)投資業務創新營運

投資業務創新主要是指金融業務創新。以下探討金融業務創新之定義、原因、內容、影響，分析如下：

◆什麼是「金融業務創新」？

金融業務創新是指金融機構在業務經營管理領域的創新，是金融機構利用新思維、新組織方式和新技術，構造新型的融資模式，透過各種金融創新工具的使用，取得並實現其經營成果的活動（任碧雲、姚莉，2009）。

① 金融業務創新的主要原因（朱新蓉、宋清華，2009）

金融業務創新是多種因素共同作用的結果，這些因素可以分為規避風險、規避管制、提高市場競爭力等。

1.規避風險：一方面金融機構對轉移與控制風險的要求，便成為最顯著、最普遍的需求之一。金融機構開發了浮動利率工具、金融期貨、期權、互換等創新金融產品。另一方面，金融業所固有的信用風險也不斷增加，特別是能源危機和發展中國家的債務危機，使得金融機構進一步產生轉移信用風險的要求，推動金融機構開展了一系列的金融創新活動。

2.規避管制：政府的嚴格管制是金融業務創新的一個重要誘因。凱恩（E. J. Kane）認為，政府多種形式的控制和管制，在性質上相當於隱性稅收，減少了金融企業的利潤，金融企業為逃避管制不得不進行創新。

3.提高市場競爭力：競爭主要來源於兩個方面：一是國內銀行業與非銀

行金融機構之間以及非金融機構之間的競爭，另一個是不同國家的不同金融機構之間的競爭。20世紀70年代後，許多國家的非銀行金融機構或非金融機構紛紛利用新的金融工具與銀行爭奪資金來源和信貸市場，使銀行在金融市場上的份額急劇下降。為保住客戶、增強競爭力，銀行紛紛開發新的金融工具，進行金融創新。

② 金融業務創新的主要內容（朱新蓉、宋清華，2009）

金融業務創新主要包括金融工具創新、金融技術創新、服務方式創新與金融市場創新等內容，如**表6-4**所示。

③金融業務創新的影響（金聖才，2007）

金融業務創新主要包括負債業務的創新、資產業務的創新、中間業務的創新等，其影響內容如**表6-5**所示。

(九)商業模式創新營運

◆創新商業模式——創新應著重經營模式

企業的環境變化在最近數年已天翻地覆，本質也產生根本性的不同。例如，當諾基亞打敗摩托羅拉，大眾都還在歌頌新衛冕者才沒多久，它又被蘋果擊敗退出市場。目前競爭的遊戲規則已然改變，企業必須重新定義創造價值的方式。企業的努力已不再只是追求更有效率、更便宜，而是以更靈活開放的策略面對新挑戰。商業模式的創新就是一個重要的途徑。許士軍教授提及：今後企業的生存之道，已非昔日所依靠的成本、品質與效率，而是在於定位、差異化及創新。他進一步指出，傳統管理模式因為存在一些迷思，導致所選擇的策略迷失了方向，抓不到重點，結果是徒勞無功。例如，儘管大家都知道要「創新」，然而往往只著眼於科技、專利或產品（張威龍，2015）。

這方面的創新，可能是創造「市場價值」的成分，未必等同於創新所追求目的之滿足顧客需求之「市場價值」，此有賴於其他配套條件的整合，這種創新所著重的是一種「經營模式」。科技、專利或產品的個別價值，必

表6-4　金融業務創新的主要內容

創新類別	內容
金融工具創新	任何一種金融工具都是由面值、收益、風險、流動性、期限、可轉換性、複合性等特徵組合而成。金融工具創新就是透過對金融產品與服務的特徵予以分解和重新組合安排，使之適合經濟發展，滿足客戶的收益性、流動性和安全性需求。按創新金融產品滿足的需求，金融工具創新分為： 1.規避管制的產品創新：如可轉讓支付指令帳戶（NOW）、超級可轉讓支付指令帳戶（Super NOW）、自動轉帳服務（ATS）、回購協議、大額可轉讓存款單（CDs）等。 2.轉移風險的產品創新：如浮動利率債券、金融期貨、期權、利率互換等。 3.增加信用的創新：如信用額度、票據發行便利、平行貸款等。 4.增加靈活和流動性的產品創新：如附有認股權債券、垃圾債券、資產證券化等。 5.降低融資成本的產品創新：如租賃、歐洲貨幣、項目融資、貸款承諾等。
金融技術創新	新技術革命是推動經濟與金融發展的一個重要力量。新技術，特別是電子電腦在金融領域的廣泛應用，一方面加快了資訊傳遞速度、大幅度降低了交易成本，另一方面也推動了銀行金融技術的發展。隨著新技術在金融領域的廣泛應用，金融機構在處理內部文件、資料、帳務和各種金融零售業務上廣泛採用了電腦操作，技術水平不斷提升。例如，環球銀行金融電訊協會（SWIFT）、清算所支付系統（CHIPS）、美國聯邦通信系統（FEDWIRE）等新的支付體系與資訊系統的出現，大大提高了資金清算的效率，也增強了安全性。而銀行電話轉帳、電子銀行、ATM、POS等支付系統的出現，大大降低了銀行的經營成本，也減少了社會的流通費用。目前，幾乎所有的銀行都建立了物理網點與電話銀行、網上銀行、ATM等多渠道服務體系，使物理渠道與電子渠道相結合，突破傳統營業網點的局限性，更好地給客戶提供了多樣化的服務。
服務方式創新	如何更好地為客戶著想，向客戶提供人性化、個性化的服務，是銀行服務創新的一大中心理念，也是銀行競爭的一大永恆主題。各大銀行都在客戶導向的指引下，不斷改進服務。在存款服務方面，20世紀90年代以來，各大銀行相繼推出一系列方便客戶的措施。2001年之後，一些銀行採用了免填單的做法，存款人到銀行存取款時，不用再像以前那樣繁瑣地先填一張憑單，抄下一長串數字的銀行卡號，而只需口頭報出存取款的數額，便可以迅速辦好有關手續。融資服務的創新主要集中體現在開發融資業務的快捷性與增加多項衍生服務方面。理財服務的推出更是近來銀行服務創新的典範。理財業務集中了銀行在信譽、資金、人才、技術、資訊等方面的優勢，幫助客戶進行財務規劃，設計不同的投資方案，以獲得最佳收益。開設理財工作室、設立理財中心、為客戶量身訂製收益率高的理財方案已成為銀行參與競爭的又一有力手段。
金融市場創新	金融市場有廣義和狹義之分。廣義的金融市場泛指資金供求雙方運用各種金融工具透過各種途徑進行的全部金融性交易活動。狹義的金融市場是指資金供求雙方以票據和有價證券為金融工具的貨幣資金交易、黃金外匯買賣和金融機構間的同業拆借等活動的總稱。在金融創新中，原有的金融市場在不斷擴大，而新的金融市場也在被不斷地開發出來。

資料來源：朱新蓉、宋清華（2009）。

表6-5　金融業務創新的影響

創新類別	內容
負債業務的創新	商業銀行負債業務的創新主要發生在20世紀的60年代以後，主要表現在商業銀行的存款業務上。 1.商業銀行存款業務的創新是對傳統業務的改造、新型存款方式的創設與拓展上，其發展趨勢表現在以下四方面： (1)存款工具功能的多樣化，即存款工具由單一功能向多功能方向發展。 (2)存款證券化，即改變存款過去那種固定的債權債務形式，取而代之的是可以在二級市場上流通轉讓的有價證券形式，如大額可轉讓存單等。 (3)存款業務操作電算化，如開戶、存取款、計息、轉帳等業務均由電腦操作。 (4)存款結構發生變化，即活期存款比重下降，定期及儲蓄存款比重上升。 2.商業銀行的新型存款帳戶個性化、人性化突出，迎合了市場不同客戶的不同需求。主要有：可轉讓支付指令帳戶（NOW）、超級可轉讓支付指令帳戶（Super NOW）、電話轉帳服務和自動轉帳服務（ATS）、股金匯票帳戶、貨幣市場互助基金、協議帳戶、個人退休金帳戶、定活兩便存款帳戶（TDA）、遠距離遙控業務（RSU）等。 3.商業銀行借入款的範圍、用途擴大化。過去，商業銀行的借入款項一般是用於臨時、短期的資金調劑，而現在卻日益成為彌補商業銀行資產流動性、提高收益、降低風險的重要工具，籌資範圍也從國內市場擴大到全球市場。
資產業務的創新	商業銀行的資產業務的創新主要表現在貸款業務上，具體表現在以下四方面： 1.貸款結構的變化。長期貸款業務、尤其是消費貸款業務，一直被商業銀行認為是不宜開展的業務。但是，在20世紀80年代以後，商業銀行不斷擴展長期貸款業務，在期限上、投向上都有了極大的改變。以美國商業銀行為例，以不動產貸款為主的長期貸款已經占到商業銀行資產總額的30%以上；在消費貸款領域，各個階層的消費者在購買住宅、汽車、大型家電、留學、修繕房屋等方面，都可以向商業銀行申請一次性償還或分期償還的消費貸款。消費信貸方式已經成為不少商業銀行的主要資產項目。 2.貸款證券化。貸款證券化作為商業銀行貸款業務與國債、證券市場緊密結合的產物，是商業銀行貸款業務創新的一個重要表現，它極大地增強了商業銀行資產的流動性和變現能力。 3.與市場利率聯繫密切的貸款形式不斷出現。在實際業務操作過程中，商業銀行貸款利率與市場利率緊密聯繫、並隨之變動的貸款形式，有助於商業銀行轉移其資產因市場利率大幅度波動所引起的價格風險，是商業銀行貸款業務的一項重要創新。具體形式有：浮動利率貸款、可變利率抵押貸款、可調整抵押貸款等。這些貸款種類的出現，使貸款形式更加靈活，利率更能適應市場變化。 4.商業銀行貸款業務「表外化」。為了規避風險，或為了逃避管制，還可能是為了迎合市場客戶之需，商業銀行的貸款業務有逐漸「表外化」的傾向。具體業務有：回購協議、貸款額度、周轉性貸款承諾、循環貸款協議、票據發行便利等。另外，證券投資業務上的創新主要有：股指期權、股票期權等形式。

（續）表6-5　金融業務創新的影響

創新類別	內容
中間業務的創新	商業銀行中間業務的創新，徹底改變了商業銀行傳統的業務結構，極大地增強了商業銀行的競爭力，為商業銀行的發展找到了巨大的、新的利潤增長點，對商業銀行的發展產生了極大的影響。商業銀行中間業務創新的內容主要有： 1.結算業務日益向電子轉帳發展，即資金劃轉或結算不再使用現金、支票、匯票、報單等票據或憑證，而是透過電子電腦及其網路辦理轉帳。如「天地對接、一分鐘到帳」等。 2.信託業務的創新與私人銀行的興起。隨著金融監管的放鬆和金融自由化的發展，商業銀行信託業務與傳統的存、貸、投資業務等逐步融為一體，並大力拓展市場潛力巨大的私人銀行業務。如生前信託、共同信託基金等，透過向客戶提供特別設計的、全方位的、多品種的金融服務，極大地改善了商業銀行的盈利結構，拓展了業務範圍，爭奪了「黃金客戶」，使商業銀行的競爭力大大提高。 3.現金管理業務的創新是由於商業銀行透過電子電腦的應用，為客戶處理現金管理業務，其內容不僅限於協助客戶減少閒置資金餘額並進行短期投資，還包括為企業（客戶）提供電子轉帳服務、有關帳戶資訊服務、決策支援服務等多項內容。該業務既可以增加商業銀行的手續費收入，還可以密切銀企關係，有利於吸引更多的客戶。 4.與中間業務聯繫密切的表外業務，是商業銀行業務創新的重要內容，它們當中有很多都可以在一定的條件下轉化為表內業務。商業銀行發展、創新表外業務的直接動機是規避金融監管當局對資本金的特殊要求，透過保持資產負債表的良好外觀來維持自身穩健經營的形象。當然，表外業務也是商業銀行順應外部金融環境的改變、由傳統銀行業務向現代銀行業務轉化的必然產物。表外業務雖然沒有利息收入，但卻有可觀的手續費收入。從世界各國銀行業的發展情況看，表外業務發展迅猛，花樣品種不斷翻新，有些商業銀行的表外業務收益已經超過傳統的表內業務收益，成為商業銀行的支柱業務。目前，商業銀行的表外業務主要有：貿易融通業務（如商業信用證、銀行承兑匯票）、金融保證業務（如擔保、備用信用證、貸款承諾、貸款銷售與資產證券化）、衍生產品業務（如各種互換交易、期貨和遠期交易、期權交易）等。

資料來源：金聖才（2007）。

須透過「經營模式」才能發揮作用產生市場價值。而傳統的「創新」過於偏重供給面的努力，忽略了徹底瞭解需求面的心理、社會、文化方面的配合，是否能帶給顧客快樂、回憶與心靈感受的滿足，進而創造真正的價值。現今企業的經營模式，幾乎都是以顧客為導向，然後發掘最能打動需求的某種訴求，此即「差異化」優勢的根源。然而一家企業資源有限，不可能滿足所有顧客的所有需求，只能找到自己真正有能力滿足的目標顧客群之某種需求。例如，王品的內部創業和多品牌模式，都有明確的目標顧客，並想盡辦法滿足其需求，推升王品上市後的股價；2003年創立的漢民微測科技，大股東原是由半導體代理商起家，再轉型跨入研發製造，創立時就鎖定研發電子束晶圓檢測設備製造，當電子束晶圓檢測成為主流時，漢民已在技術領先下，業績衝高，也是有明確目標顧客且深入瞭解其需求的例子（張威龍，2015）。

山田英夫在其著作，建議發展經營模式時要跳脫本業，以「異業為師」，從不同業界的經營模式中尋找靈感。例如，從經營旅館業轉為承辦重建與營運事業的星野集團，他們不只視自己為旅館業者，更是「休閒產業的經營達人」，除了服務顧客，更逐漸把重點放在為老舊飯店進行翻修、重新定位與管理，前後共推動了二十五家旅館與飯店的重整。日本的普客二四公司原本主要業務是經營販售停車場機器，後改為經營二十四小時自動計時停車場事業。它和地主合作，每個點設置四至七個停車位，採機器自動繳費方式。地主享受租金，他則創造不斷成長的事業。總之，在這競爭劇烈的環境中，只有不斷地尋求商業模式的創新，才能滿足目標顧客的需求，進而找到新的藍海（張威龍，2015）。

◆商業模式創新到新興市場當新企業

多國籍企業不管規模再大、營運再健全，一旦進入新興市場，就必須改變既有做法，並重新設計一套全新的模式，才可能實現豐厚的獲利。如果只是移植國內的商業模式，無法創造高報酬率。目前在新興國家營運的多國籍企業，已經超過兩萬家。《經濟學人》預估，未來西方多國籍企業將有70%的成長來自新興市場，其中光是中、印就占了40%。不過，機會固然龐大，面對的阻礙也不小。根據世界銀行（World Bank）的2010年企業經營難易度指數，在一百八十三個國家中，中國排名第八十九，巴西第一百二十九，而印度是第一百三十三。《經濟學人》歸納說：「企業想在這些市場繁榮發展，唯一的方式就是毫不留情地削減成本，而且接受幾近於零的利潤率。」沒錯，挑戰的確很大，但我們完全不同意上述說法。因為到處都看得到未來的商機，而且，不管是在邦加羅爾（Bangalore）的街角、中印度的小城，或

是肯亞的村落，企業都不必放棄利潤。表面上看來，洗衣店、小型冰箱、匯款服務這些似乎是再平凡不過的事，但仔細觀察它們背後的生意，就會發現商業模式創新的新領域。這些嶄新事業揭示的方向，可協助企業擺脫國內停滯的需求，創造嶄新、可獲利的營收來源，並找到競爭優勢（馬修・艾林、馬克・強森、哈里・奈爾，2011）。

◆勇闖中階市場

已有相當基礎的公司在進入新興市場時，可參照新創事業的策略，把所有市場都視為新市場：這時不是為既有產品尋求更多出路，而是要找到我們稱為「待完成事項」的未獲滿足需求，並在有獲利的情況下滿足它。新興市場充滿這類機會，因為大多數人甚至連基本需求都未獲滿足。其實，主要挑戰不在於找到待完成的事項，而在於專注做好最適合你公司從事的事項。把大量的低階產品與服務，賣給新興市場窮人的獲利願景，吸引了許多公司。我們建議介入於兩個極端之間的龐大中階市場。這個市場裡的消費者特性，與其說屬於特定的所得階層，不如說面對著共同的情境：他們連最便宜的高階產品也負擔不起，因此只能採用現有的低階解決方案勉強應付需求。企業如能設計新的商業模式與產品，以這些消費者付得起的合理價格，更完善地滿足他們的需求，就會發現成長機會無限（馬修・艾林、馬克・強森、哈里・奈爾，2011）。

例如，1897年成立的印度耐久消費品公司葛德瑞與伯伊斯（Godrej & Boyce），原本以賣鎖為業，目前已是多角化的製造商，產品從保險箱、染髮劑，到冰箱與洗衣機都有，非常多元。我們與該公司家電事業部的主要經理人研討後，發現冰箱是極具潛力的領域：由於傳統式壓縮機驅動電冰箱的購買與使用成本偏高，市占率僅達18%。公司指派一個小團隊進行詳細觀察、開放式訪問，並攝製影音紀錄，以徹底瞭解這個未開發市場需要完成的事項。這個小團隊觀察的對象，是半都市居民和農村居民，收入大致是每個月5,000～8,000盧比（約125～200美元），四、五人住在只有一個房間的家，而且經常搬遷。由於家裡負擔不起傳統型的冰箱，只好將就與他人共用，而且往往用的是二手貨。團隊的結論是，這群人用冰箱來存放剩菜，讓一餐飯可吃兩餐，並讓飲料維持在低於室溫的狀態。這與高檔冰箱常用來冷藏或冷凍大量食品，以防腐壞的功能大不相同。這些人想要完成的事項相對來說較簡單，因此顯然沒有理由花費一個月的薪水去購買傳統型冰箱，還得支付高額電費。顯然，解決方案並不是較平價的傳統型冰箱。這就帶來了一個商機，就是針對未獲充分滿足的中階市場，開創基本上完全不同的嶄新產品。要創造新興市場買得起的商品，更有效的方式是去除非必要的昂貴特性與功能，提供消費者真正需要的平價版。葛德瑞的團隊從頭開始設計並製造一部原型「冷卻箱」，並邀請消費者參與實地測試。然後，在2008年2月，印度中部城市歐斯曼納巴德（Osmanabad）聚集超過六百名婦女，參與一個「共同創造」（co-creation）的活動。她們測試最初的原型，以及幾個稍後的版本。

最後產生的產品是ChotuKool（意為「小涼」），這個由上方開啟的箱子尺寸是1.5×2呎，容量43公升，放得下使用者希望保鮮一、兩天的幾項東西。一般冰箱的零件有兩百種，但ChotuKool用到二十種零件，沒有裝壓縮機、冷卻管或冷媒。它採用通電時會冷卻的晶片，以及類似防止桌上型電腦過熱的風扇。上開式的設計，使得箱門打開時，大部分冷空氣能保留在內部。能源消耗不到傳統冰箱的一半，而且碰上農村常見的停電時，可由電池供電。重量僅7.8公斤，攜帶相當容易，而且價格69美元，只有基本款電冰箱的一半。許多企業把新興市場視為一個可建立市場立足點的龐大市場，這種想法沒有錯。古典的破壞式創新理論認為，理想上，現有產品在某些層面（通常是價格）有缺失，或是根本欠缺某些層面的市場，就是應最先引進創新的市場。新興市場完全符合這個情況，因此堪稱絕佳的測試場，可在遠離競爭者窺視下進行產品創新。但我們認為，與其把新興市場當作產品研發的大型實驗室，不如視為一個獨特的環境，充滿未充分滿足的事項，只要能透過商業模式研發，以創新方式回應需求，商機就不可限量。打造新的商業模式，會帶給你的公司更持久的競爭優勢（馬修・艾林、馬克・強森、哈里・奈爾，2011）。

(十)資訊網路創新營運

受到全球化與網路科技的衝擊，各式網路科技創新運用崛起，深入地影響人們的生活，改變了傳統商業與消費者行為，發展了許多深具創意以及顛覆性的創新事業營運模式。在電子商務方面，透過線上系統改善線下服務品質的即時需求引爆了電子商務的新興服務模式，隨選經濟（on-demand economy）顛覆傳統商業模式，改變了服務與產品的傳統樣貌；在網路社群應用上，基於生活、娛樂與工作等不同需求之社交圈逐漸成形，創造另一片商機滾滾來的新藍海；在新興能源管理上，結合雲端與大數據資料分析技術來掌握用戶能源使用狀況以及提高服務品質。創新能力已成為企業成長與獲利的關鍵，有系統化的洞察與觀測深具價值及發展潛力的創新事業營運模式，有助ICT產業與網路相關產業掌握市場商機、開展新藍海事業，提升其企業競爭力（MIC產業顧問學院，2015）。

提起北美網路業，有一個人真的是「喊水會結凍」。她被尊稱為「網路的女王」（Queen of the Net），出版的研究報告報被奉為投資人必讀的「聖經」。當初，她是開啟Web 1.0時代的其中一個關鍵人物——1995年「網景」（Netscape）上市案的推手，而那之後的十五年來，她可以說經手過無數的網路公司。網路業歷經蕭條，現在又興盛，她卻一直是這中間固定不動的核心人物。這位女王就是被《富比士》譽為當今科技界最聰明的十個意見領袖之一，摩根史坦利的網路首席分析師——瑪莉・米克（Mary Meeker）女士。這次她整理的資料，是為了在矽谷舉辦的Web 2.0高峰會所準備，標題原文是「十個網路公司領導應該要知道答案的問題」（Ten Questions Internet Execs Should Ask & Answer），它根本就是「當今網路的十大破壞創新關鍵」。以下是重點整理（Jamie, 2010）：

1.借鏡全球（Globality）：北美再也不是網路創新的唯一龍頭，事實上，騰訊（QQ）擁有的會員數和來自休閒遊戲的營收，都比Facebook來得高，因此不只是騰訊學FB，我們也常看到FB仿效騰訊的策略。除此之外，還有印度、巴西、俄國等快速成長的巨型市場，也是很多創新的來源。所以，除了矽谷，現今的網路創業團隊還要向全世界的競爭對手學習，來增強自己的競爭力。

2.行動策略（Mobile）：iPhone/Android的成長速度，比任何以前出現過的「新新產業」都還來得快，尤其是Android，更是在短短的兩年內就成長至25%的市占率。而行動上網的使用率，更將在兩年後超越桌面。你的創業策略該如何因應？是兩者並行嗎？還是我之前寫過的「先行動、後桌面」？無論如何，你不能在這個領域缺席。

3.生態圈（Social Ecosystems）：如果說Web 3.0的「三種行銷管道」是Search、Mobile和Social，那背後代表的就是Google、Apple和Facebook三家公司。這些人並沒有像當初的IBM一樣睡著，相反的都非常努力在創新，不想被任何人後來居上。你對他們的動作、計畫、策略瞭若指掌嗎？有機會借力使力嗎？你必須要知道。

4.廣告（Advertising）：當消費者平均每天花28%的時間在網路上，廣告主卻只有撥13%的預算過來，這事情終究會改變。所以不要懷疑，網路廣告至少還有兩倍以上的成長空間，而且最近的種種跡象顯示企業已經開始覺悟。更重要的是你要如何創新，用更新、更好的方式，來讓廣告更有效，創造企業、消費者、網站三贏的局面。我認為未來是在CPA和病毒影片等方面，這些東西你必須要研究清楚。

5.行動電子商務（Commerce）：行動電子商務時代已經來臨，消費者們要的是快速、簡單、有趣。你的服務、產品必須要不斷的推陳出新，他們也會用實際的購買來支持你，無論是App Store、iTunes Store、Android Market、Amazon，還是之前提過的Gilt，都是這裡面的模範生。如果現在台灣最賺錢的網路公司都是電子商務，那五年後則都會是行動電子商務，你準備好要破壞Yahoo、PChome的商業模式了嗎？

6.隨選內容（Media）：沒錯，我們一直在說的Web 3.0的客廳革命，在北美早就已經來到。更重要的是，隨選內容成長的速度，是在媒體產業前所未見的。你有辦法把這些創新帶到亞洲嗎？利用台灣特有的優質內容，然後把它行銷到全世界嗎？這都是你們可以嘗試的領域。

7.極速變化的世界（Ferocious Pace of Change in Tech）：不要懷疑，這

個世界變化的速度是前所未見的——三十年前我們才開始碰電腦、十五年前我們才開始上網和用手機、五年前Facebook才出現、三年前iPhone才上市。如果說人類過去一百年進步的幅度，比之前的一百萬年加起來還多，那過去十年，則比那之前的九十年加起來還多。我們或許該感謝摩爾定律，或許該向賈伯斯致敬，不過重點是，你看準了未來的變化嗎？你研究了網路業的各個大傢伙、小傢伙們在做什麼嗎？你對創新的各個前端有多少掌握？哪些是三年內會發生的事情？哪些是五年？哪些必須要開始研究？哪些已經要商業化？這些，你都必須要非常瞭解。

8.最後，你以為Apple、Amazon、騰訊、PayPal、百度這些公司都已經很大了嗎？其實一點也沒有，因為他們都還以將近每年50%的速度在成長中。Apple最新一季就成長了67%，一個季營收美金200億的公司還有這麼快速的成長，這幾乎是前所未有的事情。這件事情的背後，意思是網路領域還有非常非常多的創新、成長可以發生。

◆APP、大數據、物聯網：網路創新帶來全面衝擊

前行政院院長張善政暢談「網路時代如何創新」。張善政強調，網路普及時代，幾乎沒有行業不與資通訊產生關聯，不論念什麼也都與資通訊有關，網路創新是年輕人的天下。張善政指出，網路創新固然與資通訊有關，但各行各業都逃不掉資通訊，現在幾乎沒有人不用Google，也幾乎沒有人不用臉書，社會上多數人有網路購物的經驗。搜尋大家想到的是Google，但受Google衝擊最大的是廣告業，Google 95%以上的營收來自廣告，Google不只衝擊了廣告業，還去做無人駕駛車，可以預見將對汽車工業帶來重大影響。他並表示，網路普及後人手一機，大家隨時上網，相關應用面大增，除了搜尋引擎衝擊廣告業，電子商務對物流與零售業帶來巨大影響，影音與社群網路衝擊媒體、廣告，如今又有新的應用出現，大數據、物聯網等。以現在最夯的美國電動車特斯拉為例，特斯拉電動車以軟體搭配各種感知器，即時監控車輛性能，每輛車配SIM卡隨時連網、電腦與無線網路隨時將車輛表現傳回總部，總部還可以主動調整、更新軟體參數，以後車輛恐怕沒有年分的

問題，軟體隨時更新、下載，哪一個年分的車性能都是一樣的。張善政說，SIM卡、軟體更新出現很久了，但汽車工業一直沒有想到可以善加運用。他要鼓勵年輕人，多發揮創意，天馬行空去想也沒關係，誰會想到用無人機載送貨物，亞馬遜想到了，也開始嘗試（黃博郎，2017）。

二、建立創新事業的概念（國立勤益科技大學數位學習平台）

(一)企業求新求變模式的探討

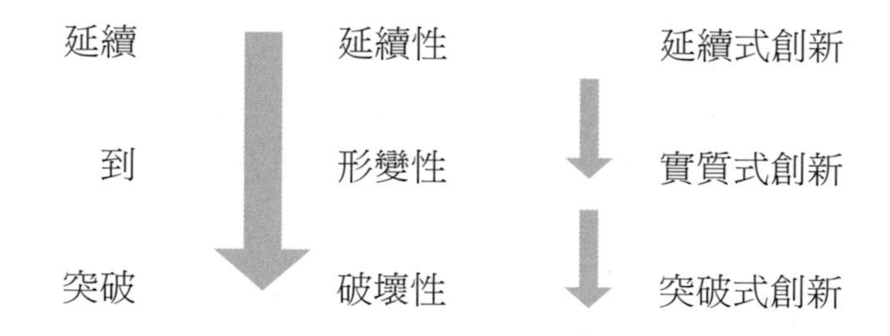

(二)延續：現有成就的延伸

1.漸進式改革。
2.基於現存技術或生產能力的提升。
3.提供性能更好的商品。
4.產生更高的價值。
5.持續市場的領導。
6.維持市場競爭力。

(三)突破：現有成就的突破

1.激進式改革。
2.打破現存技術或生產能力的極限。

3.提供創意性的商品。

4.產生擴展的價值。

5.挑戰市場的領導。

6.建立市場競爭力。

(四)延續性 → 延續式創新

1.運用原有基礎設備、場地、資源、核心技術。

2.改進既有的商品／服務／活動。

3.提高商品／服務／活動品質。

4.創造內部顧客與外部顧客的滿意度。

5.基本上沒有改變只有改善。

當傳統產業的產品在市場上，達到高成熟期及實質銷售的飽和期後，利潤的逐漸萎縮是該產業最大的隱憂，此時企業可能採取的措施是，諸如改善製程、精簡人事等方式，以提升可以保持利潤的延續式創新模式以維持企業的營運。

(五)形變性 → 實質式創新

1.跳脫既有市場秩序或管理模型。

2.新的領導者、新的管理程序。

3.改變市場競爭情勢。

4.創造新的市場、製造新的機會。

5.謀求更多的效益與利潤。

(六)實質式創新

1.採取策略規劃、慎密組合的創新方法。

2.以保持市場優勢確保既得利益為主。

3.必須採取以往不同的企圖心和計畫方式。

當一流企業開發的創新產品獲得成功後，逐漸達到創新產品的高成熟期及市場實質銷售的飽和期，此時企業可能採取大膽措施，諸如技術移轉、策略聯盟等方式，以形成可以安全保持競爭優勢的實質式創新模式。

(七)突破式創新

Kenagy與Christensen（2002）認為，突破式創新是指廠商的活動會造成產業變動與成長且對市場領導者帶來衝擊的創新；例如小型煉鋼廠，利用對於廢鋼的加工再處理，而非傳統的一貫化煉鋼流程，使得其在特定產品類別的成本遠低於市場上的領導者，進而造成了產業的變動與低階鋼品的市場大量成長。此外，Christensen、Bohmer與Kenagy（2000）提出所謂的突破式創新就是能使技術能力較差的大眾在更方便、更不昂貴的場所做到某些活動的創新，而這些活動在以往只有擁有專門技術人員在一些不方便的、集中的場所才能做到的事，例如電話發明以前，即時的遠距通訊只能倚賴電報的傳送，但是發電報又貴又不方便，首先發電報必須到有電報設備的地方，且要由受過摩斯密碼訓練的專業操作員提供服務，電話發明後，使人們無須專業人員的協助，就可進行遠距通訊，所以電話相對於電報是一種突破式創新（李芳齡譯，2005）。Chesbrough（2003b）認為突破式創新是一種會確實改變我們的生活方式、工作方式與學習方式的創新。在真實發生的創新中——電話、印表機、汽車、個人電腦與網際網路等都算是突破式創新，就是因為這些創新徹底地改變人們的生活模式。

Cumming（1998）則指出突破式創新是創新中包含顯著的新科技，並且對消費者的消費型態造成相當程度改變，最後則是消費者能強烈感受到創新所增加的真實利益。Sandberg（2002）對突破式創新的定義是能創造自有新市場的創新，例如電話就是一個極佳的例子，電話的市場在電話發明以前是不存在的。Charitou與Markides（2003）認為在本質上，突破式創新對產業競爭導入了新的競爭方法，而新的方法不同於既有的形式並且與既有經營模式衝突。網路銀行、廉價航空和線上交易經理都是突破式創新的例子。

(八)破壞性創新

美國哈佛商學院教授克雷頓·克里斯汀生（Clayton M. Christensen）則提出更進一步的說法，認為企業光是「創新」還不夠，必須發動以「夠好」（good enough）為核心精神的「破壞式創新」（disruptive innovation），才能確保企業永續生存。克里斯汀生也因為這項「破壞性」的創見，被譽為「當代最具影響力的創新大師」。克里斯汀生指出，過去企業習慣在原有產品的發展下，維持「漸進式」（incremental）的創新（讓產品不斷改善及更新），或者是「激進式」（radical）的創新（發展不同的技術），不論「漸進式」或「激進式」創新，目的都是在改善既有產品的性能，因此統稱為「延續性創新」（sustaining innovation），「延續性創新」自然而然地會驅使企業逐步往高階市場發展。反觀許多沒有大資本、高階技術和「成功包袱」的小企業，就比較有機會和意願，推出「比既有產品更差」或「只比沒有好一點」的產品，許多「破壞性創新」的成果因而冒出頭來，包括：網路電話Skype、電子閱讀機Kindle、世界最大的B2B網站阿里巴巴、華碩電腦首掀的小筆電創舉Eee PC、在中國掀起風潮的山寨機、低價聞名的印度塔塔汽車，以及全球發燒的社群網站Facebook。毫無疑問地，「破壞性創新」改變了企業之間的競爭模式，強者不見得更強，新進者也不見得永遠處於弱勢（Jessie湯，2010）。

隨著市場汰舊換新速度加快、企業之間競爭激烈，克里斯汀生的理論益發獲得各產業領導者的重視，不斷思考要怎樣才能催生出「破壞式創新」的產品或服務？克里斯汀生認為，要產生「破壞式創新」，必須從客戶的生活情境去思考，推出符合客戶使用情境的產品，以增加產品推出的成功率。畢竟，「A customer will never lead you to develop a product which that customer cannot use.」他說。但是，他也發現，許多頂尖的企業無時無刻不保持警覺，專心聆聽客戶的聲音，積極地投資新科技來滿足客戶需要，但是在面對科技與市場結構的變遷時，仍喪失了既有的領導地位，其原因就在於它們把所有的投資與科技都集中在開發現有重要客戶最需要、可以創造最大利潤的產品上，許多能決定企業存續的「突破性科技」（disruptive technology），則因遭到這些主流客戶的排斥而放棄。這就是創新的兩難——貼近主流客戶的需求對現在的成功非常重要，但是長期的成長與獲利卻是依靠另一種完全不同的經營模式。因此，管理者為了要創造出這個新的事業模式，必須發展另外一個不同的組織，讓這個組織專心進行「破壞」（Jessie湯，2010）。

三、團隊創新

什麼是團隊創新？團隊創新是指為了使個人、團隊、組織、甚至整個社會受益，而有意識地在團隊內引入和應用一些對該團隊來說是新的想法、過程、產品或程式（王士軍，2006）。

(一)團隊創新的內容（王士軍，2006）

◆團隊創造力

團隊創造力蘊涵於混亂之中，造成混亂的根源在於團隊中豐富的資訊、完備的知識結構與存量以及匹配的思維模式。而造成混亂的直接原因在於不同觀點之間的衝突。對於團隊創新而言，知識結構與存量的提高以及思維模式的改善可以透過團隊中的資訊、知識、思維的共用與互補得以迅速解決。這句話有兩層涵義：一是團隊層面，即透過恰當的人員組合可以使團隊的知識結構與存量得以迅速提高以及思維模式的迅速改善；二是個人層面，即在團隊創新中，透過資訊、知識和思維模式的共用與互補，團隊成員也可以更快地學習與積累知識與思維模式。這也是個人學習與組織學習的根本區別之所在。另外在團隊創新中透過對各種不同觀點進行反思與激發，團隊能夠產生更多更好的創新，即會產生的效應。這同樣也是個人創新所不能比擬的地方。

◆團隊創新的創建任務

從本質上講，團隊創新就是混亂之中的創新，但並不是說任意一種混亂

都能夠有利於團隊創新，而且即使有利於團隊創新的混亂也並不會自動產生創新。因此團隊創新的構造有兩項關鍵的任務：

1.創建團隊創新所需要的混亂基礎即獲取充分的資訊、完備的知識及匹配的思維模式。但是這些資訊、知識、思維是分布在整個團隊之內的，也就是說團隊創新所需要的混亂對於個人來講是由不同的資訊、不同的知識結構與存量以及不同的思維模式所造成的。該種混亂的外在表現為不同觀點中的衝突。
2.創建團隊創新所需要的混亂之環境即為構造大環境和構造具體環境兩部分。構造具體環境即不同觀點的表達、交流、反思、激發；構造大環境即創造機會、氛圍以及提供動力。

(二)團隊創新基礎的創建（王士軍，2006）

◆獲取豐富的資訊

1.獲取資訊的流程：首先應根據具體的創新活動來確定所需要獲取的資訊內容，在如今獲取資訊相當容易，但管理者們面臨的真正挑戰是從大量不相關的資訊中獲取自己想要的資訊；其次是根據所確定的資訊內容來確定向誰或從哪裡來獲取這些相關資訊；最後還應根據資訊的類型來選擇合適的獲取資訊方式。
2.獲取資訊的手段：主要有搜索、調研、觀察、實驗這四種，每一種都有著不同的應用範圍。
(1)對於以文本形式存在於各種媒體中的資訊，主要採用搜索的方式。搜索方式有兩種，一種為自發行為，顯得有些被動，比如閱讀雜誌、瀏覽網站、參加會議等等；另一種則相對主動一些，比如事先要求符合某種格式的報告或資料庫等。
(2)對於以經驗形式存在於人的頭腦中且較明顯的資訊，則主要採用直接對資訊源進行詢問或調研的方式。
(3)對於以經驗形式存在於人的頭腦中但較隱蔽的資訊，則主要採用直接對資訊源進行觀察的方式，因為此時該種資訊可能連其自己也不是很清楚。

(4)對於還無人知曉或知之甚少的資訊，則主要採用實驗的方式在實踐中不斷積累相關資訊。實驗也有兩種，一種是探索型實驗，其目的是弄清楚事情的原由，瞭解周邊的環境；另一種是假設檢驗型實驗，其目的是找到證據驗證各種假說，而不是新發現。

◆獲取完備的知識

1.獲取完備知識的步驟：

(1)透過組合恰當的成員，構成一定的知識結構與存量。

(2)利用已具備的知識結構與存量進一步從組織內外或實踐中獲取相關知識。

具備一定的知識結構與存量是必須的，它與所需要獲取知識的相似程度決定了團隊的知識吸收能力，相似程度越高吸收能力越強。但是團隊的這一知識吸收能力往往由於種種限制而遠不能滿足創新的要求，因此從組織內外或實踐中繼續獲取相關知識也成為必然的選擇。

2.獲取知識的方式：

(1)對於還無人知曉的或知之甚少的知識，應採用實驗的方式，在實踐中逐漸積累相關知識。這種方式與資訊的獲取方式相一致。

(2)對於已經存在的知識，應採用知識轉移的方式。影響知識轉移方式的具體因素有：

- 知識的系統性：知識的系統性越強則知識顯得越複雜，此時需要以小組討論的形式來轉移，而個人往往不能勝任此項任務。
- 知識的常規性：某種類型的知識被使用的頻率越高則知識越是常規，此時只需一般的相關人員來轉移，否則則需要相關專家來轉移。
- 知識的隱蔽性：知識有顯性與隱性之分，顯性知識易於傳播，可以透過搜索或詢問的方式來傳播；隱性知識則不易傳播，需要與知識源直接接觸，以觀察的方式來獲取。

◆獲取匹配的思維模式

匹配思維模式的獲取同樣可以透過恰當的人員組合得以迅速解決。但更重要的任務是首先要認識到各種思維模式的區別所在，然後才能加以選擇匹配的模式。與創新緊密相關的思維模式主要有以下三種：

1.認知思維模式：該思維模式的作用主要體現在獲取資訊方面。人們在獲取資訊時總是具有選擇性，他們並不關心全部資訊，而是依靠已有的假設去蒐集資訊。

2.左腦思維與右腦思維：這種劃分是一種形象的比喻，而不是嚴格從生理學角度進行劃分的。與右腦相關的功能並不是都位於右腦皮層，同樣地，與左腦相關的功能也不是都位於左腦皮層。然而這種簡單的描述的確抓住了不同思考方式的顯著差別。右腦思維也即是用分析的、邏輯的和順序的方式來界定和解決問題的。左腦思維則是基於直覺的、價值觀的、非線性的思考方法。這二者顯然不同，它們的作用主要體現在設計方案方面。

3.學習性思維模式：學習性思維模式有兩種，一是單環式思維模式，在該思維模式下解決問題的方法都沒有涉及到組織中原有的規則與模式，它只是在既定的規則模式下尋找可行解，主要依靠反饋進行工作；二是雙環式思維模式，該種思維模式開始對現有的規則和模式進行質詢，主要依靠反思進行工作。此類型思維模式作用同樣也主要體現在設計方案方面。

◆各種創新類型的混亂基礎

不同類型的創新需要不同的資訊、不同的知識結構與存量以及不同的思維模式。

1.適應型創新：此種類型的團隊創新基礎需要單環式思維模式，不改變原有的組織規則與模式。其主要利用現已存在的知識與資訊，但其來源可能在組織內部也可能在組織外部。組織結構與文化以及戰略沒有發生變化。

2.重組型創新：此種類型的團隊創新基礎需要雙環式思維模式，將改變原有的組織規則與模式。但其仍然主要利用現已存在的知識與資訊，其來源同樣可能來自於組織內部或外部。此時組織結構與文化以及戰略將發生顯著改變。

3.根本型創新：此種類型的團隊創新基礎需要雙環式思維模式，將改變現有的組織規則與模式。其主要利用的知識與資訊目前還無人知曉或知之甚少，其來源只能在於實驗。此時的組織結構或文化以及戰略將發生顯著變化，甚至與原組織脫離關係。

從上述分析中我們可以看出不同類型的創新有著不同的團隊創新基礎。我們還應從巨集觀上去安排好各種類型的創新，以便為微觀上的團隊創新指明方向。

(三)團隊創新的影響因素（樓雙燕，2012）

團隊創新的影響因素包括：(1)團隊反思；(2)團隊衝突；(3)團隊領導；(4)創新氛圍，詳如**表6-6**所示。

(四)團隊創新的方法

創新要從顧客的角度出發，把使用者所要解決的「問題」，放在發想者的思維中，才能成為真正的創新。因此要使一時產生的創意變成創新，需要有較佳的創新方法，即創新展開時，於適當階段能整合適當人才合作，以適當的管理方法發揮團隊力量予以推動，才能較易成功。團隊的創新方法建議善用團結圈、品質改善與創新小組活動、創改專案管理活動（含六標準差創改專案）等類似活動予以進行。此創新方法的運作重點，是要能於過程中快速地運轉假設、驗證、修正的循環圈，並善用功能以及功能性進行驗證評價（建議使用田口式參數設計），即能很快及有把握地確定創新是否有真正的未來性，進而才能考慮創業之可行性。所謂顧客的「問題」，有大至社區營造或企業經營的問題，小至解決一些人只覺得怪怪的事（黃廷彬，2013）。

表6-6　團隊創新的影響因素

影響因素	內容
團隊反思	團隊反思定義為「團隊成員對團隊目標、決策與過程進行公開反省，以使它們適應當前或與其的環境變化」。團隊反思是團隊學習的必要條件，透過團隊成員間反省與行動的互動，團隊就能夠實現知識創新，並正確評價和提高自己的知識和能力。團隊反思是認知過程與執行過程的統一，一個完整的團隊反思過程包括反省、計劃與行動、調整三個核心要素，反省屬於反思的心理過程，計劃與行動屬於反思的行為過程，反思就是由這三個要素構成的交互過程。團隊反思是團隊關注環境並根據其變化做出反應的關鍵過程，是影響團隊創新的一個重要因素，對於團隊成員改善交際關係、強化任務導向具有積極作用。在高水平團隊反思的環境下，團隊內部各個方面的意見會得到充分的考慮與合理的處置，從而使團隊成員更具創新性。團隊反思對團隊創新具有直接影響，如果團隊成員定期討論團隊目標和行為，就能更好促進團隊目標的實現，並指出團隊反思比團隊創新氛圍等要素更能促進團隊創新。團隊反思水平高的團隊，可以促進激發多數成員的創造性，從而改善團隊創新。
團隊衝突	衝突是一種廣泛存在的現象，它不僅存在於非正式組織日常生活中，而且存在於正式組織的經濟活動中。團隊衝突管理作為影響團隊創新的主要因素，對於強化團隊合作，提供團隊的創新水平起著重要作用。團隊衝突主要包括任務衝突、關係衝突與過程衝突。任務衝突比過程衝突更有利於團隊創新。在任務衝突時發生的建設性爭論是指團隊為共同目標而進行的討論，比如說，團隊中少數成員公開的反對多數成員認可的信念、態度、觀點等。這可以促使不同觀點的提出與表達，有利於團隊成員不斷探索思考，尋求資訊從而促進團隊創新。適當的任務衝突有利於團隊創新；而關係衝突與過程衝突會影響團隊成員關係，從而對團隊創新產生負面影響。團隊衝突使團隊在執行任務與實現目標是更有成效，但衝突水平過高或過低，都不利於團隊創新，只有適度的團隊衝突才會促使團隊創新。
團隊領導	管理的職能主要包括計劃、組織、領導、控制和創新。羅賓斯將領導定義為影響群體成功的實現過程，並指出領導在團隊管理中領導主要關注的兩個方面，一是對團隊事物的管理，二是對團隊進程的推動。團隊領導是團隊過程中影響團隊創新的重要因素，因為領導可以直接決定新思維、新決策以及鼓勵創新。關係型領導可以使成員對團隊產生信任感與公平感，從而有利於團隊創新氛圍的形成，進而促進團隊創新。變革型領導能夠營造平等、自由的團隊氛圍，從而對團隊創新產生正面影響。當團隊透過合作完成新任務時，協調式領導比命令式領導有更好的效果。團隊領導者會對團隊氛圍、目標設定、創新激勵等都具有重要影響。
創新氛圍	良好的創新氛圍可以創造舒適的環境，從而有利於提高組織的競爭力。團隊氛圍是團隊成員對組織環境的認知，團隊氛圍是組織整體的氛圍，而不是個體氛圍的簡單組合。團隊創新氛圍作為隱形因素對團隊創新具有重要影響，並在團隊領導與團隊創新之間起中介作用。團隊成員可以透過良好的溝通，營造互信和公平的團隊氛圍，這對改善團隊創新具有重要影響。

資料來源：樓雙燕（2012）。

(五)創新團隊（虞孝成，2009）

1.龐大的編制不適宜創新。

2.創新團隊宜與其他部門分開，以免受舊文化所影響。

3.創新團隊工作環境家具不應太好，高雅家具反應成功之後的享受，不適宜開創期的打拚氣氛。當每個人都在乎家具時，鬥志就不存在了。Amazon老闆的桌子是一個門板。

(六)工作氣氛（虞孝成，2009）

1.不宜正式、嚴肅、階級分明。

2.必然是輕鬆的、自由的、老闆不打領帶、穿牛仔褲、T-Shirt（Team Shirt）、球鞋、彼此直呼名字、咖啡飲料任意喝。

3.反應機動性、活力、平等與尊重、重視每一位員工的創意。

(七)適宜創造性思考的環境（虞孝成，2009）

1.不存在於憂慮、有壓力的環境。

2.要輕鬆、愉快、有信心。

3.要受到鼓勵、支持。

4.要避免創意殺手。

5.採用積極樂觀的言談、修正消極、負面的口吻。

(八)新一代的創新團隊應該學習的創新模式（許世杰，2012）

林百里董事長提到了一個非常非常重要的觀念，他的大意是說：傳統的科技產業的創新，是依循著Technology→Design/Build→Sale這樣的路徑在進行。也就是說，先有某種新技術，然後把它做成新產品，然後再拿去市場上賣賣看。如過賣不成，再回去修正產品。但是，如果大家跟蘋果學習的話，

會發現蘋果的創新是循著：User Behavior→Solution→Technology的軌跡在進行。也就是先觀察到使用者行為的變遷與新的問題，然後構思解決使用者問題的方案，最後才去研發或取得執行這個方案所需要的科技。林百里董事長鼓勵新一代的創新團隊，都應該學習這樣的創新模式，不要再走以前以技術驅動的老路。

四、創新營運小故事

根據科技需求與服務型態，以下介紹五個創新服務之實際案例（服務創新電子報，2014）。

(一)虛擬帶動實體消費服務模式——Miibrand

澳洲消費者傾向網路購物，使實體零售店業績下滑，Miibrand APP順勢推出，利用互動系統、品牌訊息、促銷訊息吸引消費者回店消費，目前已有超過二十個澳洲及國際品牌加入Miibrand平台。其商業模式為：採用B2B2C商業模式，吸引大型、優質、擁有實體店面品牌業者加入Miibrand平台，並提供APP給消費者，Miibrand依品牌業者與消費者的互動內容向企業收費。使用者可以透過APP整合管理所有關注的品牌，並透過各種與品牌商的互動遊戲進行「升級」，層級越高則回實體店面消費的折扣越多，另結合GPS，APP會發出一公里內品牌折扣訊息，吸引使用者到店消費。使用者可整合管理喜愛品牌、得到商品促銷利益；品牌商則提升實體店面營業額。

(二)獨立設計師品味推薦模式——ShoeDazzle

2008年由美國名媛Kim Kardashian在美國洛杉磯成立，透過創投公司Polaris Venture與Lightspeed Venture Partners募得2,000萬美元資金，營運一年後，對外宣布營運達到損益兩平，至今共得到6,000萬美元投資，2011年營業額突破1億美元，主打鞋類，後延伸至手提包、珠寶產品。其商業模式為：採用B2C推薦銷售模式，根據消費者喜好及品味每月提供自有設計師、自有品牌及名人推薦鞋款供會員選購（每月29元美金）。顛覆傳統商城「找東西」模式而採用「推東西」模式，先給使用者填寫「個人時尚偏好問卷」，再推薦自有品牌、設計且名人加持鞋款，若不喜愛當月可不購買。提供限量設計師或名人設計款式，滿足消費者追求流行時尚又能以平價獲得的心理需求，對於廠商而言更易掌握需求及庫存，創造廠商與消費者雙贏。

(三)設計款眼鏡試戴購物模式——Warby Parker

David Gilboa和Neil Blumenthal於2011年成立，以提供設計款式眼鏡加上虛實試戴服務，獲得大量消費者青睞。成立不久即得到SV Angle、Lerer Ventures等多方超過1,350萬美金之基金，2013年再度完成超過4,000萬美金之募資，近期傳出與Google合作打造Google Glasses。採用B2C設計款眼鏡試戴銷售模式。美國傳統實體眼鏡行配鏡介於300～ 600美元，Warby Parker以網路銷售模式打破規則，以95美元價格提供消費者標榜設計師款眼鏡，除提供線上試戴服務，並一次提供五副眼鏡供消費者試戴，不適合款式退回不另計郵費。以網路銷售直接提供消費者品質佳＋低價商品，並串聯虛擬＋實體試戴服務刺激消費者購物。

(四)VIP會員制限時銷售模式——Gilt Groupe

Gilt於2007年上線，採B2B2C會員限時名品折扣銷售模式。創立兩年營收超過1.5億美元，目前公司價值超過10億美元，擁有五百萬名會員，每日發出超過一萬個包裹，初期以會員邀請制提供超低折扣名牌時尚商品，目前朝向開放式大型權價奢侈品平台發展，並將產品延伸至男性、兒童、家具等領

域。以邀請制成為會員，Gilt每日固定時間以mail通知名牌特價品訊息，通常商品為三折左右，造成消費者想搶購的心理，絕大多數商品一小時內即銷售完畢，為名牌商品的長尾銷售平台。提供消費者高折扣名牌商品，協助名牌精品短時間內低調消除庫存，新進精品及設計師商品可藉由此平台獲得曝光及銷售機會。

(五)跨品牌服飾搭配社群模式——Clothii

2011年上線，在Clothii平台上集結女性服飾、鞋類品牌廠商，提供消費者model搭配系統，在平台上做跨品牌服飾選購。商業模式為：採B2B2C，消費者在Clothii做搭配，再到各品牌商城購物，Clothii與上架之品牌服飾廠商收取費用。利用跨品牌線上混搭試穿、穿搭活動、混搭服飾推薦、社群分享等服務，解決消費者線上衣著搭配購物困擾，促進消費者購物意願。提供服飾穿搭系統、混搭情境予線上品牌服飾廠商及網路購物消費者，創造廠商與消費者雙贏。

表6-7為八種商業模式類型與利潤之來源。

表6-7　八種商業模式類型與利潤之來源

<table>
<tr><th>商業模式類型</th><th>顧客群</th><th>利潤來源</th><th>利潤集中區域</th></tr>
<tr><td>新機會之窗商業模式</td><td>新顧客群</td><td>產業／消費需求空白點區域空白點新市場中或新使用背景下出現的爆發性增長
產業的升級換代</td><td>機會發現者與產業開拓者</td></tr>
<tr><td>維持性創新商業模式</td><td rowspan="2">未充分滿足的顧客</td><td rowspan="2">未被充分滿足的明確需求、未被充分滿足的潛在需求、消費需求的轉移
對產業本質需求的分析</td><td rowspan="2">產品製造與垂直整合者</td></tr>
<tr><td>垂直整合商業模式</td></tr>
<tr><td>產品交付環節改進商業模式</td><td rowspan="3">產業鏈薄弱環節</td><td rowspan="3">不成熟的產品和技術不成熟的業務模式供應鏈裡的薄弱環節
產品交付環節的薄弱環節</td><td rowspan="3">產業鏈薄弱環節修補者</td></tr>
<tr><td>供應鏈改進商業模式</td></tr>
<tr><td>價值鏈整合商業模式</td></tr>
<tr><td>低端破壞性創新商業模式</td><td rowspan="2">過分滿足的顧客群</td><td rowspan="2">最被過分滿足的底層顧客，對功能或模塊化界面被過分滿足的顧客規則和標準的成熟，使企業更貼近終端消費者</td><td rowspan="2">低端破壞性創新與專業公司、標準化零組件控制商</td></tr>
<tr><td>專業公司商業模式</td></tr>
</table>

資料來源：服務創新電子報（2014）。

五、服務創新與製造業創新的差異

價值創造是服務創新得以成功的不二法門，不論是重視產品使用經驗或是重視服務的過程，我們相信服務創新來自於提供消費者新的服務體驗與旅程設計，製造業則重視產品功能性創新為主。不同消費者有不同的服務需求與消費旅程，例如ATM提供給顧客更方便的服務，是典型價值創造的成功案例。服務創新來自於不同階段消費需求，例如淘寶網利用1111光棍購物節，創造新的需求，或是New O2O Business順豐快遞的嘿客事業，都是旅程接觸點與管道的重新組合與科技化應用的絕佳典範（服務創新電子報，2014）。

Chapter

7

價值創新、創新價值、新產品創新管理與產品創新提案

一、價值創新

(一)價值創新的界定（MBA智庫百科）

法國歐洲工商管理學院的兩位教授金偉燦（W. Chan Kim）和莫伯尼（Renée Mauborgne）對於全球三十種行業的三十餘家高成長企業的研究，揭示了這類企業的重要特徵：高成長性不受企業主體的規模或技術裝備的限制，而是更多地受到企業所遵從的創新邏輯的影響。

(二)傳統邏輯vs.價值創新邏輯

傳統的策略邏輯與價值創新邏輯，在策略的五個基本面向上的想法都不同。這些差異，決定了管理者應自問的問題、他們觀察到並尋求哪些機會，以及他們對風險的看法。傳統的策略邏輯與價值創新邏輯，會隨著下列五種策略基本構面而有所差異：(1)產業的假設；(2)策略性重點；(3)顧客；(4)資產與能力；(5)產品與服務的內容，如**表7-1**所示（高登第，2000）。

表7-1　傳統邏輯vs.價值創新邏輯

策略的五種面向	傳統邏輯	價值創新邏輯
產業的假設	認命於產業的狀況。	產業的狀況可以自行打造。
策略性重點	企業應該要建立競爭優勢。其目標在於贏取競爭的勝利。	競爭並非標竿。企業應該要追求價值中的大幅躍進，以支配市場。
顧客	企業應該要透過更進一步的區隔化與顧客化，以保留並擴張不同客層。它應把重心放在顧客所重視的差異化之上。	價值創新者把目標放在多數顧客，並且願意放棄某些顧客。價值創新者把重心放在顧客所重視的關鍵共通點之上。
資產與能力	企業應該使其現有的資產與能力都發揮槓桿效益。	企業絕不可受限於已有的成果。它必須自問：假如重新開始的話，我們會怎麼做？
產品與服務的內容	產業傳統的界線決定了企業所提供的產品與服務。其目標在於極度擴張這些產品或服務的內容。	價值創新者以顧客所追求的全方位解決方案來思考，即使它使得企業必須跨該產業傳統的產品與服務內容，亦未嘗不可。

資料來源：高登第（2000）。

企業要創造價值創新，必須體認「價值」與「創新」是無法分割，也沒有孰輕孰重的問題。沒有創新的價值，只是提供顧客既有服務，無法帶來驚喜；沒有價值的創新，又會流於過於技術導向，反而忽略顧客需求，造成顧客對服務的反感。所以，價值創新擺脫傳統的觀念與做法，從上述價值創新的五個差異點努力，進而帶動產品、流程、服務、經營模式等運作的創新，創造顧客及企業本身的價值達到飛躍性的成長（張寶誠，2014）。

(三)價值創新的途徑、戰略邏輯、著力點、系統性（華人百科，2017）

◆價值創新的途徑

企業可以透過定義新目標市場（新顧客劃分方式、新的地理區隔）來創造產品的價值優勢；企業可以經由重新定義顧客的認知質量來達到價值創新；企業可以經由價值鏈的重組與價值活動的創新等方式來增加產品的價值優勢；企業可以透過創新商品組合，包括增加功能、增加服務、改變產品定位（屬性）、改變交易方式等不同途徑，來達到價值創新；企業可以透過利用引進新科技或是提升產品平台來達到價值創新。

◆價值創新的戰略邏輯

傳統戰略邏輯關心的是「如何擊敗競爭對手」。當企業把競爭對手作為設計戰略的唯一參照時，競爭對手之間針鋒相對，刻意相互模仿，以求在同樣遊戲規則下打敗競爭者的行為就在所難免，而價值創新所遵從的是另一種戰略邏輯。

◆價值創新的著力點

價值創新不是一味地求新求奇，否則就會是創新失去意義。價值創新的著力點是在較大範圍內（而不是在傳統的細分市場中）發現並努力滿足顧客尚沒被滿足的需求，向顧客提供更大的價值。

◆價值創新的系統性

價值創新不是對產品的簡單改進，它會對企業的整個經營系統都提出一定的要求，需要有經營模式（Business Model）的支持。也可以說，價值創新的深層是經營模式創新，這種創新可以為企業帶來競爭對手難以模仿的優勢，並為持續的創新提供一個良好的基礎。價值創新是現代企業競爭的一個新理念，它不是單純提高產品的技術競爭力，而是透過為顧客創造更多的價值來爭取顧客，贏得企業的成功。現代企業管理市場競爭手段不斷變化，技術固然是一個十分重要的途徑，但是向價值領域裡擴展是當今的趨勢。

(四)價值創新是藍海策略的基石

Kim與Mauborgne（2005）指出，價值創新是藍海策略的基石，因為這種策略不汲汲打敗競爭對手，反而致力於顧客和公司創造價值躍進，進而開啟無人競爭的市場空間。價值創新是嶄新的策略思考與執行模式，能創造藍海並脫離競爭，重要的是打破價值與成本抵換（the value-cost trade-off）。開發藍海是為了降低成本，並為顧客提高產品價值（**圖7-1**）。Kim與Mauborgne（2005）認為市場是由兩種海洋組成：紅海和藍海。紅海代表所有現存產業，也是已知的市場空間；藍海是指所有目前看不到的產業，是未知的市場空間；在過去二十五年的策略研究，大部分聚焦於以競爭為主

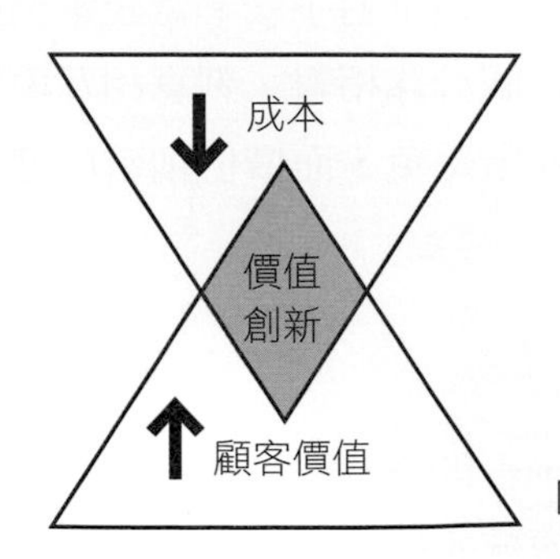

圖7-1　價值創新：藍海策略基石

資料來源：Kim & Mauborgne (2005).

軸的紅海策略，例如分析現有產業的潛在經濟結構，選擇低成本、建立差異化、聚焦的策略定位，而藍海策略則是在開創無人競爭的全新市場。

(五)四項行動架構創造新的價值曲線

Kim與Mauborgne（2005）認為「四項行動架構」（four actions framework），可破除差異化與低成本的抵換關係，創造新的價值曲線，產業的策略邏輯與經營模式必須接受四個關鍵問題挑戰，消去與降低在於體認該如何改變成本結構，提升與創造則有助於思考如何提升買方價值及創造新需求，其中，消除與創造這兩種行動尤其重要，促使企業超越當前競爭標準所設定的價值極大化，將四項行動架構放上產業的策略草圖，可獲全新的領悟（**圖7-2**）。

◆競爭的陷阱，重複的必要性

一旦公司創造新的價值曲線後，接下來會發生什麼事呢？競爭者遲早會

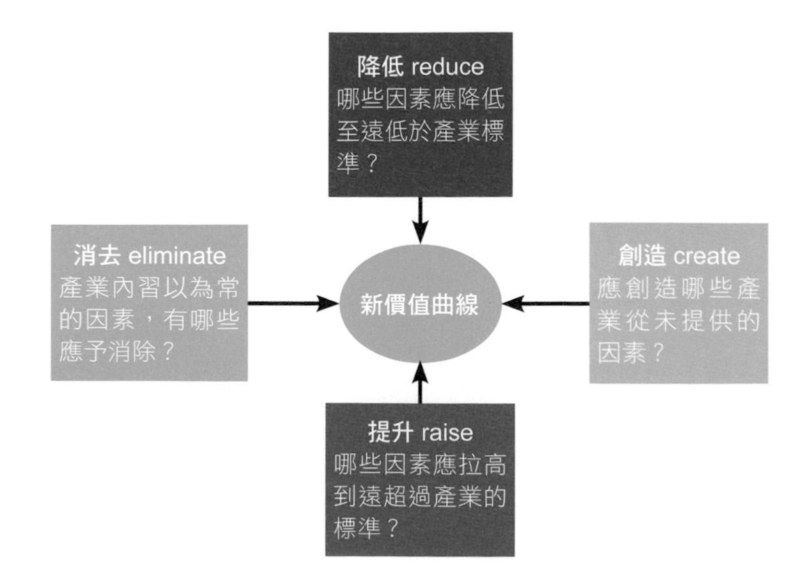

圖7-2　四項行動架構

資料來源：Kim & Mauborgne (2005).

加以模仿；價值創新的公司必定會採取反擊的行動。價值創新所具有的數量優勢，也使得模仿必須付出高昂的代價。價值創新所提供的是前所未有的價值，而非科技或能力；它與率先進入市場有所不同（高登第，2000）。

◆價值創新的三種平台（高登第，2000）

價值創新可出現在三種平台之上，在我們研究的對象裡，成功地重複進行價值創新的企業，會利用所有三種平台，包括產品、服務、交付（delivery）。這三種平台的明確定義，會隨著產業與公司有所不同。但一般而言，產品平台指的是實體產品；服務平台指的各種支援活動，例如維修、顧客服務、產品保證、經銷商與零售商的訓練等；交付平台則是指將產品交付給顧客的後勤補給和通路。

試圖創造價值創新的管理者，往往把重心放在產品平台上，而忽略了其他兩種平台。長期來看，這種方式不可能帶來許多機會一再進行價值創新。隨著顧客與科技的改變，每一種平台都代表了新的可能性。就像好的農夫，會實施農作物的輪耕一樣，好的價值創新者，也會輪流運用自己的價值平台。

1.產品平台：指的是實體的產品。
2.服務平台：維修、顧客服務、保證，與經銷商和零售商的訓練支援活動。
3.交付平台：將產品運送給顧客的後勤補給，以及所運用的通路。

◆驅使公司邁向高成長的境界（高登第，2000）

高階主管要如何推行價值創新？首先，他們必須確認並清楚表達公司最主要的策略邏輯。接下來他們必須提出質疑，停下腳步，思考產業的假設、公司本身的策略重點，以及對顧客、資產與能力、產品與服務內容的各種既定做法。根據價值創新來重新塑造公司的策略邏輯之後，高階主管必須提出四個問題，把這種想法轉化為新的價值曲線：產業內視為理所當然的因素，哪些應該去除？哪些因素應降到遠低於產業的水準？有哪些因素應提升到遠高於產業的水準？應創造出哪些產業從未提供過的因素？提出這一整組的問

題，而不是挑選其中一、兩個問題，才有機會創造有獲利的成長。價值創新為顧客追求絕佳的價值，同時也為企業追求較低的成本。

追求成長的管理團隊可以採取一種有用的練習方法，就是把公司目前與計畫中的業務組合，畫在一張名為「先驅者—遷移者—安穩者」的圖表上（**圖7-3**）。如果目前的業務組合與計畫中的產品內容，主要是由安穩者組成，公司便具有較低的成長軌跡，因此必須進行價值創新；公司也許早已落入競爭的陷阱。如果目前與計畫中的產品，是由許多遷移者組成，公司就可望會有合理的成長；但該公司並未好好發揮成長的潛力，而且很有可能被價值創新者邊緣化。這樣的練習，對想要設定超越目前業績數字的經理人，可說是特別有價值。營收、獲利能力、市場占有率和顧客滿意度，都是衡量企業目前地位的指標。傳統的策略思考誤以為這些衡量指標可以指出通往未來之路，但事實並非如此。「先驅者—遷移者—安穩者」圖表可協助企業預測、計畫未來的成長與獲利；在快速變遷的經濟中，這是一項極為艱鉅但十分重要的任務。

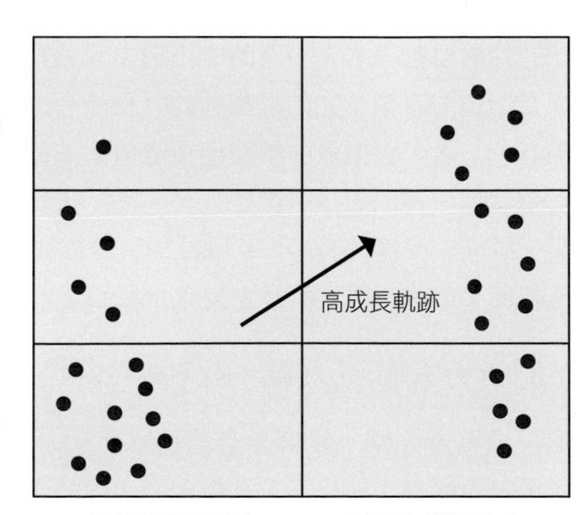

圖7-3　「先驅者—遷移者—安穩者」圖

資料來源：高登第（2000）。

1.先驅者（pioneer）：提供前所未有價值的業務，是具有獲利性的成長最有力來源。

2.安穩者（settler）：價值曲線與該產業價值曲線的基本形狀一致的業務，安穩者對公司的成長貢獻並不大。

3.遷移者（migrator）：介於上述兩者，此種業務藉由提供顧客「花費較少，享受較多」的訴求，而擴張產業曲線，但該曲線的基本形狀並未改變。

如果目前的業務組合與計畫內容，是由安穩者所組成的話，該公司便具有較低的成長軌跡，並且有推動價值創新的需要，公司可能已落入競爭的陷阱中。如果是由許多遷移者所組成，可預期該公司會有合理的成長，但該公司並未開發出成長的潛力，並且有被價值創新者逼入臨界點的危險。該圖表可協助企業預測並計劃未來的成長與獲利。多角化企業的經理人，可以運用價值創新的邏輯，為所有的事業組合找出最具前景的成長機會。我們研究的價值創新企業，都屬於該產業的先驅者，它們不見得開發出新科技，也有些企業是把提供給顧客的價值，擴展到新疆界。若延伸先驅者背後蘊含的意義，有助於探討目前與未來事業的成長潛力。公司的「先驅者」，是指能提供前所未有價值的事業；它們是獲利的成長最有力的來源。而另一個極端則是「安穩者」，這是指價值曲線與產業價值曲線基本形狀一致的事業；一般而言，安穩者對公司的成長貢獻並不大。而「遷移者」的潛力，則介於上述兩者之間，這種事業提供顧客「花費較少，享受較多」（more for less）的產品，藉此延伸產業的曲線，但並未改變曲線的基本形狀（高登第，2000）。

◆價值創新的五個施力點（張寶誠，2014）

價值已成當今企業、組織生存的根本，也是快速成長最有力的動能。一個不能持續為顧客、為自己及社會創造價值的企業或組織，可以預見很快將會在激烈的競爭中被淘汰。「製造業」升級為「智造業」，必須跳脫執著在品質（Q）、成本（C）、交期（D）等元素的思維，進一步提升為價值（V）、速度（S）、創新（I）新元素的革新做法，以協助客戶面對終端消費者需求，促進幸福生活；也就是說，公司的存在，不再是為了提供產品、服務或體驗，而是為顧客帶來某種改變後所創造的「價值」。當今企業與組織在績效的衡量與管理上，也都與價值創造息息相關。因此，領導人在思考「創造價值」這個重要的課題上，除了要有「蟲視」，更要具備「鳥瞰」的雙重視角，以與願景使命、策略地圖、組織學習、知識管理等以及企業內外部資源緊密結合。要讓組織資源的整合運用達到最大的「價值化」，來加速產品及服務的創新以及新營運模式的開發。知名的暢銷書《藍海策略》（*Blue Ocean Strategy*）作者金偉燦與莫伯尼指出，企業或組織可從五種面向從事價值創新，分別是：

1.顧客：不再將顧客需求越分越細，以提供客制化的商品或服務，而是改以重視顧客與顧客之間的共通性，大幅提升價值或開創一套新用途，讓顧客願意放棄個別的偏好，從而改造市場。

2.產品與服務內容：由價值鏈上去尋找對顧客的解決方案，藉此重新詮釋產品與服務，即使必須進軍新市場、開拓新業務也在所不惜。

3.人才與資源：不只以現有的資源評估市場商機，而是採取嶄新的做法並組合人才與資源，創造出新價值。

4.策略重點：不隨競爭對手起舞，不陷入對手所設定的競爭條件。而是根據新市場提供顧客價值大躍進。

5.產業假設：不局限現有的產業特性、領域、規模，而是去觀察替代性產業，超越產業線來提供互補的產品與服務，藉此積極改變、塑造產業條件。

企業要創造價值創新，必須體認「價值」與「創新」是無法分割，也沒有孰輕孰重的問題。沒有創新的價值，只是提供顧客既有服務，無法帶來驚喜；沒有價值的創新，又會流於過於技術導向，反而忽略顧客需求，造成顧客對服務的反感。所以，價值創新擺脫傳統的觀念與做法，從上述五個施力點努力，進而帶動產品、流程、服務、經營模式等運作的創新，創造顧客及企業本身的價值達到飛躍性的成長。

◆成長型企業的八個價值創新力

英國普茲茅斯大學（University of Portsmouth）教授保羅・特羅特（Paul Trott）在《創新管理與新產品開發》一書中，將創新分為八種類型：組織創新、行銷創新、管理創新、服務創新、商業模式創新、產品創新、程序創新、生產創新。在2013年一百位MVP經理人身上，我們可以看到各種不同面向的創新實例，藉由刪減浪費、簡化既有作業、添加功能，或是創造別人所沒有的特點，創造出不同層次的創造價值可行模式，也看見企業在不景氣時代中，為自己創造獨特價值的新出路（謝明彧、齊立文，2013）。

◆企業存在的目的：為顧客創造價值

「關於企業的目的，只有一個正確而有效的定義：『創造顧客』。」管理學之父彼得・杜拉克（Peter Drucker）在《彼得・杜拉克的管理聖經》中強調，企業究竟是什麼，這件事是由顧客來決定的，唯有當商品或服務能夠滿足顧客的需求，讓顧客願意掏錢時，才能把經濟資源轉變為財富、把物品轉變為商品。所以，企業認為自己的產品是什麼，並不是最重要的事情；真正有著決定性影響的，是顧客認為他購買的是什麼？他心目中的「價值」何在？套用流行的說法，唯有消費者覺得產品或服務的「C/P值」（capability/price，性能與價格的比值）夠高，真的是「物有所值」，甚至「物超所值」，購買行為才會發生。而要持續為顧客創造價值，企業就必須提供更多更好的產品和服務，途徑無他，就是創新。杜拉克說，創新可以是設計、產品、行銷、價格上的創新，也可以是生產製程、顧客服務、企業組織或管理方式上的創新，甚至是為舊商品找到新用途，都是一種創新（謝明彧、齊立文，2013）。

◆創造價值的原點：創新

2005年以《藍海策略》揚名全球的英士國際商學院（INSEAD）教授金偉燦和莫伯尼，在書中對企業如何進行價值創新，提出了四個明確的思考方向：

1.哪些產業內習以為常的因素應予消除？許多產業內存在已久的因素往往被視為理所當然，但實際上顧客在意的價值已經改變，導致它們的價值日漸流失，甚至反過來減損現有價值。

2.哪些因素應該降低到遠低於產業標準？強迫自己正視產品與服務是否設計過度，只為了超越並擊敗競爭對手。企業如果提供了過多功能，顧客可能根本用不到，反而還造成成本增加。

3.哪些因素應提升到遠超過產業標準？找出產業中是否有哪些盲點，是顧客必須忍受不便去將就的，企業必須想辦法解決。

4.哪些未提供的因素應該被創造出來？透過這個問題協助企業開發出顧客價值的全新基礎，創造新的需求，並改變產業的定價策略。

兩人強調，前兩個問題協助企業體認該如何改變成本結構，才不會受到競爭纏鬥的影響，只顧著為改善而改善；後兩個問題則是協助思考如何提升顧客價值與創造新需求。四者並行思考，就能按部就班去發掘創新可行議題：如何重建顧客價值並跨足其他產業？如何提供顧客全新體驗？如何保持成本結構低廉？以此出發，經理人可以具體思考自家產品與服務的各種創新機會（謝明彧、齊立文，2013）。

二、創造新價值的演進趨勢與追求創新的價值

企業全面追求創新，產生顧客、消費者、投資者等與企業體有關的全體利益價值包括（Geoffrey A. Moore, 2007）：(1)品牌價值；(2)消費者價值；(3)顧客價值；(4)成本價值；(5)流行價值；(6)外觀價值；(7)使用價值；(8)紀念價值；(9)地點價值；(10)時間價值；(11)展現價值；(12)殘餘價值；(13)特殊價值。創造新價值的演進趨勢如**圖7-4**所示。

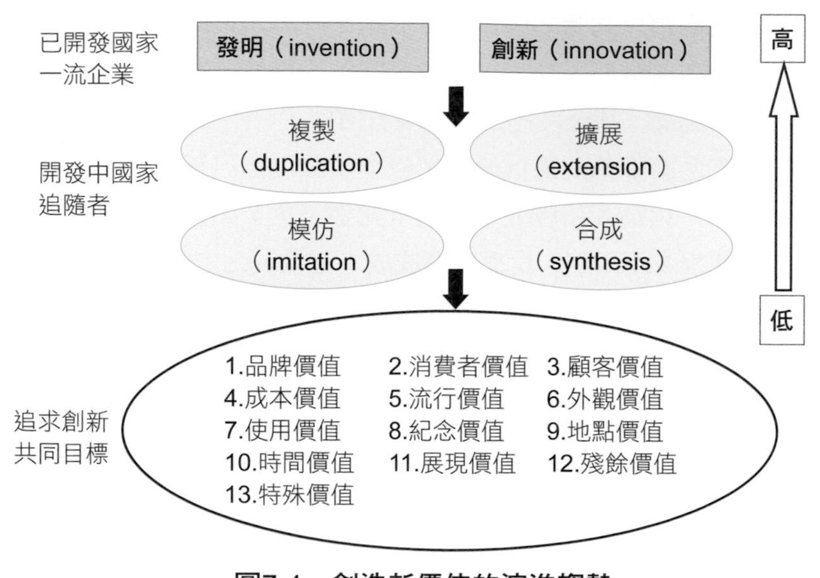

圖7-4　創造新價值的演進趨勢

資料來源：Geoffrey A. Moore (2007).

(一)品牌價值（MBA智庫百科）

品牌價值可以說是結合了商譽、品牌形象、客戶認同感以及客戶忠誠度的一種無形企業資產。品牌價值是品牌經營中最希望獲得，卻也是最難獲得的部分。品牌價值是品牌管理要素中最為核心的部分，也是品牌區別於同類競爭品牌的重要標誌。麥可·波特在其品牌競爭優勢中曾提到——品牌的資產主要體現在品牌的核心價值上，或者說品牌核心價值也是品牌精髓所在。根據勞動價值理論：品牌價值是品牌客戶、渠道成員和母公司等方面採取的一系列聯合行動，能使該品牌產品獲得比未取得品牌名稱時更大的銷量和更多的利益，還能使該品牌在競爭中獲得一個更強勁、更穩定、更特殊的優勢（凱文·凱勒，2003）。這一定義強調了品牌價值的構成因素和形成原因；而根據新古典主義價值理論：品牌價值是人們是否繼續購買某一品牌的意願，可由顧客忠誠度以及細分市場等指標測度，這一定義則側重於透過顧客的效用感受來評價品牌價值。由此可以看出，品牌作為一種無形資產之所以

有價值，不僅在於品牌形成與發展過程中蘊含的沉澱成本，而且在於它是否能為相關主體帶來價值，即是否能為其創造主體帶來更高的溢價以及未來穩定的收益，是否能滿足使用主體一系列情感和功能效用。所以品牌價值是企業和消費者相互聯繫作用形成的一個系統概念。它體現在企業透過對品牌的專有和壟斷獲得的物質文化等綜合價值，以及消費者透過對品牌的購買和使用獲得的功能和情感價值。

◆2017年BrandZ最具價值全球品牌100強發布，科技巨頭霸占前五名

WPP和凱度華通明略今日發布了「2017年BrandZ™ 最具價值全球品牌100強」，排名如**圖7-5**，結果顯示，品牌價值位於前五位的均為科技巨頭，分別為Google、蘋果、微軟、亞馬遜和Facebook。其中，亞馬遜在所有100強品牌中實現了最高的價值增長，品牌價值增長了403億美元（增長41%），達到1,393億美元，排名上升至第四位。這家零售巨頭一直在著力完善其技術生態系統，以滿足多元消費需求，如線上購物、快速送達和娛樂產品，同時推出新型人工智能服務，包括日用品派送和個人助理Alexa。Google、蘋果和微軟仍穩居排行榜前三位，品牌價值在過去一年間分別增長了7%（達到2,456億美元）、3%（達到2,347億美元）和18%（達到1,432億美元）。而排名第五的Facebook則實現了27%的增長，品牌價值達到1,298億美元。在BrandZ™ 最具價值全球品牌100強的品牌價值總和中，排名前五的品牌合計共占25%，這突顯它們在現代商業環境中的主導地位（Socialbeta, 2017）。

The Store WPP歐洲、中東、非洲和亞洲首席執行官David Roth表示：「儘管市場外部環境不容樂觀，但縱觀今年的BrandZ全球100強排名，強勢品牌仍能創造卓越的股東價值和收益。因此，被稱為『五巨頭』的這幾家科技公司對於它們的競爭對手來說，的確頗具震懾力，因為它們擁有著巨大的品牌力量和看似無懈可擊的市場地位。」今年在排行榜上頗為矚目的還有中國騰訊（排名第八），其社交平台微信的用戶量持續上升，品牌價值增長了27%，達到1,083億美元，排名首次進入前十。按品牌價值的百分比增長計算，Adidas上升速度最快（增長了58%即83億美元），其次是中國優質酒類

	Brand	Category	Brand Value 2017 $Mil.	Brand Contribution	Brand Value % Change 2017 vs. 2016	Rank Change
1	Google	Technology	245,581	4	7%	0
2		Technology	234,671	4	3%	0
3	Microsoft	Technology	143,222	4	18%	0
4	amazon	Retail	139,286	4	41%	3
5	facebook	Technology	129,800	4	27%	0
6	AT&T	Telecom Providers	115,112	3	7%	-2
7	VISA	Payments	110,999	4	10%	-1
8	Tencent 腾讯	Technology	108,292	5	27%	3
9	IBM	Technology	102,088	4	18%	1
10	McDonald's	Fast Food	97,723	4	10%	-1
11	verizon	Telecom Providers	89,279	3	-4%	-3
12	Marlboro	Tobacco	87,519	3	4%	0
13	Coca-Cola	Soft Drinks	78,142	5	-3%	0
14	Alibaba Group 阿里巴巴集团	Retail	59,127	2	20%	4
15	WELLS FARGO	Regional Banks	58,424	3	0%	-1
16	ups	Logistics	58,275	4	17%	1
17	中国移动 China Mobile	Telecom Providers	56,535	4	1%	-2
18	Disney	Entertainment	52,040	4	6%	1
19	GE	Conglomerate	50,208	2	-7%	-3
20	MasterCard	Payments	49,928	4	8%	0
21	SAP	Technology	45,194	3	16%	1
22		Fast Food	44,230	4	2%	-1
23	xfinity	Telecom Providers	41,808	3	NEW ENTRY	
24	THE HOME DEPOT	Retail	40,327	3	11%	2
25	T	Telecom Providers	38,493	3	2%	-2

圖7-5　「2017年BrandZ™最具價值全球品牌100強」排名

	Brand	Category	Brand Value 2017 $Mil.	Brand Contribution	Brand Value % Change 2017 vs. 2016	Rank Change
26		Apparel	34,185	4	-9%	-2
27	vodafone	Telecom Providers	31,602	3	-14%	-2
28	ICBC 中国工商银行	Regional Banks	31,570	2	-6%	-1
29	LV	Luxury	29,242	4	3%	1
30	TOYOTA	Cars	28,660	4	-3%	-2
31	Walmart	Retail	27,934	2	2%	1
32	accenture	Technology	27,243	3	19%	6
33	Budweiser	Beer	27,037	4	-3%	-2
34	ZARA	Apparel	25,135	3	0%	1
35		Cars	24,559	4	-8%	-2
36		Payments	24,150	4	-9%	-2
37	SAMSUNG	Technology	24,007	4	23%	11
38	L'ORÉAL PARIS	Personal Care	23,899	4	2%	-2
39	Baidu百度	Technology	23,559	5	-19%	-10
40	Mercedes-Benz	Cars	23,513	4	4%	-1
41	HERMÈS PARIS	Luxury	23,416	5	18%	3
42	Pampers	Baby Care	22,312	5	-3%	-5
43	movistar	Telecom Providers	22,002	3	0%	-3
44	intel	Technology	21,919	2	18%	7
45	SUBWAY	Fast Food	21,713	4	1%	-4
46	ORACLE	Technology	21,359	2	10%	3
47	RBC	Regional Banks	21,145	4	8%	-2
48	HSBC	Global Banks	20,536	3	1%	-5
49	HUAWEI	Technology	20,388	3	9%	1
50	NTT	Telecom Providers	20,197	2	3%	-3

（續）圖7-5　「2017年BrandZ™最具價值全球品牌100強」排名

	Brand	Category	Brand Value 2017 $Mil.	Brand Contribution	Brand Value % Change 2017 vs. 2016	Rank Change
51	FedEx	Logistics	19,441	4	20%	12
52	PayPal	Payments	19,156	4	20%	13
53	IKEA	Retail	18,944	3	5%	2
54	中国建设银行 China Construction Bank	Regional Banks	18,770	2	-4%	-8
55	ExxonMobil	Oil & Gas	18,727	1	11%	3
56	TD	Regional Banks	18,551	3	12%	4
57		Oil & Gas	18,346	1	23%	9
58	Colgate	Personal Care	17,740	4	-3%	-4
59	citi	Global Banks	17,580	2	3%	-3
60	CommonwealthBank	Regional Banks	17,437	3	7%	4
61	中国平安 PING AN	Insurance	17,260	3	2%	-4
62	orange	Telecom Providers	17,180	3	-7%	-9
63	HDFC BANK	Regional Banks	17,137	4	19%	6
64		Alcohol	16,983	4	48%	29
65	YouTube	Technology	16,785	4	NEW ENTRY	
66	CISCO	Technology	16,725	2	15%	1
67	Gillette	Personal Care	16,278	5	-1%	-6
68	COSTCO WHOLESALE	Retail	16,257	2	12%	0
69	BT	Telecom Providers	16,026	3	-14%	-17
70	DHL	Logistics	15,844	4	20%	3
71	usbank	Regional Banks	15,202	3	8%	-1
72	中国农业银行 AGRICULTURAL BANK OF CHINA	Regional Banks	14,981	2	-8%	-10
73	CHASE	Regional Banks	14,289	3	16%	11
74	J.P.Morgan	Global Banks	14,129	3	18%	15
75	ANZ	Regional Banks	14,044	3	9%	2

（續）圖7-5　「2017年BrandZ™最具價值全球品牌100強」排名

	Brand	Category	Brand Value 2017 $Mil.	Brand Contribution	Brand Value % Change 2017 vs. 2016	Rank Change
76	Hewlett Packard Enterprise	Technology	14,018	3	NEW ENTRY	
77	SIEMENS	Conglomerate	13,947	2	12%	4
78	中国人寿 CHINA LIFE	Insurance	13,910	3	-17%	-19
79	LinkedIn	Technology	13,594	4	10%	6
80	GUCCI	Luxury	13,548	5	8%	0
81	KFC	Fast Food	13,521	3	9%	1
82	LOWE'S	Retail	13,375	2	3%	-6
83	Ford	Cars	13,065	3	0%	-8
84	pepsi	Soft Drinks	12,730	4	4%	2
85	Sinopec	Oil & Gas	12,639	1	-4%	-13
86	ebay	Retail	12,365	3	7%	5
87	Bank of America	Regional Banks	12,286	2	9%	8
88		Telecom Providers	12,273	4	-4%	-10
89	ALDI	Retail	12,273	2	2%	-2
90	salesforce	Technology	12,234	2	NEW ENTRY	
91	HONDA	Cars	12,163	4	-8%	-17
92	NETFLIX	Technology	12,057	2	NEW ENTRY	
93	Snapchat	Technology	12,026	4	NEW ENTRY	
94	中国银行 BANK OF CHINA	Regional Banks	12,013	2	-13%	-23
95	SoftBank	Telecom Providers	11,964	2	5%	-1
96	Sprint	Telecom Providers	11,795	3	NEW ENTRY	
97	AIA THE REAL LIFE COMPANY	Insurance	11,691	3	11%	1
98	Adobe	Technology	11,649	2	12%	2
99	Red Bull	Soft Drinks	11,567	4	-1%	-9
100	NISSAN	Cars	11,341	3	-1%	-8

（續）圖7-5　「2017年BrandZ™最具價值全球品牌100強」排名

品牌茅台（增長了48%，即170億美元）。作為全球最大、最權威的品牌建設平台，BrandZ研究對像是那些已經融入消費者日常生活之中的品牌。這項品牌估值研究採用了業內獨有的調查方法，將全球三百多萬消費者的訪談結果與各家公司財務和經營業績分析（使用來自彭博社和凱度消費者指數的數據）相結合（Socialbeta, 2017）。

今年，全球百強品牌的品牌總價值增長了8%，達到3.64兆美元（2016年該數值為3%），而且品牌價值超過1,000億美元的品牌數量從六個增至九個。在該排名中，創新型技術品牌逐漸增多，這些品牌不但享有龐大消費者群體和優質品牌建設能力，而且均以消費者為中心。百強品牌的總價值與2006年首次發布該排名時相比增長了152%。今年BrandZ排名前十的品牌總價值幾乎與2006年的100強總價值相等（1.42兆美元比1.44兆美元），增長率為249%，100強整體的品牌價值增長152%。BrandZ 100強的品牌價值證明，強勢品牌繼續領先其競爭對手。對照過去十二年的關鍵基準指標，BrandZ品牌100強股票組合的增值幅度高出標普500指數50%以上，更達到MSCI全球指數的3.5倍。2017年的排名顯示，市場的天平已經真正傾向於以消費者為中心的科技品牌，它們開發了可滿足多種需求的技術生態系統，簡化了日漸復雜的世界。今年，科技類品牌（包括電信和線上零售商）對100強品牌總價值的貢獻率達到一半以上，2006年該數值為三分之一。一年以來，這些科技類品牌的總價值增長了16%，非科技類品牌僅增長了4%（Socialbeta, 2017）。

排名前十的品牌中有九家是科技類品牌，今年新上榜的所有七家品牌也都是科技類品牌，它們分別是：Xfinity、YouTube、Hewlett Packard Enterprise、Salesforce、Netflix、Snapchat和Sprint。零售業是價值增長最快的品牌類別，在過去十二個月中價值增長了14%。亞馬遜和阿里巴巴等電子商務品牌與許多本地網路公司一樣，繼續加強實體店銷售通路，推動零售業的增長。總體而言，純線上零售商的價值自2006年以來增長了388%，而傳統零售商由於需要更多時間來新增線上購買通路，因此價值下降了23%。技術類品牌價值增長了13%，快餐業今年的價值增長率排名第三（增長了7%），因為其主要品牌推出了生鮮食品和超值菜單，並對客戶接觸點進行了創新，提升了品牌體驗（Socialbeta, 2017）。

以地區來看，美國品牌在BrandZ全球百強中占據多數，共有五十四個品牌上榜，總價值占100強品牌總價值的71%。在過去的一年裡，這些美國品牌的價值增長了12%，而除中國以外的其他地區品牌總價值下降了1%。中國除國有企業以外的品牌總價值上漲了11%。B2B品牌前二十名的價值上漲了11%。其中，微軟繼續保持排名第一，價值增長了10%，達到1,432億美元。殼牌是增長最快的B2B企業，價值增長了23%，達到183億美元。排名還表明，數位世界使得企業環境與消費者環境之間日漸重疊，B2B和B2C之間的界限正在逐漸消失，由此催生了B2H（企業對人類）這一新品牌類型（Socialbeta, 2017）。

今年BrandZ全球百強品牌研究帶來的重要趨勢包括：以消費者為中心的技術生態系統成為品牌不可或缺的要素。從線上購物到看電視，如今的消費者可以使用多種設備在同一品牌的不同平台上從事各種各樣的活動。這種便利使得強勢品牌能夠最大限度地降低消費者改用其他品牌的風險。越來越多的新品牌天生就有著全球化的基因，這使得它們能夠快速成長。技術進步使得企業自創立之日起就能在全球範圍提供其產品和服務。這催生了一批新型創業公司，它們打破了長期以來對其發展速度和規模造成限制的地域或行業界限。傳統非科技品牌紛紛採用技術手段進行創新、增強對消費者的吸引力。例如，價值上漲最快的Adidas引進了3D列印技術來生產鞋類產品，快餐品牌達美樂披薩則為顧客戶提供了訂單即時跟蹤器（Socialbeta, 2017）。

BrandZ百強品牌日益年輕化。2006年BrandZ 100強上榜品牌的平均成立年限是八十四年，如今則是六十七年，這反映了新興科技品牌的湧現和中國品牌的崛起（PR Newswire Asia, 2017）。

明確了如何改善消費者生活的品牌——例如華為和豐田——在過去十二年間平均實現了三倍以上的價值增長（排行榜前三分之一的品牌增長170%，後三分之一的品牌增長57%）。良好的溝通能夠賦予品牌優勢。溝通能力位列前三分之一的品牌（包括麥當勞和巴黎歐萊雅）實現了196%的價值增長，而排在後三分之一的品牌則出現了47%的價值下滑。原因就在於排名靠前的品牌成功突顯了自身的差異性。凱度華通明略BrandZ全球總裁王幸評論道：「如今是網路巨頭的時代，它們開發了日新月異的以觸及和連接消費者的技術生態系統，讓消費者的生活變得更為便利和簡化。以消費者為中心的技術重新定義了我們的期望，我們很自然地認為只要動動手指就能獲取各種產品、服務、工具和內容。此外，這些品牌也表現出極大的彈性——它們能輕而易舉地就在新領域和新類別中發掘和拓展其客戶群體。」（凱度華通明略，http://www.millwardbrown.com）

◆品牌價值創新

所謂品牌價值創新，就是在一定的成本範圍內，在不斷改進產品、服務的基礎之上，用新的品牌價值去滿足顧客對原有產品或服務的更高價值目標的追求。品牌價值創新可以是更改品牌價值屬性，也可以是賦予品牌全新的價值屬性（比如對現有品牌深度、廣度和相關度的開發延伸，拓展品牌新的領域），還可以是企業透過品牌的新的經營策略，實現對品牌價值的管理和維護，達到品牌價值創造和價值增值的目的。企業之所以要進行品牌價值創新，是因為企業透過品牌價值創新可以提高顧客感知價值，一方面是因為可以降低顧客對成本的敏感程度。透過品牌價值創新，有助於顧客整理、加工有關品牌價值信息，簡化顧客購買程式；能夠增強顧客購買信心，提高忠誠度，降低購買風險；能夠增加產品的形象價值，提高顧客心理情感感知價值，降低顧客成本敏感程度。另一方面是品牌價值創新可以為企業創造價值。透過品牌價值創新，能夠增強顧客對相關產品廣泛持久的信賴關係，增加重複購買的頻率和購買種類；可以促進品牌聲譽的價值溢出，促進品牌資產的擴張；可以建立競爭對手進入的有效屏障（MBA智庫百科，2017）。

根據MBA智庫百科（2017）品牌價值創新策略包括：

①提高品牌的差異化價值

品牌的價值關鍵體現在差異化價值的競爭優勢上，一是由產品的質量、性能規格、包裝、設計、樣式等所帶來的工作性能、耐用性、可靠性、便捷性等差別。二是由服務帶來的品牌附加價值：首先要保證服務時間的迅速性，其次要保證技術的準確性，再次要保證服務的全面性，最後還要保證服務人員足夠的親和力。三是塑造品牌聯想和個性：品牌聯想能夠影響顧客的購買心理、態度和購買動機，所以品牌能夠提升顧客感知價值。品牌聯想是品牌內涵塑造和個性強化的結果，要想構建品牌聯想價值差別優勢，必須首先塑造品牌的內涵，強化品牌的個性。

②品牌定位的創新

對品牌進行定位，品牌定位決定品牌特性和品牌發展動力。常見的定位有：(1)品牌的差異性定位：品牌性能聯想、品牌形象聯想、洞察消費者內心的聯想；(2)品牌的競爭性定位：對於差異性定位，差異性特徵要有意義、切實可行，並且是基於客戶的某種利益的定位、需要先發制人且易守難攻。最終在將來的產品擴張過程中，形成了如下品牌結構：品牌DNA、品牌主張、品牌個性、產品範圍、各產品利益點。品牌進行定位後，還必須有一個清晰、豐富的品牌識別，創造或保持與品牌有關聯的事物和理念。由於品牌識別被用於推動所有的品牌創建工作，它的內容就必須具有深度、廣度和關聯度，而不只是一句廣告口號或一個定位的說明。同時在品牌塑造過程中需要考慮到品牌的參照體系、相似點、差異點、品牌識別、價值方案、品牌定位、執行、一致性、品牌體系、品牌槓桿、跟蹤品牌資產、品牌負責制、品牌投資等。

③把握歷史、現在和未來

想塑造強勢品牌，對品牌進行價值創新，首先是對品牌歷史及當前真相的審視，發現品牌歷史上的主要里程碑或轉折點。其次是要把握品牌發展的機會，分析出未來品牌發展的行業趨勢。最後是品牌的未來，將目標人群、品牌主張、個性和洞察有效相結合，找到一個能夠刺激創意、具差別化的品牌平台，從而找出品牌的DNA。品牌的DNA是對品牌實質的一種速記，它簡明、區別、持久、具吸引力，是單一的點，不是廣告和口號。

(二)消費者價值

消費者價值是指消費者從某一特定產品（服務）或品牌中獲得的一系列利益。消費者價值的分類如下：

◆Sheth、Newman和Gross的消費者價值構成論

Shefh、Newman和Gross（1991）透過在兩百多個消費情境中的操作和驗證（《商業時代》，原名《商業經濟研究》，2014年10期），確認了影響消費者選擇行為的五種價值，並認為價值是其選擇行為的主要驅動因素。五種價值具體包括：(1)功能價值：指消費者透過商品的功能性或物理性屬性而感知到的效用；(2)社會價值：指消費者產品選擇與某個或某些社會群體有所關聯，並從此聯結中所獲取的效用，即透過與具備某些人口統計、社會經濟與文化等方面特徵的一定群體相關聯；(3)情感價值：指消費者透過選擇某種產品或服務而體驗的感覺和情感狀態；(4)知識價值：指消費行為能為消費者帶來好奇、新鮮、滿足的感受或求知欲望；(5)情境價值：指消費者在特定環境或情境中發生的消費行為中所感知到的效用。

◆Kotler對於價值的分類

Kotler（1998）對顧客價值的定義是顧客從產品或服務中所得到的總價值。Kotler（2000）將顧客價值又稱之為顧客讓渡價值，定義為總顧客價值與總顧客成本之間的差額。其中顧客總價值是顧客期望從某一特定產品或服務中獲得的一組利益，包括產品價值、服務價值、人員價值和形象價值四個方面；顧客總成本則是顧客在評價、獲取和使用產品或服務過程中的總體付出，包括經濟成本、時間成本、精力成本和心理成本四個方面。他指出：「任何創新服務都會被模仿，因此服務業者要如何保持先導優勢，領先市場，就必須創造新特色，即增進新的顧客價值。」因此服務業的附加價值來自源源不斷的新構想。

◆Parasuraman和Grewal的四種價值類型

Parasuraman和Grewal（2000）將感知價值劃分為四種類型：(1)獲取價值：指相對於金錢成本，購買者從產品中所獲取的收益；(2)交易價值：指顧客從交易中所獲得的愉悅；(3)使用中價值：指透過產品或服務的使用而獲取的效用；(4)贖回價值：指在產品生命週期末端或服務終結後所能回收的剩餘利益。

◆Sweeney和Soutar的四種價值維度

Sweeney和Soutar（2001）以零售業中購買情境為例，透過實證研究提出了四種價值維度，具體包括：(1)情感價值：指消費者從產品為其帶來的感覺和情感狀態中所得到的效用；(2)社會價值：指產品透過提高消費者的社會性自我概念而為其帶來的效用；(3)功能價值（價格／經濟價值）：是產品由於降低消費者的感知成本而為其帶來的效用；(4)功能價值（結果／質量）：指消費者從產品感知質量和期望結果中所獲得的效用。

◆Holbrook對消費者價值的分類

Holbrook（1999）透過自我導向與他人導向、主動與被動、內在與外在三個維度將消費者價值分成八種類型，分別是效率、卓越、地位、尊敬、樂趣、美感、倫理和心靈。如尊嚴價值，以購買豪華轎車為例，它是內在的，因為尊嚴價值是工具性的，而不是完全將消費本身作為目的；它是他人導向的，因為尊嚴價值來源於其他人對消費者擁有豪華轎車的反應（如果是從產品質量中得到卓越價值即是自我導向的）；它是被動的，因為尊嚴價值來源於車對消費者的作用而不是消費者對車的作用，而如果是從產品的功能使用中得到的效能，則是主動的價值。

(三)顧客價值

Drucker（1954）指出，顧客購買和消費的絕不是產品而是價值。Zeithaml（1988）首先從顧客角度提出了顧客感知價值理論。她將顧客感知價值定義為：顧客所能感知到的利得與其在獲取產品或服務中所付出的成本進行權衡後對產品或服務效用的整體評價。在此後的顧客價值研究中，不同的學者從不同的角度對顧客價值進行了定義：

1.從單個情景的角度，Anderson、Jain與Chintagunta（1993）、Monroe（1990）都認為，顧客價值是基於感知利得與感知利失的權衡或對產品效用的綜合評價。

2.從關係角度出發，Ravald與Gronroos（1996）重點強調關係對顧客價值的影響，將顧客價值定義為：整個過程的價值=（單個情景的利得＋關係的利得）／（單個情景的利失＋關係的利失），認為利得和利失之間的權衡不能僅僅局限在單個情景（episode）上，而應該擴展到對整個關係持續過程的價值（total episode value）衡量。此外，Butz與Goodstein（1996）也強調顧客價值的產生來源於購買和使用產品後發現產品的額外價值，從而與供應商之間建立起感情紐帶。

在眾多的顧客價值定義中，大多數學者都比較認同Woodruff（1997）對顧客價值的定義，並在其定義基礎上進行了很多相關研究。Woodruff（1997）透過對顧客如何看待價值的實證研究，提出顧客價值是顧客對特定使用情景下有助於（有礙於）實現自己目標和目的的產品屬性，這些屬性的實效以及使用的結果所感知的偏好與評價。該定義強調顧客價值來源於顧客透過學習得到的感知、偏好和評價，並將產品、使用情景和目標導向的顧客所經歷的相關結果相聯繫。

同時，很多學者都從不同角度對顧客價值進行了分類。Burns及Neisner（2006）結合客戶評價過程，把客戶價值分為產品價值、使用價值、占有價值和全部價值。Woodruff（1997）、Flint（2002）則將其分為實受價值和期望價值。Day和Crask（2000）發現顧客價值可以在使用前、使用中和使用後分別進行評估，認為各個時間段的顧客價值會有所不同，暗示著CDVC可能發生在這個過程中的任一點。Woodruff、Flint等人（1997）研究了顧客價值的動態特徵以及顧客價值變化的「驅動因素」。Parasuraman（1997）則認為顧客價值是一個動態概念，強調了隨著時間變化評價標準本身以及所占權重發生的變化。他建立了一個顧客價值變化監控模型，把顧客分為初次購買、短期、長期和流失四種類型，並提出隨著關係的加深，顧客價值的評價標準會逐步全面化和抽象化，並側重於結果和目標層。在顧客價值動態性的研究中，更多的是對顧客期望價值變化的研究。Day和Crask（2000）認為，價值是隨著購買週期而變化的，而Gassemheimer等人認為，顧客價值變化是由於企業與企業之間關係的惡化和衰退所引起的。Flint等人（1997）的研究比較全面，他們提出，顧客價值變化包括顧客期望價值的形式和強度的變化，可以將顧客價值變化的形式從四個方面來體現：層次水平（屬性、結果和目標）、創新性（變化的程度）、提高標準（對行業標準的改變）以及優先權的改變（在現有價值維度上優先權的轉變）。

Crom（1990）認為，卓越企業所追求的目標，都是在增進顧客的效用與價值，而顧客價值的四種基本要素為：更好的品質、更低的價格、更多的彈性以及更快的反應。Wayland和Cole（1997）認為，顧客是企業營收及利潤的唯一來源。要擴大企業的利潤，就必須將顧客視為企業最重要的資產，並找出最有「價值」的顧客，全力爭取、培養和維持關係。Gale（1994）認為，決定顧客價值的重要因素為市場認知品質。市場認知品質是企業研判及衡量最重要的指標，而且相對於競爭者，市場認知品質與企業投資報酬率、市場占有率、現金流動及市場價值呈正相關。Naumann（1995）提出，構成顧客價值的三因素是由產品品質（有形）、服務品質（無形）與購買價格三者所組成，並認為顧客是透過此二種向度，來認知其所購買的服務是否具有真正的價值。Woodruff（1997）認為，顧客價值的定義是經由消費過程顧客對商品的屬性、屬性的表現與結果和消費過程中達成顧客想要的目標或目的，所產生的主觀認知。Zeithaml（1988）對顧客價值的定義是消費者根據獲得與付出的知覺，對產品效用的全面評估。因此，可知顧客價值係指顧客對其欲望及需求是否被滿足的最終認知。

經由以上諸位學者之研究與論點，可知顧客價值的基礎有下列五項：(1)由顧客定義產品品質、服務品質與合理價格；(2)顧客價值的期待是相對於競爭者的提供；(3)顧客價值是動態的，總是往較高的期望移動；(4)傳遞產品品質與服務品質的責任是全部的行銷通路皆需承擔，而不是只有製造商；(5)顧客價值是整個組織對顧客的一致承諾。

三、突破創新對價值的界定

創新價值由顧客與消費者來評定，價值是競爭超越後所產生的團體利益，價值隨顧客與消費者的不同層面而改變，是一種趨勢、一種感覺、一種需求，價值隨顧客與消費者的不同層面而改變（包括趨勢、感覺、需求）（何霖譯，2007）。

好的經營策略能夠勾勒組織發展的藍圖，主導組織未來努力的方向；尤其在資源有限、競爭激烈的此刻，組織領導者如果不能盱衡全局，因時、因地制宜，採行適當的策略作為，實在難讓組織在社會中立足。策略乃代表為達成特定目標所採取的手段，表現為對重要資源的調配方式。企業為因應環境變動與競爭情事，所釐定一套彼此協調一致的計畫，提供組織指導方針，將策略性資源在關鍵領域中作最佳配置以建立企業之競爭優勢，確保企業達成各階段目標（楊慧華，2002）。

Porter提出三種「競爭策略」（楊慧華，2002）：

1.低成本領導策略（low cost leadership strategy）：從規模、效率以及經驗等方面努力追求成本的降低，加強成本的控制，使企業在不忽略品質、服務之下相對於其他競爭者花較低的成本，以獲得高於產業平均的報酬。
2.差異化策略（differentiation strategy）：企業提供被產業內視為獨一無二的服務或產品，企業可透過差異化為顧客創造更高的附加價值，因此售價也能提高，進而獲得超越產業平均的報酬。
3.集中化策略（focus strategy）：事業專注於特定的市場區隔，提供特定的產品服務，也因為企業對該市場區隔有深入的瞭解，能比其他目標市場廣泛的競爭者更有效率，同時也達到差異化的效果，獲得高於產業平均值的報酬。

Aker將「競爭策略」分為五類（郭明秀，2001）：

1.差異化策略：原料成分差異化、產品差異化、服務差異化、品質差異化、品牌形象差異化、產品特性差異化、創新差異化、市場區隔差異化。
2.集中化：市場區隔集中、產品線集中、顧客層集中、價值活動集中。
3.低成本（low cost）：材料來源低成本、產品生產低成本、產品設計低

成本、產品創新低成本、地點優勢低成本、行銷通路低成本、經驗曲線低成本。

4.綜效（synergy）：結合所有事業單位或部門的所有價值活動以建構企業的核心競爭力，使得企業能以最少的投資、最低的營運成本而提供更高顧客價值的產品以增加銷售額。

5.搶先機（the preemptive move）：懂得掌握時機在時間上比競爭對手早一步搶得先機，以取得競爭優勢，可努力的方向為供應的先機、產品創新的先機、生產系統的先機、市場行銷的先機、配銷通路的先機等。

四、新產品創新管理

(一)新產品創新管理的步驟（廖志德，2004）

1.產品線規劃與開發：是一種持續進行的決策過程，藉由最適化調整已上市產品（PIMs）、開發中產品（PIDs）及新產品構想（PICs）的組合，以達成策略的目標。

2.資源配置：企業資源配置優先順序，產品導入時間表，最佳化的產品組合，確保營收獲利。

3.鞏固企業市場地位的方法：不斷地進行新產品開發，不斷提高營收。

(二)新產品開發的流程NPDP（吳啟彰，2015）

英國的創新經濟研究學者弗里曼（Christopher Freeman）說：「不創新就只能坐以待斃。」企業為了生存，必須要在競爭激烈的市場中，不斷地推出新產品，不斷地調適自身在市場中的定位，藉此以改變市場競爭的基礎，提升企業自身的競爭優勢。因此，創新與改變調適的能力，是企業在競爭市場中生存的重要條件。英國的創新管理研究學者Paul Trott於*Innovation*

*Management and New Product Development*一書中，對於創新（innovation）的定義如下：Innovation＝Theoretical Conception＋Technical Invention＋Commercial Exploitation。由此定義可以看出，創新並非只是單指創意、科技或產品等單一的元素，而是一連串的不同活動與流程的整合，包含創意概念的發想、技術科技的發明、產品的商品化。而所有這些流程也就是一個新產品開發過程中所必須具備的元素。

新產品開發的七大流程包含：新產品策略規劃、創意概念發想、產品概念篩選與評估、商業分析（可行性）、產品設計開發、產品測試驗證、產品商品化（成功上市），如**圖7-6**所示。因此，一個新產品開發的生命週期管理，必須涵蓋由概念設計到細部設計，生產製造到產品上市，維修服務到產品回收等幾個不同的產品開發階段。近年來，新產品開發的趨勢變化，已經由「製造思維」轉變為「製造服務化」，再轉化到「使用者導向」（user oriented），更加強調使用者的參與體驗。由此產品開發路徑的轉變可以清楚看出，由於企業的經營型態由過去的代工製造（OEM）、代工設計（ODM）逐漸轉變成自有品牌（OBM），因此，企業在產品開的過程必須要更貼近市場的消費者，更瞭解顧客的實際需求，才能找出解決顧客問題的產品服務，確實滿足顧客的需求。這也說明，近年在市場上可以看到新產品

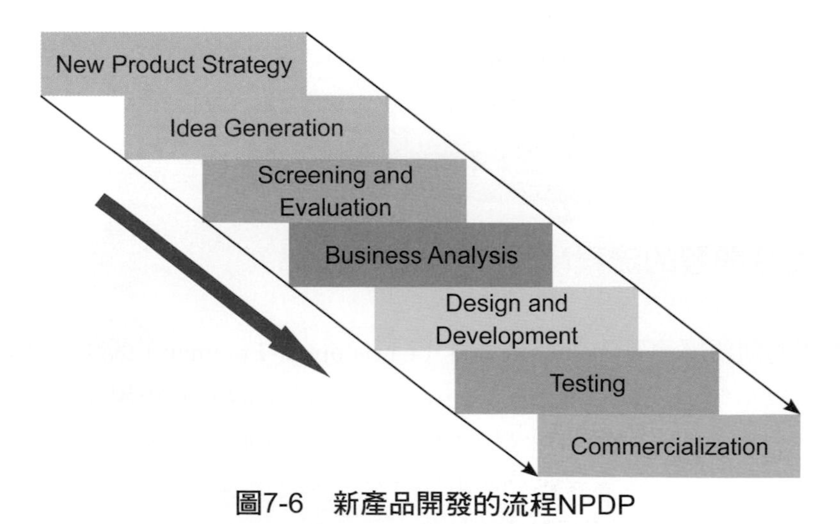

圖7-6　新產品開發的流程NPDP

資料來源：Booz, Allen, and Hamilton's New Product Process

開發成功的方向，已經逐漸由「技術導向」（technology driven）轉變到「市場導向」（market driven），由企業內部研發為主的封閉式創新模式轉變為連結企業外部資源的開放式創新，最重要的產品創新大多是源自於外部市場的需求拉力，而非來自於企業內部的技術推力（吳啟彰，2015）。

根據Jain（2001）對於新產品開發的研究結果顯示，導致新產品開發失敗的最主要因素是「市場與行銷」構面的錯誤，包含「不瞭解顧客需求、錯誤的市場定位、產品無差異化、市場發展潛力太小、缺乏通路支援」，其餘才是「財務、技術、組織、政策環境」等次要構面的錯誤。根據Souder（1987）的研究資料顯示，新產品開發成功率的高低，最關鍵的因素是「貼近顧客的聲音」，其新產品開發專案的創意發想（idea generation）如果是來自於外部的顧客意見與市場趨勢，則其新產品開發的成功率遠高於創意發想只是來自於企業內部的研發單位與管理階層之專案。

所謂「創新通道」（innovation funnel），即透過創意概念的篩選機制，有效降低新產品開發的失敗率，如**圖7-7**所示。

由產品創新的每個階段，可以看到一開始新產品的創意概念可能有超過上百個，在這個階段的創意可以無限制的擴散發想，然後進入產品概念的掃描篩選，評估其轉換成產品開發規格的可行性，在此階段大概只會剩下不

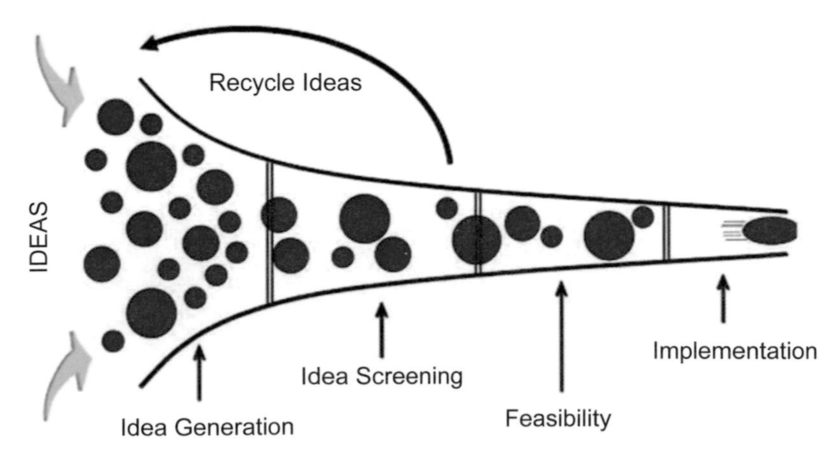

圖7-7　創新通道

資料來源：Australian Institute for Commercialization

到5%的創意概念可以留存下來，真正的進入產品的開發設計與原型測試，而最後的導入階段則是必須將產品原型進行商品化，最終只會剩下一個真正導入推廣至市場的成功新產品。成功有效的新產品開發過程，在前期階段可以透過精準的掃描篩選機制，聚焦於顧客需求的辨識，透過「使用者導向」的產品設計思考，洞察顧客所需的真實價值，制定符合目標族群的產品特性與規格，如此才能開發出一個真正符合消費者需求的創新產品，以提升新產品開發的成功率，並且有效降低後續階段的設計變更次數與費用（吳啟彰，2015）。

新產品創新成功的三大關鍵步驟：(1)找出對的產品特性（使用者導向的設計思考）；(2)做出對的產品（精實的產品創新開發流程）；(3)採用對的行銷模式（精準的產品行銷獲利模式）。在此目標前提之下，新產品創新開發所帶來的商業效益主要有三方面：縮短產品上市時間（time to market）、提升產品設計品質（product quality）、降低生產製造成本（manufacturing cost）。新產品開發最終要達成的兩大目標是——及時上市（time to market）與及時獲利（time to profit）。新產品開發真正關鍵的問題在於：企業所提出的顧客價值主張（value proposition）是什麼？企業要如何找出顧客真正想要的價值？創新是創造出新的價值。顧客真正想要的且願意買單的，才具有實質的價值，否則都是虛妄不實的幻想。當產品能為顧客帶來實質的效益（解決問題），顧客就會為企業帶來實質的獲利，這是一個雙贏的局面。而辨識顧客價值與設計價值主張的系統化流程，就是「使用者導向的產品設計思考」（吳啟彰，2015）。

產品設計思考的原則與方法：以人為本。IDEO的CEO Tim Brown在《哈佛商業評論》（*Harvard Business Review,* 2008）定義：「設計思考是以人為本的設計精神與方法，考慮人的需求、行為，也考量科技或商業的可行性。」設計思考流程的五大步驟包含（吳啟彰，2015）：(1)同理心（empathy）：以使用者為中心，透過各種不同的方法蒐集資訊，包含觀察、訪談、問卷、體驗，強調產品開發者必須以設身處地，置身其中，感同身受的態度來深入理解使用者所面臨的問題；(2)定義需求（define）：透過觀察、連結、詮釋，洞察事件表象背後所隱藏的真實需求，將使用者所面臨的問題加以歸納精煉，提出適當的顧客價值主張；(3)創意發想（ideate）：透過腦力激盪的過程，激發出眾多不同的創意解決方案，並透過不同的投票機制，選出最適合使用者需求的解決方案；(4)製作原型（prototype）：快速製作出產品原型，強調「fail earlier, fail cheaper」的實驗精神，快速動手製作出一個具體的草圖，再持續修正到完美的產品；(5)測試驗證（test）：透過情境模擬的方法，讓使用者實際測試此產品原型是否適用，並觀察使用者的回應，以確認顧客價值主張的正確性，或作為修正需求定義的參考依據。此產品設計思考的每個流程，都是以使用者的體驗感受為中心，其目的並不是要做出一個功能最多的超級產品，而是要開發出一個最適合使用者情境的最適產品，時時刻刻將使用者的切身需求放在心上，把不必要的產品功能移除，只增加可以確實解決使用者所面臨問題的產品功能，透過持續的觀察理解、溝通互動、修正產品原型，讓產品的創意概念得以逐步的具體化，並取得使用者對於此顧客價值的認同，這才是新產品開發所要達成的最終目標——滿足顧客的真實需求（吳啟彰，2015）。

五、產品創新提案

Bob Gill強調：「開發中產品只能提供小幅度的成長，產品創新提案才是填補營收成長落差的主要作為。」產品創新提案（Product Innovation Charters, PIC）有助於組織產生深入的對話，對未來的議題產生警覺性與敏感度，其中某些構想可能亟具革命性，可為公司帶來方向上的改變。企業需要建構出由模糊到明確的創新過程，並且從企業全體而非個別專案的觀點著手，進而促使投入產品開發的心力，才能與產品及事業策略結合，以有效地整備資源，達成事業的成長目標。否則採取各別產品（Product-by-Product）的創新模式，很容易落入「看到一個專案，就搞一個專案」的錯誤，在沒有明確判斷準則的情況下，產品組合的決定，比的往往是誰叫得最大聲，還是誰的報告寫得最好，Bob Gill認為這是相當不智的做法。採取各別產品的創新思考，將使得新產品開發產生了相當大的局限性（廖志德，2004）：

1.產品策略未能深入瞭解市場的需求與機會。
2.科技研發的努力未能結合商機。
3.產品線缺乏綜效。
4.各專案爭奪相同的資源。
5.在線上的產品研發專案太多。
6.有顯著缺失的環節才能引起注意。

產品線的規劃與開發是一種持續進行的決策過程，藉由最適化調整已上市產品、開發中產品及新產品構想的組合，以達成策略的目標。當企業資源配置的優先順序，以及產品導入的時間表，如能調出最佳化的產品組合，就能確保未來營收的產出。通常想要靠已上市產品來鞏固企業的市場地位，是一種緣木求魚的做法，隨著時光的流逝，現有產品的營收通常只有衰退的份，唯有不斷地進行新產品開發，企業才能彌補營收衰退所造成的目標差距。Bob Gill特別強調：「開發中產品只能提供小幅度的成長，無助於成長目標的達成，企業創新提案才是填補營收成長落差的主要作為。」產品創新提案（Product Innovation Charters, PIC）中的Charters本義指的是憲章，它是一種規範，是企業的一種宣示，也是明訂此組織在何種條件下才會運作的文件，PIC代表的是決心與方向，它是釐清模糊前端作業的絕佳工具，簡單的說，PIC是著重於創新領域的策略文件。其內容的關鍵構想主要來自情況分析（situation analysis）和管理使命（managerial mandates），以清楚闡述「我們發展這項策略所為何來？」，以及下列各項事宜（廖志德，2004）：

1.焦點及領域：至少清楚列出一個能夠相容，並且有潛力的科技要項（dimension）及市場要項，在這個競爭領域裡，組織的核心能力要能充分的拓展。
2.目標及目的：該專案可達成什麼樣的短期或長期目標。
3.指導原則：作戰方略及行事守則。管理的要求條件。

藉由上述內容的明朗化，組織就能夠有效地連結企業策略與產品政策，使高層主管的期望得以清楚的界定，新產品開發團隊也因此而獲得了明確的

方向，讓他們的工作聚焦於正確的方向上，而當部門間發生路線之爭的時候，PIC就成為重要的溝通文件。任何產品都有所謂的賞味期，因此PIC要能不斷地進行路線規劃的調整，其策略必須能對顧客提供顯而易見的價值，並且思考如何產生差異化？如何脫離窠臼？PIC將有助於組織產生深入的對話，讓人們對未來的議題產生必要的警覺性與敏感度，其中某些構想可能非常具有革命性，將為整個公司帶來方向的改變（廖志德，2004）。

歸納產品創新提案（PIC）的重點如下（國立勤益科技大學數位學習平台）：

1.有助組織內深入對話：對未來議題產生警覺性與敏感度，帶來革命性構想，公司蛻變與成長。
2.企業的創新引擎：由最高層主管所發動，透過領導，開創融合不同觀點的創新文化，提高組織對風險的容忍程度，使格局與布局有著決定性的影響力。
3.新產品發展領航團隊（NPD Steering Team）：培育具有自我動能的團隊，創造連結市場、技術、策略，以及PIC、PID、PIM的產品組合管理。
4產品構想的創造：由產品經理協同各領域團隊進行主導，負責推動一個機會的誕生、發展，直到成熟為新的構想為止，其途徑可能透過構想銀行、腦力激盪等正式的做法，或者採取非正式的做法。
5產品機會的定義：則由市場經理負責，其源頭可能來自突破、問題及需求，藉此引導出新產品、新流程、新服務、新平台及新市場推力。
6.機會的分析：由產品經理及市場經理聯手負責，透過顧客需求、競爭狀況、趨勢分析、核心能力、組織企圖等事項的評量，決定這個機會是否值得投入。
7.構想的選擇：由產品經理與各領域團隊共同進行，以決定資源的分配。
8.產生創新概念（PIC）：經過很多次的辯論與推敲，決定採用及放棄哪些機會，沒有未來的產品則將其資源抽出，重新分配至有前景的產品上，以帶動組織重生的契機。

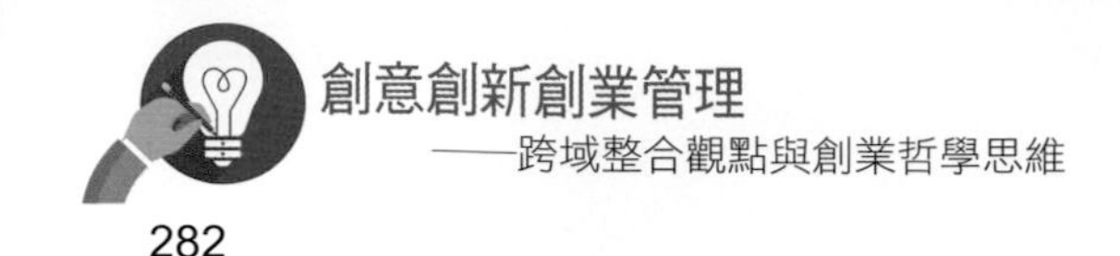

六、創新價值小故事

(一)尚品宅配用低成本滿足客製化需求

在中國大陸利用主控式創新思維實現轉型的一個成功案例是尚品宅配，也是中國大陸第一家採用數位科技為使用者提供客製化家居服務的公司。對於一個宅配公司而言，要賣給用戶家具，可是從顧客端思考，其真正的價值需求卻並不是家具，而是家具帶來的居家生活的感受與品味。宜家家居（IKEA）應該是最早意識到這一點的企業之一，他們的口號是「生活，從家開始」，可見是把家所帶來的生活哲學放在第一位的。於是宜家家居把家具賣場設計成家裡房間的樣子，使顧客在逛的時候彷佛置身於自己未來的家中，如此，宜家家居展示給用戶的和賣給用戶的就不再是家具，而是家居的體驗。但是宜家這樣的方式依然不是完全的客製化，因為你所展示的空間並不是與我的空間完全契合的，其次，在賣場的有限空間裡面所給顧客展示的設計也很有限，於是很多人到朋友家做客的時候會發現朋友家的家具樣式還有擺設怎麼如此熟悉，因為他們剛好參照了相同的宜家家居展示方案，所以同質化比較嚴重。尚品宅配將實體的賣場搬到了網上，並且透過數位技術將顧客家的空間也搬到了網上，用戶可以在高度仿真的3D 成像技術的幫助下選擇不同的家具擺放在「虛擬的家」中，挑選符合自己生活哲學和品味的搭配風格（**圖7-8**）（數位時代，2016）。

為使用者提供多種多樣的服務的方式包括（數位時代，2016）：

1.第一種方案是用戶在網上預約，由服務人員上門量尺寸並設計解決方案。隨後設計人員會根據量尺寸中所採集的資料建立房屋空間的立體模型。顧客隨後可以到體驗門市店在自己的房屋模型中放入虛擬的家具，感受不同風格和不同布置下的效果，顧客也可以選擇由設計師推薦的設計方案。在完成線上的設計後，顧客可以立即在系統上下單，訂單立刻傳送到工廠開始生產，用戶還可以線上追蹤生產進度和修改訂單，真正做到從測量、設計、生產和布置的完全客製化解決方案。

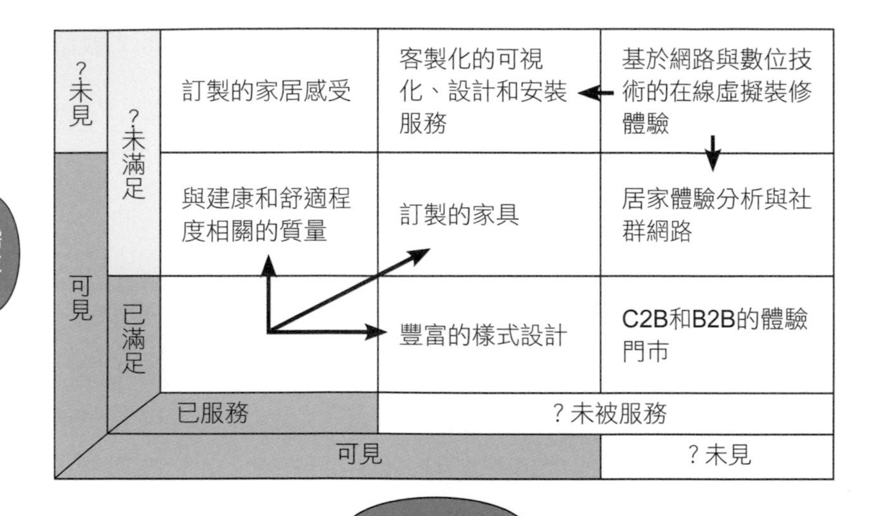

圖7-8　尚品宅配的創新矩陣

資料來源：數位時代（2016）。

2.第二種方案，用戶可以下載「我家我設計」App，利用手機測量房間尺寸後快速繪製出自家的平面戶型圖，軟體隨後自動生成家的三度立體環境，可以輕鬆選用巨量家具建材在立體環境中進行虛擬裝修和線上下單。如果想要更加偷懶一些，尚品宅配還提供上百個房間的經典戶型圖供用戶選擇。

3.第三種方案是線上尋找設計師幫顧客完成新家的訂製，報名成功後將自動生成需求帖，顧客可以解說設計要求並上傳平面圖，隨後設計師會線上與顧客溝通共同制定設計方案，三個工作日後一個完整的方案就會提供給用戶，待用戶確認後即可由設計師完成網上下單。

使用這樣的方式，尚品宅配削減掉了昂貴的賣場租賃和管理費用，將庫存基本降到了零，用最小的成本為客戶提供了居家體驗，並且最大幅度地滿足了客戶客製化的需求。除此之外，每一個顧客都為尚品宅配貢獻了一份設計方案和資料，從這些資料中進行深度的挖掘，就可以更好地瞭解不同客戶人群的不同需求，從而為未來的客戶提供更加精確的服務（數位時代，2016）。

(二)創造新的價值曲線（金偉燦、莫伯尼，2010）

如何把價值創新的邏輯，轉化成公司提供給市場的產品或服務？看看雅果旅館的案例：1980年代中期，法國的平價旅館業面臨成長停滯與空房率過高的困境。雅果的兩位董事長保羅・杜伯（Paul Dubrule）和傑拉德・派立森（Gerard Pelisson），要求該公司的經理人為顧客大幅提高價值。他們鼓勵經理人忘掉產業裡所有的現行規則、做法與傳統，並且問他們：假如雅果旅館重新開始的話，他們會怎麼做？1985年，雅果推出了一個名為佛繆樂（Formule 1）的平價旅館系統。當時在平價旅館這個行業，有兩種不同的市場區隔。其中一個區隔是無星級與一星級的旅館，每個房間的平均收費約在60～90法郎之間；選擇這種旅館的顧客只是為了低廉的收費。另一個市場區隔是二星級的旅館，平均每個房間收費約200法郎；這些收費較高的旅館，提供比無星級與一星級旅館更好的休憩環境，以吸引顧客上門。顧客預期得到，他們付出多少錢，便可得到哪一種享受：多付一點錢，換取一夜好眠；或是少付一點錢，但必須忍受較差的床鋪，與較吵雜的環境。

首先，雅果旅館的經理人列出所有平價旅館（無星級、一星級、二星級）顧客的期望：以低廉的價格享受一夜好眠。把重心放在滿足廣大共同的需求後，雅果旅館的經理人發現，有機會克服該產業迫使顧客作出的重大妥協。他們提出以下四個問題：(1)必須消除哪些在業界視為理所當然的因素？(2)哪些因素必須降低到業界的標準以下？(3)哪些因素必須提升到業界的標準以上？(4)應該創造出哪些業界前所未有的因素？

第一個問題督促經理人思考，企業目前競爭的因素，是否確實將價值傳達給消費者。這些因素常被視為理所當然，即使不具任何價值或減損了價值，仍被視為理所當然。有時顧客重視的事物已經徹底改變，但彼此以對方為比較標竿的公司，都沒有因應那些變化而採取行動，甚至根本未體認到這種變化。第二個問題督促經理人判斷，公司的產品或服務是否「過度設計」，以趕上或超越競爭對手？第三個問題促使管理人員找出並消除產業迫使顧客接受的妥協之處。第四個問題，協助經理人打破產業既定的界線，為消費者尋找全新的價值來源。

在回答這些問題的過程中，雅果旅館想出了旅館業的新概念，於是推出了佛繆樂旅館。首先，該公司刪除了一些標準的旅館設施，例如，豪華的餐廳與吸引人的休息室。雅果認為，即使這麼做會流失一些顧客，但大部分顧客會覺得沒有這些設施也無所謂。雅果的經理人認為，平價旅館還有一些服務也太多餘。針對那些項目，佛繆樂旅館提供的服務，比許多無星級的旅館還少。例如，接待櫃檯只在登記入住與退房的尖峰時刻才有人員值班。其他時段，顧客可使用自動櫃員機完成手續。佛繆樂旅館的房間不大，只有一張床，以及少得不能再少的必需設備，沒有文具用品、書桌或裝飾品，也沒有衣櫥與衣櫃，只在房間一角設有開放式層架與吊桿，供房客吊掛衣物。房間本身是在工廠以模組化方式製造而成，這麼做可以產生製造的規模經濟、高度的品管，以及良好的隔音效果。

「服務多一點，價格少一點」，佛繆樂旅館為雅果提供相當大的成本優勢，例如房間的建造成本，只有產業平均成本的二分之一，人事成本占銷售額的比例，也從業界平均水準的25～35%之間，降為20～23%左右。雅果用這些節省下來的成本，來改善顧客最重視的服務項目，超越法國一般二星級旅館的平均水準，但收費只略高於一星級旅館而已。顧客已對雅果的價值創新給予肯定。雅果不僅爭取到大多數法國平價旅館的顧客，也擴大了市場，幫平價旅館吸引到新顧客，像是以前習慣睡在車內的卡車司機，以及需要休息幾個小時的生意人。佛繆樂旅館使原本的競爭方式變得無關緊要。根據最新的統計，佛繆樂旅館在法國的市場占有率，比其次的五家旅館總和還高。雅果偏離產業傳統思維的程度有多大，可由我們的「價值曲線」（value curve）來觀察。價值曲線是一個圖形，呈現企業在整個產業各項關鍵成功因素上的相對表現（**圖7-9**）。依照傳統的競爭邏輯，產業的價值曲線，會遵循一種基本的形狀。競爭對手試圖透過「服務多一點，價格少一點」的方式，來改善價值，但大部分業者不會試圖改變曲線的形狀。

佛繆樂提供顧客更多他們最需要的東西，減少提供他們願意放棄的東西，因而能夠為法國境內大多數平價旅館的顧客，提供前所未有的價值。

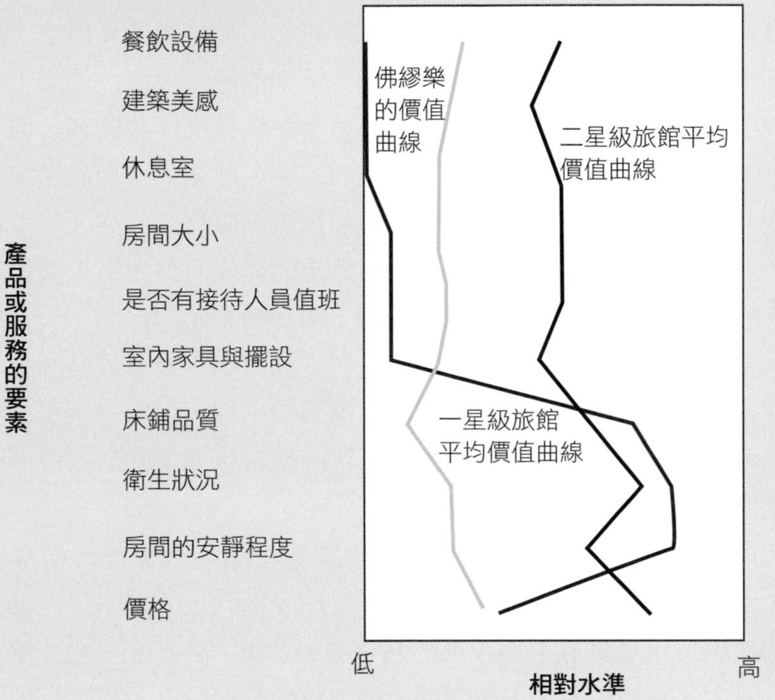

產品或服務的要素

餐飲設備
建築美感
休息室
房間大小
是否有接待人員值班
室內家具與擺設
床鋪品質
衛生狀況
房間的安靜程度
價格

佛繆樂的價值曲線
二星級旅館平均價值曲線
一星級旅館平均價值曲線

低　相對水準　高

圖7-9　佛繆樂的價值曲線

來源：金偉燦、莫伯尼（2010）。

創業管理篇

Chapter 8

創業定義、創業機會的發現利用與評估及創業動機

一、創業的定義

二、創業機會

三、如何化創新為創業機會？

四、創業機會的發現利用與評估

五、創業動機

六、創業機會小故事

一、創業的定義

簡單地說，創業就是「創造一個新事業」（Low & MacMillan, 1988）。19世紀法國經濟學家賽伊指出，創業就是「將資源從生產力較低的地方轉移到較高的地方」（Drucker, 1985）。然而，這樣的定義不足以顯示創業的內涵。由於創業是一個多構面的概念，學者們皆以不同角度來闡釋創業，導致創業的定義至今仍相當模糊（Cooper, 2003）。Schumpeter（1934）對創新的定義是：「將原來的生產要素重新組合，藉由改變功能來滿足市場需求，從而創造利潤，創業者就是實踐這些創新組合的人。」從創業的內涵來看，Shane與Venkataraman（2000）認為創業應該包括：「如何（how）、誰（who）以及什麼（what）因素會影響機會發現、評估及利用」，因此主張將創業研究聚焦於「機會來源」、「發現、評估、利用機會的過程」以及「發現、評估及利用機會的個人」。另有學者從創業特徵來加以定義，如Dollingers（2003）提出創業的三項主要特徵，分別為：創造力與創新、資源的結合與經濟組織的成立，以及在風險與不確定環境下的成長機會與能力。因此他將創業定義為：「在風險與不確定環境下創造出的一個新經濟組織。」

二、創業機會

(一)創業機會的定義與特性

早期的創業研究和建立的創業理論，由於過度聚焦在創業者特徵，因此對創業機會基本上是忽略的。對創業機會的探討，主要是存在於奧地利經濟學派中。近十幾年，奧地利經濟學漸漸滲透進創業學門中，因此創業學門對機會的觀念探討及實證研究文獻，主要是立基於奧地利經濟學的理論主張。目前對創業機會探討的觀念性文獻較多，僅有少數與機會有關的實證文獻，

也是立基於奧地利經濟學的理論主張。奧地利經濟學者強調應從環境中存在的機會角度研究創業，探討創業機會的發現、評估和利用，補充過去以人為焦點的創業理論之不足（Eckhardt & Shane, 2003; Shane &Venkataraman, 2000; Singh, 2001; Venkataraman, 1997）。

Shane與Venkataraman（2000）定義創業機會是一個情境（situation），在其中新財貨（產品）、服務、原料、市場和組織方法可被介紹，透過形成新的手段—目的關係（means-ends relationships）。Schumpeter（1934）指出創業者發現一個利潤機會，其包含現有資源是被低度利用的（underutilized），存在一個資源的新結合（new combination）方式。Singh（2001）定義創業機會為可行的、利潤尋找的潛在的事業，其提供對市場而言是創新的新產品和服務，改善現有的產品和服務，或在一個未成熟的市場模仿能獲利的產品與服務。根據上述不同學者的定義與描述可知，第一，創業機會是創業者認知到的在一段期間產業環境中存在的一個特殊情境，在此情境中存在低度利用的資源，潛在地存在一個更好的資源結合方式。第二，這個情境利於一個潛在的新事業浮現，可以經由創造新的組織，形成新的手段—目的關係。第三，這個情境是可以重新結合資源，產生新產品與服務，從市場獲取超額利潤的。根據以上認知，本研究定義創業機會：為創業者認知到的在產業環境中存在的，利於一個事業組織形成，利於推出新產品並產生利潤的特殊情境，在此情境中存在低度利用的資源和新的資源結合方式。

「創業機會」是指開創新事業的可能性，也就是經由重新組合資源來創造一個新的手段—目的（means-ends）架構，並相信能由其中獲得利潤（Shane, 2003）。由於機會必須足夠吸引人，具有耐久性與即時性，存在創造產品服務價值的能力，因此創業機會可說是由「創新」及「利潤」兩項要素所構成的。Sarasvathy、Dew、Velamuri與Venkataraman（2003）指出創業機會應包括新構想（new idea）、對於目標的信念（belief），以及為了達到目標所採取的行動（action）。也就是說，當創業家有了新的構想或發明，還必須要付諸實行。因此劉常勇、謝如梅（2006）將創業機會定義為「創造新的資源組合，以不同以往的方式來達到創新的目的，並且透過行動來獲取利潤」。

(二)創業機會的四大特徵

徐本亮（2010）指出有的創業者認為自己有很好的想法和點子，對創業充滿信心。有想法有點子固然重要，但是並不是每個大膽的想法和新異的點子都能轉化為創業機會的。許多創業者因為僅僅憑想法去創業而失敗了。那麼如何判斷一個好的商業機會呢？《21世紀創業》的作者傑夫里．第莫斯教授提出，好的商業機會有以下四個特徵：

1.它很能吸引顧客。
2.它能在你的商業環境中行得通。
3.它必須在機會之窗存在的期間被實施（機會之窗是指商業想法推廣到市場上去所花的時間，若競爭者已經有了同樣的思想，並把產品已推向市場，那麼機會之窗也就關閉了）。
4.你必須有資源（人、財、物、信息、時間）和技能才能創立業務。

(三)創業機會的五大來源

創業機會的五大來源如**表8-1**（徐本亮，2010）。

(四)創業機會的七種方式

發掘創業機會的做法，大致可歸納為七種方式如**表8-2**（歐陽嚴明，2005）。

三、如何化創新為創業機會？

創業是善用現有潛在的資源，以新方式組合，賦予資源新能力，這就是創業成功的關鍵。創業是人生重要的夢想之一，每個人都可能有創業成功的機會，關鍵在於是不是把心中的夢想和熱情付諸實現（黃廷彬，2013）。因

表8-1　創業機會的五大來源

來源	內容
問題	創業的根本目的是滿足顧客需求。而顧客需求在沒有滿足前就是問題。尋找創業機會的一個重要途徑是善於去發現和體會自己和他人在需求方面的問題或生活中的難處。比如，上海有一位大學畢業生發現遠在郊區的本校師生往返市區交通十分不便，創辦了一家客運公司，就是把問題轉化為創業機會的成功案例。
變化	創業的機會大都產生於不斷變化的市場環境，環境變化了，市場需求、市場結構必然發生變化。著名管理大師彼得．杜拉克將創業者定義為那些能「尋找變化，並積極反應，把它當作機會充分利用起來的人」。這種變化主要來自於產業結構的變動、消費結構升級、城市化加速、人口思想觀念的變化、政府改策的變化、人口結構的變化、居民收入水平提高、全球化趨勢等諸方面。比如居民收入水平提高，私人轎車的擁有量將不斷增加，這就會衍生出汽車銷售、修理、配件、清潔、裝潢、二手車交易、陪駕等諸多創業機會。
創造發明	創造發明提供了新產品、新服務，更好地滿足顧客需求，同時也帶來了創業機會。比如隨著電腦的誕生，電腦維修、軟體開發、電腦操作的培訓、圖文製作、信息服務、網上開店等等創業機會隨之而來，即使你不發明新的東西，你也能成為銷售和推廣新產品的人，從而給你帶來商機。
競爭	如果你能彌補競爭對手的缺陷和不足，這也將成為你的創業機會。看看你周圍的公司，你能比他們更快、更可靠、更便宜地提供產品或服務嗎？你能做得更好嗎？若能，你也許就找到了機會。
新知識、新技術的產生	例如隨著健康知識的普及和技術的進步，圍繞「水」就帶來了許多創業機會，上海就有不少創業者加盟「都市清泉」而走上了創業之路。

資料來源：徐本亮（2010）。

此創業要有創業計畫書，其內容詳述於第十一章。

創業除了要有創業計畫書，最好要有好的創業方法，例如可應用Eric Ries所著作的《精實創業》的方法，以及Alexander Osterwalder與Yves Pigneur等人所著作的《獲利世代》的方法，就可展開較佳的創業模式（新商業模式）。在精實創業的內涵中特別強調，精實創業有五大原則為以下幾點（黃廷彬，2013）：

1.不要忘記創業者無所不在。
2.創業即管理（新創事業需要一套能夠適合其強烈不確定性的全新管理方式）。

表8-2　創業機會的七種方式

方式	內容
經由分析特殊事件來發掘創業機會	例如美國一家高爐煉鋼廠因為資金不足，不得不購置一座迷你型鋼爐，而後竟然出現後者的獲利率要高於前者的意外結果。再經分析，才發現美國鋼品市場結構已產生變化，因此，這家鋼廠就將往後的投資重點放在能快速反應市場需求的迷你煉鋼技術。
經由分析矛盾現象來發掘創業機會	例如金融機構提供的服務與產品大多只針對專業投資大戶，但占有市場七成資金的一般投資大眾未受到應有的重視。這樣的矛盾，顯示提供一般大眾投資服務的產品市場必將極具潛力。
經由分析作業程式來發掘創業機會	例如在全球生產與運籌體系流程中，就可以發掘極多的信息服務與軟體開發的創業機會。
經由分析產業與市場結構變遷的趨勢來發掘創業機會	例如在國營事業民營化與公共部門產業開放市場自由競爭的趨勢中，我們可以在交通、電信、能源產業中發掘極多的創業機會。在政府剛推出的知識經濟方案中，也可以尋得許多新的創業機會。
經由分析人口統計資料的變化趨勢來發掘創業機會	例如單親家庭快速增加、婦女就業的風潮、老年化社會的現象、教育程度的變化、青少年國際觀的擴展……必然提供許多新的市場機會。
經由價值觀與認知的變化來發掘創業機會	例如人們對於飲食需求認知的改變，造就美食市場、健康食品市場等的新興行業。
經由新知識的產生來發掘創業機會	例如當人類基因圖像獲得完全解決，可以預期必然在生物科技與醫療服務等領域帶來極多的新事業機會。雖然大量的創業機會可以經由有系統的研究來發掘，不過，最好的點子還是來自創業者長期觀察與生活體驗。

資料來源：歐陽嚴明（2005）。

3.驗證後的學習心得（新創事業的存在是為了學習如何建立一個可永續經營的企業）。

4.開發—評估—學習（成功的新創事業要能加速「開發—評估—學習」循環過程的進行）。

5.創新審查法（新創事業需要有可計量的衡量指標與檢測方法）。

黃廷彬（2013）並認為要創業加速成功，其步驟需要有：

1.小批生產：不僅壓低投入資源成本，還可以讓你更快找到答案。

2.持續成長：尋找最合適的「成長引擎」，引擎性能越佳，新創事業成長越快。依不同模式，可分為黏皮糖式成長引擎、病毒式成長引擎和

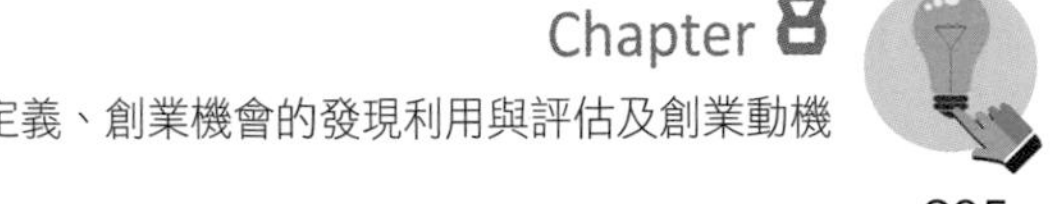

付費式成長引擎。

3.適時演進：不斷推陳出新的同時，也必須維持高品質的產出。你必須質量兼顧，才能成功。

4.不斷創新：精實創業法是創造優良試驗平台的理想方法，大公司也可以透過不斷創新，藉此擁有永續的創新文化。

四、創業機會的發現利用與評估

(一)創業機會的識別

創業機會識別是創業領域的關鍵問題之一。從創業過程角度來說，它是創業的起點。創業過程就是圍繞著機會進行識別、開發、利用的過程。識別正確的創業機會是創業者應當具備的重要技能。創業機會以不同形式出現。雖然以前的研究中，焦點多集中在產品的市場機會上，但是在生產要素市場上也存在機會，如新的原材料的發現等。在機會識別階段，創業者需要弄清楚機會在哪裡和怎樣去尋找。對創業者來說，在現有的市場中發現創業機會，是很自然和較經濟的選擇。一方面，它與我們的生活息息相關，能真實地感覺到市場機會的存在；另一方面，由於總有尚未全部滿足的需求，在現有市場中創業，能減少機會的搜尋成本，降低創業風險，有利於成功創業。**表8-3**為創業機會的識別（劉炳君，2009）。

(二)成功的創業機會識別所需的條件（劉炳君，2009）

面對具有相同期望值的創業機會，並非所有潛在創業者都能把握。成功的機會識別是創業願望、創業能力和創業環境等多因素綜合作用的結果。**表8-4**為成功的創業機會識別所需的條件。

表8-3　創業機會的識別

機會	內容
現有的市場機會	現有的創業機會存在於：不完全競爭下的市場空隙、規模經濟下的市場空間、企業集群下的市場空缺等。 1.不完全競爭下的市場空隙：不完全競爭理論或不完全市場理論認為，企業之間或者產業內部的不完全競爭狀態，導致市場存在各種現實需求，大企業不可能完全滿足市場需求，必然使中小企業具有市場生存空間。中小企業與大企業互補，滿足市場上不同的需求。大中小企業在競爭中生存，市場對產品差異化的需求是大中小企業並存的理由，細分市場以及系列化生產使得小企業的存在更有價值。 2.規模經濟下的市場空間：規模經濟理論認為，無論任何行業都存在企業的最佳規模或者最適度規模的問題，超越這個規模，必然帶來效率低下和管理成本的提升。產業不同，企業所需要的最經濟、最優成本的規模也不同，企業從事的不同行業決定了企業的最佳規模，大小企業最終要適應這一規律，發展適合自身的產業。 3.企業集群下的市場空缺：企業集群主要指地方企業集群，是一組在地理上靠近的相互聯繫的公司和關聯的結構，它們同處在一個特定的產業領域，由於具有共性和互補性而聯繫在一起。集群內中小企業彼此間發展高效的競爭與合作關係，形成高度靈活專業化的生產協作網路，具有極強的內生發展動力，依靠不竭的創新能力保持地方產業的競爭優勢。
潛在的市場機會	潛在的創業機會來自於新科技應用和人們需求的多樣化等。成功的創業者能敏銳地感知社會大眾的需求變化，並能夠從中捕捉市場機會。新科技應用可能改變人們的工作和生活方式，出現新的市場機會。通訊技術的發展，使人們在家裡辦公成為可能；網際網路的出現，改變了人們工作、生活、交友的方式；網路遊戲的出現，使成千上萬的人痴迷其中，樂此不疲；網上購物、網路教育的快速發展，使信息的獲取和共用日益重要。需求的多樣化源自於人的本性，人類的欲望是很難得到滿足的。在細分市場裡，可以發掘尚未滿足的潛在市場機會。一方面，根據消費潮流的變化，捕捉可能出現的市場機會；另一方面，根據消費者的心理，透過產品和服務的創新，引導需求並滿足需求，從而創造一個全新的市場。
衍生的市場機會	衍生的市場機會來自於經濟活動的多樣化和產業結構的調整等方面。 首先，經濟活動的多樣化為創業拓展了新途徑。一方面，第三產業的發展為中小企業提供了非常多的成長點，現代社會人們對信息情報、諮詢、文化教育、金融、服務、修理、運輸、娛樂等行業提出了更多更高的需求，從而使社會經濟活動中的第三產業日益發展。由於第三產業一般不需要大規模的設備投資，它的發展為中小企業的經營和發展提供了廣闊的空間。另一方面，社會需求的易變性、高級化、多樣化和個性化，使產品向優質化、多品種、小批量、更新快等方面發展，也有力地刺激了中小企業的發展。 其次，產業結構的調整與國企改革為創業提供了新契機。因此，隨著國企改革的推進，民營中小企業除了涉足製造業、商貿餐飲服務業、房地產等傳統業務領域外，將逐步介入中介服務、生物醫藥、大型製造等有更多創業機會的領域。

資料來源：劉炳君（2009）。

表8-4 成功的創業機會識別所需的條件

條件	內容
創業的願望是機會識別的前提	創業願望是創業的原動力，它推動創業者去發現和識別市場機會。沒有創業意願，再好的創業機會也會視而不見，或失之交臂。
創業能力是機會識別的基礎	識別創業機會在很大程度上取決於創業者的個人（團隊）能力，這一點在《當代中國社會流動報告》中得到了部分佐證。報告透過對1993年以後私營企業主階層變遷的分析發現，私營企業主的社會來源越來越以各領域精英為主，經濟精英的轉化尤為明顯，而普通百姓轉化為私營企業主的機會越來越少。國內外研究和調查顯示，與創業機會識別相關的能力主要有：遠見與洞察能力、信息獲取能力、技術發展趨勢預測能力、模仿與創新能力、建立各種關係的能力等。
創業環境的支持是機會識別的關鍵	創業環境是創業過程中多種因素的組合，包括政府政策、社會經濟條件、創業和管理技能、創業資金和非資金支持等方面。一般來說，如果社會對創業失敗比較寬容，有濃厚的創業氛圍；國家對個人財富創造比較推崇，有各種渠道的金融支持和完善的創業服務體系；產業有公平、公正的競爭環境，那就會鼓勵更多的人創業。

資料來源：劉炳君（2009）。

(三)創業機會形成的理論觀點

在探討「創業機會是如何形成的？」這個問題之前，首先要釐清有關本體論（ontology）的基本假設。過去學者對於機會是客觀存在的（Shane & Venkataraman, 2000; Shane, 2000）或是主觀創造出來的（Ardichvili et al., 2003）兩個論點爭論不休。而這些論點攸關研究的基本假設，故有進一步澄清的必要。由理論的發展過程來看，最早期的新古典均衡理論（neoclassical equilibrium theories）認為市場上所有的機會都是公開且公平的，假設每個人都可以認知到所有的資訊與機會，因此個人屬性（如創業精神、風險偏好等）是決定能否成為創業家的主因。換句話說，能不能發現機會以及是否成為創業家，端視個人的創業動機與傾向，例如Khilstrom與Laffont（1979）的均衡模型指出創業家對於不確定性偏好較高。然而，隨著理論的演進，心理學理論提出了更進一步的觀點，除了著眼於創業家個人的特質，他們認為決定成為創業家的原因會受到個人意願及能力所影響。例如成就需求的高低、對風險的忍受度、內控程度、對模糊的容忍度等都是重要影響因素，因此機會發掘將受制於個人的創業意願與創業能力。到了近數十年，新古典均衡理論的論點受到挑戰，奧地利學派的學者如Kirzner等認為均衡理論不夠完整（Shane, 2000; Shane & Venkataraman, 2000）。奧地利學派的基本假設為資訊是不對稱的，市場是由不同的資訊所組成的，因此人們無法認知到所有的機會，能否成為創業家將受限於每個人掌握資訊的多寡。創業家擁有先驗知識的數量以及機會可被利用的程度等，才是決定創業機會的主要因素。簡言之，奧地利學派的論點認為：(1)人們不能認知到所有的創業機會；(2)資訊比人的屬性更能決定誰會成為創業家；(3)機會發掘的過程當然也會受到個人創業意願的影響。上述理論皆有其存在的背景與價值，但可發現新古典均衡理論認為所有的創業機會是公開且公平地存在市場上，每個創業家都可以獲得同樣的資訊與機會，似乎與現實狀況不符。而心理學派專注於探討個人的創業意願與能力，卻完全忽略外在資訊的影響，故多數學者還是傾向奧地利學派理論的論點，認同市場上存在資訊不對稱的情況，使得人們無法辨識所有的機會。在資訊不對稱的前提下，機會形成會受到不同市場狀況所影響，因此必須考慮自己所處的市場是否能夠產生機會（劉常勇、謝如梅，2006）。

(四)創業機會的來源與內涵

Sarasvathy等人（2003）以供需關係作為分析構面，提出機會辨識（recognition）、機會發掘（discovery）、機會創造（creation）等三種類型。首先，「機會辨識」是指當市場中的供需關係十分明顯時，創業家可藉由供需連結來辨識機會。而「機會發掘」則是指當有一方的狀況是未知的，而不存在的那方面即等待著創業家去進行機會發掘。舉例來說，一項新技術被開發出來，但尚未有具體的商業化產品出現，因此需要透過創業家不斷的嘗試來發掘出市場機會。「機會創造」觀點比起前兩項，供需狀況皆不明朗，因此創業家要比他人更具有先見之明，才能創造出有價值的市場機會。這類型機會的探討在理論與實證的論述較為缺乏，因為當供需皆不明顯的狀況下，創業家想要建立連結關係的難度極高。但是這種機會通常可以創造出全新的方法—目的架構，並為創業家帶來極大的利潤。在實務上，三種創業

機會類型皆可能同時存在。換句話說，在創業機會的形成過程中，機會可能是已經明顯存在、等著被發現，亦或有可能是創業家的奇想所創造出來的。一般而言，第一種創業機會多半處於供需尚未均衡的市場，創新程度較低，這類機會並不需要太繁複的辨識過程，反而強調擁有較多的資源，就可以較快進入市場獲利。相對而言，第三種機會創造觀點就非常困難實現，這類全新的供需方式必須依賴少數擁有專業技術、資訊、資源規模的創業家，同時還必須願意承擔巨大的風險。至於第二種機會類型則是創業市場上較為常見，也是目前大多數創業研究的對象（劉常勇、謝如梅，2006）。Shane（2005）指出市場變化會帶來新的商業機會，這些變化包括科技變遷、政治與法規變化、社會和人口結構變化以及產業結構的變化。成功的創業家必須要瞭解且清楚這些市場變化的情況，以及變化將如何影響創業機會的發生。除了外在環境變動外，Shane與Venkataraman（2000）亦指出機會本質的概念，會因為個人因素的差異，造成對於市場需求、產業邊際利潤、技術競爭能力等之機會評估價值的不同。因此創業機會的來源主要受到兩方面的影響： 一是「外在環境的變化」，也就是外部因素改變導致新的機會出現；另一則是 「創業者個人的因素」，包括人格特質、先驗知識、社會網絡關係等。

Ardichvili等人（2003）曾針對創業機會的發現、利用與評估建立整合性的理論模式，有助於後續學者釐清影響創業機會的變數。Ardichvili等人（2003）提出機會確認理論模型（**圖8-1**），模型中認為機會的辨識、發展與評估首先會受到創業警覺性（entrepreneurial alertness）的影響，而創業警覺性則與下列三個因素有關：(1)個人特質：創造力與樂觀；(2)社會網絡：包含圈內人士（指那些未正式參與在創業活動但關係密切的朋友或家人）、行動成員（為創業機會所招募的人力）、合作夥伴（創立新事業的初始團隊）以及弱連結（泛指用以蒐集資訊、提供一般性建議的人）；(3)先驗知識：包含特殊知識（特別的興趣）與產業知識（市場、顧客問題與如何服務顧客的知識）。因此機會確認的整合模型說明了影響機會辨識的因素至少包含以上三個構面。

機會確認的整合性模型中，認為機會確認包括了「機會辨識」、「機會

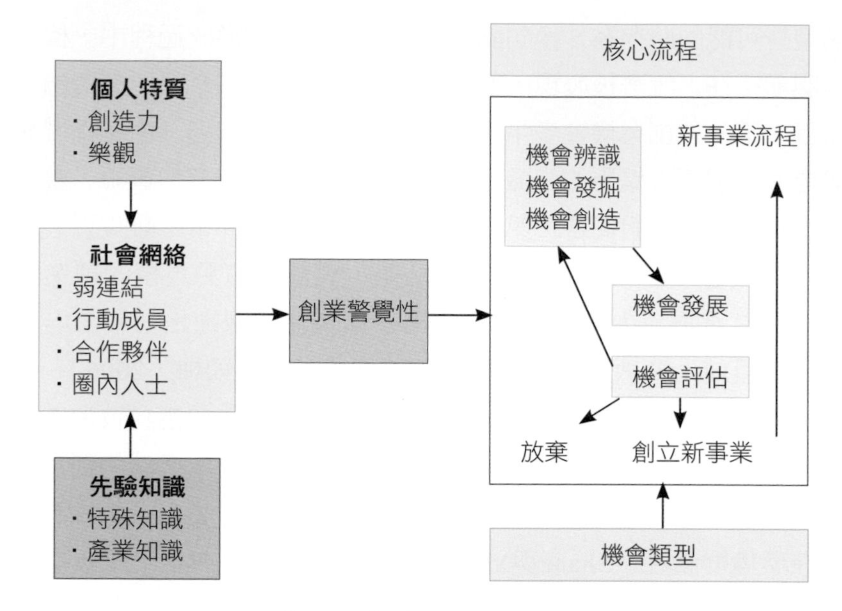

圖8-1　機會確認理論模型

資料來源：Ardichvili et al. (2003).

發展」與「機會評估」等三大項（Ardichvili et al., 2003）：

1.機會辨識，內容包括：

(1)感知（perception）：創業家首先必須感知到市場上的需求條件與資源使用的狀況，這常取決於個人對於機會敏感度的不同。換言之，創業家會因為個人的能力、生長背景、經驗以及取得資訊的能力而影響到機會感知的能力。

(2)發掘（discovery）：當創業家感知到市場存在未滿足的需求或未善加利用的資源時，就必須進一步去「發掘」需求與特有資源的關聯性，此時可能有任何一方已經存在，那麼創業家的任務便是替現有的資源找到可以利用的市場，或替市場需求找到解決的方法。

(3)創造（creation）：最後「創造」的過程必須同時找到未滿足的市場需求以及能夠投入的相關資源，利用新的「手段—目的」（means-ends）以產生更大的市場價值。

2.機會發展：「機會發展」的目的在於將所辨識到的機會概念作系統化複雜而詳盡的推演，使原本抽象的概念能夠漸趨明確，並形成具有實際發展的商業計畫，因此機會發展並非只是生產新的產品或提供新的服務。機會發展是一個連續的過程，在機會發展過程中創業家利用知識與經驗、資源與能力，將創業機會發展成較為完整的商業模式，確保先前所辨識到的機會能夠繼續發展成為可以獲利的事業。

3.機會評估：專注於可行性評估，創業家利用創新方法來分配現有資源並提供新的市場價值，但這樣的市場價值必須能夠轉化成實質的經濟效益。「機會評估」存在於「機會發展」的任一階段，提供修正與反饋的功能，促使機會更為明確與正確，並讓投資人有更充足的資訊以瞭解機會的價值與可行性，進而提供資金，促進新事業的推展。機會評估的用意是作為創業家是否繼續投入資源的參考，並確保所投入的資源能夠發揮足夠的經濟效益，因此對創業機會的發展作可行性分析是必要的。通常創業家必須在機會發展的各個過程中去設置閘門（gate），用來決定是否進一步投入資源來發展機會，而判斷標準多為經濟報酬率、風險偏好、財務資源、責任感與個人目標等。

綜合以上學者看法，不管是Sarasvathy等人（2003）認為創業機會包含機會辨識、機會發掘、機會創造等三種類型；或Ardichvili等人（2003）提出機會確認理論模型認為機會確認包括了機會辨識、機會發展與機會評估等三大項。新事業發展的過程中，似乎依循以下邏輯：(1)辨識出可行創業機會的存在；(2)將辨識出的創業機會發展成可行的商業模式，並隨時進行可行性評估。

此外，後續研究可嘗試找出影響創業機會之前因後果。例如Shane（2000）根據八個MIT的個案，建構出機會發現的概念性模式。在此研究中，技術特性是機會發現的前置因素，而所發現的機會則會進一步影響創業家執行機會的方法。再者，由於機會的內涵很難具體化，因此目前實證性文章仍較少，未來可朝向構面操作化或是建立量表的方向進行。例如Shepherd與DeTienne（2005）採用Shane（2000）的概念，探討先驗知識、利益誘因與機會確認之關係，將各構面做明確的操作化定義，並以實驗法進行驗證。

學者已指出機會因素不是在產業中隨時都有的，均衡的市場中資源已被最佳利用，沒有超額利潤，因而不存在機會；當產業的改變發生後，市場不均衡的機會產生出來（Dean, Meyer, & DeCastro, 1993; Kirzner, 1973; Schumpeter, 1934）。但一個機會是有生命週期的（Eckhardt & Shane, 2003），當此機會被其他創業者及競爭者利用後，市場被推向均衡，此機會就消失了（Kirzner, 1997; Schumpeter, 1934）。因此產業環境中的機會是一個時間軸上的變數，一般稱存在機會的期間為機會窗口（opportunity window）。創業者是在發現和評估過機會後，才採取創業活動以利用機會，並在未來提供新產品（Shane, 2000）。因此機會是在差異化過程前即存在的因素，是影響產品差異化的。是否存在機會是解釋能否差異化成功的一個產業環境層次的初始因素。Shane（2000）的研究探討了創業者的先前知識影響創業機會的發現。Shane指出，不是每一個人都能相同時間發現一個創業機會；當創業者利用先前的知識，發現可以與互補的上游新技術結合，應用在某一個市場時，創業者就發現了一個機會。若將機會視為創業者外部的情境，則Shane的研究隱含了：(1)存在上游的新技術；(2)存在下游的市場；(3)此機會是其他競爭者還未發現與利用的。Shane的個案研究得出以下結論：創業機會的發現是與創業者的先前知識有關的。一項技術改變產生新技術後，存在一系列應用新技術的市場機會，但它們是不明顯的。並不是所有人都能相同地認知到給定的創業機會（Hayek, 1945; Kirzner, 1973），機會的發現是相對於人所擁有的特殊時空的知識，但市場中的人所擁有的特殊時空知識是不同的。任何既定的創業者將只發現與他先前的知識有關的機會（Venkatraman, 1997），並且沒有積極地尋找他們（Kirzner, 1997）。在創業者發現的機會中，此項技術與創業者的先前知識是互補的。潛在創業者的關於市場的先前知識，影響他們發現應進入哪個市場以利用新技術；關於如何服務市場的先前知識，影響他們發現如何用新技術服務一個市場；關於顧客問題的先前知識，影響他們發現利用新技術的產品和服務（吳梓川，2017）。

五、創業動機

創業的動機是創業精神動態性研究的起點，而創業原因本身也是一個動態性的問題，不應視為單純的問題。研究創業精神的特質學派（Trait School）以組織行為學的理論為依據，認為企業家具有不同的洞察力與風險承擔的特質，強調創業動機以個人特質為其出發點；但數據學派（Rate School）則否認企業家具備獨特的天賦，認為創業的動機乃受到外在環境與經濟因素所影響，基於本身主動或被迫追求更好的預期報酬，即被外在環境因素所左右的選擇（Ritsila & Tervo, 2002）。

Greenberg與Sexton（1988）研究指出，創業之所以想要創業，可能基於六種原因，分別為：(1)在市場上發現機會；(2)相信自己的經營模式比前人更有效率；(3)希望將自己的專長發展成為一個新事業；(4)已完成新產品的開發，並相信這新產品能在市場上找到利基；(5)想要實現個人的創業夢想；(6)相信創業是致富的唯一路徑。Ghosh與Kwan（1996）針對新加坡及澳洲的創業者進行研究，發現創業的心理動機有七項，分別為：(1)個人想要向上成長；(2)喜歡挑戰；(3)希望擁有更多的自由；(4)發揮個人專業知識與經驗的機會；(5)不喜歡為他人工作；(6)受到家庭或朋友的影響；(7)家庭傳統的承襲。

林南宏與何慶煌（2007）則針對總體經濟的指標，將創業精神的驅動因素歸類為三大類：

1.職業選擇驅動因素：強調在勞動市場與資本市場處於均衡狀態且沒有資訊不對稱的情形下，任何人都可以自由選擇要成為受僱勞工或成為創業家，其考慮的只是未來預期報酬的高低（Lucas, 1978）。即創業動機就是追求個人收入效益極大化。

2.供給面驅動因素：新創公司成立時，為因應初期設立資本及公司營運資金所需，需要籌措資金，一般說來有自有資金以及銀行借款。而自有資金的來源即為所得及儲蓄，故認為儲蓄率與國民（平均所得）可作為探討創業動機的重要因素；至於銀行借貸方面，儲蓄為可貸資金供給的主要來源，自發性投資則為可貸資金的需求，兩者的供需決定實質利率的高低（謝登隆、徐繼達，2001），因此銀行的放款額度及配套措施也是為創業者創業時的考量動機因素。

3.需求面驅動因素：需求的變動有助於創業精神的推動（Romanelli, 1989），而需求的增加則有助於創業精神的實現（Dean, Meyer, & DeCastro, 1993）；Arenius與Kovalainen（2006）則認為整體需求的增加及消費支出的增加，對創業家而言就是一個機會。Reynolds、Storey與Westhead（1994）的研究指出，人口（密度）數量與新設公司具有顯著的正向關係；其次，Stinchcombe（1965）的研究則認為創業家精神與社會財富具有高度關聯性，並將GNP/GDP視為創業精神重要的驅動因素。總結上述來說，消費支出與政府支出視為需求面的驅動因素。

根據上述學者們的看法，創業家創業的原因來自於個人特質的差異，諸如想要實現個人的創業夢想、個人想要向上成長、喜歡擁有更多的自由等；另一原因則是因為受到外在環境或其他個體的影響，諸如受到家庭或朋友的影響、家庭傳統的承襲、銀行的放款額度及配套措施以及社會財富等有很大的關係，所以不同的創業動機亦可能對創業績效帶來不同的影響（Ghosh & Kwan, 1996）。重要的一點是，個人若擁有很大的能力，但卻缺乏創業動機，則未必能成為成功的創業家（張金山，1990）。

六、創業機會小故事

(一)85度C的創業故事（李雪莉，2007）

85度C創辦人吳政學，來自於雲林縣口湖鄉務農人家，專科沒讀畢業，也不太會說英文，但很早就出社會進行很多創業活動。他開辦過髮廊與鞋業加工廠，也帶動起90年代初期休閒小站連鎖飲料業的加盟風氣，還曾經創辦過五十元披薩等業態。由於來自基層，吳政學對於大眾市場特別敏感，充分掌握了庶民文化的流行趨勢，創業內容從珍珠奶茶、披薩，到咖啡、蛋糕等，鎖定的全是「庶民經濟」活動。

(二)85度C在2004年7月開出第一家門市（李雪莉，2007）

走到任何一家85度C，明亮的三角櫥窗旁，總是有等著結帳的排隊人潮。「如果說星巴克是走『城市雅痞』的流行路線，85度C則是走接近平民的開放路線。」面對像85度C這樣快速崛起的路邊咖啡店，當時統一星巴克的總經理徐光宇認為，星巴克不只是販賣咖啡這個商品，更是販賣都會上班族的「第三空間」。相較於競爭優勢，85度C這方面完全不是星巴克的對手。徐光宇表示曾經去過85度C的店內實際體驗，尤其在酷熱的夏天，坐在人來人往的騎樓下，其實非常不舒服。而85度C的主要消費客層，包括了所有中產階層的男女老少，可說是台灣眾多人口的現實縮影版，有效吸引了一群原本不喝咖啡的普羅大眾。85度C的經營策略，可說是哈佛大學商學院教授克里斯汀生口中所說的「破壞式創新」範例，以更便宜、功能更能滿足消費者的創新產品，進攻低階市場，打破領導品牌的獨占地位。當時吳政學覺得，如果吃一個便當才六十元，而喝一杯咖啡卻要價一百多元，等於一杯咖啡可以買兩個便當，那人們經常喝咖啡不是會有經濟壓力嗎？吳政學因此嗅到創業的商機。「庶民經濟」的想法，成為吳政學創業的最高指導原則。吳政學以成本利潤精算分析過，咖啡定價即使折半後仍有利潤。以熱拿鐵咖啡為例，85度C定價在一杯三十五元，比領導品牌星巴克足足少了將近一半以上，就算用最好的Lavazza頂級咖啡豆，一杯咖啡的成本也只有十元左右，賣三十五元，毛利率便可維持65%以上。

另外，為了降低開店成本，有效提

高賣場坪效，在店址的選擇上，鎖定人潮最多的三角窗。一家店以五萬人口作為來客基礎計算；每家店提供的桌椅不到四、五張，便可提高顧客的回轉率。對於成本利潤、地點與坪效的精打細算，使85度C平均開一家店的經營成本只要三百萬元左右，比競爭對手星巴克少了一半以上。於是高舉「庶民經濟」的平價策略，使得85度C開始快速展店，從鄉村包圍城市，成為本土咖啡品牌顛覆咖啡產業遊戲規則的主因。另外一個成功因素，是它延伸平價策略到「烘焙產業」的想法。以分紅入股方式，與亞太、君悅等五星級大飯店主廚合作創業，並帶著主廚一路從中部到北部，站在台中、新竹、台北生意好的麵包店門口，觀察客人都購買哪些品項的烘焙點心。經過歸納，發現住宅區的歐巴桑比較喜歡軟一點、變化多一點的烘焙點心，以及有肉鬆、紅豆、芋泥內餡的烘焙麵包；而學生與上班族群則喜歡健康原味的歐式烘焙麵包。於是85度C成功組合了烘焙點心與咖啡兩項美食，提供平價商品；不但掀起平價連鎖通路革命，更有效滿足消費者吃甜食搭配咖啡的平民美食需求。

85度C創新的商業模式，採用看似簡單易懂的平價策略，首度開創「五星級烘焙點心＋平價」的創業構想，引爆台灣平價咖啡烘焙連鎖業的通路革命。大部分的人都理所當然以為精緻的烘焙點心，應該就用高附加價值的方式行銷，卻很少人會逆向思考，用平價去破壞價格領導。85度C提供消費者有別於星巴克連鎖咖啡高價商品的其他選擇，徹底顛覆了台灣消費者的品牌認知。下一步，吳政學要將85度C帶到國際市場上，目前已積極擴張海外版圖進軍美國、中國與澳洲等國家。為了避免重蹈往日連鎖加盟失敗的覆轍，不能僅以平價策略與價格破壞方式，與國外競爭者肉搏對抗。85度C以永續經營的理念，開發國外市場，掌握咖啡烘焙連鎖事業的關鍵人才與技術，不斷研發新產品，成立中央工廠嚴控品管，以確保烘焙點心品質。加強連鎖事業展店開發的經驗與技巧，建立資料庫，以精確管理掌握海外市場的變化。走庶民經濟的吳政學，成功將烘焙點心與咖啡兩項平民美食當成代工商業模式經營，大量生產、薄利多銷、不斷創新，打造了涵蓋商品、文化與服務各項細節的全方位體驗的咖啡烘焙連鎖事業（李雪莉，2007）。

創業精神、知識、行為、人格特質、自我效能與決斷力

一、創業精神

二、創業知識、創業行為

三、創業家人格特質、自我效能、決斷力

四、創業人格特質小故事

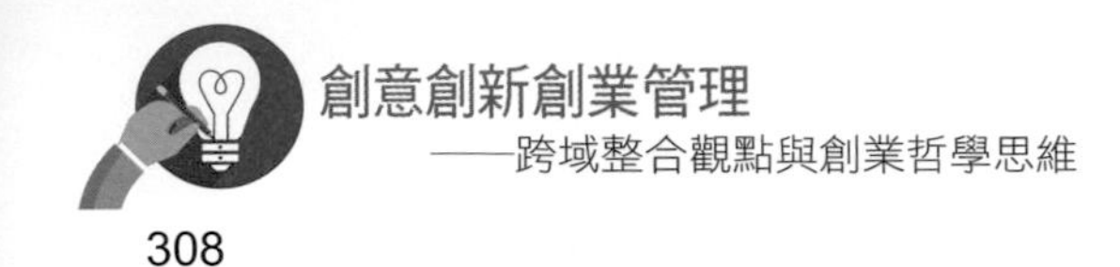

一、創業精神

(一)什麼是「創業精神」？

彼得・杜拉克（Peter F. Drucker）曾說：「創業精神（entrepreneurship）是一種行為，而非人格特質；他們藉著創新，把改變看做是開創另一事業或服務的大好機會。」德國人所謂的「創業家」（existenzgründer）是指擁有一家企業並親自經營的人，主要是用於將「僱主」（擁有企業者）與「專業經理人」和「僱用的經營者」區分開來。是權力與財產來確認（德國民法典，解釋有別於消費者）。Kirzner（1973）是第一位提出創業家精神理論的學者。他主張此精神的主要核心定義在於「對尚未被發覺機會的靈敏度」。認為「創業家對市場的靈敏度就像動物的觸角，能夠在市場上找到機會」，這是創業家們總能積極的整合資源，與開創市場發展機會，視改變為機會的精神。

創業精神是指在創業者的主觀世界中，那些具有開創性的思想、觀念、個性、意志、作風和品質等。創業精神有三個層面的內涵，無論是創業精神的產生、形成和內化，還是創業精神的外顯、展現和外化，都是由哲學層次的創業思想和創業觀念，心理學層次的創業個性和創業意志，行為學層次的創業作風和創業品質三個層面所構成的整體，缺少其中任何一個層面，都無法構成創業精神（MBA智庫百科，2017）。

(二)創業精神的相關觀點（MBA智庫百科）

這個概念最早出現於18世紀，其涵義一直在不斷演化。很多人僅把它等同於創辦個人工商企業。但大多數經濟學家認為，創業精神的涵義要廣泛得多。對某些經濟學家來說，創業者（entrepreneur）是指在有盈利機會的情況下自願承擔風險創業的人。另一些經濟學家則強調，創業者是一個推銷自己新產品的創新者。還有一些經濟學家認為，創業者是那種將有市場需求

卻尚無供應的新產品和新工藝開發出來的人。20世紀的經濟學家約瑟夫．熊彼特專門研究了創業者創新和求進步的積極性所導致的動蕩和變化。熊彼特將創業精神看作是一股「創造性的破壞」力量。創業者採用的「新組合」使舊產業遭到淘汰。原有的經營方式被新的、更好的方式所摧毀。管理學專家彼得．杜拉克將這一理念更推進了一步，稱創業者是主動尋求變化、對變化作出反應並將變化視為機會的人。只要看一看傳播手段所經歷的變化——從打字機到個人電腦到網際網路，這一點便一目瞭然。今天的大多數經濟學家都認為，創業精神是在各類社會中刺激經濟增長和創造就業機會的一個必要因素。在發展中國家，成功的小企業是創造就業機會、增加收入和減少貧困的主要動力。因此，政府對創業的支持是促進經濟發展的一項極為重要的策略。誠如經合組織商務產業諮詢委員會（Business and Industry Advisory Committee to the Organization for Economic Cooperation and Development）2003年所指出：「培育創業精神的政策是創造就業機會和促進經濟增長的關鍵。」政府官員可以採用優惠措施，鼓勵人們不畏風險創建新企業。這類措施包括實施保護產權的法律和鼓勵競爭性的市場機制。社會群體文化也與創業精神相關。創業精神在不同文化中的差異在某種程度上取決於創業所能得到的回報。看重社會地位和專業經驗的文化可能不利於創業，而推崇透過個人奮鬥取得成功的文化或政策則很可能鼓勵創業精神。

(三)創業精神觀念學派

Entrepreneurship早期釋義為企業家精神，當今普遍稱呼為創業精神、創業導向、興業、新事業開發等，本文稱為創業精神。最早源自於經濟學家，主要分為兩大學派，Schumpeter一派所主張的是英雄式的創業精神，強調具破壞性及革命型之大變革，此一學派與Drucker觀點相同。另一學派是Knight所主張的適應性創業精神，兩者的概念基礎極不相同，主張英雄式的創業家精神是基於打破市場平衡，認為創業精神應該具備擁有創新與創意，而主張適應性的創業精神，認為創業者所扮演是平衡市場結構的角色，創業者精神反映在「他們對尚未被發掘之機會的靈敏度」，創業者的靈敏就像「動物的觸角，能夠探測到市場的夾縫，在毫無指示的情況下，找到活命的生路」，也就是說他們能靈敏的察覺出市場上微薄的獲利機會，並加以善用，強調舉凡能夠增加產品的使用方式，改善前人創新，增加產品特質，以增加市場銷售等，雖無重大發現，卻充滿獲利機會，如提供某些市場上尚未出現或不足的商品，以及對現存市場提供更完善的服務等（余赴禮、陳善瑜、顏厚棟，2007）。

(四)創業精神內涵與定義

Miller（1983）認為創業者傾向承擔企業相關風險、喜好以改變與創新來贏得公司競爭優勢以及與其他公司競爭的程度。Bourgeois（1980）提到創業精神是著重如何去做，是如何（how）的層面，講求的是管理者創業的方法、實務、決策活動等。Timmons（1999）認為創業精神是創造、掌握及追求機會的過程，而在過程中並不會考慮到目前資源是否足夠（**表9-1**）。

Lumpkin與Dess（1996）針對創業精神與創業導向進行區分，強調創業精神指的是內涵，創業導向則強調如何做，是一個過程，創業導向的概念是在說明導入新進行為所引起的程序、實務與決策活動；它指的也是一種公司的策略導向，展現在公司決策型態、方法及實務上的創業風格。在觀念上創業精神（entrepreneurship）與創業導向（entrepreneurial orientation）之間的關係，創業精神是用來解釋靜態的新進入行為，而創業導向則是新進入行為

表9-1　創業精神定義

學者（年代）	定義
Knight (1997)	創業者的靈敏就像「動物的觸角，能夠探測到市場的夾縫，在毫無指示的情況下，找到活命的生路」。
Bourgeois (1980)	著重如何去做，是如何（how）的層面，講求的是管理者創業的方法、實務、決策活動等。
Miller (1983)	創業者傾向承擔企業相關風險、喜好以改變與創新來贏得公司競爭優勢以及與其他公司競爭的程度。
Timmons (1999)	創業精神是創造、掌握及追求機會的過程，而在過程中並不會考慮到目前資源是否足夠。

的動態運作，其中包含了企業進入新市場的程序、實務與決策活動，且這些活動包括了獲取產品或市場的新機會與願意嘗試新科技及願意接受風險的行動，因此創業導向為創業精神整體的表現過程（Lumpkin & Dess, 1996）。

創業精神又可分為「獨立創業精神」（independent entrepreneurship）以及「企業創業精神」（corporate entrepreneur）；獨立創業精神隸屬個人層級，指在個人願景的引導之下所從事的創新活動，進而創造新的事業；企業創業精神則是企業組織層級，係指組織在追尋共同願景時所從事創新活動，進而創造組織新風貌（Sharma & Chrisman, 1999）。微型餐飲業的業者屬於獨立創業精神，透過個人願景的引導，從事創新與創業活動。此外，Stopford 與 Baden-Fuller（1994）創業精神還可分為三種層次：(1)個人層次；(2)組織層次；(3)產業層次，且具有擴散之效。也就是說，不管創業導向發生於哪一層次，其都會經由擴散效果傳達至整個產業。Miller（1983）是首位提出三個創業導向衡量構面的先驅，包含「創新性」、「預應性」與「風險承擔性」，後續許多學者也以此為基礎進行實證（Covin & Slevin, 1989; Wiklund, 1999）。Covin與Slevin（1991）認為創業精神研究最終的依變項為創業績效，Lumpkin與Dess（1996）針對過去學者Miller（1983）及Covin Slevin（1989）的觀點後，將創業精神衡量構面增添了「自主性」與「競爭積極性」。

(五)創業精神五大構面定義

茲將Miller（1983）提出三個創業精神衡量構面，包含「創新性」、「預應性」與「風險承擔性」，以及Lumpkin與Dess（1996）增添的「自主性」和「競爭積極性」詳述如下。

◆創新性

Betz（1993）指出技術創新亦是創新的一部分，並且依照應用內容不同將創新分為三種類型：(1)產品創新：將新型態技術產品導入市場；(2)程序創新：將新技術的生產程序導入市場或公司；(3)服務創新：將以技術為基礎的

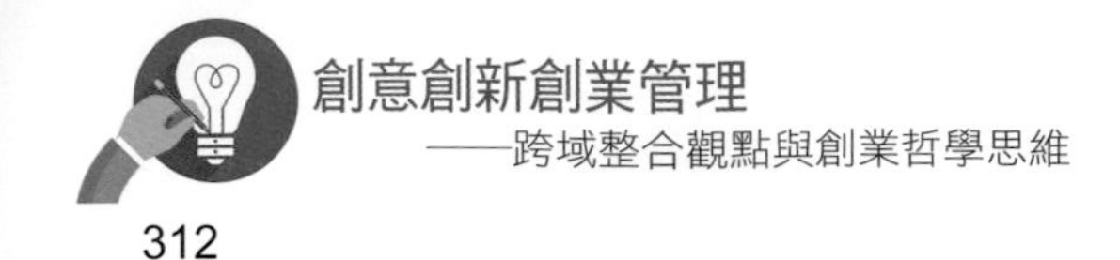

服務導入市場，創新就是企業所推出之產品、服務或製程相對於企業過去或市場現存而言，皆屬於新的創意行為。創新性指一企業對創意、新構想、新事物、新程序或試驗活動，以及從事新產品／服務開發，或引入新科技程序的支持程度（楊敏里等，2009）。

◆預應性

預應性是指預期未來需求變化所可能帶來的機會，而率先有所行動的傾向，例如領先同業推出新產品或服務，引進新科技或策略性的退出處於成熟或衰退的事業階段（Venkatraman & Ramanujam, 1986）。Lumpkin與Dess（1996）更指出具備創業精神的管理者除了重視企業成長外，更應具備洞察力與想像力，也就是說預應性能預測可能發生的問題以及掌握可能衍生的需求，進而創造出符合顧客需求與期望的新產品或服務。

◆風險承擔性

Baird與Thomas（1985）從策略角度將風險承擔區分為三種類型：(1)新創事業的未知風險；(2)大量資源持續投入風險；(3)運用高度財務槓桿風險。也就是說，風險承擔性是指創業者或經營者願意對資源作大膽且具風險性承諾的傾向程度（楊敏里等，2009）。Lumpkin與Dess（1996）研究也發現創業家與一般員工最大不同之處，主要是在於所能夠承擔的不確定性與風險程度不同。

◆自主性

自主性指個人或團體對一項概念從構想到實現，亦或是在追求機會之過程中，所展現出獨立與自我引導的能力與意願的程度（楊敏里等，2009）。具備創業精神的創業者，無論個人或團隊皆是能夠自我決策的先驅者，具有獨立自主的信心，將能引領組織願景的建立，並驅使組織進入有潛力的市場，因此自主性是創業精神的關鍵因素（Lumpkin & Dess, 1996）。Miller（1983）研究指出，越具有創業精神的企業，其領導者越傾向高度自主性。

◆競爭積極性

競爭積極性是強調公司在當下應該以何種策略或態度來面對市場中的現有競爭者（莊皓宇，2005）。Lumpkin與Dess（1996）指出，具備競爭積極性的創業者會採取直接並且較強烈的手段來面對競爭者的傾向，藉以達到改善公司競爭的行為或勝過市場上其他競爭者。競爭積極性與預應性在觀念上看似相近難以區分，Lumpkin與Dess（1996）將兩者間差異加以區分，認為預應性是強調進入市場中的方式，強調藉由積極行動與預測未來，以早一步獲取市場中潛在的機會，而競爭積極性則強調公司當下應採取何種策略來面對市場中現有的競爭者。

二、創業知識、創業行為

(一)創業知識與知識論

「知識論」是哲學其中一個非常重要的研究範疇，常用作探討知識的來源及人類如何獲得知識。「知識論」有兩大派別：一是以笛卡兒（René Descartes）為首的「理性主義」，主張人能夠以客觀理性的思維與分析來獲得知識。另一派是「經驗主義」，主要代表人物是洛克（John Locke）和休謨（David Hume），主張知識是透過人類的感知經驗、觀察和歸納來獲得。創業的知識相當廣泛，而且因為市場環境的急速轉變而不斷在更新。筆者認為，並不能單靠理性或經驗單一的方向便可獲得創業者應要的知識，應採取理性與經驗雙管齊下的方法，兩邊皆踏油門以並駕齊驅（溫學文，2013）。

創業家應該具備的知識簡單的說就是風險承擔與機會辨別能力的知識、技能與態度，創業家就是要有能力運用到自己的工作上（Lumpkin & Dess, 1996）。創業家的行動思維往往會影響其公司的重大經營方向，他在公司主導一切事業的過程中扮演重要關鍵角色（Markman et al., 2002）。其實，創業家有個基本原則，是要在認知過程中步步為營，深入分析市場，「選擇它的極限所在，是入行的藝術。這才是我最珍惜的自主，挑選自我界線的自由。」（Godin, 2003），隨時觀察經濟變化以及秉持一片誠心。步步為營是創業家在投入工作的時候他的基本心態，「心態」是很心理層次的，是無法量化的，直指本心，是內在動機和自我決定的人類行為（Deci & Ryan, 1985）。杜拉克在《企業的概念》一書中指出，「創業家賦予現有資源創造財富的新能力」。是一種利用生產資源的整合達創新與創造利潤的過程（Schumpeter & Nichol, 1934），是機能實踐的能力。創業家或說是人類天生就有追求新奇與挑戰的內在傾向，可以經由學習與鍛鍊自己的能力，從事非制式的創新與實現宏大遠景的工作。創業是可以經由學習、觀摩發展而獲得的技能，從中找到工作的目標與意義（Abramson et al., 1978）。

(二)創業行為與認知理論

◆認知理論

認知（cognition）指的是個人的感知（perception）、記憶和思考，認知的過程包括將輸入的資料進行轉換、縮減、儲存、更新以及使用之程序，因此認知心理學的出現將有助於解釋創業家與周邊關係人、外部環境互動的心智過程（mental processes）（Mitchell et al., 2002）。認知理論（Cognitive Theory）著眼於為什麼有些人能發現機會？有些人會去開創新事業？又為什麼有些人能夠創業成功？近三十年來，眾多學者把目標放在探討人格特質對於創業行動與結果的影響，卻無法得到一致性的統計顯著支持，因此至今仍無定論（Baron, 1998）。後續研究者將目標轉向認知理論，探討創業家之資訊認知差異對於創業活動的影響。1990 年代中期，Busenitz與Lau（1996）使用認知結構與認知過程的概念，解釋為何有些人擁有較強的創業意圖。認知結構指的是一個人對於風險、控制、機會與利益之信念與看法，認知過程則是指一個人的資訊處理方式與能力。

要瞭解創業的核心，必須更深入地去探討創業家的思考本質。因此許多研究者從認知心理學的角度切入，試圖解開創業家認知模式的黑盒子（black box），藉此探索如何才能有效發掘創業機會（Krueger, 2003）。Mitchell等

人（2002）將創業認知（entrepreneurial cognition）定義為「人們用以評估、判斷及決定有關於市場機會、新事業開發及成長的知識結構」。換句話說，創業認知就是用來理解創業家如何使用心智模式，將眾多外部資訊加以連結，大膽判斷市場商機所在，進而組合必須的資源，開發新產品與開創新事業。

Shane（2003）指出認知的特徵，如主觀性、自信心、直覺力等，都會影響人們如何思考與決策。由於創業家面臨不確定環境與高度風險，在資訊有限的情況下，需要一套有效的思考模式來克服認知偏誤，增加對於機會判斷的能力。由此可知，創業家如何經由環境互動來發掘創業機會，將與其內在的認知過程高度相關。Busenitz等人（2003）認為可以藉由認知理論，探索創業家是如何利用外在環境變化來知覺創業機會，以及如何利用特定資訊來發展新事業。而Baron（2006）更強調創業機會辨識就是一個型態認知（pattern recognition）的過程，他整合了先驗知識、創業警覺性與主動搜尋等三項要素，探討創業家在進行機會辨識過程中，如何受到創業家認知模式的影響。除了著眼於創業家個人層次的認知研究，更可以延伸至創業團隊的社會認知層次。例如Busenitz等人（2003）鼓勵後續學者可以針對創業團隊決策模式、成員多元性等議題進行研究，探討機會發現過程中創業團隊之社會認知模式。認知理論可用以連結創業家認知與創業環境、創業行為之間的關係，加強研究者思考有關於創業心理面之議題（Mitchell et al., 2002）。綜合而論，認知心理學可為創業研究提供較為豐富的理論基礎，使研究者能夠更深層次的分析創業家與創業團隊發掘機會的心路歷程（Krueger, 2003）。

◆社會認知理論

社會認知理論是由美國心理學家Bandura（1977/1995）所提出，包括環境（如整體社會環境）、個人因素（如個人動機、態度）以及行為三者之間會相互影響。依據社會學習理論的觀點，人不受內部力量的驅使，也不受外在環境刺激的支配，而是根據人和環境間連續的交互作用來解釋心理功能的，強調「個體—環境—行為」之間互動對行為影響的重要性，即是Bandura的三角互動（Triadic Reciprocality）。Bandura（1986）認為社會認知理論最適合用來解釋動態環境中人的行為，並且將認知、自律行為與自省的程序當成因果模式的主要架構，因此在此一理論中強調的是個體內在行為產生過程中的心理功能，個體所持態度的心理因素與環境因素和行為之間的交互作用，說明個體外顯行為如何影響內在，且如何受到環境影響也改變了環境。

◆社會認知理論在創業行為之應用

依據Bandura的社會認知理論，蔡繡容（2001）的創業認知結構，個人因素、環境因素與行為交互作用模式，是依據個人、環境與行為間三角互動關係，說明個體的創業認知受到個人因素、環境因素及行為因素的影響，且三因素間相互影響其變化。其架構點出創業行為是個體內在態度與外在環境交互作用下而產生，個人態度部分主要為探討個體對於創業的認知與預期；環境因素包含了目前教育、社會、經濟、政策及法令等方面，行為因素則是探討可能引發創業的導因、其重要性與認同程度等。因為行為會受情境所限制，態度只可能存在思想中，因此Sears等人（1986）將態度分別為下列三個因素：(1)認知成分：信念和觀念；(2)情感成分：價值和情感；(3)行為成分：行為和行動傾向。當個體對於創業的認知改變時，其對於創業環境與誘發創業行為因素也會產生變動，而這些變動也會藉由相互作用影響其對於創業的認知，此為創業認知架構中個人、環境與行為的交互關係（黃安邦譯，1986）。

三、創業家人格特質、自我效能、決斷力

(一)創業家人格特質

人格理論分為六個學派，分別為精神分析學派、特質學派、生物學派、人本學派、行為與社會學習學派以及認知學派（Burger, 1993）。認知學派認為以個體處理方式的不同來解釋行為的差異，欲瞭解人如何認識自身及環境，強調探討人如何知覺、評價、思考、學習、決策、解決問題、解釋並預

測事件的結構。創業家的人格特質，過去一直為創業管理相關研究為探討的重點，亦即一個人具備什麼樣的人格特質，才能成為一個成功的企業家呢？Allport（1963）在其著作《人格心理學》，檢視了五十個對於人格特質的定義，在將這些定義分析歸類後，擬定了他對人格的定義：「人格是一個人的心理、生理系統所形成的內在動態組織，它決定了個人對於環境獨特的適應。」某些人安靜而被動，而某些人愛講話並且具攻擊性。而當我們以安靜、愛講話、被動、主動、有企圖心、喜好社交等詞彙來描述一個人的特徵時，我們即是以人格特質來區分他。一個人的人格是其心理狀態或特質的綜合，且人格決定了個人思考與行為的獨特形式，我們經常以人格作為區分人們的依據（Robins, 1992）。簡單來說，就是使我們跟別人不一樣的個人屬性、特性及特質的總和就是人格（Thomas & Gerald, 1994）；而特質則是一種持久性的反應傾向，是人格基本的結構單位（Cattell, 1965）。綜合上述觀念，我們能藉由持久的反應傾向，並權衡情境與特質的相對關係後，來預測個人在特定情境下的行為或思想。McCrae、Costa 與 Busch（1986）提出五大人格特質的向度，包含外向的向度、隨和的向度、勤勉正直的向度、情緒穩定的向度以及對後天經驗開放的向度，以五種基本因素描述：

1. 外向的向度（extraversion）：外向者較合群、獨斷的和好社交的，內向者則傾向保守的、膽小的、安靜的。
2. 隨和的向度（agreeableness）：高度隨和的人是合作的、溫暖的與信任的傾向。低度隨和的人則是冷淡的、沒有認同感的與敵對的。
3. 勤勉正直的向度（conscientiousness）：高度誠懇的人是負責任的、有組織的、可靠的和有毅力的傾向。反之，則容易離開崗位、沒有組織的和不可靠的。
4. 情緒穩定的向度（emotional stability）：有穩定的情緒，特質為冷靜的、有自信的和安全的。有高度負向的人偏向緊張、焦慮、難過和危險的。
5. 對後天經驗開放的向度（openness to experience）：極度開放的人是有創造力的、好奇的與對藝術敏銳的。相對的則是較傳統的，對於熟悉的事物較感到舒適。

另外從五大人格特質的典型特徵表可更瞭解五大人格特質，對於本文瞭解各創業家的人格特質也能夠給予較清楚的分界，詳見**表9-2**。

表9-2　五大人格特質的典型特徵

人格特質	典型特徵
外向的向度	自信、主動活躍、喜歡表現、喜歡交朋友、愛參與熱鬧場合、活潑外向
隨和的向度	有禮貌、令人信賴、待人友善、容易相處、寬容
勤勉正直的向度	努力、有始有終、不屈不撓、循規蹈矩、有責任感、細心
情緒穩定的向度	容易緊張、過分擔心、缺乏安全感、較不能妥善控制情緒、敏感
對後天經驗開放的向度	有開闊心胸、富於想像力、好奇心、創造力、喜歡思考及求新求變

資料來源：McCrae, Costa, & Busch (1986).

而在每一個人格特質向度之下又包含某些特質，如外向性中就包含了社交性、合群等。每一人格特質都代表某種人格特質的連續光譜，而在這人格特質的連續光譜中占有任何位置（George & Jones, 2002）。總括來說，五大人格向度的研究，整合了學者的人格架構理論，在實務上，也發現這些人格向度與工作表現有相關性。也有學者從人口統計變項、心理及行為特質來探討創業家的人格特質（Brockhaus, 1982; Stanworth et al., 1989; Park, 1978）。人口統計變項方面，Brockhaus（1982）認為年齡與教育程度為影響創業家人格特質的重要衡量因素；Stanworth等人（1989）則是從排行、性別、家庭背景探討創業家的人格特質；而Larson（1992）則是從過去的工作經驗來探討其對創業成敗的影響。

在心理及行為特質方面，Park（1978）則指出創業家的特徵包括：積極進取、待人和善、領導能力強、負責任、組織能力強、勤勉努力、決斷力強、堅毅不撓、體魄強健。McClelland（1961）則認為創業家具有一定的個性與心理特徵，如高成就動機、內控傾向、高風險偏好以及高模糊容忍度等。其他的心理及行為研究創業家的人格特質，亦進一步指出創業家往往具有較高的成就動機（McClelland & Burnham, 1976）、自我效能（Wood

& Bandura, 1989）、風險承擔（Simon, 1986）與權力動機（McClelland & Burnham, 1976; Bittie, 1984）等特質。

學者們對於創業家的人格特質作出相關的研究，如Catlin與Matthew（2001）指出新事業的創立都有其獨特性，他們歸納了創業者於創業時的一些共同特質，其中含括了：(1)具遠見之開創性；(2)擅長於不可能處發現可能性；(3)不斷找尋新機會與挑戰；(4)充滿熱情與活力；(5)追求目標，並以高標準自詡；(6)新觀念之發想者，跳脫舊有之想法；(7)追求完美；(8)積極進取，未來導向；(9)聰明、能幹、果決；(10)做事積極、具使命感；(11)冒險犯難、充滿自信；(12)喜歡接受挑戰，解決問題；(13)期使事物能有所不同，並為自己與他人創造財富。Sexton（1985）則認為創業家特質有以下七點：(1)能夠容忍容易引起爭議的情況；(2)喜歡擁有自主權；(3)堅持服從性；(4)在人與人之間較為冷漠，但有靈巧的社交手腕；(5)具有風險承擔性格；(6)對快速改變適應性高；(7)對於他人支援需求較低。

(二)自我效能理論基礎

◆自我效能

自我（希臘語：ego；英語：self），是一個人類，對於其自身個體存在、人格特質、社會形象，所產生的一種認知、意識與意象。通常人類個體會認為他們自身是一個連續性、整合、不可分而且具備獨特的自我，對自己的意象、人格特質會持有的整體知覺與態度。唯我論認為，自我是唯一可以被肯定的事物。笛卡兒曾提出一個哲學命題，我思故我在（拉丁語：Cogito ergo sum）。層面上，無論其何種形式，都是在建立強化他於能力的信念如何帶動其積極性，「為了成功達到預期的成果，使工作顯得有價值」（Mathieu & Button, 1992），行為上與意識上會去強化他的技能。一個積極的自我效能，是有別於人格特質的（Goldberg, 1981）。

自我效能的涵蓋觀念與演化中，自我效能是由英文self-efficacy翻譯而來的。Bandura在1977年提出「自我效能」是社會認知理論中的核心概念，指出個體對自己在特定的情境中是否有能力得到滿意結果的預期。自我觀察（self-observation）、自我評價（self-evaluation）、自我反應（self-reaction）、自我效能（self-efficacy）這四個過程目標是社會認知理論（Anderson et al., 2007），強調其間的相互作用決定動機和行為。這四個信息說明自我效能感可以作為行動力基礎是和行動力相關的，而不是只有想法，他們將可以達成目標（Axtell & Parker, 2003）。社會認知理論強調如何認知個人、行為、環境的相互作用與這四個過程目標有其相互關聯（周志儒，2017）。Bandura的社會學習理論中說明論述了人類行為的因素差異。他將這些決定人類行為的因素概括為兩種：決定行為的先行因素（效能期望）和決定行為的結果因素（結果期望）。自我效能用以指個體對自己在特定的情境中是否有能力得到預期的滿意結果。換言之，是指人們對自己行動的控制或主導。談到一個人的自我效能會讓人聯想到人格特質與自尊心。人格特質在心理學上被認為是一個相當穩定的行為模式，性格反應環境變化是與生俱來的（Bandura, 1999）。說明了自我效能不被認為是人格特質。人格特質是行動的認知中介，兩者間是有相關聯的，能力評估對瞭解自我效能是有幫助的，但是無法改變其人格特質（Griffin & O'Cass, 2010）。怎麼解釋呢？根據自我效能的理論，幹部會將多餘的體力與精神放在完成工作上，而不是在如何訓練新進員工（Bandura, 1977）。Bandura 認為，自我效能是可以改變的。心理的自我效能，是有別於人格特質的（Goldberg, 1981）。自尊心與自我效能之間也有很大的差異（Elavsky & McAuley, 2003）。自我效能不同於自尊，它有其特定功能，不是在主張自己的價值與尊嚴的感覺判斷（Beck & Grant, 2008）。舉例說明：自我效能低的幹部，很沒效率的培訓員工，但是這個不會對他的自尊與自我價值有任何負面影響。不過，高自我效能的幹部，成功訓練員工作業，它有可能發展出更高的自尊心。兩者間雖然不同，自尊心卻有可能影響到自我效能。人格特質與自尊心是存乎心裡的固有特質；自我效能來自於對特定任務所產生的行為信念，有高度動機與自我期許的行為過程（周志儒，2017）。

周志儒（2017）探詢自我效能（self-efficacy）與決斷力（decisiveness）的認知辯證，透過科學的角度引領探索創業家學習行動與決斷的因果關係。最終要探討辯證的是，將自我效能與決斷力的智慧結合，轉換成自我哲學，並把這些發現整理為有用的觀念架構，介紹給想創業或想建構公司的新一代企業創辦人。辯證思維的意識，主要是探討事物本質可以在同一個時空裡是此也是彼（Both A and B）、是真也是假是成立的。從思維過程中把認識到的議題依不同的組合、特性、要因等分解，並對此加以研究，從認識事物的各種因素，在其中找到系統與要素之間的關係。眾所理解，世間上每一個事物都因自己有其特殊的質的規律特性，與其他的事物區隔開來，所以有差異。從此點來看，「非此即彼」是成立的。但是，事物本身也有其相互關聯的連結網，它有多面向的關聯確定自己的多重性質。此點說明「亦此亦彼」也是成立的（李瑞環，2005）。換言之，較特定的關係來說，非此即彼；放在普遍關係之中，亦此亦彼。恩格斯說：「世界不是既成事物的集合體，而是過程的集合。」一個方案的被提出與一個計畫的實行，總是利弊得失兼而有之，總是有亦此亦彼的矛盾存在，一切事物的發展過程中，同時也串連每一個事物發展的始末。用辯證法分析主要是先決定事物的質，使單一事物和其他事物區分開來，就這個過程是「非此即彼」。此外，質本身在物理或是化學作用轉化之下，互為中介，相互演化。正如老子所說：「禍兮福所倚，福兮禍所伏。」意思是說禍與福互相依存，可以互相轉化。無論是禍還是福，都是亦福亦禍，就是「亦此亦彼」。總之，辯證思維是把「亦此亦彼」和「非此即彼」綜合起來分析，它有其互動性與互為互動的關聯（周志儒，2017）。

◆創業家經營公司必須見微知著，自我效能中「察同觀異」

創業家能夠從微小的變化中看到產業變動的大趨勢，對世事隨時抱持懷疑的態度，才能有新思維和構想，並且提前制定策略或辦法，掌控趨勢與機會。要達到從少量的資訊就能提出判斷的地步，此察同觀異的形成有賴於平時經驗的累積。見微知著來自經驗衍生的敏銳直覺，絕非是偶然，憑空浮現的。蘇格拉底的哲學方法（認識自己）：知道自己的無知之後，才算是真的（認識自己）。創業家自始自終都抱持對大局的關注與掌握，這就是宏觀視野的事前研究。在決斷力的展現上，隨年齡的增長後，越是瞭解精簡思考過程，直覺效果已經大於資料判讀。對當下立判的決斷：完全是對市場的瞭解與掌握（周志儒，2017）。

◆自我效能中「自我目標」讓創業家制定具有挑戰性的目標得以成功

創業家精心布局經營公司，這是創業家個人的特定任務與專業認知。自我效能會影響創業家自我認知，較高的自我效能的人會為自己設立多個目標，承擔的責任就越堅定，是創業者應有的心態，而且盡全力達成。心理上，他們會在腦海中幻想將來達成目標後的圖像，並視此挑戰布局的策略活動是將來實現自我成功的機會之一。也是創業家對自有能力與所處環境變化所採取相對應措施的智慧與信念，轉換成自我哲學的處事方法（周志儒，2017）。

◆自我效能的相關研究

自我效能的發展在文獻中所探討的都廣泛的指出是人的努力，因為經驗不可能讓我們認識先天綜合判斷與客觀的有效性。所以，高自我效能的人會對自己設置更有挑戰性的目標，面對困難時，使自己更專注於此目標，表現出更多的努力與毅力堅持，增強他的自我效能（Bandura, 1995）。高自我效能的人，可同時努力一項艱鉅的任務或難以實現的目標，比較能面對可能的失敗或挫折，而且不會輕易放棄。面對同一議題，低自我效能的人覺得任務不可能達成時，高自我效能的人卻會努力開發更高的知識量，並持續努力，克服其失敗與挫折（Pajares & Kranzler, 1995）。另外有些研究站在反面看法，認為高自我效能的人有時會過度自信自我潛能與創造能力的錯覺，導致他們使用錯誤的策略，決策失誤，並拒絕承擔錯誤的責任（克拉克，2001）。精神上為了達到對其他事物的占有或支配，高自我效能的人為自己設定更高的目標、更堅定自己的目標。Kluger與DeNisi（1996）在「Effects of feedback intervention on performance」一文中提到：「這是人們在學有專精後，會從正面回饋轉為偏好負面回饋。」但是總體而言對高自我效能的人都持正向肯定，如高自我效能的人習慣性的努力，並持之以恆；低自我效能的人頻繁跳槽（Bandura, 1986）；高自我效能的人在面對困難時更能堅持，能更有彈性的面對失敗（Bandura, 1986）等。美國職籃傳奇球星Michael Jordan曾說：「我生涯中投籃不進超過九千次，輸掉約三百場比賽，……那正是我

能成功的原因。」（Goldman & Papson, 1998）。也正是「學然後知不足，教然後知困。知不足，然後能自反也；知困，然後能自強也。」（《禮記．學記》）。這是高自我效能者從負面回饋後的大步躍進，中國古智慧早有此說。

從創業的角度來看，自我效能高的人比自我效能低的人更容易創業（Markman et al., 2002）。高效能者會對自己設立一個更遠大的目標，在面臨不同處境的時候，勇於表現更多的努力與堅毅精神，他們將經驗體悟貫通後，能演化發展出更多的機會（Bandura, 1995）。高自我效能的人在面對逆境時，會將面臨的問題當作是一種挑戰而非威脅，以此挑戰作為自我提升的動力，並激勵自我與突顯其自身的意志力。工作與創業年資在二十一年以上者，具有高自我效能（牛涵錚、謝覲宇，2015）。所以，周志儒（2017）認為創業家的自我效能有受其先天影響，也有因為後天的訓練學習與鍛鍊養成，希望將來有機會或後續研究者可以加以辯證其間連結。

(三)決斷力意識與膽識

對於決斷力的研究，有學者論述「隨著評估戰爭形勢的變化，採取有系統而多樣性的行為方式」（Valentine, 2016）與「指領導者面對變化時，啟動成功經驗認知」（Orta & Su, 2016）。當有人問「你為什麼那樣決定？」是指行為底下的準則，或是反省自己的選擇與有能力為自己做出理性推論後的決定？周志儒（2017）也給決斷力下個定義：決斷力是經由過去經驗中培養所得知識，在反射狀態下顯現出的行動。這個定義可以再精簡一點的說是：決斷力是直覺的反射。

這個定義是簡潔，但是因為每位創業家的決斷力隨著個人的知識、閱歷不斷揚升而日益成熟。創業家面臨可能迫使個人產生潛在風險或創造各類事件發展，能迅速做出決定，採取具體明確的行動措施，並具有主動承擔決策後果的擔當與魄力。決斷力是一位創業領導者最重要的技能之一，是公司創辦人不可少的一種能力，正確的決定讓公司前進，錯誤的決定更考驗應變的能力。創辦人的決策，能化危機為轉機，使內部力量更凝聚，也讓公司與業界，對其所管理公司的未來更有信心。周志儒（2017）認為，這是因為很難確切指出何謂良好的決斷。良好的決斷力究竟是什麼？它和常識或直覺不同嗎？是靠運氣，還是靠聰明才智產生的？彼得・杜拉克說：Management is do the things right; Leadership is do the right things.創業家作決策時也是如此。do things right與do the right things選擇了滿足自己或是滿足別人？一個是把每件事情做好，do the things right是滿足別人的前提下做對每件事。所以，老闆與員工們都在想辦法去滿足每個人的需要與期望。另一個是，做對的事情——do the right things，比較能滿足自己的，滿足內心快樂的泉源。這兩種是相對立背離的，它們是利己與利他之分。馬克・吐溫（Mark Twain）有句名言：「There is never a wrong time to do the right thing.」有時確實是無法兩全其美，面面俱到的抉擇，答案也許也在馬克・吐溫的幽默裡。創業家應當選擇忠於自己，在當下的時間經緯裡選擇對的事，讓一半的人心悅誠服，另一半的人感到驚艷（astound），足矣！決斷力的展現是創業家內在的分析能力與情感情緒的控制力，外顯於應變作為與其宏觀視野上，也是創業家本身總體素質的呈現（周志儒，2017）。

古語云：「用兵之害，猶豫最大，三軍之災，生於狐疑。」（《吳子兵法》）。核心技能與知識固然重要，但是，如果沒有決斷力的膽識，對事件或個體就無法發揮出最大的效用。一位創業家往往要自己判斷，對市場變化做出分析；從產品特性、市場訊息、經營診斷三位一體，讓企業的營業活動得以完成。猶太智典《塔木德經》（*Talmud*）說：「獨特的眼光比知識更重要。」這個「獨特的眼光比知識更重要」，周志儒（2017）定義為：對認知的意識。可以假設它是以超然或旁觀的立場來看待事情或一個事件，對事與物有更具全面性與更成熟的理解判斷。它可以用來計畫、監視、評估與管理在我們的認知過程裡所要發揮的功能，最後，觸發它下達決心的決斷力意識。這個是可以透過訓練來增強決斷力的展現，藉由資訊科技技能輔助，提供有計畫、有次序的思維判斷，藉由觀察力進行活動的過程中，監控與調節其達到最佳決斷力的學習效果。但是，決斷力，是一種思維的行動；是創業家們永不停歇的思維過程（周志儒，2017）。決斷力的認知意識也是一種變遷的意識。周樑楷（2007）「……人們自我察覺到過去、現在和未來之間總

是不斷流動的，而且在這種過程中每件事物都一直在變遷之中。」例如：下棋過程中，每一子的變遷是何等的難以預測，全仰賴於前例的訓練與各種經驗的嘗試錯誤中培養知識，逐次累積的判斷經驗增加後，在反射（或稱直覺）的狀態下顯現其決斷力舉棋若定的能力。是創造未來局勢的展現。認知意識是決斷力方向的航舵，絕非是感性的發想。創業家對於自己所處的專業領域，始終保有對局勢的研判能力，是宏觀視野；非局外人的想法。隨著年齡的增長，越清楚精簡思考的過程，周志儒（2017）歸納，決斷力是一種快速判斷一事件或事務發展，是當事人身處其累積的閱歷下對已發生或即將發生的事情做出的行動方案的作為。決斷力的背後牽涉著很多的能力，比如對事情準確的判斷力，是否有勇氣去承擔決斷後的風險。

(四)自我效能與決斷力之辨證思維

Bandura把交互（reciprocal）這一概念定義為「事物之間的相互作用」，把決定論（determinism）定義為「事物影響的產物」；Bandura（1986）指出：「行為、人的因素、環境因素實際上是作為相互連接、相互作用的決定因素產生作用的。」進一步提出了他的交互決定論，即是強調個體在社會學習過程中行為、認知和環境三者的交互作用。從這個觀點推演，可以說創業家影響個人行為與環境，也可說環境或個人行為影響創業家；更可以引申，創業家可藉著某種行動方式影響環境，而且改變後的環境將再依序影響後續的行為，三角形三個頂點都會對其他頂點產生交互作用。周志儒（2017）建構創業家個人的自我效能（person）、決斷力行為（behavior）與自身養成對環境（environment）宏觀視野三者交互作用中產生的自身發展影響的交互模型。在此交互模型中，以創業者的創業過程與所遇到經營困難為起點，探究其對產業的專業觀察與採取的應變作為；與人生中重大轉折與決斷的膽識判斷，最後產生的經驗與認知心得等議題。此變遷的過程培養成個人的價值觀，是內化後的自我哲學，這個過程會歷經許多週期，我們可以看到，「個體化過程是按層次或階段層次進行的，但不是規律或線型的階段」（吳菲菲譯，2015）。「心理成長不是線性，它是螺旋繞轉式的發展，所繞轉的中心則只有以自性為中心的繞轉，此想法基本上是古代中國的觀念，易經中陰陽太極被比喻為宇宙創始與規律的開始，看似寂靜，陰陽太極則是旋轉動態；陰陽轉化，生生不息而前進不已，此即周易之變易。這觀念創造了非僅以自我為中心的自我意識，顯然又會對周遭世界產生共時效應（synchronicity），再從創業家個人處世之間流露出來（周志儒，2017）。

周志儒（2017）研究自我效能與決斷力之辯證思維所產生的自我哲學旋轉發展過程以平面結構方式繪製圖形如**圖9-1**所示。這個自我哲學結構圖把個別物件相互關係連結起來，並繪出以中文「品」字型態，「品格」著重個體的價值判斷，將其研究發現的與經驗有意的納入此結構系統之中，藉以從其經歷與其研究觀察得以整理程序綱領。

因此，如果沒有廣泛多樣的人生經驗，個人內省的成長就無法發生，自我哲學無法只靠內省和冥想人類的生命意義來取得進展。創業家要能產生自我哲學，他就必須經過一種能將他的許多（雖非全部）潛能從他的經歷——

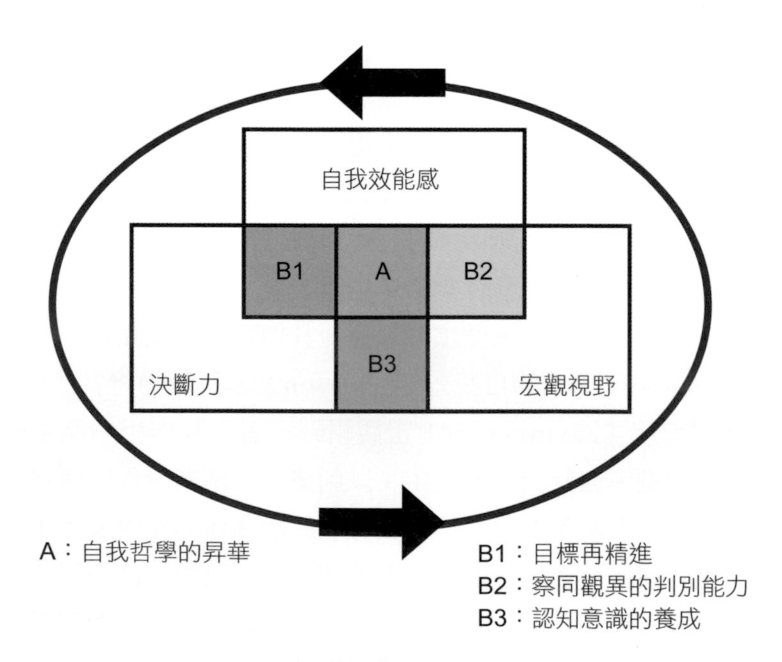

圖9-1　自我哲學旋轉發展過程

資料來源：周志儒（2017）。

行為的變遷過程吸取出來，然後思索這些經歷。「品格」（character）著重個體人格特質的價值判斷，「人格」僅是個體個性的行為表現，不含價值判斷，character源自於希臘文charakter，意思是雕刻、切割之意，具有卓越出眾、美好特質之意，需透過教育或學習歷程來陶冶。非常耐人尋味的「品格」會繞著一個中心逐漸成熟，但這個中心點既為個人所有，也非為個人所有。這創造一個非僅以自我為中心的自我意識，顯然又會對周遭世界帶來共時效應，以致不尋常的處事從他的決定流露出來（周志儒，2017）。由於許多人多有類似的問題，集思廣益也是可能的。然而，在許多情況下，規範準則若非不適用，就是無法滿足個體化進一步發展時的需要，因為這階段的這些需要總是會挑戰傳統和成規。個體化的本質似乎就在要求個人超越或擺脫所屬社會的道德規範。要擁有自主而充實的人生，我們有必要自行其是，並願意為自己和常規的行為擔當負責（Murray, 2010）。當創業家達到較高層次時，道德方向感自然在他的內心產生不會再由外取得，個人也不會再為了尋求答案而求助於宗教信仰或專家，而是創業家自己直接承擔解決難題的責任。他必須自己來決定「做或是不做」。自我效能高的人或許在此狀態下會因自大的忽略了倫理觀點，開始辯護他的道德觀與評判是非，最後是自覺受辱或解放他們，重回評估他們的自我哲學，或許也會開始分享此自我哲學價值（周志儒，2017）。

四、創業人格特質小故事

賈伯斯＋貝佐斯：最聰明的人不會一直贏，你需要的是熱情！

（孫憶明，2014）

賈伯斯與貝佐斯這兩位公認的天才創業家，不僅主持的公司在科技領域中攻城掠地，傲視群雄，所創新的產品和服務也持續帶給世人驚奇，並且大幅改變人們的生活。對比他們的人格特質以及經營風格，有許多相異及相同之處，特別是對於有志創業的人來說，值得仔細參考，選擇應用。先從成

圖9-2　賈伯斯＋貝佐斯

資料來源：天下雜誌與路透社

長背景來說，賈伯斯與貝佐斯恰巧都是「幸運的孤雛」，他們雖都經歷生父離開的憾事，但也都得到養父疼愛，並獲得不少正面的影響，包括對人生的積極態度，動手做的熱情，以及對事物的專注度。兩人從小都是資優生，十分爭強好勝，也很早就有商業頭腦，敢於衝撞傳統體制，屬於反骨型的人才，而父母家庭也都提供了寬容的環境，幫助他們塑造後來能大膽嘗試、勇於創新的特質。我也發現這兩位創業家，其實在公司裡都是「暴君」，批評下屬常不留情面，還經常暴躁到失控，雖然貝佐斯喜歡大笑（是他的招牌特色），但他在公司真的多數人都畏懼他，甚至聽到他的笑聲還會皮皮剉。有人評論這種極端的性格可能是「被遺棄」的潛意識心態，高度的不安全感會驅使他們不斷追求完美及成就，但對人的信任程度也可能比較低。

賈伯斯與貝佐斯都擁有強烈的個人魅力，以及絕佳的說服能力，配合他們對己見的堅持，經常不達目的不會停止，甚至需要操弄人性，在《賈伯斯傳》中，這個特質叫做「現實扭曲力場」（照他的規則來）。這樣的場景，常見在公司內部對於產品服務設計的決策，也常發生在對外部合作夥伴的要求配合上。舉例來說，賈伯斯在創建數位音樂平台iTunes的時候，走遍國際唱片大廠（還有知名藝人），威脅利誘這些音樂界的巨頭，接受革命性的科技趨勢以及販賣模式（每首單曲0.99美元），連頭號對手Sony也臣服旗下。貝佐斯在推廣Kindle電子書時，也必須說服大多數的出版大老相信，他提出來的9.99平裝書，是未來不可擋的趨勢，即使叫苦連天也要接受。甚至當

Amazon面對Apple聯合出版界以代理模式加以抗衡的時候，還能軟硬兼施，加上法庭攻防，維持他書籍零售的霸主之位。

對於創業者的啟示：「執著」幾乎是一種區分「成功者」與「失敗者」的最重要特質，「天才」加上執著經常就是奇蹟的誕生因素。不過若你不是天才，也不需要喪志，因為最聰明的人不總是會贏，你所需要的是堅持熱愛，強化自己說服的能力，並且不斷突破困難。在創業的過程中兩人稍有不同，賈伯斯憑藉比較強的熱情與衝勁，在大學還沒畢業就輟學創業，他深愛人文與藝術，常在決策時展現更多的感性及直覺。貝佐斯則比較理性與規範，他完成普林斯頓的學業後，在華爾街磨練了好一陣子，有了不錯的商業實戰經驗，還經過仔細盤算，才建立了亞馬遜（當初他評估網路商店可以賣的數十種商品，才選擇圖書當作起點，是考量圖書的標準化以及容易寄送）。這兩種創業的範例其實都算典型，從後續的發展上，我們就看到賈伯斯因為比較缺乏職場的歷練，所以在待人及管理上缺失比較多，並且跌了一大跤，後來東山再起後才成熟許多；貝佐斯就比較沒有讓這種致命的失誤發生，即使仍然面臨許多內外的商業挑戰，他也還一直能主導全局，相信創業之前較為豐富的經歷確實有所幫助。

Apple早期發展就獲致成功，連續有令人驚豔的產品問世，搭配大膽創新的行銷手法，一直是媒體及投資界的寵兒。而Amazon雖然在Web 1.0的早期也有不錯的成績（網路書籍、DVD等），但是創立的前十年其實是跌跌撞撞，不僅內部的運作與管理十分紛亂（每年處理聖誕節旺季的出貨混亂令人咋舌），外部的投資單位也常不看好他們，因此貝佐斯在面對的管理考驗也更多，其中人才的管理是一大重點。舉例來說，為了打造高效率，過去未有可處理龐大多樣的商品配送中心及資訊系統，貝佐斯不斷從業界（Walmart、FedEx、Microsoft等）招募人才，甚至三顧茅廬，才能吸引這些優秀的人到不算熱門的西雅圖上班。在堅信A咖團隊的信念上，貝佐斯與賈伯斯是相同的，他們都願意提供一個國際級的舞台，讓有能力的人來表現，同時不斷鞭策他們，刺激他們突破極限，以建造了不起的工藝或商業成就。

對於創業者的啟示：優秀團隊以及領導風格的建立，是一家新創公司要獲致早期成功的重要關鍵，A咖吸引A咖的效應特別凸顯在腦力密集的高科技業中。作為一個創業者，要嘛能像這兩位主角般天才強勢，要嘛就必須特別禮賢下士，給予招募來的人才足夠的空間來展現才華，運用團隊力量來打仗，才不會一個人累死。Apple和Amazon企業的本質雖然不同（一家偏重實體產品，一家偏重虛擬服務），但對於客戶／使用者體驗的重視，以及對於創新的不斷追求，則都是深植在他們的企業文化中，當然兩位領導者的意志與理念都貫穿其中。大家都知道賈伯斯對於細節的苛求，有時到了偏執的地步（例如麥金塔電腦的包裝，據說改了超過五十次）。而貝佐斯對於客戶經驗的要求，也不遑多讓（例如有一次客戶收到情趣商品的自動推薦廣告尷尬而客訴，貝佐斯立刻下令砍掉這個能令公司帶來許多額外營收的「聰明」功能）。這許多的嚴格的準則，經常帶給公司員工極大的壓力，但也直接型塑了兩家公司客戶至上的品牌文化。

另外，Apple致力於垂直整合軟硬體及服務，以創造最佳的客戶體驗，在Amazon的電子書（Kindle）服務上，也看到類似的影子。如上所述，在跨領域的整合上，這兩家公司也經常挾著科技的創新，以及商業模式的創新，顛覆多個傳統產業的遊戲規則，不管是音樂界、出版界或是零售業，都不得不面對這兩隻科技巨獸，被他們強牽地往前走。產業裡面有許多公司因此關閉或轉型，但是廣大的消費大眾成為受惠者，享受到十分優質的產品及服務，改變了生活的風貌。不同的是，賈伯斯的經營理念，在創造產品及工藝的極致，同時運用高利潤的商業模式及市場策略，讓「果粉」們甘心掏錢臣服，股東也很高興。貝佐斯畢竟在經營零售業，總是面臨低利潤的競爭態勢，經常需要祭出賠錢的策略（例如Kindle閱讀器本身不賺錢），以求市場規模的拓展，這一點也常讓投資人及供應商有所質疑。貝佐斯的堅持在於長遠的經營，以及專注給予客戶最好的價值，所幸，這些堅持在他不斷的精進管理以及創新後，到目前為止，算是禁得起考驗，令人佩服。

對於創業者的啟示：任何企業要生存壯大，找到對的目標客戶，給予他們物超所值的產品與體驗，絕對是成功的最重要因素。每次作經營決策時，創業者心目中的那把尺，需要不斷拿出來丈量，是不是偏離了原本的初衷，是不是被競爭者牽著走，或是為了追求利潤而降低標準，忽略了客戶的心聲，以及真正的需求。賈伯斯其人已逝，留下多頁的傳奇，也帶走了不少Apple的光環；貝佐斯的Amazon則剛度過二十週年，應該還有許多驚奇等在前面。就像Apple之前從Apple Computer更改名稱，希望走向消費產品的道路，Amazon近年也將其公司名中的.com拿掉，希望公司經營的角度能更為寬廣（例如他們一直定位自己為技術公司，不是零售公司）。「什麼都能賣」的終極理想，相信仍縈繞在貝佐斯的腦中，「建立一間擁有產業最高水準公司」的這個目標，他已經差不多做到了。對於志在創業或正在經營事業的朋友，好好研究這兩位傳奇人物的經歷與思想，相信對你會有許多啟發。

Chapter 10 創業家、創業團隊與整合性創業哲學架構

一、企業家與創業家
二、創業家與專業經理
三、創業家與創業團隊
四、創業與哲學的關係
五、整合性創業哲學架構
六、創業團隊小故事

一、企業家與創業家

企業家與創業家，英文entrepreneur（創業家）的日文是「起業家」，係指企業的原始創立者「一般的企業家」（非企業的創始人）。創業家起源於法文字entreprendre，其意為「從事」（undertake）創新和發展的人，創業家還可以是企業家、風險投資家等。從概念上說，創業家一詞是由法國經濟學家薩伊（Jean-Baptiste Say）於1803年提出並加以論證。薩伊認為：「創業家能夠將資源從生產力低的地方轉移到生產力高、產出多的地方。」（維基百科，2017）。要成為創業家，不僅是企業家。創業家，必須能夠發揮創業家精神，以及活用經營資源，從而創造出實質的商業價值或社會貢獻。創業家精神，是指創業家所擁有與眾不同的行事風格與特徵，類似於創業家的人格特質（劉常勇，2002）。

(一)創業家與企業家的七大關鍵差異！

民營企業的總體存活率卻並不樂觀。數據顯示，世界五百強企業的平均壽命為四十年，中國五百強企業為二十三年，中國大中型企業為七至八年，而中國民營企業的平均壽命僅為二至三年。為何大多數民營企業僅能維持有限的生命，而有些民營企業卻可以克服重重阻礙，茁壯成長並成為強大的企業，甚至在全球舞台獨領風騷？對中國民營企業五百強的研究發現，民營企業成功與否與民營企業的創業者有著非常重要的關係。優秀的創業家們必須實現自我突破，從優秀的創業家轉型成為優秀的企業家，使企業有健康的可持續發展的核心競爭力。那麼創業家和企業家之間有著怎樣的差異呢？創業家和企業家在七大方面有著明顯的差異，這七大方面為：關鍵責任、自我角色定位、經營理念、增加價值的方式、管理風格、個人能力、社會動機。而這七大方面又可以歸納為三個領域：關鍵責任和定位、經營哲學和個體本身特點（**表10-1**）（陳雪萍，2016）。

表10-1　創業家與企業家的七大關鍵差異三個領域

差異	內容
管理風格差異	管理風格是企業一把手在帶隊伍的過程中與下屬互動的方式。光輝合益的研究表明，領導人的管理風格有六種：指令型、願景型、親和型、民主型、領跑型和輔導型。優秀的領導人更傾向於多頻率使用願景型、民主型和輔導型的管理風格。而企業家通常擅長家長式管理風格，下指令，恨鐵不成鋼，親力親為。他們關注目標和任務達成勝過關注人的培養和成長，並將大部分時間花在討論業務和做業務上。企業家則能更清晰地描繪企業和個人的發展願景及實現路徑，邀請員工參與重要的企業決策。他們願意在培養人和輔導人方面花時間，幫助高級管理人員去認識並挖掘潛能，並在他們成長的路上不斷激勵和鼓勵，為他們加油、打氣。同時也會花大部分時間在培養各級人才的能力上。
個人能力對比	透過對比創業家與企業家的能力，我們也能發現一些有趣的現象。優秀的創業家是一個實幹的掌門人，從不會犯錯誤，大家都仰慕和崇拜，是大家心目中的「神」。優秀的企業家是一個智慧型掌門人，能夠平衡自己、家庭、企業、社會關係，大家都尊重和敬仰，是大家心目中的「領導人」。視野與成就：被稱為古希臘「七賢之首」的泰勒斯觀測天象十分專心，有一次他只顧仰望星空，不小心掉到水溝裡。他的狼狽相引起大家的恥笑，說他只知道天上發生的事情，卻看不見腳下的東西。泰勒斯為了回敬大家的恥笑，就打算做一件「地上」的事情讓大家閉嘴。剛好這年冬天，他用天文學知識預測到來年橄欖將會大豐收，於是他就在頭一年的冬天租下了本地所有的榨油機。由於這時候沒有競爭對手，又不是榨油的季節，租金很便宜。當來年橄欖豐收之後，人們需要大量的榨油機，租金也隨之暴漲，泰勒斯因此狠賺了一筆。泰勒斯這時候告訴那些譏笑他只知道看天不知道看地的人說，你們看見了吧，看天並非就不能當飯吃，看懂了天，也是可以賺到錢的——只要我願意賺，就不比你們賺得少！一個企業家，是透過建立各種資源之間的關係而獲取湧現的關係價值的，這就需要從整體上把握各種事物聯結關係，要有構建關係結構的能力，也就需要宏大的視野。學會看天吧，僅僅看著腳下雖然不會掉到水溝裡，但也不可能贏得事業的輝煌。
轉型難點：深層次的動機	我們已經發現了創業家和企業家無論是從外到內都有著巨大的差異，實際上，中國民營創業家和傑出的企業家相比最重要的轉型難點不在能力，而在深層次的動機層面。優秀的創業家成就動機要高於影響力動機。有理想，有追求，有激情，也正是不撞南牆不回頭的信念，讓他們闖過重重阻礙和挑戰。強烈的競爭和贏的雄心壯志，使其很享受自己的成功和達成目標。優秀企業家的影響力動機則比成就動機要高許多。而且這種影響力是社會性的影響力動機，具體表現在他們真心幫助他人建立信心，激發他人鬥志，激起他人積極的情感，將他人的成功建立在自己的成功之上，享受「成功不必在我」的狀態。然而，動機的轉變是需要時間和外力的，外部高管教練是現在創業家們比較常用的一個方法，在外力的監督和指導下，讓這個不可能的轉型變得有希望了，也縮短了從創業家到企業家的漫長之路。

資料來源：陳雪萍（2016）。

(二)成功的企業家和創業家該有的特質不是「什麼都懂」，而是「好奇心」

有了自信後失去好奇心，自然就不會獲得新知，停止成長了。要做哪一種人？這跟天生的個性很有關，也跟後天的養成有關，如果想當個好奇的人，最重要的或許是常常記得把自己倒空。如果你面前有兩種選擇：第一，成為知識最淵博的人；第二，成為一個有好奇心的人，你會選擇成為哪種

愛因斯坦

愛因斯坦名言錄（維基語錄，2017）

1.想像力比知識更重要。
2.好奇心的存在，自有它的道理。
3.不是每件可以算數的事都可以計算，不是每件可以計算的事都可以算數。
4.我沒有特殊天賦，我只是極為好奇。
5.A＝X＋Y＋Z，如果A代表成功，X代表你付出的努力和勞動，Y代表你對所研究問題的興趣，而Z表示少說空話，要謙虛謹慎。
6.重要的是——不要停止質疑。
7.用自己的眼睛看，用自己的心感受的人屈指可數。
8.真正有價值的東西不是出自雄心壯志或單純的責任感，而是出自對人和對客觀事物的熱愛和專心。

人？Praxis的創始人兼CEO Isaac Morehouse表示，他會毫不猶豫地選擇成為一個有好奇心的人，並給出了自己的看法。我做的每件有趣的事情都源於好奇心。每一次事業上的成功都來源於這樣一個事實：我不僅僅對自己的角色充滿好奇心，而是對整個團體中其他人的職責、故事、工作過程和動機等各方面都感到好奇（林子鈞，2017）。

林子鈞（2017）歸納成功的企業家和創業家該有的特質——好奇心，如**表10-2**所示。

表10-2　成功的企業家和創業家該有的特質——好奇心

好奇心	內容
好奇心激勵行動，知識扼殺行動	一個亟待解決的問題驅使人不懈地探索。淵博的知識可以形成謹慎的分析。如果我從一開始就懂很多知識，或許我就不會嘗試啟動Praxis。在那個時候，擁有我現在所知道的知識不會是一個優勢，反而會是一個障礙。相反地，那時我經常思考一個問題：「如果能讓很多年輕人在不到一年或者一年的時間裡零成本進入他們喜愛的行業，那會是什麼樣的情形呢？」我必須找到答案，而市場是答案唯一可靠的來源。我別無選擇，必須做這件事。這個故事不足為奇。幾乎每一位企業家都會告訴你，他們最初並不知道在前進的道路上會遇到什麼，比豐富的市場知識更強大的是永遠保持一顆好奇心。如果知識可以推動創新，那麼大多數創業公司一定是由年長的、知識淵博的學者創立。然而事實正相反，學者通常是這個世界上最厭惡風險、最缺乏行動力的一群人。他們知道的太多了（或者說，至少他們認為是這樣）。永遠不要喪失提問的能力。不要失去好奇心，雖然好奇心驅使而追求也會讓你增長知識。永遠不要因為博學而失去了對新發現唾手可得的天真樂觀。
知識是廉價的，好奇心是無價的	Google使事實性知識變得幾乎毫無用處。想像一下你會為解決一首歌曲的首發時間引發的爭論，打電話給你癡迷音樂的朋友嗎？知識已經顯得那麼沒有價值。反過來說，這就使得擁有敏銳的好奇心和提出好問題的能力比以往任何時候都顯得更有價值。但不僅僅是因為網際網路，知識才顯得廉價。知識一直都不如好奇心有價值。亨利．福特不知該如何具體操作和經營他的生意，但他的問題可以驅使他去尋找那些有能力經營的人。愛因斯坦對一些基本事實一無所知，因為他想解放自己的思想，以接受更高層次的質疑和想像。
培養好奇心，學校完全幫不了你	無疑地，有些人天生比別人更有好奇心。好奇心是可以培養的。當今的學校教育扼殺了好奇心。事實上，它就是專門為了達到這個目的而建的。學校決定哪些問題是對大家公平的，並以懲罰來威脅孩子們回答，把所有其他的探索性問題都視為浪費時間，分散注意力，或者不聽話。對背誦前人答案的學生進行獎勵，阻止學生提出新問題。正規教育無法培養你的好奇心，你必須自己培養自己的好奇心。解開思想的束縛，然後開始問問題。

（續）表10-2　成功的企業家和創業家該有的特質——好奇心

好奇心	內容
好奇心遊戲：從生活的每個小細節開始	我會玩一些簡單的遊戲，比如坐在咖啡廳的時候，我會試著計算出我在這裡的一個小時內這家咖啡店能賺多少錢。試一試，很快你就會開始想，他們在房租、工資和供應上花費了多少錢，他們會賺多少錢（或損失多少錢）。接下來，你就會開始懷疑，在這個預估的情形下，他們能堅持多久。在你意識到這一點之前，你可能已經想出三種最有可能的生意，來填補這個空缺。
有好奇心的員工優於知識淵博的員工	我僱用了一些有好奇心的人，也僱用了一些知識淵博的人。雖然後者可以很好地完成自己的任務，但他們在工作中通常不那麼有趣，而且沒有創意。前者會給人帶來很多令人愉快的驚喜。他們會讓我變得更好，因為他們會問一些我沒想過的問題。他們讓我感到興奮，因為每一個醒著的時刻，我都知道他們不僅在做他們的工作，而是在探索、在追隨著他們的好奇心，創造出對公司有利的新思路。即使是那些看似與你日常工作無關的抽象問題也會讓你變得更好、更有價值。我無意中發現了理性選擇理論，因為我對財富是如何創造出來感到好奇，這讓我在管理、產品設計、銷售和行銷方面做得更好。
不要過度強調學習	學習新東西要比大家認為的容易得多，快得多。一旦有強烈的好奇心，一個人可以以極快的速度學習。學習的過程緩慢而痛苦，並且充滿了停滯不前、可預見的平庸。迅速成長得益於好奇心而不是知識。請對一切事物保持興趣，永遠保持一顆好奇心。

資料來源：林子鈞（2017）。

二、創業家與專業經理

劉常勇（2002）指出創業家乃個人目標與事業目標相融合，創業家有極為強烈的個人色彩，而專業經理乃憑藉個人專業為股東創造利潤以換取回報，創業者則是實現個人理想，為個人目標而奮鬥。

創業家和專業經理人有何不同？傑出的創業家跟其他人有什麼不同？維吉尼亞大學商學院教授莎拉瓦蒂（Saras Sarasvathy），長期以來的研究剛好回答了這個問題。她設定條件（至少十五年的創業經驗、曾經創辦過一家以上的公司，而且有成功也有失敗過、帶領公司股票上市），篩選出全美四十五位符合條件，而且願意配合的傑出創業家進行研究。她親自訪談每一位研究對象，給予他們初創公司時會遇到的假設情況，然後請他們說明要怎麼做，才能讓公司站穩並且強大起來。之後她將研究擴及歐洲大企業裡

的專業經理人，以及資深的專業投資者。莎拉瓦蒂在二月號《公司雜誌》（*Inc.*）中，把傑出的創業家比喻為鐵血主廚。不管丟給他們什麼食材醬料，也不管要求他們運用手上既有的食材醬料做出什麼樣的菜，他們都能做得出來。成功的企業高階主管則是中規中矩的廚師。別人要求他們做出哪一道菜，他們才出門購買需要的食材，最後以最精打細算、最有效率的方法，把那道菜完美烹煮出來。這並不是說傑出的創業家漫無目的，而是他們的目標範圍比較廣大，而且像搭機時沒有帶上機的行李，途中可能不只一次轉機，最後才到得了目的地。放到創業實務上來說，傑出創業家不會先精算出每種顧客群的可能利潤，他們希望儘快以不花太多成本的方式進入市場，行不通再改就好了（EMBA雜誌編輯部，2011）。

這種且戰且走的態度，也出現在尋找創業夥伴上。成功的企業高階主管知道自己在公司中的升遷途逕，跟著既定的規則一階一階往上爬。傑出的創業家則允許自己讓一路上遇到的人，無論是供應商、願意給予建議的人、顧客等，幫忙自己形塑出公司的樣貌。莎拉瓦蒂發現，傑出的創業家不是死守一個既定目標，而是不斷地評估如何運用個人優點，以及手上既有的資源，彈性地設立符合當時整體情況的最佳目標，而且對於一路上出現的問題能夠有創意地回應。從小生長在做生意的家庭，也就是上一輩也是創業家的人，比較可能展現出這種特質。相對地，成功的企業高階主管則是預設一個目標，之後努力地想辦法達成。擁有企管碩士學位的人，還有資深的專業投資者，比較可能展現出這種特質（EMBA雜誌編輯部，2011）。

三、創業家與創業團隊

創業家是創業的最核心部分，強調一個人能積極主動去完成某事。但是現代對於創業家的定義則更為具體，例如Bygrave（1997）指出創業家是那些能洞悉機會的存在，並成立一個組織以不斷追求機會、創造利益的人。Bygrave與Hofer（1991）主張應採取較為廣泛的定義，他將創業家視為是能夠認知機會且創造新事業組織的人。然而，有關創業家的定義與分類仍相當分歧，例如國內學者林家五、黃國隆、鄭伯壎（2004）將創業家研究分為三類：第一類將焦點放在解釋創業家出現的現象，第二類以公司作為主角取代創業家，第三類以人格特質與能力等變項來指稱創業家。

而Ucbasaran等人（2001）則將創業家類型分為創立者（nascent）（想要建立新企業的個人）、初學者（novice）（沒有任何創業經驗的個人）、習慣者（habitual）（過去有經營企業的經驗）、連續者（serial）（過去曾賣／關自行創立之公司，又繼續經營其他企業）、組合者（portfolio）（個人持續經營所創立的公司，但是後續亦經營其他企業），顯示不同背景對於新創事業經營有著重大的影響。

四、創業與哲學的關係

吳學剛（2012）指出，哲學的提問之一在培養差異思考的慣習，而創業則必須在既有疆界中尋找突破的機會。因此本文連接「創業與哲學」（entrepreneurship and philosophy）之跨界合作，以此作為平台促成跨領域的合作研究，進一步深化創業研究之內涵。Michael Foucault（1977）曾提出「知識是切斷的（cutting）」，意味透過不同方法生產知識，會讓我們看見不同層次的世界。而「創業」與「哲學」的遭逢，不僅是象徵學門的跨界合作，更意味能透過哲學思考的切面，能逃逸既有的管理與經濟框架，再創造創業潛在的新面貌。一個人創業能否成功，他的公司能否在市場上站穩腳根，關鍵就看他是否具備創造力。要有否定「常識」的勇氣，京都大學教授田中美智太郎說：「創新和發現的過程是屬於「哲學」領域的。而往往只有這些「異類」才能打破世俗的認知，開創新理論、新產品（吳學剛，2012）。

蕭瑟寡人（2015）指出，創業，不是一種職業，而是一種生活哲學。差別在哪？差別在於技術強、能力好可以成全職業，但唯有意義和品味能造就生活。同理，學習技能可以把事情做好，但是尋求意義才能有創造的基礎。台灣人創業的瓶頸，在人，在環境，在大家身處的社會氛圍。創業家究竟該

學什麼？創業家不是設計師，因為設計師專注於構思和創意，而創業家卻有大半精神必須放在實作；創業家不是工程師，因為好的創業家寫程式的時間一定沒比同樣年資的工程師多；創業家不是主管，因為創業家的價值在創造，而非既有價值的守成與最佳化。但創業家卻需要設計師的思維、工程師的幹勁和管理的智慧，才能成事。創業家卻也不可能在樣樣都專精，因為專精了，就沒有學習的動力、沒了接納的度量，更沒有創造的靈感了。正所謂「大成若缺，其用不弊」。提這個，是因為討論創業時，大家常講創業家要如何思考、如何做事，卻鮮少有人討論創業家的動機、心境、哲學。創業家與專業人士最大的不同，不在於能力，在於心境、在於哲學。而人的態度與心境，恐怕是三成自主，七成環境。而人與人之環環相扣，心境與環境，決定良性或惡性循環。一個地方創業風氣旺不旺，最終在於人。

紐約的創業文化講究新舊交融、去蕪存菁；台北的創業文化，卻是講究推翻傳承、汰舊換新。久而久之，這一切我個人認為我們的社會環境必須要負起最大的責任。每個人都要負起製造並延續整個氛圍的責任。只有豐富、充滿意義的生活才有許多價值可以探討。從自己的生活出發，你才有辦法去思考商機、找到利基（蕭瑟寡人，2015）。

溫學文（2015）指出，在傳統哲學上，每當談到道德這課題，總離不開這兩大派的激戰：康德（Immanuel Kant）的「義務論」（Deontology）和邊沁（Jeremy Bentham）的「結果論」（Consequentialism）。都好些年了，勝負難分，支持者還是平分秋色。創業做生意，不管你是多年輕，於馬克思的看法，你也是資本主義下的資本家。憑著剩餘價值獲取利潤，每個決定都有機會影響著這個經濟社會，當中所連帶的人其實也難以盡數。因此，創業道德很值得於現時台灣的青年創業大勢中，置於台上公諸研討。

邊沁的「結果論」認為事物或行為的道德好壞可從事件最終所帶來的結果來決定，若該行為可為世界帶來「好」的結果，便是「合乎道德」，反之，若帶來的是「壞」的結果，該行為及決定便是「不道德」（溫學文，2015）。康德的「義務論」認為行為道德好壞，並不能單靠結果來定論，然而，康德會探討這個行為本身是道德與否，而行為自身需合乎道德也是人應盡的義務。

總括而言，若從康德的「義務論」來看青年創業者的行為，其行為道德與否可從法律、行業規範和個人義務層面來考量。可是我們亦可以反問：究竟法律和行業規範是否一定必然正確？那些還在不斷隨著社會環境的改變而更新著的規範法規如何肯定並沒有錯誤？而且個人義務層面所看待的道德標準可能各人都有所不同，世上有劃一的國際道德標準嗎？每人對於自身、社會及身處的世界，其義務的自覺也不盡相同，那商業的道德行為也可能因而大相逕庭！的確，「義務論」和「結果論」應用於商業道德當中都有其不足之處，但無可否認，青年創業創業者的行為與決定往往影響著未來社會的各個層面。因此，「青年創業道德」這議題很值得大家繼續一同探討下去（溫學文，2015）。

謝昆霖（2015）指出，在很多談「新創業運動」的演講，他總是在提醒大家懂得問「why」。為什麼你要做這份工作？為什麼你要服務這群人？為什麼要唸書？為什麼需要用電？為什麼違建用鐵皮？為什麼輪胎一定用橡膠？為什麼要賺錢？為什麼Simon Sinek提出黃金圈理論？為什麼三星就是贏不了Apple？為什麼外國人的創業題目總是比較酷、比較好玩？為什麼台灣的創業大多是比快比便宜？為什麼你存在在這個世界上？為什麼要活著？為什麼你要創業？這些沒想通，不論是考試100分、賺錢賺到翻，你還是行屍走肉。

享實做樂一定要hack台灣的教育系統，從大學、高中、國中、國小，最小到國小二年級。一定要建置一個備援的教育系統，補足目前教育體制的不足。這有兩個大的topic，一個是「以議題為導向的實做教育」，另一個就是「哲學思考」。「哲學」不是學問，而是一種生活習慣，無時無刻都在思考、自我辯證的「生活習慣」。同樣的，「實做」不是一種技術，而是一種生活習慣，生活遇到問題時，就很習慣自己動手解決的「生活習慣」（謝昆霖，2015）。

「哲學」與「實做」，其實就只是「邊想邊做、又想又做」的生活習慣。它當然應該從小開始，而且我認為，越小開始越好。之所以認為應該從「小學二年級」開始進行「哲學」與「實做」的教育，是因為小學二年級開始，他們已經具備一定基礎的閱讀能力、溝通協調能力。是時候開始餵他

們「問題」，讓他們開始對話了，你會發現，想要讓小孩子聰明其實蠻簡單的，就是一直問他們問題，要他們辯證問題、查證問題就好。久了，他們甚至會自己開始翻書找資料。我們只不過是啟動人類之所以與一般動物不同的本能：思考。只要人們開始思考，他們就不會滿足於自己的無知，他們會主動尋找答案，解決疑惑。受到這種教育的孩子，他們的大腦發育將超越他們的年齡，而他們有機會在大腦尚未社會化（僵固化）前，進行更不可思議的跳躍聯想，並透過「實做」的習慣，完成不可思議解決方案（謝昆霖，2015）。

Apple有一則廣告——Better，它傳遞那個當下的哲學。這個影片中，他們用Better這個關鍵字，詮釋了這間企業為什麼存在？為什麼製造這些產品？為什麼提供服務？他們用一樣的關鍵字，在砥礪自己、不斷改善製程、進化產品、並試著推動世界變得更好。你發現，這是一間有「靈魂」的企業，相較於那些只是開口跟你談他的產品有多好有多棒的企業，你比較喜歡誰呢？TED有個很著名的演講「Simon Sinek——偉大的領導者如何鼓動行為」。Simon Sinek他提出一個現在很著名的理論「黃金圈」（Golden Circle），這個理論證明，那些偉大的領導者（或者說超級推銷員）是如何說服別人追隨他的。因為這些偉大的領導者（推銷員）總是告訴你「為什麼」你要知道，而這個「為什麼」也驅動著他做這樣的事，這個「為什麼」會感動你（謝昆霖，2015）。

正如今天致力於消滅汽油車的Elon Musk。他一直告訴你「為什麼要做Tesla Motor」、「為什麼他要開源」、「為什麼要做Solar City」、「為什麼要做SpaceX」，他一直在告訴你，他想要創造一個完全使用潔淨能源的世界。於是你想買他的東西，是因為你被他感動（當然產品一定要很漂亮，不可以拿工程機出來賣，這很基本）。他創造了你的動機。這個「為什麼」也創造了每個創業者創業的動機。創業，不論你創的是什麼業（NPO/PO、NGO、B企、社企），因為是「創」，是從0到1，它必然是極其辛苦、極其困難的。是什麼力量可以推動你走過0到1呢？是什麼力量可以驅動你持續堅持呢？是這個「為什麼」。當然，你可以說「我就是因為錢而創業」，但永遠有更好賺錢的業，比方說販毒、軍火，你又為什麼不是選擇後者呢？那必然有一個你喜愛的原因。你必須找到它，重複驗證它，確定它是你要的。並且，告訴別人為什麼你這麼做。你一直做，一直做，並且被大家接受，於是創業（謝昆霖，2015）。

陳怡伶（2013）指出，網路社群龍頭Facebook創辦人馬克．祖克柏（Mark Zuckerberg）是這幾年矽谷最受矚目的創業家，他的故事不但被拍成電影，他也以28歲的年紀登上美國《富比士》（*Forbes*）雜誌億萬美金富豪榜，成為最年輕的上榜者。但另一個榜上有名，而且愈來愈常拿來跟Facebook比較的網路社群新勢力，卻是LinkedIn的創辦人——45歲的雷德．霍夫曼（Reid Hoffman）。儘管LinkedIn全球僅有兩億會員，遠不及Facebook的十億會員，公司市值也只有Facebook的四分之一，卻被《富比士》認為是Facebook的勁敵。一個念哲學的碩士，為了實踐理想，決定以門外漢身分進入美國矽谷闖蕩。藉著從失敗中學習、抓住身旁人脈機會不斷「測試」，終於創辦出被視為Facebook勁敵的商務社群網站LinkedIn。他的故事，展現了自我實現與功成名就間的另一種和諧姿態。

五、整合性創業哲學架構

根據第八、九、十章綜合性的文獻分析，陳德富（2017）首先從創業動機、創業精神、創業知識、創業行為、創業家與創業團隊、創業機會的發現利用與評估、創業家人格特質、自我效能、決斷力進行深入分析，接著探討它們與創業哲學的關係。陳德富（2017）建構創業哲學研究的整合架構如**圖10-1**，為創業哲學研究界定範圍，並深入分析每個構面的內涵。根據整合架構，陳德富（2017）建構出九大研究命題，以供後續研究之重要參考。九大研究命題分別對應認知理論與社會認知理論、認知學派與認知辯證思維、本體論、知識論、認識論與方法論、義務論和結果論、因果論與效用論、新古典均衡理論、奧地利學派資訊不對稱理論、唯我論、自我哲學、生活哲學等重要哲學理論，進一步構成九大命題與創業哲學之正向與負向影響。

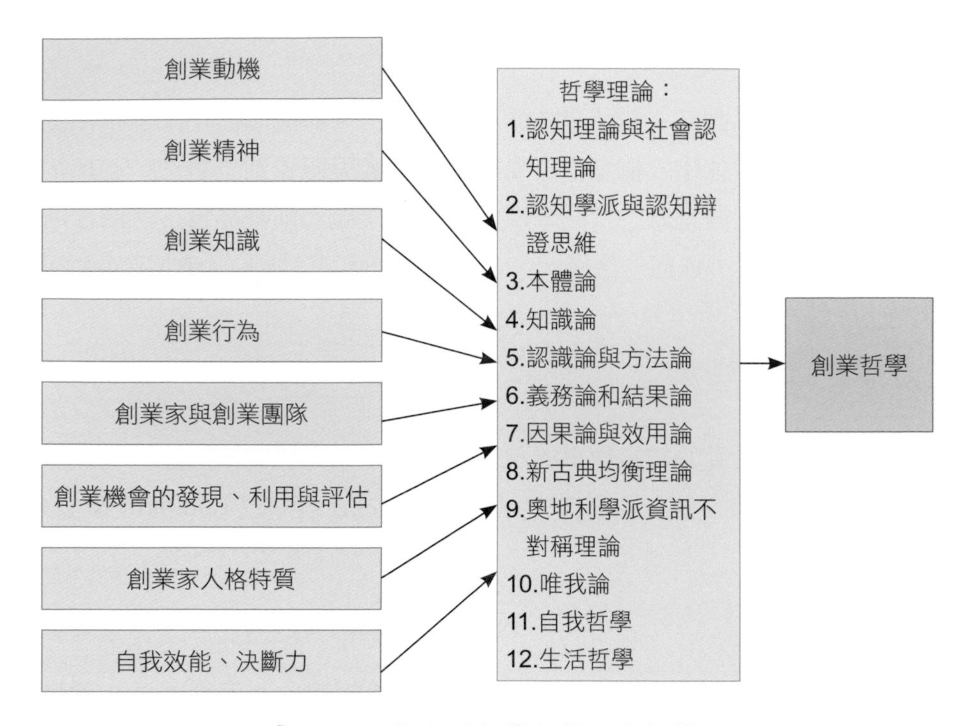

圖10-1　整合性創業哲學研究架構

資料來源：陳德富（2017）。

(一)整合性創業哲學研究架構內涵

根據文獻分析，陳德富（2017）深入分析每個構面的內涵如下：

◆創業動機

創業家創業的原因來自於個人特質的差異，諸如想要實現個人的創業夢想、個人想要向上成長、喜歡擁有更多的自由等；另一原因則是因為受到外在環境或其他個體的影響，諸如受到家庭或朋友的影響、家庭傳統的承襲、銀行的放款額度及配套措施以及社會財富等有很大的關係，所以不同的創業動機亦可能對創業績效帶來不同的影響（Ghosh & Kwan, 1996）。

◆創業精神

有三個層面的內涵，無論是創業精神的產生、形成和內化，還是創業精神的外顯、展現和外化，都是由哲學層次的創業思想和創業觀念，心理學層次的創業個性和創業意志，行為學層次的創業作風和創業品質三個層面所構成的整體，缺少其中任何一個層面，都無法構成創業精神（MBA智庫百科，2017）。

◆創業知識

創業家應該具備的知識簡單的說就是風險承擔與機會辨別能力的知識、技能與態度，創業家就是要有能力運用到自己的工作上（Lumpkin & Dess, 1996）。

◆創業行為

依據Bandura的社會認知理論，創業行為是個體內在態度與外在環境交互作用下而產生，行為因素則是探討可能引發創業的導因、其重要性與認同程度等。

◆創業家與創業團隊

過去文獻對於創業家研究有兩類的看法，一是強調心理路徑（psychology approach），也就是探討創業家的人格特質（traits），試圖找出適合創業的人。因此傳統研究大都將焦點置於創業者先天的條件（Acs & Audretsch, 2003），如創業家的個性、心理狀況、對風險之偏好程度等因素。雖然理論上對於創業家特質無一致性的看法，但一般仍認為具有高度成就需求、風險傾向與內控的人較適合進行創業活動（Dollingers, 2003）；二是強調社會路徑（sociological approach），試圖從社會學觀點，解釋創業家所處的社會背景，對於其創業決策的影響。今後的研究將更多著眼於創業家的後天經歷，包括個人經驗、專業知識、教育程度、家世背景，對於創業能力的影響。例如Shane與Venkataraman（2000）探討創業家的先驗知識對於機會發現之影響，顯示創業家個人背景對於創業有極重要的影響。

Lechler（2001）曾探討創業團隊中社會互動因素對於新創事業成功之影響；Chandler、Honig與Wiklund（2005）探討環境動態、企業發展階段、團隊異質性與團隊規模、團隊成員增減及創業績效之關聯性。研究結果顯示，無論是外部環境或是內部組織因素對於團隊成員增減皆有顯著影響，而企業發展階段則對於團隊成員增減與創業績效有干擾作用。

◆創業機會的發現、利用與評估

Shane與Venkataraman（2000）指出，機會本質的概念會因為個人因素的差異，造成對於市場需求、產業邊際利潤、技術競爭能力等之機會評估價值的不同。因此創業機會的來源主要受到兩方面的影響：一是「外在環境的變化」，也就是外部因素改變導致新的機會出現；另一則是「創業者個人的因素」，包括人格特質、先驗知識、社會網絡關係等。Ardichvili等人（2003）曾針對創業機會的發現、利用與評估建立整合性的理論模式，有助於後續學者釐清影響創業機會的變數。此外，可嘗試找出影響創業機會之前因後果。例如Shane（2000）根據八個 MIT的個案，建構出機會發現的概念性模式。在此研究中，技術特性是機會發現的前置因素，而所發現的機會則會進一步影響創業家執行機會的方法。由於機會的內涵很難具體化，未來可朝向構面操作化或是建立量表的方向進行。例如Shepherd與DeTienne（2005）採用Shane（2000）的概念，探討先驗知識、利益誘因與機會確認之關係，將各構面作明確的操作化定義，並以實驗法進行驗證。

◆創業家人格特質

創業家往往具有較高的成就動機（McClelland & Burnham, 1976）、自我效能（Wood & Bandura, 1989）、風險承擔（Simon, 1986）與權力動機（McClelland & Burnham, 1976; Bittie, 1984）等人格特質。

◆自我效能

從創業的角度來看，自我效能高的人比自我效能低的人更容易創業（Markman et al., 2002）。高效能者會對自己設立一個更遠大的目標，在面臨不同處境的時候，勇於表現更多的努力與堅毅精神。高自我效能的人會對自己設置更有挑戰性的目標，面對困難時，使自己更專注於此目標，表現出更多的努力與毅力堅持，增強他的自我效能（Bandura, 1995）。

◆決斷力

一位創業家往往要自己判斷，對市場變化做出分析；從產品特性、市場訊息、經營診斷三位一體，讓企業的營業活動得以完成。決斷力，是一種思維的行動，是創業家們永不停歇的思維過程。決斷力是一種快速判斷一事件或事務發展，是當事人身處其累積的閱歷下對已發生或即將發生的事情做出的行動方案的作為（周志儒，2017）。

(二)九大研究命題

此外，根據文獻分析與整合架構，陳德富（2017）建構出九大研究命題如**表10-3**。

表10-3　九大研究命題

命題	內容
命題1	創業動機與因果論及效用論、創業精神、認知理論及本體論相關且對創業哲學有正向影響。
命題2	創業精神與認知理論相關且對創業哲學有正向影響。
命題3	創業知識與知識論相關且對創業哲學有正向影響。
命題4	創業行為與創業家人格特質、認知理論及社會認知理論相關且對創業哲學有正向影響。
命題5	創業家與創業團隊與創業機會、創業家人格特質及認知理論相關且對創業哲學有正向影響。
命題6	創業機會的發現利用與評估與因果論及效用論、新古典均衡理論、奧地利學派資訊不對稱理論、認知理論及本體論相關且對創業哲學有正向影響。
命題7	創業家人格特質與創業精神、創業行為、創業機會與認知理論及認知學派相關且對創業哲學有正向與負向影響。
命題8	自我效能與人格特質、唯我論、自我哲學、社會認知理論、認知辯證思維相關且對創業哲學有正向與負向影響。
命題9	決斷力與自我效能、人格特質、認知理論、因果論與效用論相關且對創業哲學有正向與負向影響。

六、創業團隊小故事

(一)Skype以自家故事告訴你：成功前，先假裝自己成功了

圖10-2　Skype

圖片來源：https://skype.en.softonic.com/

今年，德國最大的創業者論壇IdeaLab! 2012上，Skype第三位創始員工Eileen Burbidge侃侃而談Skype那怪異卻關係緊密的草創團隊。從頭說起，那是2004年，她從美國飛到倫敦，放棄發行音樂識別App的大公司Shazam，決然投入一個沒有正式名稱、沒有工作合約也沒有任何工作描述的Skype小團隊。那時，Skype只有Niklas Zennström和Janus Friis，Burbidge卻很肯定這創造出網路檔案分享軟體Kazaa的兩人，將會有更驚人的作為。Burbidge抵達倫敦後，公司很迅速打電話給她，問她什麼時候能進公司，從這天開始，她就一直懷疑自己能否勝任這份工作；一路上這種心態讓她從好變得更好，也讓整個公司的人更優秀。雖然沒有正式的合約，但Burbidge知道自己的生活所需都過得去，即使曾經被欠薪八個月，她還是埋頭繼續做（VentureBeat, 2012）。

(二)Skype草創的特殊工作文化：假裝自己很大

她說，這個團隊真的絕頂聰明又風趣，雖然草創的狀態讓大家沒有安全感，但也因為這樣，團隊更謹慎、更努力，每個人都拚得要死，幾乎二十四小時全年無休在做，而且每個人都用Skype，即使睡覺也會開著，以免漏掉大家聊天的內容。草創團隊的人都很年輕，最老的是37歲的Zennström，幾乎每個人都未婚無子，我們就這樣每天從早到晚膩在一起，吃喝玩樂都一起享受。另外，草創團隊裡愛沙尼亞的發展小組也形塑Skype很特別的工作文化，Burbidge笑說，有時候我會問候他們「最近怎樣啊？」或「今天過的好嗎？」等，我得到的答覆總是短短的一個字：「說！」並不是他們粗魯，是因為語言的關係，不便話家常，不過也因此事情就很有效率的完成了。她回想道，早期我們「裝很大」，在SkypeOut發行的前一天，我們就整個晚上拿著計算紙，計算各地區通話的收費。這樣土法煉鋼聽起來不可思議，但我們寧願這樣假裝很行，也不願意延後發行日期（VentureBeat, 2012）。

(三)無所畏懼的Zennström和Annus

每個人拚得要死，就是為了不讓Zennström失望，雖然Zennström是個奇怪的人，但非常有遠見，他認為Skype值10億美元以上，因此當初從eBay那些想兼併的公司手中搶回Skype主權，等的就是最後以80億美元賣給微軟。愛沙尼亞發展小組的頭頭Annus也是個聰明人物，他會把事情規劃清楚，大聲吼人、迫使大家把事情好好做完，Burbidge說，後來我才知道他沒有惡意，他只是不想浪費時間。Annus也是她心中的最佳雇主，他會在要僱用新人的前三年，就讓她去會見可用人才。Burbidge對在場的準創業者說：最重要的是你相信這個工作和這個團隊，其實別急著出去創業，先去和一些很聰明、很聰明的人一起工作，偶爾搞砸幾次，嚐嚐失敗的滋味，然後你也要成功幾次，你知道那就是你要追求的感覺。在體驗這些之後，你才能去創立自己的公司（VentureBeat, 2012）。

11

創業規劃的關鍵問題與九大步驟、創業企劃書、Airbnb的BP與創業企劃範例

一、創業規劃的關鍵問題與九大步驟

二、創業企劃書

三、Airbnb的BP（商業計畫書）

四、創業企劃範例——咖向幸福咖啡館

五、全國大專院校創意創新創業管理個案專題競賽企劃書格式範例

為何要擬定創業計畫書？當你選定了創業目標與確定創業的動機之後，而在資金、人脈、市場等各方面的條件都已準備妥當或已經累積了相當實力，這時候，就必須提出一份完整的創業計畫書，創業計畫書是整個創業過程的靈魂，在這份白紙黑字的計畫書中，主要詳細記載了一切創業的內容，包括創業的種類、資金規劃、階段目標、財務預估、行銷策略、可能風險評估、內部管理規劃等，在創業的過程中，這些都是不可或缺的元素。在某些時候，創業計畫書除了能讓創業者清楚明白自己的創業內容，堅定創業的目標外，還可以兼具說服他人的功用，例如，創業者可以藉着創業計畫書去說服他人合資、入股，甚至可以募得一筆創業基金（58創業加盟網，2017）。

以下將探討創業規劃、精實創業原則與創業計畫書等理論與實務。

一、創業規劃的關鍵問題與九大步驟

(一)創業規劃的三個關鍵問題

劉常勇（2002）指出，所有創業者在創業規劃時，都要問自己三個問題，而且必須要有明確答案以後，才能展開創業工作。同樣的，有經驗的投資家在創業者尚未能夠清楚回答這三個問題以前，是不可能拿出資金。第一個問題：「我為何要創業？我的創業目標是什麼？」第二個問題：「我要採取怎樣的創業策略才能實現上述目標？如何顯示這是一個好的創業策略？」第三個問題：「推動創業策略需要具備怎樣的資源能力？我要如何獲得這些資源能力？」如果說，目標是夢想，策略就是描述如何實現夢想的藍圖，而能力則是一套能夠實踐夢想藍圖的具體行動方案。目標、策略、能力三位一體，是所有創業者在創業規劃過程中必須要認真面對的問題，也是創業規劃的最核心議題。如果創業者在不能清楚回答這三個問題以前，就貿然投入創業活動，那麼這種創業將只會成為一場輸多贏少的豪賭。詳細內容如**表11-1**。

表11-1　創業規劃的三個關鍵問題

關鍵問題	內容
創業目標	一般來說，創業者的個人目標與事業目標是分不開的，因為創業本身就具有極為強烈的個人色彩。創業者行為與專業經理人基本上是相當的不同，後者憑藉個人專業為股東創造利潤以換取回報，但前者則為實現個人的理想，是為個人的目標而奮鬥。由此可知，創業目標對於創業活動的關鍵重要程度。創業者必須對於創業目標深思熟慮，不能僅以感性的口語說：「創業是為要回饋社會人群」，或是「創業是為要掌握自主的人生」，太含糊或太抽象的描述目標，只會造成事業策略規劃與決策風險評估上的困難，導致創業行為失去焦點，無法訴諸具體行動。創業目標可以是現實的，例如：創業者希望賺大錢；也可以是理想的，例如：創業者為實現個人的創意或為領導產業技術的創新發展。
創業策略	一位重視個人生活品質的創業者，常會將企業規模控制在不影響個人休閒生活的程度，要不然就必須建立充分授權的制度，以避免事必躬親。創業初期通常都會入不敷出，創業者要背負沉重債務，事業發展過程也會意外頻傳，除非創業者清楚知道自己追求的事業目標與創業理想，否則將很難承擔如此龐大的壓力與風險。由於創業者個人目標會影響未來新事業的規模、永續經營的態度、風險承擔的意願與承受能力等，因此，投資家會由創業目標來判斷這個新事業投資標的未來可能實現的價值。總之，創業絕對不是一件輕鬆、愉悅、心想事成的事情，因此創業者必須要先想清楚自己的目標，願意承受的風險有多少，願意付出的犧牲有多大，然後才做出創業的決定。唯有個人目標與事業目標達成一致，創業才會是一件有義意的挑戰任務。一個遠大的創業目標如果沒有配套有效的策略，將只是一場自欺欺人的騙局。制訂創業策略是為了能夠有效達成目標，策略將決定經營方向與經營路徑，策略也將影響重要的經營決策。雖然策略本身並無所謂對錯，但一個不適當的創業策略，將可能使企業在創業初期就陷入困境，而永遠無法達成經營目標。
資源能力	有的創業者無法清楚說明創業策略，打算採取隨機應變的方法，結果公司的決策充滿了短線行為，資源被大量浪費，核心能力也未能積累，公司始終處於風雨飄搖之中，投資者與員工都看不到公司的前景。成功的創業活動必須要有一個清楚、正確的策略規劃作為指導綱領，制訂創業策略是創業者的職責，創業者必須要能夠向投資家清楚說明達成營運目標的創業策略。縱有策略但無能力，則也是一場空想。創業者必須要知道需要多少資源，發展哪些能夠創造優勢的核心能力，以及建構怎樣的組織模式，才能有效落實策略目標。如果說目標與策略研擬都是紙上談兵的理想，那麼發展資源能力就必須要以非常務實的態度來面對，而且必須要有具體可行的行動方案。華碩的技術領先策略必須要能延攬一流的技術人才，戴爾的直銷策略（direct sale）也必須要能夠發展顧客關係網絡與建構顧客服務系統的資訊技術能力。

資料來源：劉常勇（2002）。

(二)創業的九個步驟（劉常勇，2002）

1.第一步驟：從三百六十行中選擇你的最愛。
2.第二步驟：持續自我成長與學習。
3.第三步驟：慎選你的品牌或公司名稱。
4.第四步驟：決定公司的合法組織與法律架構。
5.第五步驟：評估一份具體的預算報告。
6.第六步驟：撰寫一份致勝的計畫書。
7.第七步驟：選擇公司辦公地點。
8.第八步驟：完成公司登記及瞭解各種法律相關條文。
9.第九步驟：募集充足的創業資金。

二、創業企劃書（Kris專案管理學院，2017）

(一)企劃書的撰寫目的

企劃書的撰寫目的在於：「提供充分的正當性理由，來獲得主管或專案資助者對專案成立的正式授權，並爭取必要的資源及預算。」為了達到這些目的，從事企劃的人員必須具備足夠的專業能力來「分析專案的問題和需求」、「構思各種可能的備選方案」、「評估及選擇最佳的備選方案」、「分析佳的備選方案的效益與風險」及「規劃專案的行動」等。一本良好的企劃書，可以有效地達成其預期的目標，並獲得專業的認同。反之，一本不好的企劃書，顯示撰寫者的行事草率或專業不足。良好的企劃書撰寫能力是專業企劃人員不可或缺的。這些企劃人員可能來自企業的各個單位，包含：營運計畫、策略規劃、市場行銷、產品開發、資訊軟體、生產採購、品質管理、財務會技、人資管理等。

(二)企劃書和計畫書的不同

企劃書（proposal）和計畫書（plan）的使用目的不同。企劃書主要用來作為「目標及方案的提議」，例如商業企劃書（business proposal）。計畫書則用來作為「範疇及行動的指導」，例如營運計畫書（business plan）。企劃的工作主要在從事問題需求的分析、解決方案的構想、可行性的評估、初步行動及預算的規劃等；計畫的工作則在從事細部範疇的定義及執行工作的規劃等。因此。企劃書可被視為是「初步的計畫書」，而計畫書則是「細部的計畫書」。然而，有時候企劃書和計畫書在用途上很難區分，因為，企劃書常被當作計畫書來使用。

(三)企劃書的種類

一般常用的企劃書包含：

1.軟體／系統開發企劃書（software/system development proposal）。
2.產品企劃書（product proposal）。
3.行銷企劃書（marketing proposal）。
4.網站企劃書（web design proposal）。
5.商業企劃書（business proposal）。
6.創業企劃書（start-up business proposal）。
7.活動企劃書（event proposal）。
8.研究計畫書（research proposal）。
9.專案企劃書（project proposal）。

(四)企劃書「6W2H1E1R」的組成要素

無論撰寫任何企劃書，都可以根據「6W2H1E1R」的原理來發展其內容架構。「6W2H1E1R」包含以下十個組成要素：

1.Why（緣起背景）：問題與需求為何？需求的理由何在？主要及次要目的為何？

2.What（內容範疇）：主要產出是什麼？主要工作範圍是什麼？

3.Where（進行場所）：在哪些地點、場所及環境從事哪些工作？

4.When（工作時間）：主要的里程碑及工作時程為何？

5.Who（參與者）：經辦者、協辦者、審核者、諮詢者為何？

6.Whom（受影響者）：顧客、使用者、受益者、受害者等？

7.How（執行步驟）：進行的方法、技術、流程、資源（如人力、工具、設備、材料等）為何？

8.How much（預算）：預估的費用要多少？

9.Effect（效果）：預測的結果、效益為如何？

10.Risk（風險）：潛在的風險及應變措施為何？

(五)創業企劃書範本

創業要有創業企劃書，其內容目錄為（黃廷彬，2013）：(1)摘要；(2)產業、產品或服務簡介；(3)市場研究與分析；(4)行銷計畫；(5)設計與發展計畫；(6)製造與營運計畫；(7)管理團隊；(8)財務規劃；(9)整體的時程規劃；(10)附錄與資料來源。

創業企劃書，其詳細內容為（財團法人企業大學文教基金會，2003）：

1.摘要：(1)事業概念與事業之描述；(2)機會與策略；(3)目標市場與計畫；(4)競爭優勢；(5)經濟狀況、收益性與潛在獲利；(6)團隊簡介；(7)所需資源。

2.產業、產品或服務簡介：(1)產業性質；(2)產品或服務；(3)投資規模與成長策略。

3.市場研究與分析：(1)目標顧客；(2)市場規模與趨勢；(3)競爭與競爭疆界；(4)預測市場占有率與銷售額；(5)未來的市場評價。

4.行銷計畫：(1)整體的行銷策略；(2)定價；(3)銷售戰術；(4)服務與保

證政策；(5)廣告與促銷；(6)通路。

5.設計與發展計畫：(1)發展狀況與工作；(2)所遭遇的困難與風險；(3)產品改良與新產品；(4)成本；(5)專利權。

6.製造與營運計畫：(1)營運週期；(2)製造與營運地點的選擇；(3)設備與製程；(4)策略與計畫；(5)法令規章。

7.管理團隊：(1)組織；(2)預定總經理、副總經理及各單位主管；(3)預定支付管理階層酬勞；(4)預定股權結構；(5)預定董事及監察人；(6)專業顧問的支援與服務。

8.財務規劃：(1)第一年財務計畫（按月表）；(2)五年財務預測分析及年度會計報表分析；(3)損益兩平分析；(4)預計五年股利政策及增資計畫；(5)預計五年營業目標；(6)投資報酬分析（損益兩平營業額、NPV、IRR、回收年限、敏感性分析等）。

9.整體的時程規劃。

10.附錄與資料來源。

(六)創業規劃實務（財團法人企業大學文教基金會，2003）

◆創業規劃理念

- 辦理工廠登記須知
- 獨資、合夥行號營利事業設立登記須知
- 公司組織營利事業設立登記須知
- 獨資、合夥該選哪一樣呢？
- 公司法相關規定
- 中小企業認定標準
- 非中小企業傳統產業專案貸款信用保證作業要點
- 創業可行性分析
- 創業評估與發展
- 創業與闖業

◆創業規劃準備

- 中小企業申請融資最佳時機
- 中小企業融資困難之主要原因
- 銀行審核貸款的主要原則
- 如何善用信用保證制度以取得銀行融資？
- 中小企業要順利取得銀行融資應注意哪些事項？
- 中小企業如何與銀行建立良好的往來關係？
- 如何擬定創業企劃書？
- 創業初期如何利用社會資源

◆創業規劃實戰

- 中小企業小額週轉金簡便貸款
- 專案貸款：輔導中小企業升級貸款
- 專案貸款：購置自動化機器設備優惠貸款
- 專案貸款：振興傳統產業優惠貸款
- 專案貸款：協助中小企業紮根專案貸款
- 專案貸款：青年創業貸款
- 專案貸款：微型企業創業貸款
- 專案貸款：中小企業小額簡便貸款
- 專案貸款：傳統產業專案貸款
- 專案貸款：獎勵觀光產業優惠貸款
- 專案貸款：民營事業汙染防治設備低利貸款
- 專案貸款：購置節約能源設備優惠貸款
- 如何辦理工商登記
- 促進產業升級投資抵減簡介
- 中小企業融資財務報表注意事項
- 中小企業善用財務管理及避險節稅之因應方向
- 如何選擇創業行業

(七)創業企劃書與政府的創業貸款

創業企劃書是創業前的必須要件，是向外界介紹自己新創事業的一份文件，通常在與政府機關或金融機構交涉時都需要這樣的書面資料。除了以上功能，創業企劃書還有更重要的意義，就是讓創業者在藉由撰寫的過程中，思考並陳述事業體應有的全面性機能，並且審視各個環節是否有不足及尚待改進之處。創業企劃書對創業者來說不僅是一份自我檢視表，更是一份向別人推薦自己的企業履歷表。創業企劃書的內容，包含經營理念、商品介紹、公司組織、資本規劃、人力規劃、市場分析、獲利狀況預估、中長期發展目標等（詹翔霖，2011）。

現在政府的創業貸款包括青年創業貸款計畫書、微型創業貸款企劃書、鳳凰創業貸款計畫書等等，貸款額度在50～100萬之間。銀行都需要創業者提供一份創業企劃書或是營運企劃書。青輔會與勞委會的創業顧問林瑄峰表示，要想創業的人，要學會寫好一份創業企劃書，這份企劃書不僅能夠爭取到銀行貸款，更重要的是能夠幫助創業者，在投入創業前，有份清楚的藍圖與流程，不會急就章也不會盲目創業（夏幼文，2009）。

政府推動青年創業貸款的目的是協助已開創事業之青年，於事業開展階段獲得利息成本負擔較低之營運資金，以創造工作機會及促進經濟發展。申請青年創業貸款的資格有以下幾點（經濟部中小企業處，2015）：

1.中華民國設籍之國民，且年齡須滿20歲，但不得超過45歲，具有工作經驗或受過經政府認可之培訓單位相關訓練，男性服役期滿或依法免役，且過去三年內須受過政府認可之培訓單位相關訓練至少20小時。

2.首次申貸由所創事業之負責人或出資人，於所創事業依法完成登記或立案原始設立日期未超過五年內，向承貸金融機構提出申請；同一事業體於首次獲貸後五年內，每次獲貸滿六個月後，可依規定向原承貸金融機構申請續貸。

3.須辦理商業登記或公司登記之行業，首次申貸及續貸，其申請人等所登記之出資額應占該事業實收資本額半數（含）以上。

青年創業貸款的額度為：(1)每人每次最高貸款額度為新台幣400萬元。其中，無擔保貸款最高以新台幣100萬元為限。同一事業體貸款總額最高新台幣1,200萬元，其中無擔保貸款部分，不得高於新台幣300萬元；(2)經中小企業創新育成中心輔導培育企業之創業青年，每人每次最高貸款額度得不受前款限制，其中無擔保貸款部分，每人每次最高新台幣150萬元，惟同一事業體貸款總額仍依前款規定（經濟部中小企業處，2015）。

三、Airbnb的BP（商業計畫書）（董老師在矽谷，2016）

很多新創公司的BP（商業計畫書）問題非常多！也就是說，好的BP都差不多，簡單明瞭、容易傳播。糟糕的BP各不相同！頁數太多、文字繁複、條理不清！後期融資的專案BP，會比較長，因為有更詳細的報表、更多的產品展示和更複雜的內容。但是，愈是早期的項目，BP就應該愈簡單！共享經濟的典型代表Airbnb成了全球最大、沒有自己房間的飯店公司，我們來看看它最初融資的BP長什麼樣子。成立迄今七年時間，業務已覆蓋全球一百九十多個國家，三萬四千多座城市。Airbnb的估值高達255億美元，已遠遠超過凱悅、萬豪，並與希爾頓不相上下。它的模式是，人們可以透過Airbnb的網路平台將閒置的房間租售，並供全球房客使用。

關於Airbnb的BP PPT架構，摘要如下：

1.一句話介紹產品、服務。
2.目前的市場狀況和買家痛點。
3.新產品、服務的解決辦法。
4.產品已透過市場驗證並證明可行。
5.告知本產品、服務的市場規模。
6.介紹產品（證明頁面、長相）。
7.一開始就說清楚如何賺錢。
8.如何推廣。

9.存在的競爭對手有哪些。

10.和別人不一樣的地方。

11.核心團隊組成及介紹。

12.媒體報導。

13.用戶反饋。

14.清楚的融資條件和目標。

四、創業企劃範例——啡向幸福咖啡館（呂紹彬、鍾念欣、林冠吟、潘怡妏，2016）

(一)公司簡介

近年來，男女平權意識逐漸高漲，現代女性主義抬頭，導致男女單身率逐年提高，以至於結婚率與生育率一年不如一年，為了打平這樣的現象，因此本公司將打造出一間專為單身貴族尋找另一伴機會的咖啡廳。本咖啡廳除了服務一般消費者，另外本餐廳最大特色是提供聯誼的服務，讓單身貴族除了能享用本咖啡廳精緻可口的餐點之外，

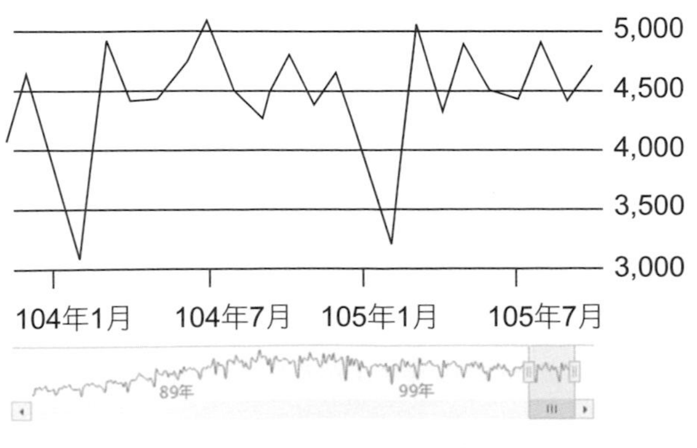

圖11-1　離婚率

更能藉由本咖啡廳所提供的交友機會來認識屬於未來的另一伴，以終結單身過節之寂寞感，帶給每個未找到幸福的人一個新的機會。

(二)產業與市場分析

由於台灣的經濟逐漸低迷，人們的所得不如以往，導致許多人不敢結婚生小孩，甚至是單身男女們更不敢交往，另外上述所提到的男女平權意識及女性主義抬頭等都是主因，所以本咖啡廳將主打提供單身貴族們專屬的用餐環境，而介於25～35歲的年輕族群這一塊的目標族群較多選擇至咖啡廳享受（景氣分析與去咖啡廳比例如**圖11-2**、**圖11-3**），但相對的，一個人去又顯得孤單，所以本團隊將以咖啡廳為一個交友媒介，給讓想尋找幸福的朋友們有不同的體驗機會，雖然現代網路發達，交友App非常廣泛又多種，不過虛擬世界存在著一些不確定的危險，因此以實體且公開的交友場所來提供新的交友平台。

(三)產品特性

◆特別座

本咖啡廳會先詢問走進來的客人是否單身，如果不是單身者將帶位置一

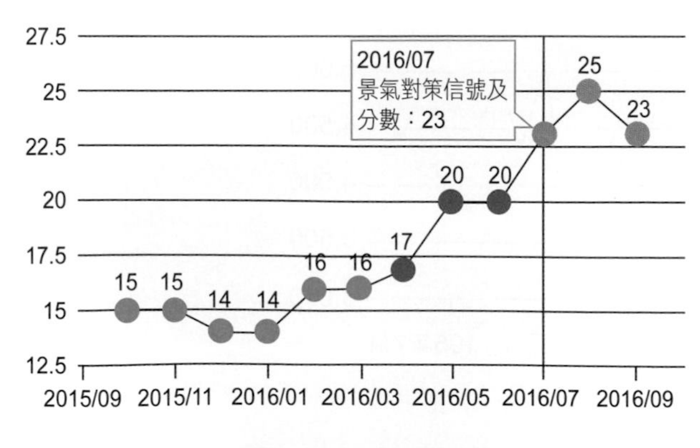

圖11-2　景氣分析

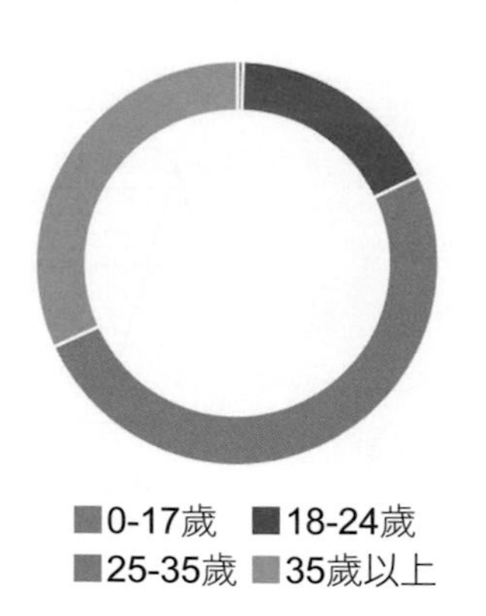

圖11-3　去咖啡廳比例

般座位進行一般的用餐服務，如果是單身者則將帶往專屬單身者的特別區，特別區是以一人及雙人座位為主，若有想自己用餐不想參與交友活動的消費者，服務人員會給予客人安靜的單人安心用餐不被打擾，有參與活動的客人會先坐在雙人座的位子，其他有興趣想跟對方交朋友的客人，不論男生或是女生，都可直接坐到對方對面的空位子進行交談與認識，本店不會擅自做配對的動作，這些單身男女們可以自由選擇交友對象，不受限制，以防彼此的一些不情願或者尷尬等問題。

◆特別座活動示意圖

活動進行，擺脫單身的第一步

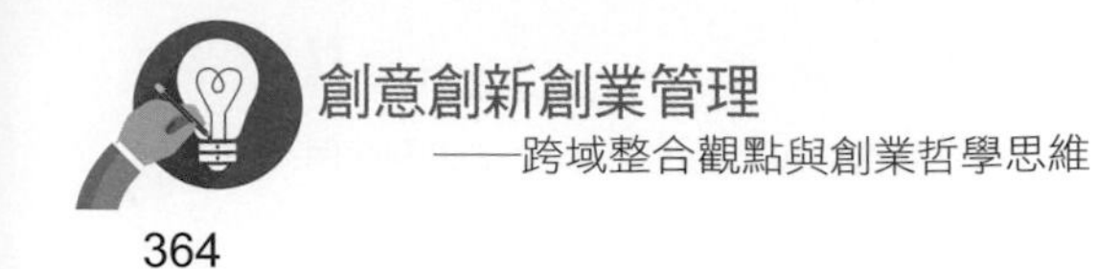

◆咖啡廳菜單

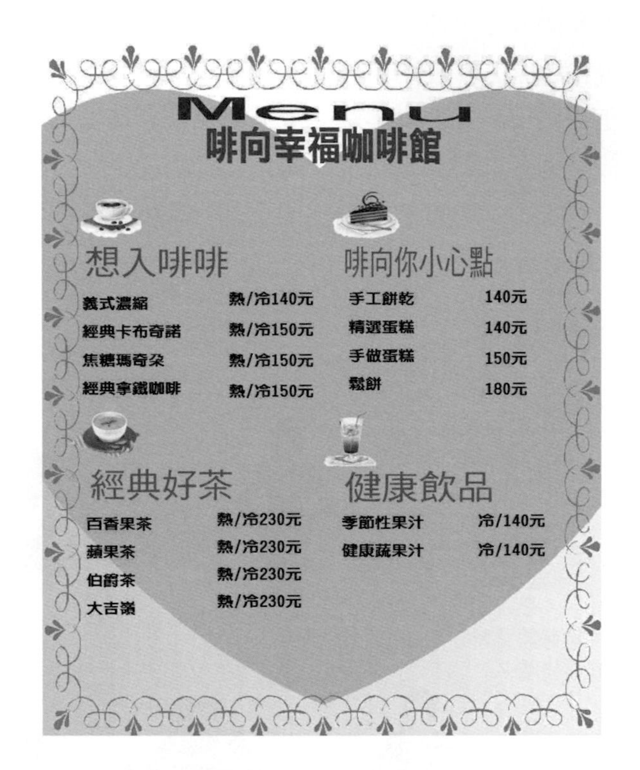

(四)經營策略與模式

本咖啡廳最終目的是讓單身貴族找另一伴，所以咖啡廳有推出「回娘家活動」，活動內容：如果是本咖啡廳特別席所結交相識的不論後續會成為情侶或是朋友，兩人離店前，本店會給予一張紀念卡，上面會填上當天日期，日後兩人再回來本店消費，兩人同行將享有七五折優惠，讓客人有回到當初相識的溫馨感受，藉此能以這樣的優惠活動吸引消費者回來咖啡廳消費，而沒有順利交友成功的顧客，本店也會在客人離店前贈送特製的蛋糕來安慰、鼓勵客人，藉由這樣的溫馨活動以達到培養長期固定客人之目的。

活動海報

(五)行銷計畫

◆Facebook粉絲社團、IG、官方網站

建立粉絲團來介紹本咖啡的特色，並提供客人打卡的服務，藉此提高在網路上的曝光率。

Facebook粉絲社團

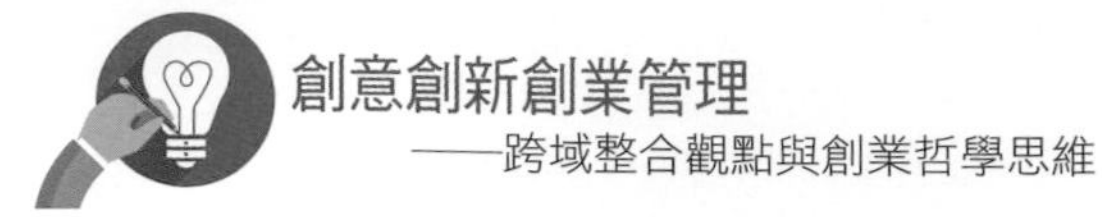

◆電視廣告

利用電視廣告提高知名度，讓更多人關注咖啡廳。

電視廣告

◆廣播電台

利用廣播電台開車上班的單身貴族，得知此咖啡廳，藉此吸引此客群來店消費。

廣播電台

(六)財務計畫

各項費用及金額如**表11-2**所示。

表11-2　財務計畫

	費用種類	金額
人事費	服務人員年薪／人： 月薪：23,000元×12月×5人＝1,380,000元 廚房人員年薪／人： 月薪：26,000元×12月×3人＝936,000元	2,316,000元
設備費	店家租金：300000元×12月＝3,600,000元 機器費用：75,000元 餐具費：20,000元 桌椅費：300,000元	3,995,000元
宣傳費	廣告費：250,000元 網頁製作：180,000元	430,000元
雜項	食材費：250,000元 水電費：100,000元 文具用品：1,500元	351,500元
	總計：7,092,500元	

(七)風險評估與未來展望

◆風險評估

台灣雖是屬於自由民主的國家，但思想觀念還是較為保守，消費者還是會比較膽怯害羞，所以當設立這種為單身貴族打造的咖啡廳，本咖啡廳必須面對消費者想來又不敢嘗試的猶豫心情，再來是本店無法瞬間打開知名度，因為當開始經營時，消費者會較不敢嘗試。

◆未來展望

1.預期三年內開設第二家分店。

2.本咖啡廳期望未來能與大專院校合作並進駐校園，凡是有節日與活動就可享有特別座的機會，任何單身男女都可以參加，並藉由這個機會擴大本店的知名度。

(八)結論

在台灣的消費市場中，到咖啡店喝咖啡被認為是一種休閒的文化，因此推廣咖啡文化，應是各家咖啡店的要務，而負責推廣咖啡文化的員工，更是咖啡店在發展經營策略外，所應注重及培植的重心，而本咖啡廳除了推行咖啡之外，最大特色幫單身男女去除過節寂寞孤單的心情，並藉由這個機會可以多交朋友，而且這樣的交友媒介不會像網路交友的App充滿危險與陷阱，可以在這樣公開的場合與對方交談，本咖啡廳不只讓咖啡是一種休閒文化，更是讓消費者在休閒享受之餘，透過本店所安排的特別座來終結單身者的寂寞孤單。

五、全國大專院校創意創新創業管理個案專題競賽企劃書格式範例

2017全國大專院校創意創新創業管理個案專題競賽
「創意創新創業管理個案專題競賽內容參考大綱」

封面：提案名稱、參賽學校與科系、參賽組員、日期
摘要
一、公司簡介
二、產業與市場分析
三、產品特性
四、創新經營策略與商業模式
五、創意創新行銷計畫

六、財務計畫與經營效益

七、風險評估與未來展望

八、結論

九、參考資料

Chapter 12

微型、網路與單身經濟創業管理

一、微型創業管理

二、網路創業管理

三、單身經濟創業管理

四、單身經濟創業小故事

一、微型創業管理

(一)微型企業之定義

微型企業（micro-enterprise）為開發中國家較重視的議題，主要目的是為了消滅貧窮，極具社會救助之意涵。在開發中國家的微型企業資本資產相當有限，多在1,000美元以下，通常座落於家中，多以簡單技術操作，從事勞力密集的生產或服務，主其事者多為女性，所使用的原物料亦多由當地獲得，產品也在當地銷售，通常沒有成長性。在開發中國家中，從事微型企業的勞動力通常在總勞動力上占有相當大的比例，甚至有些國家達到70%。已開發國家對微型企業的著重面向與開發中國家不同，微型企業對已開發國家而言，較少具消滅貧窮的意義，而意涵較多創新與新事業的開發。此外，微型企業在開發中國家多屬於非正式部門（informal sector），而在已開發中國家多屬於正式部門（趙文衡，2002）。所謂「微型企業」，顧名思義乃是相對於小型企業，在規模上更為微型之事業體。在具體的界定標準上，員工人數是最簡單、也最常被使用的指標，但人數的認定則因不同機構組織所推動相關方案之不同目標而有所差異。

斯里蘭卡發展研究小組在辨認微型企業領域中，以100,000盧比（相當於1,000美元）或少於100,000盧比為投資資金的企業，投資資本不包括投資在土地和大廈（De Mel, McKenzie, & Woodruff, 2009）。美國小公司發展方案（MDPs）是為僅獲得微少社會資本和低收入的企業家而建立的方案，MDPs提供企業訓練和微型企業的個體借貸服務，所謂的借貸服務指該企業在5位或少量雇員和少於20,000美元的貸款金額（Jurik, Cavender, & Cowgill, 2006）。哥斯大黎加經濟區段包括旅遊業、電子（微處理器），輕的製造工業、農業、食品加工、建築和窄型商務，其在定義微型公司指僱用少量員工，在哥斯大黎加經濟區大多數（73.0%）的企業少於6人（Jain & Pisani, 2008）。美國企業機會協會（Association for Enterprise Opportunity）於2005年提出「微型企業」定義：微型企業係指經常僱用員工5人以下，創業所需資金3.5萬美元以下之企業（Schmidt & Kolodinsky, 2007）。OECD則以員工人數在20人以下的企業為微型企業，墨西哥則以15人為上限。美國聯邦政府「住宅與都市發展部」（Department of Housing and Urban, HUD）則認為微型企業為員工人數在5人以下的事業組織；美國國際發展及援助機構（United States Agency for International Development, USAID）的認定則為10人以下，含所有人以及無酬

表12-1　微型企業定義

員工數	政府組織	定義
5人以下	中華民國	・中小企業發展條例第四條第二項所稱小規模企業，指中小企業中，經常僱用員工數未滿5人之事業（中小企業認定標準第三條）。 ・國內對微型企業並無一明確官方定義，唯在行政院勞工委員會的「微創鳳凰貸款」中提及，微型企業係指經營事業員工數（不含負責人）未滿5人的事業。
	加輊比海發展銀行（Caribbean Development Bank）之「加勒比海技術與諮詢服務」（CTCS）定義	微型企業係指員工低於5人（含所有人在內）、設備投資低於25,000美元的企業組織，且通常是居家型事業。
	美國AEO組織（The Association for Enterprise Opportunity）	明確定義5個以下的雇員或創業資本在35,000美元以下的企業。
	美國住宅與都市發展部（HUD）	含所有人在內5人以下的事業組織。
	亞太經合會（APEC）	員工人數5人以下。
	日本	製造業20人以下，商業服務業5人以下，又稱零細企業。
10人以下	美國國際發展及援助機構（USAID）	由貧困人口擁有與經營、員工不超過10人（包括不支薪的家庭成員）的事業組織。
	聯合國國際勞工組織（ILO）	自僱型工作者以及低於10人之事業體。
	歐洲聯盟（EU）	低於10人之事業體。
	英國	低於10人之事業體。
20-25人以下	經濟合作發展組織（OECD）	員工人數在20人以下的事業組織。
	美國政府DGS部門	微型企業是中小型企業的一環，其範圍涵蓋在凡年平均收入低於2,750,000美金，製造工廠人數少於25人企業之內。
	IBM	微型企業泛指企業資金、資產及營業額較中小型企業低，員工人數介於4-10人。

資料來源：出自台經院微型企業融資問題研析專題報告（2013）。

的家庭成員。美國中小企業統計指出美國共有22,000家小企業，提供了就業市場高達53%人力僱用機會；在新產品發明方面，有三分之二係由小企業開發，其銷售額占全美總銷售額總數的54%，因此，美國在聯邦政府下設有小型企業署（SBA），專責小企業的輔導並推動多項專案，如美國堪薩斯州青年創業家及「青年創業家（YEK）大使聯盟」獎助金計畫；在英國方面亦有相同方案，如青年企業方案的推動（周春美、沈健華，2004）。所謂的微型創業在各經濟組織中皆有不同的定義，例如：聯合國國際勞工組織（ILO）：自僱型工作者以及10人之事業體；經濟合作暨發展組織OECD：員工人數20人以下之企業；歐洲聯盟（EU）：低於10人之事業體；亞太經濟合作會（APEC）：員工人數5人以下（微型創業及作業管理報告，2009）。

根據上述資料對各地微型企業的定義，可發現微型企業員工數多在5人以下，最多不超過20人；資金在1,000美元以下，最多不超過35,000美元。

據國際金融中心與麥肯錫對132國家所做的調查報告指出，於132受訪國家中，有69國家之將微型企業定義為低於10人的事業體，11國家定義1～10人為微型企業，而有27個國家將5人以下事業體定義為微型企業，其餘國家定義不一，分別有以15、20、50、250（阿爾及利亞）為分界點來定義微型企業。

(二)台灣微型企業之定義

政府2001年的「工商及服務業普查」統計出未滿5人之微型企業，並且與1996年的「工商及服務業普查」未滿5人的企業作比較，發現微型企業成長了31.62%（行政院，2001）。經濟部於2002年召開年度記者會，會中明確揭櫫經濟施政的八項重點目標，其中第四項「融資暢其通」則是推動「微型企業創業貸款計畫」，協助中高齡失業者創業，最高可貸款100萬元。經濟部更在微型企業創業貸款計畫中指出，微型企業主要是指中小企業發展條例第四條第二項所稱小規模企業中，不分行業，員工數未滿5人者（經濟部，2003）。2006年政府再次實施「工商及服務業普查」，在普查名詞應用解釋中則是參照經濟部中小企業認定標準，將小型企業定為僱用員工人數未滿5人或無僱用員工之自營作業者及無酬家屬工作者人數未滿5人之企業（行政院主計處，2005）。2009年9月中小企業認定標準修正發布，其中第三條所稱小規模企業，係指中小企業中，經常僱用員工數未滿5人之事業（經濟部，2009）。中小企業認定標準第三條之規定，所謂小規模企業係指製造業、營造業、礦業及土石採取業經常僱用員工數未滿20人者農林漁牧業、水電燃氣業、商業、運輸、倉儲及通信業、金融保險不動產業、工商服務業、社會服務及個人服務業經常僱用員工數未滿5人者（經濟部中小企業處，2009）。

由上述得知歷年來台灣微型企業的認定標準仍然是不明確，在無僱用員工之自營作業者及包含無酬家屬工作者的認定中顯然訂定不一，但是可以發現在員工數未滿5人的規範，多年來是一致的，因此將微型企業定義為僱用員工人數未滿5人之事業。

(三)微型創業形式

微型創業因其資金需求低而追求「具體而微」之小本事業，在台灣，微型企業的形式不勝枚舉，其中可概分為兩類：無店鋪形式以及擁有實體店面者（1111創業加盟網，2009）。

◆無店鋪型態

常見的無店鋪型態微型創業包括網路購物、電視購物、網路拍賣、人員直銷、型錄購物、郵購等。比起實體店面，其最大優點在於因無需店面的租金與管理而節省不少資金成本。而且隨著網際網路的普及化及大眾化，網路的成本及人事費用支出均大大減少，提供網路創業者一個最具成本效益的基礎優勢，也因而帶動一批居家創業SOHO風潮，讓越來越多人希望投身在家工作的舒服企業。此外網際網路帶來的是無遠弗屆的市場，隨著全球化的趨勢與地球村的概念，網路商品能不受限於國內或鄰近區域，更可進占商機無限的海外市場，廣納客戶來源。而商品的行銷在影響力不容小覷的網路社群之牽引下也更容易獲得迴響，進而更快接觸其目標客源。

而網路所擁有的龐大資料庫及便捷的搜尋功能則是另一項優勢。無論是商家或買家，透過便捷的網路搜尋，皆可以快速掌握銷售策略、研究市場趨勢、取得商品管道，或瞭解產品內容與口碑，取得來自四面八方的眾多建議與實際資料。但相對的，無店鋪型態的行銷可能面臨的挑戰則在於——可運用的資本較有限、同質店家多，因而可取代性亦高、客源相對不穩定、顧客對於店家之信任較為缺乏，更有大比例顧客因疑慮網路資料可能外洩而影響網路購物動機等缺點。

◆實體店面

實體店面常見型態有工作室、茶飲店、藝品店、擺地攤、小型餐車等。比較無店面型態之微型企業，雖需店面租金，但資金依然低廉、地點固定，客源相對穩固、較有保障，易取得消費者信賴等。其弱勢在於機動性稍差、不易擴充市場範圍等。而在實體店面形式中，最流行者以冰品飲料、複合餐飲品、小吃餐車、早餐速食和個性化商品拿下排行榜前五名。據調查統計，「目前市場中最受青睞的微型創業形式為加盟以及網路創業」，因其入門門檻低，時間彈性大，投資金額低，個人興趣。商家挑選地點之考量因素為目標客戶聚集，租金低，人潮多。

(四)微型及個人事業特性

微型及個人事業特性如**圖12-1**所示。

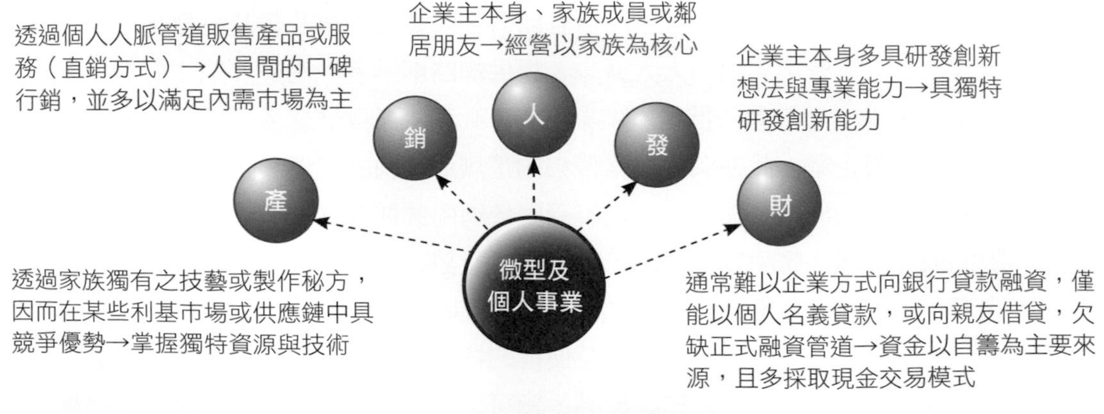

圖12-1　微型及個人事業特性

資料來源：出自台經院微型企業融資問題研析專題報告（2013）。

(五)微型企業創業貸款計畫

◆經濟部中小企業處推動微型企業創業貸款計畫

條件為年滿45～65歲，是依照政府相關法令辦理登記的事業組織不分行業，而員工數未滿5人者皆可以向合作辦理貸款的金融機構申請，計畫中還包含職業訓練及創業輔導（經濟部中小企業處網站，http://www.moeasmea.gov.tw）。

◆微型創業鳳凰計畫（勞動力發展署）

1.協助對象：婦女（20～65歲）、中高齡男性（45～65歲）、特境家庭、就保失業者、獨力負擔家計者等。
2.能力培育：專業顧問諮詢服務、完整計畫書訓練。
3.創業分享：專業鳳凰討論社群網、辦理鳳凰家族。
4.後援機制：建立熱門行銷模式、落實後續支援服務。
5.目標：活絡創業風氣、培訓創業能力、創造就業機會。

(六)微型企業現況及調查（經濟部中小企業處）

微型企業數量占所有企業78%，台灣企業規模有朝向微型及大型兩極化發展趨勢。屬微型規模之服務業占全體服務業部門的84.08%。屬微型規模的工業占全部工業部門的57.41%。資產，占全部6.5%；產值，占全部8.95%；利潤率達10.71%，高於其他規模企業。

(七)創業者適合的電子商務架構（經濟部中小企業處）

1.特殊商品類型（廠商提供商品、消費者購買），專家、玩家；個人化服務與促銷的比重相當高，如：MobiHome。
2.一般商品類型（廠商提供商品、消費者購買），一般客群；個人化技術與服務，網站獨特性，如：ONSALE。

3.二手跳蚤市場（業者提供平台，消費者提供商品／競價購買），會員社群經營功能；專業分類討論區；網站經營者：不賣商品，提供客製化網頁。

(八)微型創業的優、缺點（經濟部中小企業處）

微型創業的理由為振興全國經濟，政府致力輔導，投入成本低，但產值可能高。優點：新興商機出現（電子商務、網路、新服務業興起）；缺點：希望無窮，但要小心注意。

(九)微型創業需具備的特質（經濟部中小企業處）

個性決定了微型創業的成功或失敗，微型創業需具備的特質六個P：(1)熱情（Perfervid）；(2)商品（Product）；(3)計畫（Plan）；(4)專業（Professional）；(5)毅力（Patience）；(6)問題解決（Problem Solving）。

(十)微型創業的型態（經濟部中小企業處）

只要資本額在100萬以內的都算是微型創業（如跑單幫、擺地攤）。其型態包括：(1)無店鋪型態；(2)獨立開站；(3)加盟；(4)開工作室；(5)網路創業：拍賣、自有。

(十一)微型創業和網路、電子商務的結合（經濟部中小企業處）

特性為網路資本較低，技術不是問題。方式包括：虛擬和實體結合、老店鋪在網路上新開、民宿網站介紹等。

二、網路創業管理

(一)網路創業定義與分類

◆網路創業家

網路創業是當下興盛的一種創業方式（侯惠萑，2009），而網路創業家大致又可分成兩種類型：第一類是過去在資訊業或其他相關產業已有不錯成就的人，轉而將他們的夢想結合相關的經驗移植到網路上。而另一類則是伴隨著網路一代長大的N世代，他們嘗試將他們認為理所當然的事，轉換為網路上的真實存在（盧玫伶，2005）。Cantarella（2001）也指出，與一般創業家相比，網路創業家在進行網路創業前傾向先擁有創業經驗。此外，許多研究指出女性創業家傾向採取網路創業的方式。過去研究認為女性對於數學、科學和技術的知識較男性不足，受限於此，女性進入網路創業的門檻較高（Betz, 2005）。但在網路上創業確實能為女性帶來好處，在網路上女性創業家不需要與顧客有面對面的互動，能減少在商場上對性別的歧視，並且網路創業讓女性能更自主有彈性的在家工作，達到兼顧事業與家庭的期待，進而達成自我實現和自我滿足的目標（LaRae, Mary & Laura, 2005）。故將網路創業家定義為一群自由工作者、不受他人僱用、有自由的工作時間與地點、工作方式是使用網際網路開設虛擬商店或在各類虛擬商場，如雅虎拍賣、PC Home、露天拍賣等設立虛擬店鋪販售有形或無形商品，收入方式依照商品實際銷售收入而非按工作時間計酬。

◆網路創業的定義

網路創業是指創業者在網際網路環境中，利用各種資源，尋求機會，努力創新，不斷創造價值的過程。創業者是真正將網路作為一項事業，想要在上面獲取客觀的收益，而非工作之餘建個普通的網店，作為兼職，能賺多少算多少（MBA智庫百科，2017）。

◆網路創業的分類

根據經濟部中小企業處社團法人中國青年創業協會總會（2004）得知台灣網路創業營利的模式分類，可以大分為以下：

1.零售購物型：PChome Shopping、Yahoo、東森ETMall、酷必得購物網等屬之。
2.資訊提供型：例如udn聯合新聞網、寬頻房訊等。
3.媒合服務型：104人力銀行、1111人力銀行等屬之。
4.影音軟體下載服務型：例如CH5第五台、KURO等。
5.拍賣零售型：Yahoo拍賣、eBay拍賣等。

(二)網路創業的類型和模式

網路創業的形式多種多樣，針對不同的創業人群，可以歸納出兩大類四種模式（MBA智庫百科，2017）：

◆實際店鋪與網路店鋪相結合的形式

其中又分為「自主型」與「網路加盟型」兩種模式。

1.自主型：自主型的創業者一般擁有一個不大的實際店鋪。因為店鋪的營業面積較小，無法充分展示銷售的商品，或者店鋪的地理位置相對較偏，所以透過網路來補充。一方面可以透過圖片文字甚至視頻來充分介紹自己出售的各類商品，另一方面也可以透過網路聚集人氣擴大自己實際店鋪的名氣。這種形式需要業主具備一定的啟動資金，同時有一定的銷售經驗，而且需要業主自己尋找進貨通路，開拓銷售通路。因為實際店鋪已經有租金的支出，所以此類業主在網路上一般選擇人氣較高的BBS或者免費的網路交易平台開設虛擬店鋪。
2.網路加盟型：即利用電子商務網站母體，業主租賃實際商業門面並取得工商營業執照，再經過專業培訓簽訂相關協議，就可以銷售母體網站的商品。銷售利潤按協議規定分成，其分成比例通常為1：1。網路加盟型適合那些手中擁有一定資金，但是缺乏相關的操作經驗和進貨通路的業主。

◆純網路店鋪

即業主不擁有任何實際店鋪，交易完全透過網路完成。其中又可分為「免費型」與「付費型」。

1.免費型：免費型的網路店鋪在網路創業中門檻最低，業主除了進一些樣貨外不需要有任何的支出。通常的形式為：在熱門的BBS中開設相應的討論版，或者利用網路交易平台提供的一些基本免費服務。這種模式花費最少，最適合本錢不多的在校大學生進行創業。不過由於是免費的，虛擬店鋪看起來會比較簡陋，業主管理起來比較麻煩，客戶查詢瀏覽也不方便。尤其是在BBS中開設店鋪的業主，由於BBS不是專門進行交易的地方，需要業主親自去BBS中的各個板塊發布廣告帖，因而這樣的效果並不好。

2.付費型：相比之下，付費型的網路店鋪就要專業得多。由於有專業的電子商務平台提供技術服務支持，業主的店鋪看起來會專業很多，管理便捷，客戶也能直觀快捷地瀏覽各類商品，這樣的店鋪雖然是虛擬的，但是功能絲毫不遜於實際店鋪，尤其適合那些經營品種繁多的業主。業主還可以透過電子商務平台發布專業的廣告吸引買家，這些都是免費型店鋪所辦不到的。儘管付費型網路店鋪每月也要支付一定的租金，不過比起實際店鋪動輒上萬的月租可要便宜得多。對於那些想做副業的白領最適合不過，只要在辦公室與家中點點滑鼠打幾個電話，生意就開張了，主業副業兩不誤。

(三)網路創業容易成功的主要原因（MBA智庫百科）

1.網路創業投入少，成本低。
2.網路創業費用小，風險係數低。
3.網路創業人員組成簡單，創業淨利潤大。

(四)網路創業之經營要素

◆網路創業經營成功要素

盧玫伶（2005）認為網路創業經營成功要素有以下四點：

1.創業資金籌措。
2.學習經營技術。
3.產品種類選擇。
4.網站宣傳策略。

◆創業致勝經驗法則

Joel Kurtzman與Glenn Rifkin（2010）指出，創業致勝經驗法則有以下十點：

1.組成至少三到四位成員的大型創業團隊。
2.確實延攬一位銷售或行銷人才進入創業團隊。
3.團隊是成功的關鍵。
4.在建立事業時，別擔心資金退場策略。
5.妥善管理現金。
6.鎖定某一個市場區隔。
7.慎選首位顧客，奠定發展基礎。
8.籌組有實效的董事會，不只是「看門狗」而已，還必須是「導師兼鬥士」。
9.創建獨特且高品質的產品或服務，然後打上不容易被忘記的品牌名稱。
10.抱持熱忱，享受創業過程。

◆網路創業過程

盧玫伶（2005）指出網路創業過程有以下六點：

1.商品種類。

2.業務流程。

3.組織人員參與程度。

4.平台建置及維護能力。

5.創業者的認知及參與程度。

6.創業者的管理技能與經營策略。

(五)網路創業潮十年不中斷（劉麗惠，2013）

網路科技成熟，大幅降低創業門檻，利用網路開店，成為現今最主要的創業模式。除了新興產業帶來新型創業的可能性，網路科技的不斷演進，也帶來創業契機。資策會創新應用服務研究所副所長兼任實證中心主任洪毓祥指出，網路創業分成兩種形式，一種是具備資通訊（ICT）技能者，他們多利用成立網站或開發網路應用程式（App），發展新創事業。另一種則是非科技背景出身，但是卻懂得善用電子商務平台或免費雲端服務，以極低資金投入網路創業。

◆矽谷到台灣App創業成風潮

在行動雲端網路時代來臨，這類創業者從美國矽谷到台灣隨處可見，洪毓祥舉例，美國遊戲開發商Rovio，因開發出紅遍全球的「憤怒鳥遊戲App」，因此成為舉世聞名的企業；在台灣，包括「地圖日記」、「愛評網」與「活動通」等網站，都是以貼近生活需求的網路應用服務，獲得網友青睞，進而獲得國際創投資金的投入，邁向成長茁壯之路。

◆網路開店個人也能當貿易商

「網路軟硬體科技的成熟，大幅降低創業門檻，一般普羅大眾就算不是非常瞭解ICT科技，只要會使用網路，都可利用網路創業。」洪毓祥說，這類創業者又以利用電子商務買賣商品的模式最多。洪毓祥指出，創業家只要懂得利用「PChome商店街」、「Yahoo!奇摩拍賣」或是中國大陸的「淘寶網」就可開店賣商品。例如十年前，年僅24歲的「東京著衣」創辦人周品均，利用網拍走上創業之路，成長茁壯後，陸續發展成經營工廠與實體店面，至今已成為營收逾億的流行女裝品牌。十年來，網路開店的創業潮從不中斷，而且不乏成功者，繼東京著衣之後，「恬心美人窩拍賣」賣家賀淑娟也利用淘寶網，將台灣食品賣到中國大陸；整合流行女裝設計、生產與行銷的「橘熊國際開發」從「Yahoo!奇摩拍賣」開始創業之路，四年後即推出自有品牌，之後更進軍中國大陸市場。因為電子商務創業方便且快速，金流、物流、資訊流都有平台協助解決，至今仍是許多人創業時所選擇的主要途徑。一年前投入網路創業的王玫娟（化名），從美國進口知名品牌的童裝，一開始只在拍賣網站銷售，之後隨著經營部落格網站逐漸累積人脈，也開始在部落格上銷售商品，而「Facebook」等知名社群網站，不僅是王玫娟推薦新品的行銷工具，更吸引顧客直接在「Facebook」採購下單。由於深諳網路族群的使用模式，原本只想單純做SOHO的王玫娟，在銷售量不斷創新高下，採購量逐漸增加，因此決定成立公司與原廠洽談經銷代理權，成為微型進口貿易商，在短短不到一年時間內，月營收就超過60萬元。

三、單身經濟創業管理

(一)單身、類單身的定義與成因

◆單身定義

關於單身（singleness）一詞，就英文字面具雙面意涵，其一是婚姻狀態，其二為居住型態之界定；單獨居住者，包括了鰥寡及離婚或喪偶且無子女者（朱鴻鈞，2008）。林顯宗（1985）將單身定義為「社會中已超過適當結婚年齡，且當事人本身雖有結婚的意願，但仍然未有法律上認定之婚姻身分者」。朱鴻鈞（2008）根據上述定義基礎，將其延伸為：只要年齡增長至法定結婚年齡且未婚者，及包含未婚、離婚、喪偶者，並且其生活型態是一個人居住（如自行打理三餐等消費行為），即符合研究單身之探討範圍。單身的界定不包含育有小孩且同時與子女同居住者，其消費行為無須同時顧慮一個人以上的考量。舉例來說，未婚的年輕族群、曾已婚但現在為離婚狀態、配偶過世又恢復單身一個人也可為單身的範圍內。

◆類單身定義

單身人口包括未婚人口、已離婚或分居人口以及配偶死亡人口。另有一族群包括在外地求學的學生、外地工作者、頂客族與已退休的獨居者，此族群過著感受上為一個人的生活，因此學者將此族群歸為類單身族群。

學者定義類單身為生活型態具有一個人消費的族群，舉例來說，已婚但生活型態如同單身的族群，其雖有法律上承認的婚姻身分，但因各種原因導致其生活型態依然一個人消費及居住，或已婚但另一半經常出差導致生活分隔的族群；甚至是已婚且育有子女但偏好一個人消費的個體，及已婚但與分隔兩地自己獨住者等都是類單身的範圍，換言之，不限定婚姻狀態為已婚，僅要生活型態趨近於一個人生活的經濟個體即為本研究所含括之類單身範圍。而根據2010年版「E-ICP東方消費者行銷資料庫」為基礎的合作調查顯示，25～49歲的類單身族群生活型態與消費行為特質為：與父母同住的其成年子女，因為金錢較富彈性，更願意將錢花在寵愛自己的活動。上述族群（例如頂客族）因為沒有照顧孩子的壓力，不論在時間規劃或消費行為上，都更接近單身者的生活模式。隨著女性就業情況愈來愈普遍，職業婦女加班或下班無暇買菜開伙，有連帶造成家裡其他成員間歇性落單的現象（李釧如、趙君綺，2011）。

◆單身革命日記

根據《*Cheers*雜誌》（2012年2月）分析報導單身革命日記（製表：史書華）：

- 據《舊約》「創世紀」記載，上帝在創世第六天怕亞當太孤單，於是在亞當身上摘下一根肋骨，造了夏娃。

- 西元前1000年：婚姻本為「昏姻」，《周禮》鄭玄注云：「古娶妻之禮，以昏為期。」周代的婚禮多在昏黑之時舉行，所以作「昏姻」。
- 13世紀：現在用來稱呼單身漢的bachelor，最早出現於1297年，表示「年輕的騎士」，到1386年才開始有「未婚」之意。至於形容未婚女性的bachelorette一字，直到1935年才出現。
- 14世紀：single這個形容詞最早出現於1303年，有「未婚、個人的、完整」之意；到了1340年又增加「無伴侶」之意。
- 16世紀：英國哲學家培根（Francis Bacon）在《培根論人生》中指出，單身者沒家累，較能立大業；但卻過於自由，難成好公民，所以家庭才能讓一個人有責任心，因而提出：「妻子者，青年之情婦，中年之伴侶，老年之護士也，故如決心結婚，須善擇時。」
- 19世紀：英國作家珍．奧斯汀（Jane Austen）在《傲慢與偏見》寫著：「一個家財萬貫的男子，都希望有個妻子。」深刻描寫當時英國社會的財產和婚姻觀。至於現實中的奧斯汀則終身未婚。
- 20世紀1931年：文繡（溥儀冊封為淑妃）和溥儀離婚，成為中國歷史上第一個皇室離婚案例，又稱「刀妃革命」。
- 20世紀1990年：90年代初期在台灣曾被視為「貴族」的單身族群，到90年代末期竟被視為「公害」。這個階段，世界各地也出現「單身節」：大陸將11月11日訂為「光棍節」，西方在2月14日有Singles Awareness Day，南韓在4月14號則有「黑色情人節」。
- 21世紀2001年：繼電影《BJ單身日記》熱賣後，《經濟學人》（*The Economist*）雜誌提出「單身女子經濟」（The Bridget Jones Economy）一詞，表示20～30歲單身女子消費力高、注重流行，是行銷人員的最新銷售戰場。
- 21世紀2003年：日本作家酒井順子推出《敗犬的遠吠》，書中將年過30、單身又沒有小孩的女性比喻為「敗犬」，引起廣泛討論。

(二)單身經濟

◆單身時代來臨——未婚、離婚、喪偶人數每年呈倍數成長

根據內政部戶政司的調查可得知，台灣不婚單身人口數在二十年間呈現爆增的現象。民國80年，台灣未婚女性不過217萬人，但是民國100年爆增為312萬人，不婚比率高達31.52%；男性未婚人數，由民國80年的297萬人，至民國100年增加為373萬人，總計約685萬人到了適婚年齡仍然未結婚。另外，根據內政部戶政司統計，民國103年30～44歲未婚男女竟已逼近兩百萬人！約占此年齡層總人口數三分之一，未婚女性為80萬人以上，男性則已突破百萬大關。證實台灣不婚、不戀族群日益龐大，傳統型觀念「三十而立」的定義，對於現代男女已有所不同，且職場上班族常會面對各種變動、突發的工作狀態，甚至外派工作等，想兼顧愛情與工作實屬不易，這些工作變動對於傳播影視工作者也不例外。

除了未婚率之外，離婚率上升也是單身的商機，民國80年，每年離婚的對數只有35萬多對，到了民國100年暴增為144萬多對，足足增加了四倍之多。另外，喪偶人數也有120萬人之多，全部總合起來，台灣25～61歲單身總人口數高達516萬人（內政部，2013）。根據2017年國稅局公布報稅數字，發現與十二年前相比，台灣單身人口已經超過50%，台灣2,300萬人口中，單身人口大約有1,000萬人左右。若與世界各國相較，台灣35～39歲單身女性比率高居世界第二（23.3%），僅次於法國的25.4%，美國或香港都僅有約14%的單身女性（廖怡景，2005）。過去二十年來，台灣社會已經逐漸失去傳統家庭的束縛，家戶人口統計變遷的趨勢，是驅使經濟與各產業走向變動的巨大影響力，而這般「一個人生活」的社會自然就會帶來「一個人的經濟」。

根據《經濟學人》雜誌引用歐洲民調機構Euromonitor的報告發現，單身人口增加已是全世界的共同趨勢，從2012年至2020年全球單身族將增加4,800萬人，增幅高達20%。根據觀察發現，擁有一定學經歷、社會地位、收入穩定的熟齡女性單身比例的確不低，而且這些獨身新女性也不急著走入

家庭，反而更著重職涯規劃，追求生活品質與個人享受，因此，對於鎖定單身女性為主要客群的零售業者而言，這些「剩女」從消費力的角度來看，和已婚的同儕比起來，反而是「勝女」。根據網路購物網站統計，目前女性為主要網購客群，其中28～35歲的熟齡女性消費力最強，例如網購龍頭雅虎（Yahoo!）購物中心，單日業績中就有四成來自所謂的「黃金勝女」。網購業者樂觀估計，黃金勝女族群的消費實力平均每年可保持30%的成長幅度。樂天市場也注意到，30歲以上的族群消費力比28～30歲女性更勝一籌，客單價提高45%左右，而且購買商品從服飾和美妝擴大到精品、居家設計（如寢具和家電），尤其偏愛精品和講究質感的設計商品，平均每筆單價在1,000元以上。

◆學者們對一個人經濟的看法

日本經濟大師大前研一（2011）說：「現在人多半買不起房子，結果大家就愈來愈晚婚。」、「單身是所有世代最大的族群」、「高齡化、少子化、網路化加深宅經濟」。政大科管所李仁芳教授（2009）說：「年輕人想要一個人生活；中年人愛上一個人生活；老年人必須一個人生活，經濟的轉型源自生活型態的變動。」心理專家張怡筠（2008）對台灣進入單身時代並不訝異，她說：「在社會經濟發展到一定水平之後，單身人口比率一定會增加，超高離婚率，意謂著即使目前已婚，但隨時可能恢復單身，高達百萬離婚族的下半生，更值得重視。」（廖怡景，2005）。換言之，單身就是現在人們生活型態的主流，由以上可以推導出，台灣似乎也逐漸進入了一個人經濟的時代。

◆全球的「一人的經濟行銷」早已打得如火如荼，台灣也準備好要進戰場了

依據東方線上E-ICP研究中心資料庫統計（2009），單身族群一個月開銷約一萬元，這還不包含娛樂、旅遊、學習在內，就有6,192億的商機，包括：(1)網路商機：線上網路交友商機、每年至少有2億元以上；(2)健康商機：單身族可以透過上健身房的時間來擴大交友圈；(3)生活商機：食衣住行

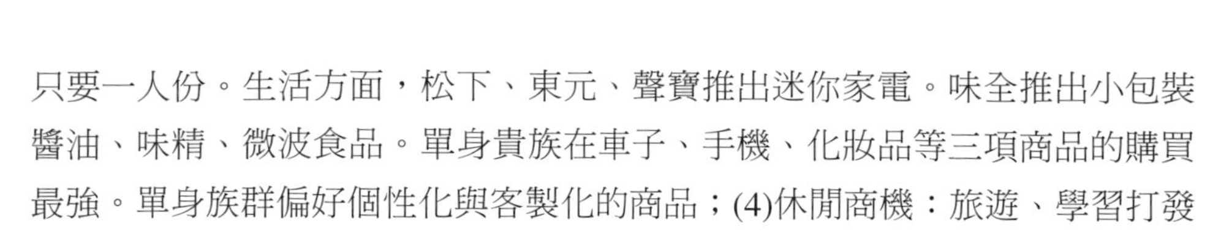

只要一人份。生活方面，松下、東元、聲寶推出迷你家電。味全推出小包裝醬油、味精、微波食品。單身貴族在車子、手機、化妝品等三項商品的購買最強。單身族群偏好個性化與客製化的商品；(4)休閒商機：旅遊、學習打發時間。

大單身時代來臨，日本已有一個人的餐廳量身打造一人份菜單、一人別墅專門替一個人的旅行及度假設計。其次是24H經營的便利店，如不打烊的書局、唱片行及DVD出租等。此外也有派遣中心出租代理老公，以每小時500美元僱用代理老公做一些日常生活中女性不擅長的工作，如修水管、換燈泡、通馬桶等。燒肉店規劃吧檯區，讓一人用餐不尷尬，業績成長至少一至二成、火鍋店（一兵一卒鍋物概念館），認為每位客人都應得到賓至如歸的款待，就算是一人消費也不馬虎，使業績至少上漲二成；全家便利商店小包裝商品夯，根據業者估計，「全台灣有400萬人每日至便利商店消費一次以上，其中五成為20～39歲之白領上班族，而已婚及單身比例各為50%，平均消費金額約為100元。」（連昭慈，2011）。

單身經濟發燒中，根據《天下雜誌》301期報導，「單身經濟」時代來臨，全台單身人口即將逼近千萬人，相關市場規模達5,700億元。從食衣住行到育樂，愈來愈多商品瞄準小家庭及單身者。商家如何絞盡腦汁，擄獲這些新興個體族群？紅遍全亞洲的明星金城武曾在網站上透露了一件讓他很煩惱的事，原來，單身的他，對去便利商店買日常生活用品感到困擾。「那些……醬油、辣油、七香粉等等，各種調味料放在一個小包裝袋怎樣？因為各買一瓶的事很麻煩，而且很難為情。」他希望製造者們能考慮他的建議。金城武的困擾，現在是全世界最有潛力的新商機。陽光普照的美國加州，2004富豪汽車趨勢與概念中心最新概念車現身。這台名為坦登（Tandem）的新車體積只比重型機車大一些，雖是雙人座，但卻是一前一後。富豪汽車加州首席策略設計師福瑞雪（Doug Frasher）指出，加州常看到一輛大車只有一個駕駛，其餘座位都是空的。每到塞車時刻，高速公路上擠滿這種單身車輛，不僅浪費能源，也使得加州政府得一直花錢蓋高速公路。這款小車就是想解決這個問題（吳昭怡、蔡明洵，2011）。

台灣也不例外，向來最強調「全家共享」、「歡樂」的披薩業者，在最近電視廣告裡也開始大打mini pizza的新概念。愈來愈多年紀較輕的消費者會自己一個人來喝下午茶消磨時光。長榮也推出讓爸爸媽媽和小孩分開旅行住房的專案，「每個人都有想靜一下的時候」。為什麼「單人經濟」開始受到重視？台灣家庭規模正在縮水中。雖然核心家庭仍是主流，但已降到五成以下，其中又以「單人戶」成長最快。在台灣，有70萬人每天晚上下班回家後是一個人獨處，有50萬單親家庭要面對他們特別的問題，每年還有5.6萬對配偶分道揚鑣。這個以「個人」為單位的新族群，正在挑戰既有的生活型態和傳統觀念。同時，它所帶來的新經濟，也正在各個產業瀰漫開來。單人經濟表現在產品上，最明顯的是尺寸變得迷你起來。因為「單人戶」崛起，連賣西瓜都切成一片片來賣，因為根本不需要這麼大量（吳昭怡、蔡明洵，2011）。

單人經濟的另一項特色，就在追求方便、快速。統一超商現在不只有買了就走的超商便當，近來也推出「御料理」的新服務。因為現在家庭中成員們上下班時間都不一樣，未必能聚在一起吃晚餐，所以「御料理」強調下班回家不用煮飯，還可以選擇自己喜歡的菜色。單人經濟學也帶動消費升級趨勢，住宅市場更明顯。在台北市建國北路南京東路交叉口，蓋起一戶約20坪、強調設計師精心規劃以及有專人管理服務的「酒店式公寓」。在這裡頭就像豪華飯店般有二十四小時安全監控、代收信件、代訂餐飲，甚至提供傭人打掃住家等服務。專門提供給單身、頂客族，甚至在家辦公的SOHO族。像這樣小坪數的住宅單位（以8～13坪為基準），根據業界常用的《住展雜誌》調查，光台北市挑高小套房就從2002年占房地產總銷售金額的六分之一，到2003年的三分之一，足足成長兩倍（吳昭怡、蔡明洵，2011）。

獨身一人在外居住，對安全也更加重視。現在甚至有業者標榜由前刑事局長楊子敬領軍的保全服務。一個人嚮往的不只是「安全」，其實需要的更是心靈的慰藉（吳昭怡、蔡明洵，2011）。根據《快速企業》報導，美國動物醫院協會報告，許多人把自己稱為是寵物的「媽咪」或「爹地」的比例從1995年的28%爬升到2001年的83%。在歐美單身貴族或獨居老人養寵物的風氣，現在正往台灣吹來。寵物已經升格成生活裡的重要成員，連以前的「動物飼料」，現在都正名為「寵物食品」。寵物不求回報，還能時時刻刻陪伴在這些「單人戶」的身邊，「牠們看你的眼神千古不變，牠們給你的是

圖12-2　一個人的旅行

資料來源：易遊網（2017）。

無私的愛」。單人經濟通常也和「有消費力」劃上等號。線上旅遊網站易遊網2010年業績20億，2011年能達到40億。「就是看好『個人旅遊』」，目前在易遊網個人旅遊就占了八成的營業額。其中未結婚的上班族（女性居多）占了七成，另外三成是年輕家庭。這群個人旅遊的擁護者，追求自主和豐富的行程，對價格也比較不敏感。例如去峇里島，他們會要求到有「品牌」的SPA，吃飯講究氣氛，要有音樂和雞尾酒，「他們希望活出自己」。

◆「一人經濟」形成的因素

「一人樣」源自於日文，轉譯為中文後即為「一個人的經濟」；其定義範圍不僅限定於單身的男女性，其還包含了類單身的廣大族群。行政院主計處2012年統計台灣單身族群約有516萬人口，若再加上類單身的族群，台灣2,300萬的人口中，已經將近一半的人每日正過著一人樣的生活型態（李釧如、趙君綺，2011）。促成一人樣的因素乃至於社會結構的變遷，歸因於網路化、少子化、高齡化這三大原因（大前研一，2011）。許多人晚婚甚至不婚，而即便結婚也因購屋困難或照顧觀念與父母同住，加上女性就業觀念普及，家庭主婦減少，且少子化部分的不孕、遲育、不育等，眾多一個人的生活型態，帶動起一股無形且巨大的力量，成為一個人的經濟（**表12-2**）（PChome電子報編輯部，2011）。

隨著現代經濟不景氣，物價不斷飆高，生育子女的開銷極大，許多人對於結婚意願降低，因此造成嚴重的少子化現象。伴隨著醫療水準的進步，高齡化現象愈來愈明顯，所有的支出如倒入漏斗般集中在壯年人身上，他們需要背負龐大的經濟壓力。而現代資訊科技發達的時代裡，網路與智慧型手機的普及，生活上的需求幾乎可以使用網路與手機來滿足，如不需出門即可購物、網路創業與社群網站。在這個網路化的時代下，生活變得更便利（吳翠瑩、宋珮祺、林昱安，2014）。

綜合上述少子化、網路化、高齡化等三個因素之影響，出現愈來愈多的單身及類單身族群，隨著此族群的增加，消費行為也跟著開始改變，從過往家庭採購為主體之消費模式轉變成個人為主之消費習慣，從而帶動市場跟隨需求而改變經營型態或服務內容。

表12-2　一個人的經濟（一人樣）的成因

定義族群	生活型態／婚姻狀態	背景原因
狹義單身者	家戶裡的單人戶	女性就業，經濟獨立
	單身家戶	晚婚，不婚
	離婚家戶	已婚後離婚
	喪偶獨居	快速老齡化
一人樣	雖歸屬在超過一人的家戶但生活方式有許多單身／單人特色	女性就業，經濟獨立
	與父母同居者	晚婚，不婚
	頂客族	中國人與父母同住照顧觀念
	非志願頂客與少子化	購屋困難
廣義類單身者	因受限於生活型態，許多時候需要一個人從事某些事情	少子化（不生／遲育／不孕）
		女性就業，三餐外食
		工作加班超時
		服務業興起，工時長
		作息不定
		彈性工時作息

資料來源：PChome電子報編輯部（2011）。

◆「一人經濟」的潛在商機

根據統計，目前台灣的單身及類單身人口超過一千萬人。若依照每人一年平均消費額為新台幣34萬元估計，「一人經濟」在台灣的市場規模高達新台幣3兆多元。根據《商業周刊》1394期對於33～49歲已婚族群與單身族群月開銷調查發現，已婚男性及已婚女性月開銷逾萬元的比例分別為52.4%及65.3%，單身男性與單身女性則高達75.6%與75.8%，可明顯看出已婚族群無論是男性或女性的消費支出，都比單身族群來得低十到二十個百分比。毋庸置疑地，單身族群已成為目前市場上龐大的消費勢力，因此企業更應該重視「一人經濟」時代的來臨。

◆單身貴族消費清單

中文百科在線（2014）指出，單身貴族消費清單：(1)房子；(2)車子；(3)保險；(4)奢侈品牌服裝、飾品及用品；(5)化妝品及個人護理品；(6)各類健身俱樂部、美容院會員卡；(7)教育；(8)旅遊；(9)時尚雜誌及文化讀物；(10)網路購物及派對、聚會等社交娛樂活動。

◆「一人經濟」消費者的主要特色（大前研一，2011）

1. 消費自主性高：由於「一人經濟」的消費主體為單身族群或生活感受上為一個人的類單身族群，因此他們在消費時會選擇自己喜愛的物品，注重於滿足自我的需求。與已婚族群對於家庭的支出相比，單身族群著重於消費自身所需，所以他們是一群消費自主性高的消費者。
2. 極度要求便利：一人生活的單身族，許多生活上的瑣碎皆需親自處理，因此這類族群極度要求生活上的便利，企業應掌握這股趨勢來滿足此族群的需求。

(三)單身經濟：正在進行式（中文百科在線，2014）

單身經濟，是因單身主義現象的流行而隨之產生的一種新的經濟形態。最早由西方經濟學家提出，並將其定義為「單身女子經濟」。現在所指的單身經濟，已不局限於單身女性經濟。隨著英國暢銷書《BJ單身日記》（*Bridget Jones's Diary*）的流行，一種新的經濟型態也逐漸凸顯出其強大的生命力。2001年12月21日，西方經濟學家F. T. McCarthy在世界經濟類權威雜誌《經濟學人》上正式提出了The Bridget Jones Economy（單身女子經濟）的概念。現在我們所說的「單身經濟」即源自此概念。這樣的論斷基本上沒錯，只是對於具有相似特徵的男性來說顯然太狹隘了。因此，「單身經濟」摘掉了「女性」的帽子，無論衣、食、住、行、娛樂、社交、「充電」、養老，在以下各方面都開始展現出巨大的市場潛力（中文百科在線，2014）。

◆產生背景

隨著單身者的增多，單身經濟應運而生。「單身經濟」的概念最早由西方經濟學家提出，將其定義為「單身女子經濟」——她們是廣告業、出版業、娛樂業和媒體業的產品和服務的生產者和消費者。因為獨身而且收入不菲，她們是最理想的顧客。與其他階層相比，由於不少單女是獨自居住的，一般都有工作，其中多數人的經濟狀況尚可，消費能力較強，對市場做出了不小的貢獻，即使偶有不理性，也不過是購物，不會選擇酗酒、賭博之類的危險行業。

◆消費人群

單身經濟的消費，主要發生在白領和中產階層人群。這個群體是廣告業、出版業、娛樂業和媒體業的產品和服務的生產者和消費者。因為獨身而且收入不菲，她們是最理想的顧客。與其他階層相比，她們更有花錢的激情和衝動，只要東西夠時髦、夠奇趣，她們就會一擲千金。

◆產業經濟——單身經濟潮起

在社會保障方面，單身潮對社會保險不會有什麼影響，但是可能刺激商業保險的發展。從單身經濟的發展中受益的，還有婚戀交友行業。根據中國的某項統計數字，中國網路婚戀市場規模之前約為9,100萬元，且在之後的幾年會持續增長。這個領域不斷吸引著眾多VC重金進駐，包括百合網、世紀佳緣、「鑽石王老五徵婚網」等各大徵婚網站日益興盛。隨著單身人群規模的增長，商家應該會更加關注這一群體的需求，單身一族的喜好在未來有可能引領市場。

◆受益產業vs.受阻產業

單身經濟的出現，受影響最大的也許是房地產和汽車行業。專家認為，隨著單身浪潮的出現，小戶型房和小排量的汽車將大受歡迎，同時，家電、保險、娛樂和旅遊等產業可能是另外受益最大的產業。並非所有行業都會從「單身經濟」中受益，隨著單身群體的增加，婚慶行業也將受到一定程度的打擊。如與婚姻相關的嬰幼兒產業的從業者也許就會喪失不少市場。

◆單身經濟產業對策

對房地產行業而言，有必要重視單身經濟帶來的商機如下：

1.適合「單身女貴族」的中、小戶型未來將有大市場。針對女性特點專門設計的房子，目前還是稀缺品。「女性住宅」大有可為。
2.未來的房地產行業需要系統研究三類人：女人、有錢人和年輕人。女性有女性的需求，有錢人有高端物業的需求，年輕人有「潮」的需求。研究好女人，能令房地產開發錦上添花。
3.單身更需要關懷。綜合服務型的社區，將來會為更多的單身女性所青睞。單身人士負擔少，消費力強，對買房情有獨鍾，確實值得房地產業界大力研究，開發適合他們的房子。

近年來，單身人士的購房需求有上升趨勢，房屋仲介逐漸走俏。一項調查資料表明，2014年自購房的單身女性比往年增加52%，其中63.2%的人表示「如果有錢，第一件事是買房子」。即使受經濟能力的限制一時難以買房，注重生活品質的單身人士也傾向於租房。因此，組織一些適合單身人士購買或租賃的房源，開一家類似於「單身港灣」的房產仲介店，是一門好生意。

◆單身經濟產業

單身經濟產業涵蓋餐飲服務、健康／美容服務、休閒服務、單身產品經營、交友網站、培訓服務、文化服務等，如**表12-3**所示。

表12-3　單身經濟產業

產業	服務內容
餐飲服務	單身人士大多是獨生子女，生活能力相對較弱，往往不會也不願自己做飯。那麼，關心單身一族的飲食，提供免費送餐上門或淨菜，也是一個創業方向。中國「十一」期間，一家專門為小區單身「懶人族」提供外賣飯菜的食堂在上海康橋老街小區開業，開業以來生意紅火。這說明這一市場存在需求。
健康／美容服務	單身人士為保持健康的體態和積極開朗的心態，往往樂於加入健身俱樂部或學習瑜伽、形體舞、芭蕾舞和鋼琴等各種課程，對健康和美容的消費需求非常大。創業者可關注這方面信息，根據資金條件，投資健身中心、美容中心、女子會所、香薰店、色彩諮詢店、美容產品店等，並配合針對單身人士的經營手段，一定可以使生意興隆。
休閒服務	單身人士在旅遊經濟中占一定比重。目前，上海已有多家旅行社推出「單身牽手遊」服務項目，交友網站或婚介所組織的單身旅遊活動也層出不窮。如果創業者能夠另闢蹊徑，整合多方面的資源，成立單身旅遊組織，滿足他們的休閒需求，應該會受到歡迎。
單身產品經營	如今生產商已經提供了五花八門的單身產品，包括汽車、手機、家電等等。國美目前針對單身人群的家電種類就有一百四十多種，銷量比普通電器要好。海爾有一款針對單身人士的小型冰箱，容量只有110升，售價為1,280元，和家庭型大容量冰箱的價格相差無幾。可見，單身產品的利潤較大。如果創業者能組織到各類貨源，開設單身產品專賣店，應該可以吸引不少單身人士。
交友網站	相比其他人群，單身人士對交友的需求最為強烈，如果開闢專門的通路，應該有不錯的市場前景。目前網際網路已經成為單身男女約會的途徑之一，有16%的單身人士正在使用這一交友平台。針對這一需求，開交友網站也是一個創業方向，可透過吸引風險投資或被大型網站收購等方式獲利。不過，交友網站必須有獨特的概念和明確的營利模式，才能獲得青睞。
培訓服務	市場調查發現，與同齡人相比，單身人士投資於「個人成功」方面的意識更為強烈。他們熱衷於「充電」學習，考註冊會計師、註冊律師、評估師等各種執業資質，為此參加各類培訓班。此外，語言、禮儀、形象等培訓中，單身人士也是主要生源之一。創業者如果掌握相關方面的技能與資質，開設這類培訓，也一定會有收穫。
文化服務	單身人士往往有大量的閑暇時間，因此文化消費的意願比較強烈。如果能在單身人士集中的小區或辦公室附近開設專門經營音像、書籍零售或出租的小店，滿足單身族的精神需求，也是不錯的創業選擇。

資料來源：中文百科在線（2014）。

◆單身經濟夯超商力推個人化商品

根據中央社（2015）報導：中國大陸光棍節議題不斷擴大，台灣市場開始注意到個人經濟正夯，便利商店是反映單身商機的最佳戰場，超商業者個人化的商品，是單身者是最佳生活購物點。全家便利商店觀察單身消費者的生活型態，由於工作忙碌，對於方便、即時食物需求高，因應此需求，在手機網購平台91APP全家館雙11節活動推出泡麵、零食、飲料等超過百樣的商品半價優惠，搶攻單人飽食商機。全家指出，據內政部資料統計顯示，30～44歲未婚男女人數逼近200萬人，全家為搶攻這波「獨身商機」，旗下行動購物網站91APP全家館即日起至11月13日推出百項單人飽食商品，供單身族群選購。另外，全家「提拉米蘇霜淇淋」11月11日正式上市，同步迎接雙11節到來，推出單日半價優惠活動，並加碼推出限量十萬份的「提拉米蘇聖代」。

Hi-Life萊爾富則說，個人經濟正夯，形塑出小資女追求高質感、平價化的消費模式，一個人逛街用餐、一個人就近採買生活用品，都是當下年輕女性的生活型態。掌握此趨勢，萊爾富在12月1日前推出「享樂小資女」主題活動，規劃美妝保養、日用品、沖調、零嘴、啤酒等超過兩百種商品促銷，更祭出三十六款單身小資女必敗的貼身小物買一送一。萊爾富指出，針對小資女的消費特性，打造「享樂小資女」計畫，逾兩百種商品買一送一起，提供小資族群最便利、安心的採買模式，預估能提升此客層30%以上的業績。

根據《工商時報》（2014）報導，單身者從宅男、剩女的身分，被提升為重要的消費族群，單身消費愈加受重視。英國《經濟學人》曾引述數據估計，至2020年，全球將增加4,800萬名單身族。單身人數上升成為難以逆轉的全球趨勢，成為未來新經濟消費力，如同耶誕節、白色情人節一樣熱門的節慶主題！在大陸有光棍節，據彭博新聞社報導，已成為中國人最大的消費藉口；在日本則有《一個人》雜誌。

中小企業也可搶搭光棍商機，有八個步驟可簡單掌握（工商時報，2014）：

1.以品牌經營的目標對象為軸心，包括性別、年齡等皆是考量。

2.提前至少半年蒐羅這群消費者興趣集中何處？從食衣住行育樂到科技醫療，都是羅列標的。

3.由這些興趣類別篩選最有商機點。

4.與團隊溝通，勾勒「節慶名目」，如藍色憂鬱節、閱讀同好節。

5.最有熱度的節慶預告期最少要三個月以上。

6.用盡你能運用的通路資源大曝光。

7.點燃爆點，驗收活動成效。

8.檢討首次出擊的得失，務求下一回的碩果豐收入袋。

現今消費者熱衷且浸淫於主題節慶的體驗感受。經營者想把商機做大，宜提早研究寂寞商機提前布局。

(四)寂寞商機

由於單身或是類單身，在工作之餘，心裡總難免會有寂寞的感覺，如何排解內心寂寞便引發出「寂寞商機」，最典型的首推網路社群的產生。透過網路社群或是線上遊戲與網友的交流，在虛擬世界中相當程度的滿足單身或類單身人們對於情感的慰藉（徐志明，2011）。

單身衍生的寂寞商機廣為各界看好，寂寞商機主要包括：(1)交友商機；(2)網購商機；(3)直播商機；(4)寵物商機，說明如下：

◆交友商機

壹電視（2015/04/15）報導，手機App不再只是遊戲類別獨大，現在交友軟體更是夯。根據調查，所有的手機交友軟體會員，2015年有機會突破千萬人，軟體業者看到商機，紛紛開發特殊功能，做出市場區隔，甚至找來數十名辣妹當看板娘，只要一上線，就有機會和他們做朋友。前進東南亞市場，什麼樣的創業型態容易獲得投資人肯定，「思考大量人口需求」，或許不會有錯。來自新加坡的交友軟體Paktor，宣布獲得融資約新台幣10億元，創業四年至今，Paktor累積募資金額持續走高，已經超過5,000萬美元（約新台幣

15.8億元）相當驚人（吳元熙，2016）。

在台灣，網路交友服務也算起跑得早。2000年，PChome Online交友頻道率先上線，是全台第一個推出交友服務的入口網站。兩年後，Yahoo奇摩交友頻道也跟著問世。而緊追著Yahoo奇摩的腳步，由張家銘、林志銘、林東慶、舒宇凡等四位師大附中同窗好友在2003年創辦的愛情公寓，經過多年耕耘，躍升為台灣最大交友網站。不僅在2011年轉虧為盈，母公司尚凡資訊還在2013年掛牌上櫃，成為台灣第三個公開發行（IPO）的網路公司（顏理謙，2016）。台灣交友網站愛情公寓靠此發財，2014年6月成為上市公司；紐約有紅娘咖啡店，幫單身客人牽紅線。

根據統計資料顯示，台灣單身人口達52%，全台超過一半人口為單身族。為搶攻單身商機，美國最受歡迎社交App之一的Coffee Meets Bagel（咖啡遇上貝果）正式宣布在台灣發表繁體中文版，主打「他主動、她主導」交友模式，擺脫過往大眾對交友軟體的刻板印象，提供更優質的交友選擇。Coffee Meets Bagel於2012年在美國紐約推出，由三位美籍韓裔姐妹Dawoon Kang、Soo Kang、Arum Kang共同創立。為提供給女性一個更高品質、更愉悅的交友經驗，三姐妹花了三年時間研究，創辦Coffee Meets Bagel交友App，迄今在全球已達到25億次介紹，促成超過5萬對幸福情侶。Coffee Meets Bagel在香港及新加坡等亞洲城市推出後造成熱烈迴響，為繁忙的現代人提供優質、認真交友的選擇，並創造新的單身經濟效益（莊丙農，2016）。

依據統計，台灣女性未婚的前三大原因為未遇到適婚對象（57.8%）、經濟因素（12.5%）及工作因素（6.5%）。Dawoon Kang進一步指出，現代許多單身女性忙於學業、職場，不想浪費時間在沒品質保證的約會，Coffee Meets Bagel為單身女性量身打造，嚴格把關約會對象素質、注重用戶的個人隱私及安全性，這也是為何會在美國一推出就廣受歡迎的成功關鍵之一。Coffee Meets Bagel使用者至今已在全球創造1.12億次的聊天機會，每週更有高達7,000對的「咖啡」與「貝果」約會，在人人使用網路的世代，只需一「指」便能輕鬆零距離交友（莊丙農，2016）。

1995年4月21日，美國交友網站Match.com上線，並且讓第一批使用者享有終身免費會員。靠著人類與生俱來對追求異性的驅動力，Match.com的會員人數急速攀升，隔年10月，註冊人數便突破10萬人，四年後付費會員數已經超過15萬人。Match.com隸屬於美國網路集團IAC旗下的交友集團Match Group，Match Group中的網路交友服務多如繁星，從針對大眾市場的Match.com、OkCupid、Tinder，再到主打黑人交友的BlackPeopleMeet.com和專攻50歲以上熟齡男女的OurTime.com都有，不放過任何一個市場，可以想見網路交友的魅力與潛在商機（顏理謙，2016）。

不過，隨著科技進步，曾經風光一時的交友網站，也不得不面臨來勢洶洶的智慧手機軍團。Match.com執行長山姆．楊岡（Sam Yagan）同時也是OkCupid共同創辦人，他在接受《富比士》雜誌採訪時表示，回顧過去二十年，網路交友的經營模式大約可以分為三個時期：搜尋、演算法和智慧手機。最初，網路交友重視的是如何透過年齡、地理位置、外貌特徵等條件過濾，搜尋到心儀的對象。第二個時期，則是在不斷試錯的過程中，編寫出一套演算法來推薦適合的人選。「可是到了現在，使用者不再需要交友服務提供他們更多、更好的配對人選，他們希望能夠更快、更方便地跟對方在現實生活中面對面。如今，最重要的事情其實是『線下』（Offline）。」他說。而在這個階段中，智慧手機扮演了非常關鍵的角色，「智慧手機連結起線上交友和線下約會」。同樣的情況當然也在台灣發生。以網站起家的愛情公寓，觀察到智慧手機發展趨勢，從2011年底開始投入研發交友App，並且在隔年依序推出iOS和Android版本。到目前為止，已經擁有iPair、SweetRing、WeTouch這三款App。而三款服務針對的族群也不太相同，iPair針對的是25～35歲、想找約會對象的白領上班族，SweetRing是以找結婚對象的嚴肅婚戀交友為主，WeTouch則專攻15～25歲學生族群（顏理謙，2016）。

根據市場研究公司IBISWorld調查，交友App的商機光是美國，2015年交友服務營收估計就達24億美元（含線上和線下）。其中交友網站占了48.7%，位居第一，近幾年才開始蓬勃發展的交友App則搶下第二名。此外，行動應用數據及排名服務商App Annie去年也發布了一份App報告，統計出2010年7月至今的App下載量。根據這份報告，在蘋果App Store中，營收成績最好的前十大App，光是交友軟體就占了三名（數位時代，2016）。

怎樣才能從眾多App中脫穎而出？對於多數交友App使用者來說，以下兩點是決定交友App生死的必要條件：操作介面是否簡潔易用？交友環境是否安全？說到操作介面，個中翹楚絕對是Tinder。2012年才正式推出的Tinder，雖然不是最早踏入交友App者，卻是目前最受矚目的App之一。Tinder大幅簡化設計，打開App之後，僅會顯示配對者的照片、暱稱、年齡以及與你的相對距離。交友環境則是另一重點。對於真正想認識另一半的使用者來說，詐騙、直銷、拉保險、援交等訊息都會將他們推離App，因此大部分的App都會特別加強社群管理。例如尚凡資訊就透過機器演算和人工審核這兩道步驟，過濾App中的惡意分子。BeeTalk設有二十四小時全天候查緝客服小組，會在最短時間內主動發現違規和處理來自用戶的檢舉，以維持安全、乾淨且健康的交友空間。Paktor是以Facebook好友數作為篩選基礎，使用者必須擁有超過五十個好友才能註冊，以防止假帳號。另外也有檢舉功能，一旦被檢舉是假帳號，經查證屬實就會被刪除（數位時代，2016）。

◆網購商機（彭慧明，2016）

網購更善於攻占年輕單身市場，今年淘寶「雙十一」購物節成交額高達1,030億人民幣（150億美元），數字超過去年的143億美元，光棍節網購，天貓52秒成交額破人民幣10億，雙雙創下歷史紀錄。阿里巴巴表示，今年85%「雙十一」的購買是在手機上進行的。「雙十一」是阿里巴巴人為創造的購物節。故事始於90年代初，「光棍節」的概念流行，商家們鼓勵單身男女，沒對象也要對自己好，要給自己買禮物，來對應相應的「情人節」傳統。而後淘寶抓住商機或者自行創造了商機，到如今演變成全球最大的網上購物節。

「寂寞商機」可望成2017消費熱點——PChome24h購物公布「2016消費電子商品採購報告」，發現今年商品趨勢，「輕量高效能、多功智能化、移動式娛樂」為採購關鍵字，家電受到今年五大事件包括霸王寒流、高頻率颱風、最熱夏天、紫爆霾害、寶可夢效應的影響，帶動相關家電買氣大增。2017年新品市場走向「AI智能、實境裝置、寂寞經濟、節能健康」將成為市場趨勢。看好「寂寞經濟」帶來的採購商機將引領未來市場走向。根據調查指出，2015年台灣12～65歲的消費者網購人數多達586萬人，且每季平均網購金額以雙位數快速成長，網購3C商品模式也漸成熟。PChome24h購物今年就有近200品消費電子商品全台首發，已成為消費者選購消費電子商品的首選通路。PChome特別看好明年的「寂寞經濟」商機，隨著網路普及化、生活更便利，也讓現代人獨處時間增加，因此，「寂寞經濟」商機無限，包括運動使用的無線耳機、一機多用或小分量的廚房家電、高畫素前置鏡頭的自拍手機，以及強調個人化的商品，在明年都將成為主流趨勢。

◆直播商機（翻轉行銷，2016）

①寂寞商機引領的直播旋風，美拍的粉絲經濟學

「寂寞商機」一個新世代的經濟模式。它指的是在少子化、單身主義之下，企業為了解決人們對於「排遣孤獨」的需求，而衍生的一系列行銷策略，如交友軟體、寵物購買等風氣的盛行。而在2016年，繼FB、YouTube相繼開放一般用戶直播功能、亞馬遜大規模收購Twitch電競直播平台以及淘寶在直播領域的廣泛布局後，國際間開始吹響直播戰場的號角，直播元年開始在各領域發揮它的影響力。

②直播風盛行，掌握網民從眾心理

2014年南韓Afreeca TV直播女神Diva的崛起，讓直播市場開始脫離以遊戲競技、體育賽事為主流的經營方式，朝著更生活化的方向發展，一時間吃飯、聊天、化妝等視頻內容開始成為最受年輕族群們喜愛的節目，那麼從根本來看，這系列單純播放吃飯等日常小事的頻道，為什麼可以創造如此高的追蹤人氣？「她吃的是飯，消化的卻是城市人的集體孤單。」從INSIDE作者Liz Chen所說的這句話中也許能為我們解答，從生長環境來看，亞洲人的教育很少會教人們如何獨處，人人都害怕跟別人不一樣，因此只要一落單或是深夜躺在床頭，手機、平板等能隨時接收外在訊息的載具一定不離身，而隨著寂寞商機市場的擴大，直播平台開始成為民眾排解孤單的重要管道。

相較於傳統的網路創作平台如BBS、部落格，到後來的社群影音平台，直播所具備的即時性和真實度正是它能令人為之瘋狂的原因。網友們透過參

與名人或是網紅們的視頻節目，產生一種跟對方面對面聊天的錯覺，而且這種互動模式並不單只是一對一，只要願意每個人都可以透過文字或是表情符號，在這個網路空間中跟其他網友們建立連結，從中獲得心靈上的充實。

③搶搭網紅風潮　美拍直播

隸屬美圖旗下的App「美拍」，最初App主打拍攝10秒影音內容，再加上搭配強大濾鏡、多樣的配樂、簡片的剪輯功能等特點受到市場矚目，後來在各大電信推出更優惠的行動資費方案後，為了提供用戶更多優質內容，它將影片時間延長至300秒，並且於品牌兩週年生日上發布了5.0版本，成為第一個除了直播以外也可藉由短影片來獲取收入的平台。而它的直播功能，自2016年初上線以來，已創下全球用戶1.7億、觀眾總數破5.7億的驚人紀錄，這亮眼的成績顯示出它已成為華人市場上原創影音社群的主流之一。它與其他直播平台不同的是，從一開始品牌就專注於大中華市場的經營，在產品面它結合了MV特效的功能優勢，在內容豐富度上它廣邀各行業的達人（如廚藝、歌唱表演、化妝等），以及早已在其他平台擁有廣大粉絲群的知名網紅們上傳作品，而在用戶黏著度上它持續優化平台功能和建立粉絲親密度玩法讓直播者更能充分發揮創意，這些特色使得它成為繼微博、FB等其他社群媒體之後，最有潛力的新型社交營銷平台。

④多元化內容產出，企業布局社群行銷的下一戰

為了避免多數影音平台可能遇到的內容同質性高、粉絲維持時效短暫等問題，美拍持續推出不同主題的直播內容，如明星貼身近距離直播、綜藝或是跨界直播等主題。它所具備的多元化主題和垂直性的用戶群運營策略，讓它逐漸成為各產業的關注目標。有上過淘寶的人應該會發現，最近陸續有店家開始展示自行拍攝的美拍視頻宣傳自家商品，並透過「美拍」本身所具備的話題性達到社交擴散，藉由網路脈絡跨社群傳播商品資訊，再將流量導回自己的銷售平台。而除了電商品牌以外，也陸續有許多品牌開始擬定相關的合作方案，積極布局直播活動。對企業而言，他們可以與美拍上的名人們進行商業合作，透過代言或是隱性置入等方式將產品資訊融入直播內容裡，藉紅人們的影響力提升產品的購買率。如美拍用戶「香噴噴的小烤雞」曾經在直播做菜的過程中，推薦一款燒烤工具，在直播當天為其創造二十多萬的銷售金額。

⑤網紅的人潮變現力

可發布直播的不僅有明星、媒體、知名品牌，同時還有素人出身的知名網紅們，基於建立「粉絲經濟平台」的品牌理念，美拍持續在思考如何建立讓平台與播客們雙方都能獲利的營運模式。對於播客而言，在「即時美顏」的效果下，直播已不再是顏值擔當者的天下，它考驗的是每個人在內容上的經營技巧，只要你有某方面的才華，如很會跳舞、擅長配音、喜歡搞笑等，只要願意持續磨練專業、積極與粉絲互動，都有機會成為下一個網路明星。而為了讓這些網紅們有更廣大的舞台去發揮，美拍於今年開放5.0版本，播客們除了可以透過美拍5.0道具系統獲取變現力之外，還可以透過全新的分潤機制、電商轉化等方式賺取額外收入。

美拍等直播平台的興起，建立了新的傳播生態，然而至今為止，除了創造高人氣的使用人數和擴展知名度之外，平台仍未找到適合的盈利形式，除了廣告付費投放、粉絲變現利潤抽成及授權轉播之外，平台更需持續優化直播環境和提升用戶體驗，同時與網紅們建立長期的合作關係，藉由播主帶來瀏覽人氣的同時也需投資成本在培養各個知識領域的網紅人才，橫向延展主題，建立更多優質內容。

超強美妝部落客 @田以熙Natalie 正在直播中！教你一款必學夏日橘色系妝容... / 美拍直播
MEIPAI.COM

⑥**兩岸直播市場與直播網紅**（鄧麗萍，2016）

網紅教戰！第一次直播就暴紅

線上吃東西、睡覺、對罵，竟也能年賺百萬。網路直播盛行，每個人都有機會從素人變網紅。只靠一支手機，就能被全世界看見，也能帶來百萬年薪、千萬業績。「在未來，每個人都能有成名十五分鐘的機會。」三十多年前，美國普普藝術大師安迪沃荷（Andy Warhol）的預言，如今在網路直播盛行的黃金年代，已經是司空見慣的現象。一支手機、一個手機架，外加一盞燈，每個人都可以搭建自己的舞台，在鏡頭前唱歌、跳舞、聊天、吃東西，甚至睡覺，讓所有上線的人觀看，更重要的是即時參與互動。這就是1980年代後出生、從小使用電子3C產品、在網路世界長大的「數位原住民」的生活進行式。

過去，直播只限於電視台，要有SNG現場直播車等裝備，但現在只要有手機和網路，人人都能做直播。無論是想要成為「網紅」（網路紅人）、經營電商衝業績，或行銷品牌，現在都可以善用直播平台，靠著創造瀏覽量和話題，玩出一片商機。現有的直播平台，可分為開放型和封閉型平台兩大類。其中，臉書堪稱是開放型平台中，最廣泛被使用、且門檻最低的。今年2月，在台灣擁有1,800萬個活躍帳號、全球達十七億用戶的臉書，陸續在全球啟動直播功能，引爆了「全民直播元年」。

全民直播元年，開跑！

臉書門檻最低，一支手機就搞定。其他開放型直播平台還包括：全球最大遊戲直播平台Twitch、全球最大影音平台YouTube，中國最大的影音平台美拍、映客等，以及台灣影音平台如17、UP直播等。只要下載App（手機應用程式）、開設帳號，任何人都可以在這些平台上直播。有的開放型直播平台，如國內最大直播平台LIVEhouse.in，除了開放個人申請直播帳號之外，也協助企業或社群用戶做直播節目，同時也推出自製節目。至於封閉型平台，則是完全自製內容的直播平台，包括麥卡貝網路電視、酷瞧、Yahoo TV等。對於有意做直播的人，可依不同的目標和定位，選擇不同的平台。首先，如果你很擅長玩線上遊戲，那麼，Twitch、YouTube、Streamup、LIVEhouse.in等平台是首選。事實上，「電玩實況主」可說是國內第一批做網路直播，並吸引到上萬人同時在線收看。他們的收視動員力，不僅讓大多數知名藝人的網路直播望塵莫及，更直逼有線電視台的收視率水準。其中，有「亞洲統神」稱號的張嘉航，2013年「陰錯陽差」在Twitch做直播，沒想到大受歡迎，最高峰有26,000人同時上線觀看。迄今，他平均每天直播約五、六小時，最高紀錄曾在一個月內，做了兩百九十多個小時的直播。

如果你擅長電玩，想養鐵粉

統神和粉絲開罵，年吸三百萬。「天時、地利、人和」，造就了統神成為「實況第一人」，也就是首位把直播轉為營收的遊戲玩家。張嘉航分析，「天時」是當時很多遊戲界大咖轉戰職業選手，他順勢接收粉絲；「地利」是選對遊戲，也就是當時最紅的《英雄聯盟》；「人和」，則是鮮明的個人特質。「做自己，才能吸引觀眾認同。」張嘉航說。雖然他在直播中會罵髒話，或是當場和粉絲開罵、抬槓，但粉絲卻黏著著，讓他接到不少遊戲代言、廣告等工作，加上開發T恤、襪子等周邊產品，讓他的年收入直逼三百萬元。作為第一個從實況主轉型朝多元發展的遊戲名人，張嘉航預言，「未來五到十年，電視族群都會跑到網路上，直播會成為主流。」但他也提醒粉絲，現在很多高顏值的正妹加入、爭食電競直播這塊餅，競爭很激烈。「如果會紅，一兩個月就會紅，否則，應該去找點正事做。千萬不要以為實況好賺，每個月賺一、兩萬，混吃等死。」張嘉航說得直白。如果想要經營電子商務，直播已經成了必備工具。無論是臉書粉絲專頁、LIVEhouse.in、YouTube等，都成了許多電商業者競相耕耘的新戰場，而銷售戰線已從純文字、影音短片，延展到網路直播。

如果你是電商，想闢新戰場

憑一己之力，滾出上億元營收的電商名人「486先生」陳延昶，以銷售家電為主，今年營收上看10億元。486先生開發直播，衝10億營收。未來，每個網路店家都能擁有自己的直播頻道，隨時叫賣自己的商品。「大家以為直播只是打打屁，其實，它可以把購物電視台搬到你面前，而且還多了即時互動。」憑一己之力，滾出上億元營收的電商名人「486先生」陳延昶，以銷售家電為主，今年營收上看10億元，打從5月初開始，他就發現直播的威力。經營直播迄今，陳延昶歸納出兩大心得，首先是固定時段，目前他固

定星期六清晨五點半直播，分享三十分鐘的銷售心法，養成粉絲的收視習慣；而播後即刪的模式，也鼓勵粉絲即時參與。其次，是做足準備，訂好主題，讓粉絲能有所收穫，他們才會持續地追蹤下去。陳延昶直言，做直播的門檻很低，但也須避開粗製濫造，朝精緻化、長線經營。因此，他從美國訂購更好的攝影器材，提升畫面品質。「直播讓人人都可以是486。」陳延昶認為，他累積了十二年才練就的銷售功力，一般人利用直播可以大大縮短時間，直播透過和粉絲的即時互動，很快就能抓住消費者心理、引導銷售，「當很多人問時，就知道商品的哪個功能，是大家所要的。」

就連二手精品拍賣，也轉戰網路直播

2016年7月底，知名拍賣專家阿邦師在一場LIVEhouse.in線上直播拍賣會，成交了一顆120萬元的藍鑽，讓國內最大直播平台LIVEhouse.in執行長程世嘉大開眼界：「誰說網路上都是一些沒錢的小屁孩？」程世嘉指出，「直播只是功能，更重要的核心價值是內容。」當人人都能直播時，往往內容趨於浮濫，唯有做出更好的內容，才能吸住眼球。此外，程世嘉建議，電商業者可以朝向「一地開播，多地收看」策略，進行多平台直播。以阿邦師為例，直播一星期前，就開始布置和場勘，內容不僅要先設計細節，連觀眾網路下標的秒差也計算好，現場還出動二十名工作人員，才完成這場短短兩小時，營收卻高達600萬元的網路拍賣會。

如果你是素人，想變網紅

有了網路直播，即使是平凡的素人，現在都可以利用手機、電腦、平板等裝備，加上補光燈、麥克風等，把自己打造成「網紅」，抓住「十五分鐘的成名機會」。對於網紅來說，如何讓自己在鏡頭前顯得亮眼、提升好感度，是吸引粉絲的決勝點。例如美拍、映客等直播平台，都提供美肌效果，臉書直播則需要自行增加硬體設備，例如燈光、音效等。近日因臉書直播而暴紅的星座專家唐立淇，就在家裡準備了六盞燈，讓她在鏡頭前散發好氣色。麥卡貝網路電視營運長廖啟璋提醒，網紅必須不斷經營自己、提升內涵，跟著粉絲成長，「美女主播雖然很快會紅，但如果沒有鮮明的個人特質，觀眾很快就會喜新厭舊。」「國外早已有網紅，而且是正式職業，月薪高達三、四十萬元。」李奧貝納數位行銷部門資深業務總監林鼎峰指出，隨

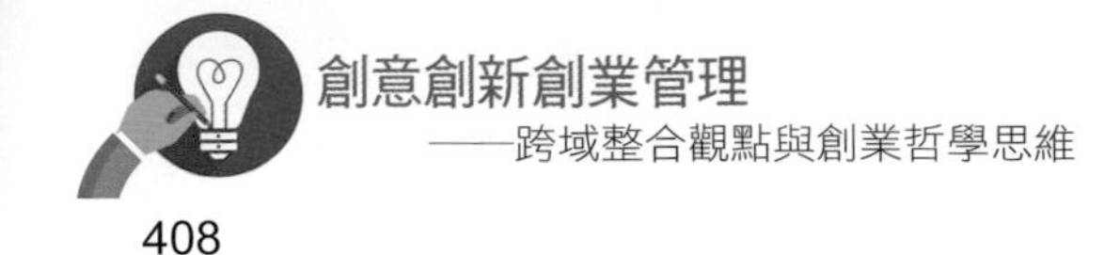

著臉書直播的全面開放使用，讓台灣網紅的崛起更加快速和普及。隨著網路直播大行其道，無論是電競玩家，電商業者、一介素人，只要選對平台，用對方法，都有機會靠直播帶來百萬年收、打造千萬業績。

全民瘋直播，到底有多夯？

網友新寵！台灣有35.6%網友每日觀看直播節目超過一小時。大咖帶頭！臉書打造超級新媒體：砸逾5,000萬美元，和140個媒體與名人簽約，力推Live影音服務。含金量高！全球網路直播商機達8,000億元新台幣；台灣網路直播商機10億元、上看百億元。捧紅素人！中國第一網紅「Papi醬」2016年7月11日首次直播，吸引八大平台聯播，在線人數突破2,000萬，點讚數破億。

FOCUS／大陸3.25億人看網路直播　網紅賺翻（TVBS, 2016）

大陸網路直播迅速發展也帶動「直播經濟」，有些知名的直播主播一天收入5萬台幣，簽約金更高達5億；根據大陸官方最新報告，目前大陸網民數已經達到7.1億，其中網路直播用戶有3.25億，占了全部網民的45.8%；直播主播唱歌聊天，螢幕及時出現花束香水還有跑車，在大陸叫刷禮物，是粉絲用虛擬幣買的，但對主播來說，可是能夠換成貨真價實的人民幣和人氣。這其實和追星沒什麼不同還多了互動，要是口袋夠深，還能進到專屬的視窗，讓心儀的直播主播一眼就看到你。大陸直播平台用戶：「貴賓席是說在這的頻道內的爵位，它是按照爵位等級的高低，還有消費等級的積累。」前三個等級有國王、公爵、侯爵，國王的首月月費就要60萬台幣，誇張嗎？在這個網路直播平台就有上百個國王。直播平台為了衝流量跟電視台一樣也簽約主播，在電競直播圈很有名的miss簽約金1億人民幣，而手機螢幕上的女孩張大奕去年在微博賣衣服就賣了3億，想挖角開價2億。

鬥魚是大陸遊戲類直播平台第一名，每天的在線用戶300萬，估值超過10億美元，但經營到現在沒有獲利；映客註冊用戶超過1.3億，每天在線量1,000萬，估值同樣約為10億美元，才剛剛達到損益兩平；而YY旗下的虎牙去年收入人民幣3.6億，但支出成本6.6億，虧損了3億。表面上看來網路直播火到不行，但推廣成本頻寬成本和主播簽約成本也高，僅靠用戶購買虛擬禮物和流量廣告兩種變現方式，難以維持擴張發展，如何讓「虛火」真正紅火，就像所有的新媒體一樣，都還在探索階段。表面上看來網路直播火到不行，但推廣成本頻寬成本和主播簽約成本也高，僅靠用戶購買虛擬禮物和流量廣告兩種變現方式，難以維持擴張發展，如何讓「虛火」真正紅火，就像所有的新媒體一樣，都還在探索階段。

影／直播界奇蹟！網紅靠粉絲「打賞」　8個月賺1.4億（三立大陸中心，2017b）

網紅崛起，不少人也相當好奇這些直播主的收入，其中號稱「陌陌第一主播」的大陸網紅「阿冷」，靠著粉絲打賞，八個月竟賺進3,000萬人民幣（約新台幣1.4億元）。

25歲的阿冷（1992年出生），在陌陌直播上的暱稱為「這個少女不太冷」，靠著好歌喉及實力派的歌唱技巧，加上外型氣質甜美、自然不做作，至今已經擁有百萬粉絲。直播粉絲打賞禮物累積的「星光值」，以100：1兌換人民幣，阿冷曾在三個小時的直播過程中，獲得1.1億星光值，換算下來約110萬人民幣。去年光靠直播，阿冷就賺進1,600萬人民幣，更締造八個月內獲得3,000萬人民幣打賞（約新台幣1.4億元）的輝煌紀錄，堪稱是直播界奇蹟。

圖片翻攝自這個少女不太冷微博

收入打趴范冰冰！「大陸第一網紅」張大奕2小時賺8千萬（三立娛樂中心，2017a）

「網紅經濟」在大陸急速發展，而張大奕可說是網紅界的第一把交椅，據傳她兩年前經營網拍的收入高達新台幣15億元，重重打趴大陸一線女星范冰冰，更曾創下兩小時內淘寶店鋪交易額約台幣8千萬元的紀錄，這個女孩的事業之大令人咋舌。

「網紅」與傳統明星最大的不同，就是粉絲可互動的機會非常多且更貼近。以張大奕為例，她在尚未成為網紅前是時尚雜誌、秀場的模特兒，已有點知名度，2014年在淘寶開設第一家店時，她率先使用視頻的方式向買家介紹商品，不僅消除大家在網路上購物的疑慮，更造成許多賣家跟風模仿，短短兩年張大奕店舖的營業額就衝破人民幣3億元（約台幣13億元）。

根據《富比士》數據粗估略計，張大奕年收入達人民幣3億元（約新台幣15億元），反觀大陸一線女星范冰冰年收入約1.4億人民幣（約台幣6億元），多達2倍以上。張大奕曾在訪問時表示，「現在網紅這個樣子就像以前的暴發戶，大眾覺得你讀書少，錢卻賺得多，可能就會讓大家對這職業和對你的評論會很不好，因為網友就是透過一張照片或一段視頻喜歡你，這過程很快，生活中都沒辦法做到唯一和忠誠，怎麼可能希望網路上的人對你做到一輩子忠誠。」

張大奕可愛的外表，加上對商品的總是親自直播解說，不僅擁有大批粉絲，更是大陸網紅界的代表人物。（合成圖／翻攝自張大奕微博）

比起網路上氾濫的「蛇精臉」，張大奕的照片總是相當清新、平易近人（合成圖／翻攝自張大奕微博）

被封「台灣網紅第一人」　直播正妹Dora緊抓陸宅男心！（東森新聞網搜小組，2016）

科技日新月異，眾人紛紛投入直播行列，其中也不乏各種極品正妹，讓觀眾眼睛大吃冰淇淋！最近臉書冒出一位優質正妹Dora，她靠著直播吃飯和彩妝爆紅，不僅有一票死忠粉絲，還順利登上對岸的直播平台，一上場就獲得「56萬棒票」，被網友封為「台灣網紅第一人」，人氣暴漲！這位神秘的正妹是來自台中，是位平面模特兒，暱稱叫做Dora（曾妍希）；這位妹妹不僅工作認真，還有擁有甜美臉蛋和性感的好身材，光看外表，大家可能以為Dora是個單純傻妹，其實她非常有頭腦，口條極佳，而且對粉絲極度體貼。

Dora是近來人氣暴漲的直播美女，擁有甜美臉蛋和性感的好身材（圖片取自當事人臉書）

Dora表示，自己的職業是平面模特兒，除了網拍和外拍作品，最近也積極投入直播，有時週一到五都有，常常一耗就是幾個小時。Dora說，自己常用的直播內容除了工作實況，也會把化妝和日常生活的一切跟大家分享；有時她也會設定話題，和粉絲們在線上聊天，這種即時、真誠、零距離互動的感覺，不僅自己做起來開心，也受到粉絲們的喜愛。Dora指出，自己去年8月第一次開始直播，當時是用「17」，最近則接觸對岸的「棒直播」；相較其他服務，「棒直播」是一個新平台，粉絲們可以在上面狂送禮物、體驗相互競爭的感覺，有次她就遇到好幾個粉絲不斷加碼，不為別的，就是博取她的歡心，「這是一種很棒的感覺」。被問到直播甘苦談，Dora笑說每次都全力以赴。被問到直播有何好處時，Dora認真地說，自己有很多粉絲群組，功能各有不同，但她都會自己經營，並花很多時間（至少4～5小時！）跟對方互動，「粉絲一直傳東西，要一一回覆，時間就過得很快」。Dora認為，這樣的方式更能認識每一位粉絲，也不會有距離感，如果遇到變態或不禮貌者，也可以馬上把對方踢掉，算是一舉兩得。「直播跟辦見面會，是與粉絲拉近距離的最佳方式。」

◆寵物商機

①高齡少子化帶動寵物商機（王大維，2012）

忙碌的工作壓力、沉重的課業負擔等，這是一個尋求自我心靈滿足的寂寞時代。在這樣的寂寞世代裡，尤其是沒有小孩的家庭，尋求情感依靠，促成了許多新的市場需求，其中，又以寵物飼養所帶動的商機最受到矚目。過去寵物飼養已逐漸由功能性轉變為情感性，寵物的角色已如同家人般，成為生活陪伴上的重要角色。願意飼養寵物的家戶數越來越多，加上近年來寵物飼養觀念提升，人們在寵物身上的花費大幅提高，衍生出龐大商機。飼養寵物已逐漸成為現代人生活的一部分，而「寵物商機」不僅限於過去的寵物生體販賣及寵物用品市場，現在針對寵物販售的商品及服務可說是包羅萬象，範

圍廣及食衣住行育樂，包括寵物餐廳、寵物樂園、寵物旅行、寵物殯葬、寵物保險、寵物保母、寵物租借及寵物健身等獨特的商品及服務等。

②寵物消費市場呈M型化（王大維，2012）

寵物飼養與追求心靈富裕息息相關，只有在衣食無缺的生活環境中，才會形成飼養寵物的文化，目前全球主要寵物市場仍集中在已開發國家，包括北美、西歐、日本及澳洲等地，涵蓋全球寵物市場85%市占率。以美國寵物市場為例，2010年銷售額是545億美元，2011年則擴大成長為566億美元，儘管整體經濟情勢仍不穩定，但寵物產業仍維持3.9%的市場成長率。由於這些已開發國家的民眾對動物福利的觀念較成熟，許多高消費族群，對待寵物的態度與親人並無不同，進而衍生出頂級高價、旗艦型產品與服務需求。同樣以美國寵物食品市場為例，2008年銷售額約185億美元，而其中的高價產品占77億美元，而標榜天然、有機食品及飼料約有17.3億美元，可見對於這些高消費族群而言，寵物飲食已從過去單純餵養之需求進階至如何讓寵物吃得更優質、更健康。相較之下，開發中國家，隨經濟成長，民眾消費力提高，寵物飼養數量增加，但是由於過去的飼養習慣，寵物用品的消費仍以人類日常生活中的用品為主，以寵物食品為例，大多數寵物食物可能來自於人們餐桌留下的食物，而非特製的寵物食品。

③台灣寵物商機上看500億（孫蓉萍，2017）

2008年日本人花費在家犬身上的錢，一年約有20.8萬日圓（約新台幣5.7萬元）。2013年成長63%，約有33.7萬日圓，同一時期日本每戶家庭的總消費支出卻出現3.6%的負成長，由此可見寵物經濟的力道。消費內容包括食物、醫療、娛樂、保險、美容等，業者估計，寵物市場規模可超過1.4兆日圓。

由於飼主肯砸錢，寵物相關服務也應運而生。以一些上市櫃公司為例，生產紙尿布和生理用品的嬌聯公司，因為室內犬增加，也生產寵物墊；照相館Studio Alice開設了專為寵物拍照的照相館；Anicom產險公司則推出寵物保險。製造室內監視器的Morpho公司，提供使用智慧型手機或平板電腦的低成本遠距監控攝影服務。1876年創業的知名制服業者Tombow，也利用專業縫製技術，製造寵物輔助帶等用品。此外，就像年長者一樣需要看護，日本也出現老狗照護服務的需求，民間機構還提供「寵物照護師」的資格認證。台灣寵物市場規模有300億至500億元等不同說法。台灣拜耳公司指出，以寵物保健食品市場來說，一年估計市場達到36億元，而且每年還成長8～10%；寵物內外寄生蟲相關藥品市場則在12億元左右，年增率則是5%。但無論如何，把寵物當作家人，花費金額逐年增加，尤其是高齡寵物的照護安養商機，未來前景也看好。

(五)單身者的生活型態與消費決策

◆單身者生活型態

生活型態的基本概念乃起源於社會學、心理學。「生活型態」（life style）的定義及說法因人而異，其理論根據則是來自於George Kelly（1955）的「個人認知架構理論」（Theory of Personal Constructs），主要內容是解釋每個人均會依據認知構念來解釋世界、預期各種事件的發生而採取行動，同時一方面不斷的根據環境來修正其認知架構，以減少內心的不一致和不適，而在近幾年，學者許士軍（1986）認為生活型態乃是指一個人的整體生活型態，包括其態度、信念、意見、期望、畏懼、偏見等特質，也反應於個人本身對於時間、精力及金錢的支配方式上。Solomon（2006）則提出人們會根據喜愛從事的活動、喜歡的休閒方式和自由支配收入的方式，將自己分入不同的群體中。

從各學者對生活型態之定義，可瞭解生活型態是個人或者群體在生活方式上以及態度上的一種特徵，此特徵包含內在的人格特質、價值觀及外在的環境等等，最後由內、外在因素的互相影響，因而產生各種不同的生活型態。另有研究指出，熟齡單身者的性別、年齡、單身狀況、有無宗教信仰、是否獨居、居住區與休閒生活滿意度均無顯著差異。而不同單身狀況（未曾結婚、離婚、鰥寡）的熟齡者分別與性別、年齡、有無宗教信、是否獨居、居住區對休閒生活滿意度及生活滿意度也均無顯著差異（楊淑琴，2009）。

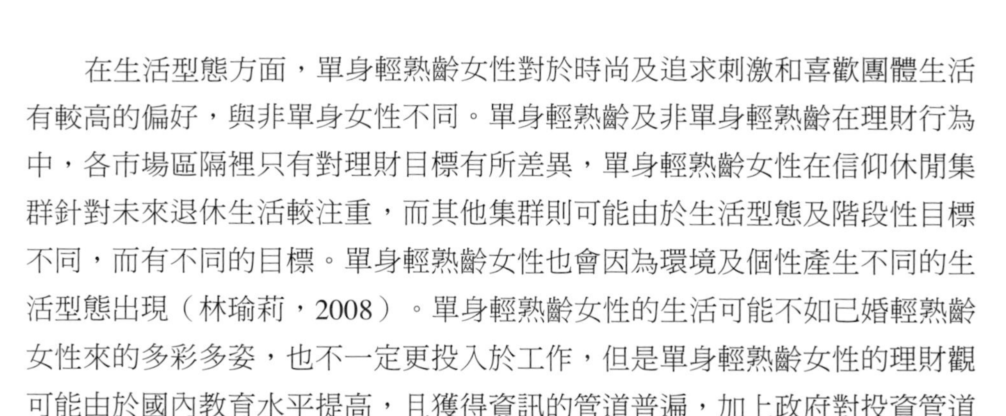

在生活型態方面，單身輕熟齡女性對於時尚及追求刺激和喜歡團體生活有較高的偏好，與非單身女性不同。單身輕熟齡及非單身輕熟齡在理財行為中，各市場區隔裡只有對理財目標有所差異，單身輕熟齡女性在信仰休閒集群針對未來退休生活較注重，而其他集群則可能由於生活型態及階段性目標不同，而有不同的目標。單身輕熟齡女性也會因為環境及個性產生不同的生活型態出現（林瑜莉，2008）。單身輕熟齡女性的生活可能不如已婚輕熟齡女性來的多彩多姿，也不一定更投入於工作，但是單身輕熟齡女性的理財觀可能由於國內教育水平提高，且獲得資訊的管道普遍，加上政府對投資管道的嚴格控管，因而產生與非單身女性的理財觀有顯著的差異。由於金錢上的自由，讓類單身族願意多花點錢，享受奢華的生活，因為金錢規劃較隨心所欲，更願意將錢投資到自己的身上（林瑜莉，2008）。

面對以自我為根本消費的單身商機，便利商店也紛紛改變店內的擺設，移開塞滿商品的貨架，開始在店鋪內擺設歇息的座位，成為吸引客人流連休憩、短暫閱讀的空間。便利商店現在要賣的東西，已經不再是單純的實體商品，而是提供各種無形的生活支援服務，全面的支援單身化消費者的需求。讓顧客可以在商店內閱讀、沉思、飲食以及處理各種惱人繁瑣的事務（繳費、影印、傳真、訂票、領取網購商品）（徐志明，2011）。

便利商店增設座位區，平白讓客人坐著消磨時間，等於是以店面的坪數，換來客人的黏著度與依賴度。在商品包裝方面，針對單身化生活的需求，商品設計思維與包裝型態也必須重新調整，過去商品以大分量、家庭號的型態為主軸，現在也逐漸改變為小包裝、「一人化」的規格與分量。再加上陸續有生鮮超市的崛起與便利商店的轉型，提供單身者方便、快速地購買生鮮蔬果與個人調理食材，並重新定位為家中的冰箱、管家，成為生活空間中不可或缺的一部分。也有越來越多人以飼養寵物作為情感上尋求陪伴的方式之一，寵物儼然已經成為自己的親人。以往的動物飼料「升格」成寵物食品，街頭越來越多寵物店、寵物服飾店、寵物旅館及提供寵物清潔、美容、SPA的店家等，可以看出因為「寂寞商機」所引發的「寵物商機」有多驚人。因此，提供寵物專屬的產品與服務就成為目前最熱門的行業。很多餐廳也因應這樣的潮流，開始增設可以與寵物一同用餐的環境，讓寵物與飼主可以一起享受用餐時光。這樣的寵物餐廳不但大受歡迎，許多業者也因此看到寵物商機而積極展店。一個人也可以創造無限的可能，不要小看單身，一個人代表了兩個人的消費力量，我相信這會是單身族群對目前這個社會所帶來的無限可能，也就是「單身創造無限」（徐志明，2011）。

◆單身者消費決策（徐志明，2011）

單身族群較為願意寵愛自己多一點，對於財務擁有較多的自主權，資金支出以個人花費為主，而已婚族群因為要照顧小孩，必須額外花費許多的金錢和精力在孩子的身上，因為可用資金的降低，因此花費在自己身上的費用明顯比單身族群低，消費模式最能反映單身族群的生活風格和方式。

面對這股新興族群的興起，因應他們的生活型態跟消費模式，各種產業也開始嗅到這股單身商機，商單身族群逐漸地成為各產業爭相看好的市場。單身商機成為越來越HOT的消費趨勢。雖然單身族群消費會與非單身族群有所不同，但是所要考慮的變數原因還可能因為消費者自身的因素、社會文化因素、家庭因素、心理因素、媒體社群影響、不同年齡層次、不同性別、職業、受教育程度、經濟狀況能力、生活方式、性格、外表形象等各種因素，造成每個單身者影響他們消費決策的差異。

在購物方面，網路購物與團購網成為年輕單身族喜愛的休閒平台之一，由於大部分單身者不必大量購買商品；再加上可透過網購團購的方式，運用網路工具，不僅可免去開車的麻煩，又能指定貨到時間，因此越來越多消費者在網路上購買喜愛的物品。更有人甚至為了使單身消費者更願意上網購物，有些廣告主已經開始利用右腦行銷，模擬體驗搭配造型，利用多媒體和創新的行銷手法，讓消費者即使不出門也能買到合適的東西。同樣地，小型車成為單身族群及女性消費者青睞的熱門車款。除了省油和停車方便外，是否兼具時尚風格的外型、內裝配備的質感及提供個人獨立空間的感覺，更成為消費者購買時考量因素之一（徐志明，2011）。

(六)有關單身者消費的相關研究

以下將分為四個項目進行探討：(1)現代台灣都市女性購屋訴求；(2)國家經濟狀況使現代年輕人改變消費與生活型態；(3)單身族群的訴求；(4)單身族群的消費。

◆現代台灣都市女性購屋訴求

單身對個人生活品質的標準隨之提高，許多單身者不惜花重金來營造更優質的個人生活品質。尤其個人住宅，可明顯看出單身消費者和一般消費者的區別。以購屋來說，共享公寓以一個人一戶的概念設計，提倡共享生活起居空間，配合保留臥室隱私的設計，提供多人居住，成為一種新的生活型態。此外，許多單身消費者偏好離捷運站近的小套房，如果預算較少則會選擇郊區套房。在購屋時，多數單身消費者以有電梯的公寓套房為優先考量（引自陳駿騏、朱思穎，2011）。

寬林室內裝修設計有限公司設計師朱玲寬（2011）指出，消費者願意花上台幣近百萬來打造自己的小套房，且對於材質、風格講究，以線條簡單、色調單純為大宗。而在單身的消費者中，以30～40歲的女性為主要客群，她們願意花較多的金錢打造更高生活品質。且朱玲寬設計師認為，現代女性經濟狀況良好，眼光又高，因此才有這樣的趨勢，而男性再結婚前較無買房的壓力。且朱玲寬（2011）表示，女性在各方面都開始講究精緻，會花較多的費用裝修或替住宅營造不同風格。而單身者對居住的要求與一般家庭不同之處在於隔間安排。個人居住不需要太多隔間，希望大又寬敞，還會要求在設計上做調整，像是增設書房或是瑜伽室等，廚房的設計也傾向開放式（引自陳駿騏、朱思穎，2011）。

◆國家經濟狀況使現代年輕人改變消費與生活型態（陳駿騏、朱思穎，2011）

在少子化、高齡化及資訊社會的影響下，許多年輕人改變既有的生活方式，現今的單身男女不僅拋開有家庭才完整的束縛，傾向自我生活品質提升的人生目標，但表象背後，是龐大的社會壓力讓現代人喘不過氣，單身男女以重新調整人生藍圖的方式，打算結婚不生小孩，或是轉變自身的生活習慣，來維持小規模經濟支出。McCarthy（2001）在《經濟學人》上提出「單身經濟」的概念，只是他將「單身經濟」定義為「單身女性經濟」。在McCarthy眼中，她們是廣告業、出版業、娛樂業和媒體業產品和服務的生產者和消費者。因為單身且收入不菲，她們是最理想的顧客。個人經濟潮已崛起，而有單身女必有單身男，與其他階層相比，更有消費的實力和衝動，只要東西夠時髦、夠有趣，他們不惜一擲千金，沒有家庭所背負的壓力。在衣、食、住、行、娛樂、社交、退休養老等各方面，單身經濟都開始展現出龐大的市場潛力，而住房市場的單身公寓，是最早因應市場而生的產品。小套房或是二房的小住宅，逐漸在市場受到青睞，尤其是在房價高的都會區。近年因台北的房價高漲，另一方面也因單身族越來越多，許多適婚年齡的男女選擇單身或晚婚，或者是婚後當頂客族，套房或小宅需求因此提高。捷運沿線套房最為熱門。此外，單身商品不但在超商陸續推出，就連大賣場也開始針對單身者或小家庭的市場作因應，不像以往只以大包裝或大分量出售（陳駿騏、朱思穎，2011）。

◆單身族群的消費（何庠穎等，2013）

當你看到單身、獨居、孤單你會想到什麼呢？這些單身、獨居、孤單都是「一個人」的代名詞，一個人的消費力高嗎？一個人的生活、消費方式有不一樣嗎？最理想的顧客是一個家庭呢？還是一對夫妻情侶呢？亦或是一個人或說是單身呢？「一個人也要好好照顧自己」，最近社會上出現很多類似的標語，顯示單身人口日益增加的趨勢。另外，大前研一的新書《一個人的經濟》（2011）中也提到，網路改變了年輕人的生活方式，少子、高齡化撼動了中老世代的人生觀。還記得以前咖啡店的廣告嗎？——「誰說35元沒有好咖啡」，現在則可以改成「誰說單身就一定不好」、「誰說單身就沒有好生活」，但是有其好處也有壞處。雖然單身的生活充滿著生命力，但其本身卻還是蘊含著一些不確定、不穩定的因素。單身人群帶動了「單身經濟」，但其自身也正面臨著「單身經濟」所帶來的風險，如貪圖自我享受，導致盲

目衝動、無節制的消費、無儲蓄習慣或是無理財習慣，這些很可能讓他們需要用錢時，面臨著沒有錢可以用的風險，單身們在享用高品質物質生活的同時，也需擁有正確的價值觀，合理用錢、理性理財，使自己生活的安全系數最大化與穩定化（安雅，2007）。

◆單身族群的訴求（何庠穎等，2013）

單身族群有特徵嗎？是哪些呢？有以下的三字訣來敘說：「單身族、高學歷、高收入、高壓力；工作忙、有情趣、有期待」，他們的消費能力也可以用三字訣來敘說：「高消費、要精緻、要高尚、要迷你、要方便、要簡單」。為什麼一台腳踏車可以賣到上萬元呢？一頂腳踏車專用的安全帽要12,000元呢？這些實例都是瞄準了單身族群的愛好者，因為他們的超強消費能力。單身是一個人，但是他卻可以代表兩個人的生活，代表兩個人的消費。國內外有許多對於單身族群的消費文化所作的研究如下：

1.單身的消費行為模式：(1)理性決策人：消費者遵從自己的理性作出消費決策，而與其他心理因素無關；(2)情感體驗人：消費者遵從自己內心感受程度來作出消費決策；(3)行為主義者：有特定模式或一定的消費方式，或是消費行為不同的行為模式衍生出不同的消費特徵（泰麗，2007）。

2.單身消費特徵：(1)追求時尚、個性和精緻：單身對時尚和生活方式的關注勝過其他任何社會群體；(2)消費不理性：單身因承受社會壓力需要宣洩，常常敏感易衝動，產生突發的消費欲望；(3)追求新鮮、多樣化的體驗：單身渴望嘗試不同的生活方式和體驗；(4)追求美麗、健康：為了保持魅力和自信，單身在化妝美容、運動健康上尤其感興趣；(5)追求自由、獨立：單身大多希望擁有私人空間，認為這是鍛鍊個人能力和經濟獨立的必要條件（胡莎莎、高文奐，2008）。

3.單身族的購買趨勢正在改變：由以前的AIDMA快速地轉變為AISAS，由傳統的行銷手段變成網路的行銷手段。AIDMA分別代表注意、興趣、欲望、記憶、行動，而新的AISAS則代表注意、興趣、搜索、行動、分享，因為網路的興起形成新的AISAS的新概念（徐志明，

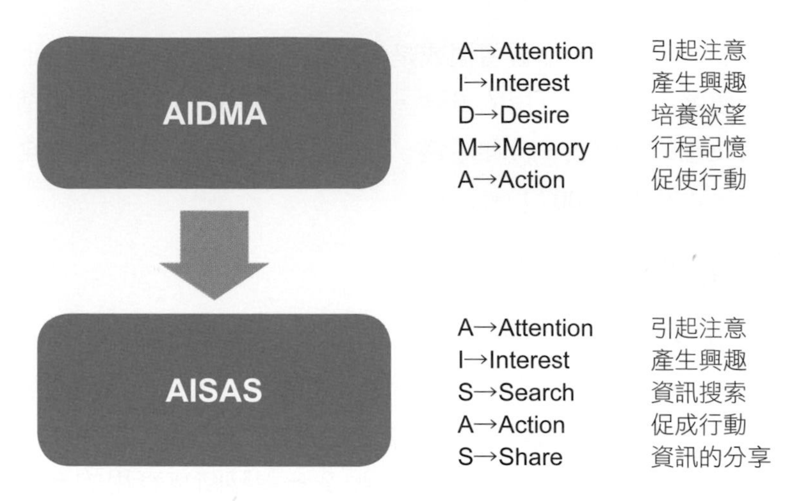

圖12-5　消費者思考模式

資料來源：MBA智庫百科（2011）。

2011）。以往的消費者思考模式是：引起注意→產生興趣→培養欲望→行程記憶→促使行動；由於單身族群興起，演變成：引起注意→產生興趣→資訊搜尋→促成行動→資訊分享（**圖12-5**）。

現在的廠商慢慢把單身視為一個重要未開發的超大市場，因為單身族群的超級消費力，瞄準單身的商品有三大特徵「高價格、高品質、高享受」訴求的是單身族群對自己的大膽、放縱。各家壽險業者也提出各種高保額的人壽保險或是高價格的投資型保單，單身族群的消費方式已從普通享受型消費轉為投資型消費。都會有強烈的投資意識和發展欲望，像會為自己買保險、投資股票等等（石可，2006）。

現在市場上的消費慢慢經由大賣場量販全家都出動的市場轉變成小巧玲瓏或是迷你尺寸的一個人市場，這樣的轉變在李小亞與包伊玲（2011）的研究中可以看到，快節奏的生活方式，使單身族們討厭一切繁瑣的東西崇尚生活「簡約主義」，例如家電產品，單身族們格外青睞能增加生活便利性的產品，智慧型豆漿機的出現，對於單身族群來說，一鍵完成是最符合簡約主義的。設計要從過去對功能的滿足進一步上升到了對人的精神關懷，這是貫徹「以人為本」的設計理念，在設計中融入文化，增加產品的文化附加值的根本所在，這也是設計師的責任所在。單身族們對生活品質有著更高的要求（李小亞、包伊玲，2011）。

一般人提到金飾、鑽石戒指項鍊等高單價飾品，都敬而遠之，因為太貴了，若不是因為特殊節日或是慶祝，不會輕易拿出來，但是現在卻有一群人只買這類商品，他們不擔心單價高，不必去擔心因為單價太高而買不下手，他們是「單身族群」，新一代躍起的新勢利，各大行業都看好他們的消費實力。新周刊對單身者作了一份單身報告，報告中指出會去購買奢侈品的單身族群占28.6%；16%的單身族群們每週至少去一次夜生活場所；31.6%的人每月最大開銷為自我娛樂消費或聚會等社交消費，對未來會作儲蓄規劃的有5.4%。從這裡可以看出，現今的單身人群非常注重自己的生活品質，崇尚高消費的生活（安雅，2007）。

◆一個人經濟消費市場上的五大新趨勢

大前研一新書《一個人的經濟》中點出，消費市場上的五大新趨勢，包括：(1)人口結構激變！消費者面貌更多元難測；(2)家庭觀念扭轉！為單身打造商品大受歡迎；(3)台灣緊追日本！迷你家庭人數破三成；(4)不婚也要自由尋夢，熟女雖敗猶榮；(5)對標準化無感，能打動人心才能創造價值。以上五點趨勢可以看到單身時代的來臨，一個人的經濟趨勢已經漸漸地崛起，若企業還未及時做準備、策略未做改變，則可能會被市場淘汰，而家庭人口變數絕對是值得注意的焦點（大前研一，2011）。以日本為例，自1990年起人口統計出現了結構性的變化，開始有很多女性決定不婚；至於結過婚的，到了50歲，有不少人卻決定要離婚，進而加入龐大的單身族群，同時，尚有70歲以後，配偶過世，又恢復單身等趨勢，使「一個人的經濟體」逐日擴大，使20歲以上未婚人口與傳統家庭人口數逐漸並駕齊驅。「單身變成主流」改變了社會對儲蓄、生活型態和人際關係的認知，也改變了營利／非營利組織因應行銷方針（大前研一，2011）。而美國方面，目前獨居者的人口數創下歷史新高，光獨居者一年的總消費力就達1.9兆美元，且女性比例多於男性（黃宏義，2012），每三件房屋成交案中就有一件買家為獨居者。紐約大學社會學教授克林能伯格（Eric Klinenberg），在《單身時代》書中亦指出，50年代70%以上的成人都有配偶，而現在這個數字僅剩51%，比起已婚者獨居者更可能外食及聚會，可能一個星期一半以上的晚上都在外面。

舉例來說知名的戴比爾斯鑽石（De Beers）針對單身女性推出所謂的「右手戒」，相對於戴在左手的婚戒，訴求單身女性可以買一件珠寶來好好疼愛自己。思美洛（Smirnoff）公司的伏特加酒開始在廣告中強調一大群朋友共享的畫面，而非一般常見的夫妻或朋友之間共享。專門提供獨居者建議及商品的SingleEditon.com網站，創辦人朗伯特（Sherri Langburt）指出五年前網路上的服務只有交友，但除了交友之外，獨居者還有很多的需求，他認為企業對於老年人消費市場的逐漸重視也同樣的會發生於獨居者身上，故促成了他成立此網站。餐廳方面也出現了相同的趨勢，增加共同用餐空間固定兩人或者四人座位（黃宏義，2012）。

◆由食衣住行育樂探討單身消費商機

根據《遠見雜誌》2014年3月號第333期報導，台灣單身人口每年在食衣住行育樂的商機高達5,700億元，規模逼近全台最賺錢企業台積電2013年的營收。單身男女的最大消費支出，第一名是「飲食」，第二名是「娛樂與朋友交際」。跟已婚者最大支出為「小孩費用」，「娛樂與朋友交際」僅排名第六大不相同。「單身將成為一種生活風格代言人」，單身者的生活型態與消費模式將引領風潮，進而影響商業運作。**表12-4**為食衣住行育樂之單身消費商機。

(七)他經濟

◆男士消費的他經濟

根據百度百科（2015），「他經濟」指的是男性經濟；與女性經濟的「她經濟」相對應。白色情人節又叫返情人節，來源於當下時髦的「80後」、「90後」年輕人，指的是在2月14日情人節收到禮物的女生在一個月後的3月14日給對方回饋禮物。這個原本只流行於日本、台灣等地區的節

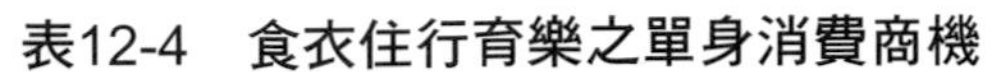

表12-4　食衣住行育樂之單身消費商機

類別	單身消費商機
食	1.一個人吃飯也很愜意：增加長桌、吧台；大部分的餐廳幾乎都是4～6人桌，一個人到餐聽吃飯不僅顯得孤單而且一個人占了一個大桌子也顯得不好意思。增加長桌中間隔上不透明或半透明隔版就算對面坐著陌生人也不尷尬（王曉晴，2012）。 2.健康飲食：黃金單身女郎有健康意識也有行動力，八成以上願意多花錢買天然食品或無農藥有機蔬果。
衣	對於女性來說光是買衣服和美容就占了每月支出的不少部分，尤其是單身女性會用更多的金錢來包裝自己：定期推出特價或是特別活動來吸引這些消費者的目光，知名的品牌也會是她們所青睞的對象。
住	1.購屋投資自住：機能套房最受青睞；小坪數格局設計、溫泉美療、價格、保全、甚至低脂餐宅配等服務，強調回家就像在度假。 2.女性住房寵愛自己：飯店推案專攻女性；沒有家累、經濟寬裕，更重要的是，她們願意「寵愛自己」，還常和「姊妹淘」在一起。
行	購車著重品質，車款專為女性設計：女性通常比較要求質感、美的事物，相同功能的產品，她們願意花較高的錢買自己看了賞心悅目的東西。而針對女性需要開發安全性加倍、品質更佳的小型車將會帶來更多的商機。
育	閱讀吸收新知：開發女性租書市場，單身女性平常工作上面競爭和壓力，也就更注重休閒和自我充實。而且自己一個人相對看書時間也增加了。
樂	1.單身女性健身市場：工作之餘運動是保有身心健康主要方式，此外更可以抒解平時累積的疲累，適當抒發自己。單身女性至少占了健身休閒市場45%，根據調查這些女性願意把每個月薪水的25%花費在青春不老的地方（廖德琦，2004）。 2.一個人成行新選擇——旅遊行程：旅遊對於單身的人來說除了放鬆心靈、遠離塵囂之外，也是一種學會和自己相處並且充實生活與心靈的體驗。 3.單身節日：情侶有情人節可以過，單身的人也有單身節可以過。不僅讓雙雙對對的情侶自願掏出荷包，甚至連單身族也免不了。 (1)單身者留意日（Singles Awareness Day）：日期有採用與情人節同一日，或之前、之後的一日，主要是讓大家關懷一些沒有情人或單身者。為單身人士提供另類的方式度過情人節，讓沒有伴侶的人不用參與傳統的情人節慶祝活動。 (2)黑色情人節：是一個單身人士的非正式節日，在西曆的4月14日，慶祝的主要是那些在情人節和白色情人節收不到任何禮物的人。單身人士聚在一起吃韓式炸醬麵（韓語：자장면），以此表示對單身者的同情（引自維基百科）。

日，2011年來襲中國，「80後」、「90後」年輕人開始捧起「他經濟」（黃雪琴，2011）。類似的「父親節」等男性節日，亦帶起一股「他經濟」。另外，男性獨有的高端消費也催生了他經濟。他經濟，即針對男士消費而言，以高端男士消費和以白色情人節為代表的男性節日消費為主。另外，在父親節很多子女都透過贈送禮物的方式來感謝父愛，在一定程度上拉升了經濟效應。許多商家也開始注意與男士有關的節日消費，他經濟也成為了另一個經濟增長動力。

◆他經濟的形成原因

根據百度百科（2015），他經濟的形成原因如下：

1.白色情人節因素：3月14日是白色情人節，是女生向男生回應送禮物的日子，引領時代潮流的「80後」、「90後」比較熱衷這個時尚的節日，女生為男生消費買禮物，於是捧起「他經濟」。

2.父親節因素：2012年父親節前夕，網絡上顯示「父親節禮物」關鍵詞的搜索指數接近十天前的七倍，刮鬍刀、領帶、皮帶、服裝等男士用品都開始熱賣。與此同時，近一週內，有六百五十多萬人上淘寶搜索按摩器、足浴盆等保健類商品，總共成交3,582,531件。「光棍節」、「網路情人節」……在一個個節日被人們所熟知的今天，曾被不少人「忽視」的父親節成了一些商家積極開發的「金礦」，家具、數位電子產業等行業已開始注意這一節日效應（今日早報，2012）。

3.男性高端消費：調查顯示，男性高端消費群體約占七成，成為高端消費的中堅力量。近九成的高端男性全年在商旅上的消費占到15%以上。隨著中國經濟的繁榮發展，對外經濟交流的日益頻繁，商務出行成為高端男性日常工作的必然要素，商務交流的力度和廣度形勢空前，因此高端人士的商旅消費訴求強烈。

(八)她經濟（MBA智庫百科）

據說在猶太人的生意經中明確寫著：最賺錢的兩個目標，一是嘴巴，

二是女人！不可否認，「她經濟」是商業中（無論電商還是傳統零售）一股不可小覷的力量！馬雲自己也表示：電商者，得女人者得天下！有句話叫做「每一個成功男人的背後都有一個女人」，而馬雲的背後是有千千萬萬個敗家娘們（去年阿里美國上市，馬雲一躍成為中國首富）！「她經濟」是教育部2007年8月公布的171個漢語新詞之一。隨著女性經濟和社會地位提高，圍繞著女性理財、消費而形成了特有的經濟圈和經濟現象。由於女性對消費的推崇，推動經濟的效果很明顯，所以稱之為「她經濟」。現代女性擁有了更多的收入和更多的機會，她們崇尚「工作是為了更好地享受生活」，喜愛瘋狂購物，以信用卡還貸，成為消費的重要群體。

◆單身經濟經營策略

中文百科在線（2014）指出，「為她服務」將成為服務行業流行的經營策略。家庭是組成社會的細胞，然而近幾年來中國開始出現越來越多中高收入的單身人士，這些單身貴族正在逐漸成為横掃各種產品領域的消費主力軍。有經濟學家分析認為，和家庭消費者相比，單身一族往往更加關注並且有能力為自身的各種需求作出支付，包括各種物質以及情感、社交、教育、娛樂等精神需求。而單身作為一種新流行起來的生活方式，自然也引發出一系列同樣被貼上「單身」標記所屬的商品：單身公寓、單身雜誌、單身派對，並由此衍生出了「單身經濟」的說法。市場行銷學家甚至生動地形容，「為她服務」已成為西方服務行業目前流行的經營策略。

一百多年前，著名的英國作家王爾德（一個獨居者）曾經說過：「在結了婚的家中找不到上等的香檳。」在一百多年後，有經濟學家說，單身貴族處於消費金字塔最上層的30%中。當單身族的隊伍開始日漸壯大，精明的商家們也迅速作出反應，隨之而來的是各種各樣為單身人士設計的房產、汽車、家居飾品、時尚雜志和文化讀物以及各種私人俱樂部等等。像以時尚聞名的家居品牌IKEA，就將單身人士家居用品作為重點市場之一，針對單身家庭推出一系列體積小巧、設計時尚、安裝方便、性價比高便於經常置換的家居用品。市場調查發現，與同齡的已婚女性相比，單身女性投資於自身「個人成功」方面的意識更加強烈。她們熱衷於「充電」學習，考註冊會計師、註冊律師、評估師等各種執業資質，並為此上各種培訓班。她們為了保持健康優美的體態和積極開朗的心態，加入健身俱樂部以及學習瑜伽、形體舞、芭蕾舞和鋼琴等各種課程。結伴或單身的旅行也是她們每年必須要有的活動。單身女性在交友上的費用也明顯高於同齡的已婚女子，經常參與各種熱鬧時尚的社交場合，與此同時也要花不少費用來包裝自己。由於單身，她們更加關注自己的物質和人身安全保障，因此選擇買房、買商業保險等作為投資兼保障的方式（中文百科在線，2014）。

◆單身女性的定義

根據維基百科（2015），單身女性狹義指30～40歲的未婚單身女性，又稱單身熟女，是指已過社會一般所認為的適婚年齡但仍未結婚的女性，尤其指有經濟基礎的一群。常見於發達國家及發展中國家都市化程度較高的地區。廣義指未婚女性甚至包括已結婚但是一個人住，稱之為假單身；還有離婚婦女和寡婦。

◆她經濟也稱女性經濟（百度百科）

「1980年聯合國報告」指出，婦女占世界一半人口，全世界工作時數的2/3是由女性完成的，而女性的收入只占全球收入的1/10，女性擁有的資產只占全體的1%。著名經濟學家史清琪女士提出了「女性經濟」，也就是「她經濟」的概念。她指出，越來越多的商家開始從女性的視角來確定自己的消費群，研製並開發新產品。一些經濟專家認為，女性經濟獨立與自主、旺盛的消費需求與消費能力意味著一個新的經濟增長點正在形成。從需求和消費群體來劃分，女性消費需求的蓬勃發展引導了一系列新的消費趨勢，為商家提供了無限機遇，同時也提出了更大的挑戰。對於企業來說，「她經濟」初露崢嶸的更深層次的寓意是：以前的粗放式行銷已經不能滿足市場需要，必須更深入地細分市場，針對不同的目標消費者，特別是女性消費者，提供更加個性化、人性化的商品和服務，才有利於市場向規範化和理性化發展。

◆單身女性的消費趨勢與特點

根據《新新聞》（2002/11/29）分析報導，單身女性不可忽視的消費勢力如下：

1.「三不三有」：不受限制、不會理財、不必養家；有錢、有閒、有自我。
2.「三把鑰匙」：一個成功的女性應該要擁有車鑰匙、房鑰匙、保險櫃鑰匙。
3.女性薪資成長：女性平均的收入逐年提升，且與男性差距逐漸縮小。
4.持卡大方消費。

女性平均每月持卡消費約5,000元，每張卡平均欠款約兩、三萬元，而在刷八次、送贈品的活動當中，女性的達成率占65%，比例比男性高一倍；更有的女性願意刷200萬元買Tiffany珠寶，在在顯示女性消費能力驚人。女性收入越來越高，花錢也比男性勇敢，尤其是單身女性（楊舒媚，2002）。

根據百度百科（2015），人們的生活總離不開「衣食住行」，對於現代女性來說更是必不可少。具體來說，「她經濟」下的消費行為趨勢表現為以下五方面：(1)情感化；(2)多樣化；(3)個性化；(4)自主化；(5)休閒化。

中文百科在線（2014）指出，單身女性的消費特點如下：

1.考慮到單身的狀態，生活中的用品大到房子小到電飯煲、洗衣機等電器，大多要求體積小巧輕便、操作簡單，一些方便型的生活用品更受歡迎。
2.女性比男性更講究產品的品牌知名度、外觀設計等因素，如大部分女性更願意花時間等候購買名牌的打折品，而對於消費場所的要求則比較重視氣氛、情調和環境等。
3.有的女性在產品的個性化和差異化上要求也比較高，比如願意花更多的錢買那些限量版、特仕版等獨一無二的產品。
4.對於那些比較年輕的單身女性來說，衝動型的消費占的比例較高，也更加容易受廣告的影響，更容易接受也更傾向於嘗試新的產品和新鮮的購物方式。

◆行銷戰略：「她經濟」消費下的行銷

基於以上對「她經濟」下消費趨勢的分析，企業應該在注重產品功能的基礎上，著重把握女性消費者的心理發展趨勢，不斷滿足並超越她們的心理需求。根據MBA智庫百科（2015）指出，「她經濟」消費下的行銷如下：(1)進行準確的市場定位；(2)使行銷訴求適應消費趨勢新變化；(3)恰如其分地運用體驗行銷；(4)將女性視為行銷夥伴；(5)商家打好「她經濟」牌；(6)商家頻向女性拋繡球；(7)促銷形式更加溫情。

◆延伸概念

單身女性的消費能力在不景氣中逆勢上揚，許多研究指出，女性消費主導了景氣的復甦，為低迷的市場帶來一線希望，成為消費行銷的顯學。2001年12月21日，McCarthy在世界經濟類權威雜誌《經濟學人》上正式提出了這樣一個概念——The Bridget Jones Economy（單身女子經濟）。《經濟學人》的新名詞「單身女子經濟」背後隱藏著一個潛在的社會現象——單身女子越來越多，結婚年齡越來越遲，她們正在成為一支不可忽視的消費力量。可以這樣描述一個單身女子的階層，年齡約在25～35歲之間，大多受過高等教育，手頭有一份不錯的工作，薪水足夠讓自己不時地揮霍一下，不會為了經濟壓力而隨便結婚。由於她們有錢、有時間又沒有顧慮，所以更有花錢的激情和衝動，只要東西夠時髦、夠奇趣，一擲千金是經常的事。美國80%的消費產品是在女性影響力下完成購買。每個人都想討女人歡心，消費市場主力已從男性變成女性主導（汪仲譯，2000）。

根據百度百科（2015），面對單身女子這一階層，雖然社會學家憂心忡忡，但是市場行銷專家對此興奮不已，他們看到一群最容易被廣告業、出版業、娛樂業和媒體業牽著鼻子走的人正「浮出水面」，而且勢力將越來越大，由此，「單身女子經濟」也成為經濟學家研究的新課題。隨著「她世紀」的來臨，以前只把男性作為購房主要人群的地產公司要在銷售策略上有意地向女性人群側重，比如推出小戶型等，還要有一些針對女性買房的優惠

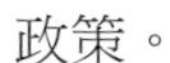

政策。

此外，大量女性雜誌、女性暢銷書、女性網站，乃至女性電視頻道已經或將要大張旗鼓地占據市場。「為她服務」已成為西方服務行業目前流行的經營策略。對於單身女子經濟，從收入和消費能力上看，她們可能不如事業有成的中產階層；但是有資料表明，白領女性無論是從消費觀念到客觀消費水準，已經大大超越了他們，成為拉動都市時尚消費的絕對主力。對於這個現象唯一的解釋就是，她們敢用的比賺的多。除了房子以外，單身女子還將拉動「休閒經濟」。下班後，單身女子會買零食吃，與朋友聚會，參加相親晚會，或是上網際網路約會網路情人等。據調查顯示，購物仍然高居在單身女子喜歡做的事情第一位，此外還有度假、藝術課程、音樂課程、健身中心、音樂會、瑜伽、看電影、外出吃飯等。對於體育，更傾向於選擇慢跑、打網球和體操（許宏、魯田，2004）。

分析單身女子經濟，與已婚女子對比，在投資與消費上應該會有五點不同（趙曉，2002）。

1.單身女子用於與「成功」相關產品上的投資要高於已婚的同齡女性。比如說，她們會不斷地對「學習」與「資歷」的產品進行投資。
2.她們為自身「保值增值」的投資會更多。婚姻是人們對耐用消費品的購買，所付出的不是貨幣，而是自己。所以單身女子需要保持魅力，以等待和另一個耐用消費品交換。也正因為這一點，單身女子會對自己格外敏感，對化妝美容運動健身之類的產品特別感興趣。
3.她們在交友上的費用會高於同齡的已婚女子。因為不存在婚姻的耐用消費品，單身女子就用交友這樣的「日用消費品」來替代。對於一些單身女子而言，交友還包含搜尋她的「耐用消費品」的動機。
4.她們為失衡的心靈找回心理平衡的投資更多。她們需要看心理醫生、找朋友傾訴、買玩具狗熊或者養寵物、讀聖經上教堂。她們還需要酒和藥品、閱讀、CD、DVD來排遣時間。
5.單身女子為未來與老年的保障投資得更多。婚姻其實是人類社會最早的社會保障措施。單身女子沒有可指望的婚姻，她會想辦法為自己保障。到了一定年齡，她會開始為養老做安排，所以，她們其實是保險的重要市場。

◆「她經濟」四個值得關注的電子商務趨勢

根據鈦媒體（2013/09/21）指出，「她經濟」四個值得關注的電子商務趨勢如下：

1.年輕女性成為黃金贈與者。
2.女性更喜歡定向廣告。
3.女性消費者最青睞行動網路。
4.孩子影響富媽媽的消費模式。

◆「她經濟」讓Nike決定另闢戰場

根據YiJu（2015）的分析報導指出：

1.來自美國巴爾的摩的Under Armour近期已經擠下Adidas（愛迪達），一躍成為全美第二大運動品牌，並且正積極朝向Nike（耐吉）挑戰，企圖進一步蠶食Nike的運動王國。此外，根據《彭博社》報導，分析師Paul Lejuez認為Lululemon是個極具吸引力的成長型運動品牌，對於在目前市場已趨飽和的Nike，想必已感受到一定程度的威脅和壓力。
2.「她經濟」顛覆了傳統運動品牌以男性市場為營收主要來源的概念，也使得一直以來皆在運動產業遙遙領先的Nike開始將提升女性市場成長作為營運目標，並且預計在2017年前讓女子商機轉而成為公司20%的總營收。對此，Nike陸續在美國加州和中國上海打造專為姐姐妹妹們所設計的女子旗艦店，提供健身中心、修改褲長和試鞋專區等更為細膩貼心的服務，並且推出不運動時也可以穿的休閒服飾系列。Nike表示，新型的女子商店將完全展現該品牌對於女性市場的重視，更希望Nike的新產品能夠滿足女性在跑步、健身運動，甚至是平日穿著時的需求。
3.根據《彭博社》報導，Nike認為女性市場的成長速度未來將遠高於男性市場，2014年由女性市場而來的5兆營收，到了2017年將會進一步提升至7兆。這數字與該品牌的總體收入相比，雖然占比不算太高，但仔細一算即可得知其成長幅度驚人。美國勞工局的統計則顯示，男性每天花費在健身和運動的平均時間，大約是女性的兩倍；這代表著，女性運動市場不僅成長快速而且還深具開發的潛力！有鑑於這股龐大的柔性商機正在發酵，下一次倘若發現Nike店門口的NBA球星巨幅海報被換成了超級模特兒在做瑜伽的照片，你千萬不用太驚訝！

四、單身經濟創業小故事

(一)台灣現有單身商品／服務市場

◆提供一人樣商品及服務的商家

何庠穎等（2013）經多方媒體新聞介紹及部落格網站搜尋找到以下七家提供一人樣商品及服務的商家：樂樂燒烤、全家便利商店、必勝客與達美樂、7-ELEVEN、成家小館、三太養生鐵板燒、一口一口學食堂等，商家彙整如**表12-5**所示。

◆「一人經濟」應用實例

各產業為因應「一人經濟」時代的來臨，紛紛在近年推出許多以一人為主的商品或服務，**表12-6**為「一人經濟」應用在食衣住行等方面的企業實例。

由**表12-6**可得知單身人口的增加使得一人消費的範疇在近幾年慢慢擴大，因高齡化、少子化、網路化而興起的「一人經濟」，從日本、澳洲等地區，擴及到台灣，世界各地開始重視此經濟趨勢，進而發展各式商品及服務，從食、衣、住、行到育樂各方面，都有許多相關商品，來搶攻這個新興市場。

表12-5　提供一人樣商品及服務的商家彙整表

企業名稱	實際例子
海角日式涮涮鍋	擁有個人享用坐位，不需併桌且提供個人電視觀賞
成家小館	鍋子特製一人份，非傳統大鍋具，料豐味美，一個人獨享恰到好處
蒲原鍋物	寫滿當季食材的黑板、木製吧檯、絨布高腳椅，整體給人日式現代且穩重的氣氛，享受一個人用餐氣氛，不會有吵雜感
一兵一卒鍋物概念店	走高單價路線、裝潢優美外，將用餐的人數做區隔，一人去一卒，多人則去一兵
胡同燒肉	獲得*The Miele Guide* 2012年台灣地區最佳餐廳之一，服務態度以良好出名，提供一個人的舒適吧檯
樂樂燒肉	「一個人也可以快樂地享受燒肉」是樂樂燒肉的標語，店內空間不大，是一間適合一個人來的燒肉店
火伴串燒吧	熱血老闆就是我的最佳夥伴！不怕一個人來會寂寞
一口一口學食堂	餐點走自然的食材原味風主打一人份套餐
三太養生鐵板燒	依每位顧客用餐習慣做口味上的調整，一口一道的套餐內容
必勝客	推出6吋個人Pizza「黃金起司哈燒捲」，解決用餐時間不足問題
達美樂	推出6吋個人Pizza，推出個人「元氣溫沙拉」
全家便利商店	迷你偶像劇行銷手法推出特色小包裝商品
7-ELEVEN	設置生鮮蔬菜專區回到食材源頭的「光合農場」

資料來源：何庠穎等（2013）。

表12-6　「一人經濟」應用實例

舉例	內容
食	  看準近年來單身族群外食習慣，容易忽略飲食的均衡，統一超商便推出了統一超商盒裝一人份的水果盤，可說是單身外食者水果的代表商品，一年可賣出六百萬盒以上，創造兩億元的年營收。「一個人也可以快樂地享受燒肉」以此為標語，有業者推出了一人的座位及商品如一人拉麵、K書中心、一人座餐廳等。「一人經濟」的興起，許多燒烤店的經營模式也開始拓展到一人燒烤的個人層面，可以看到許多店家紛紛多了一人的吧檯座，餐點也是以一人可以負擔的分量為主，搶攻「一人經濟」市場這塊大餅。「一蘭拉麵」是日本一家廣受大眾歡迎的平價拉麵店。它的座位設計成一個人一格，每個座位也有擋板不用擔心會影響到其他的客人，一個人吃麵也能輕鬆自在。

（續）表12-6　「一人經濟」應用實例

舉例	內容
衣	自助洗衣服務，4月14日黑色情人節在南韓至少紅十年，這兩年跨海到台灣來，針對沒有過西洋情人節、白色情人節單身男女專屬節日，當天穿黑色衣服更代表單身店家瞄準商機。3D列印衣服：3D列印機問世，什麼都能印，按鈕一按就可以自己在家列印衣服、外套、褲子等。
住	 隨著單身人口的比例愈來愈高，小空間的住宅也逐漸熱門，微型公寓的確是在現代都會中嶄新的住宅概念。大家都知道，Tiny House Movement是一種革命性的建築概念。現今，都會居民也能在這些令人驚豔的當代公寓中體會到小巧的生活型態。不同於移動式小型住宅，利用新方式與概念設計的微型公寓，可以用比一般方式更為低廉的價格建構出完整的住屋，但迷你並不總是與省錢畫上等號。膠囊旅館一開始是設計給上班族加班或出差使用，僅提供簡單的設施服務，並收取平價的費用。主打「隨時都可以入住」的特性。
行	 一個人出門時，為了省下搭計程車的錢，有些人會選擇較花時間的交通方式，往往會花更多的時間。為解決這共乘網站問題，有網友架設了共乘網站，透過社群網站號召一起共乘的同伴，分擔到目的地的車資，節省一些交通費，是一個人出門的交通新選擇。
育	現在日本有專為女性打造的DIY教室（DIY女子部），教導女性學習各種居家生活技能，像是水電、機器、家具的修理，讓單身女性更能自立自強，獨立處理生活中的大小事。
樂	 日本東京有專門為個人打造的一人KTV，讓只想一個人或不敢唱歌的人也可以在這裡展現自己的歌喉。報導調查有七成民眾有想過一個人旅遊，所以旅遊市場上出現了以一個人旅遊為目標的旅遊型態，漸漸成為人們旅遊的新選擇。一個人旅遊將會是未來的新趨勢。

資料來源：吳翠瑩、宋珮祺、林昱安（2014）。

Chapter 13 創業投資、公益創投與創業風險評估及管理

一、創業投資

二、公益創投

三、創業風險評估及管理

四、公益創投小故事

一、創業投資

(一)創業投資之意涵和特質

創業投資一詞的英文為Venture Capital，Venture通常用作動詞，表示冒險、創新、創業的意思。Venture不僅指人們從事活動時伴隨著不可避免之風險，而且是指一種主動投資、承擔並控制風險的行為，在經濟上也具有「開辦企業」的涵義，因此台灣、香港、新加坡均譯為創業投資（姚秀韻，2002）。

創業投資的定義，隨著創業投資事業在各國發展情況不同及環境的變遷，國內外學者對於創業投資的意涵和特質亦有不同的看法，以下介紹國內外學者有關創業投資的研究，創業投資主要特性，國內創投公會對創業投資的定義，從這些研究中可得到創業投資的整體概念（李金水，2003）。

◆Smith & Smith (2000)

Janet K. Smith與Richard L. Smith指出，創業投資乃是指其資金來源來自創業投資公司，創業投資公司以有限合夥的方式經營，其主要投資標的為新創的、具利基市場技術的公司。雖然創業投資公司主要投資新創公司，但並非所有新創公司都能得到創業投資公司的資金，相反的，絕大多數的新創公司都非創業投資公司所欲投資的對象，只有技術具利基性的新創公司才能得到創業投資公司的青睞。大多數的創投公司管理數個創投基金，每個創投基金都有自己的投資組合和產業策略，通常在募集創投基金前就必須形成未來的投資概念並向可能的投資夥伴說明。創業投資公司主要資金來源包括個人、一般公司、政府基金、保險公司、退休基金及外國投資者。創業投資公司在投資之初便會評估資金何時退出及退出的方式，主要的資金退出方式包括IPO、LBO、購併和清算。一般而言，從資金募集完成到收割（資金退出）所需時間約七到十年，每個階段所需時間詳**圖13-1**創業投資流程。

就創業投資產業在整個經濟總產值所占的比率來看，相當渺小，但

Smith與Smith統計美國1978～1988年的十一年當中，在所有IPO的公司裡，約30%有創業投資的支持，比率相當高，創業投資對整體經濟的貢獻度遠大於本身的產值。Smith與Smith認為此一現象其原因在於創業投資扮演專業化、利基市場的角色。創投業者除了提供專業化的諮詢服務外，亦將投資焦點聚集在已進入初期成長期和快速成長期，且具有市場爆發力之公司，作為投資對象，相輔相乘的結果，使得創業投資在IPO公司占有相當高的比率。Smith與Smith的研究發現，創投公司增加創投基金的價值來自於三項主要活動：(1)選擇投資標的和協商投資條件；(2)人力資本的分配效率；(3)對於投資公司的監督和提供專業的建議。

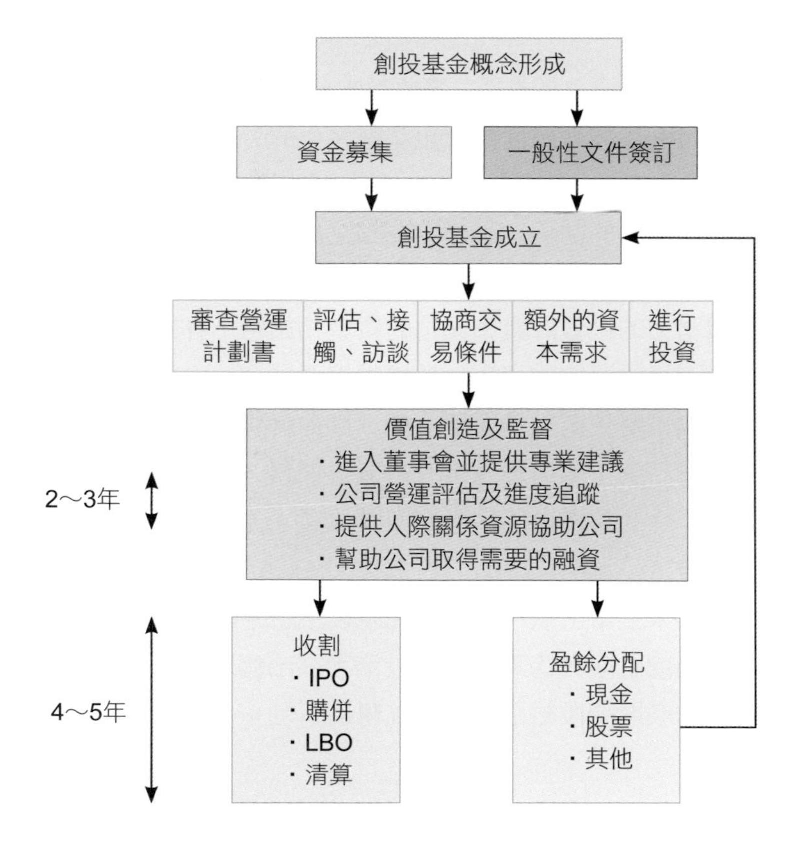

圖13-1　創業投資流程

資料來源：Smith & Smith (2000).

◆劉素玫（2001）

劉素玫（2001）在其研究中指出，創業投資為投資人將創業資本投向剛剛成立或快速成長的未上市新興公司（主要是高科技公司），在承擔很大的風險基礎上，為融資人提供長期股權投資和增值服務，培育企業快速成長，數年後再透過上市、購併或其他股權轉讓方式撤出投資，取得高額投資回報的資本投資方式。其歸納創業投資機構具有以下特徵：

1. 投資對象是非上市的中小企業，並主要以股權的方式參與投資，但不取得事業的控股權，通常投資額占公司股份不超過20%。
2. 屬於長期投資，待投資企業發揮潛力和股權增值後，將股權移轉，實現投資利益。
3. 投資對象屬於高風險、高成長、高收益的新創企業或計畫。
4. 對於新創企業的選擇是高度專業化和程序化的，創投業者的投資是高度組織化和精心安排的過程，其目的是為了盡可能鎖定投資風險。
5. 創投業者和創業者的關係，是建立在相互信任與合作的基礎上，從而保證投資計畫的順利進行。創投業者透過其特有的評估技術，將創業者具有發展潛力的投資計畫和充裕的資金相結合。在這過程中，創投業者為創業者提供所需的資金，並提供管理諮詢，人才仲介，協助進行內部管理與策略規劃；參與董事會，協助解決重大經營決策，並提供法律與公關諮詢；運用創投業者的關聯網路，提供技術資訊與技術引進的管道；介紹有潛力的供應商與購買者，協助企業進行重組、購併與輔導上市。
6. 由於新創企業未上市上櫃，且營運尚處於不穩定階段，風險較大，不易從資本市場或金融機構籌資，創投業者在出售新創企業的股權之前必須在不同的發展階段給予資金，以幫助新創企業度過淨現金流出前的時期。

劉素玫所歸納創投業者的特徵，已涵蓋大部分創投的特性，但未說明創投基金一般投資年限及創投業創造價值的主要增值活動。

依據台灣創業投資商業同業公會的定義，創業投資基金（Venture Capital

Fund）是指由一群具有科技或財務專業知識和經驗的人士操作，並且專門投資在具有發展潛力以及快速成長公司的基金，創業投資是以支持「新創事業」，為「未上市企業」提供股權資本的投資活動，但不以經營企業為目的。有別於一般公開流通的證券投資活動，創業投資主要是以私人股權的方式從事資本經營，並以培育和輔導企業創業或再創業，藉以追求長期資本增值的高風險、高收益的行業。一般而言，創業投資公司主要執行以下工作：(1)投資新興而且快速成長中的科技公司；(2)協助新興的科技公司開發新產品、提供技術支援及產品行銷管道；(3)承擔投資的高風險並追求高報酬；(4)以股權的型態投資於新興的科技公司；(5)經由實際參與經營決策提供具附加價值的協助。

(二)創業投資在新創企業生命週期不同階段扮演的角色

Birley與Muzyka（2000）將企業成長的過程區分為幾個不同階段，包括萌芽期或種子期（devclopment或稱seed）、創建期（start-up）、初期成長期（early growth）、快速成長期（rapid growth）、成熟期（maturity）。在成熟期之前的階段，企業呈現淨現金流出，本身所產生的現金不足以支應營運所需，必須向外尋求資金以達成企業生存和成長的目標。每一階段因風險不同，企業營運所需資金之來源亦有差異（李金水，2003）。

◆萌芽期或種子期的資金來源（Smith & Smith, 2000）

新創企業在種子期時，資金需求尚小，主要的資金來自於創業者本身的財力和擴張信用的能力（借錢的能力），其次則是家人和親朋好友，另一重要的外來資金則是創投天使（angel）。因為在種子期時，整個產品或技術的發展尚未成熟，企業的輪廓（組織架構、人員、目標市場、競爭策略）尚在形成階段，一般投資者無法評估計畫的風險和報酬，要取得外來的資金相當困難。家人和親朋好友因和創業者長期交往，對創業者的專業能力和品德操守有深入的瞭解，基於對創業者的信賴，願意投資在此一「未成熟」的計畫。創投天使是一些財力較佳、通常擁有某種專業能力的個人。創投天使限於財力，對一家新創事業投資金額不會太高（約一百萬到數千萬左右），且較喜歡作種子期投資，由於投資在新創企業早期，創投天使能容忍的投資期限長達五至十年。除了實質的金錢回報外，參與一家成功企業的成長過程所帶來的滿足感，也是一些創投天使從事創業投資的另一原因。

◆創建期的資金來源（Smith & Smith, 2000）

創建期的資金來源除了創投天使外，最主要的投資者為創投業者。創投業者對於要投資的企業會作深入瞭解，並投資有前景的產業。基金經理人根據基金的投資策略和期限，在前幾年將資金投資在目標企業，隨後即是參與、監督企業營運（如進入董事會），到了快速成長期以後，創投資金便開始準備退出，收回投資。

◆初期成長期及快速成長期的資金來源（Smith & Smith, 2000）

新創企業到達初期成長期或快速成長期時，可預期技術風險降低，產品與技術改進，產品的銷售進入最後階段，並且從市場中得到相當數量的用戶試用訊息回饋。新創企業開始生產運作，可能需要更多的資本來裝配生產設備，由於產品銷售逐漸增加，亦需補充存貨及應收帳款等週轉資金。這一時期雖然尚未產生獲利，但生產設備或應收帳款等資產可向設備廠商、租賃公司、銀行等機構抵押或提供作為擔保以取得部分的資金，當然，創投業者的資金仍是早期成長期及快速成長期公司重要的資金來源。企業生命週期不同階段的資金來源可歸納如**表13-1**。

◆創投業者在新創企業扮演的角色（Smith & Smith, 2000）

由表13-1可知，在企業達到成熟期之前，創投業者為新創企業各種資金來源中，除了策略夥伴外，參與程度最深的投資者（三個黑影加一個灰影），可說是新創企業在茁壯前最堅強的盟友。由於新創企業高風險的特色，資金來源和一般企業的傳統融資型態不同，且在企業發展的不同階段各有不同的資金來源，必須認清資金募集對象的特性，在尋找資金時才能事半功倍。創投業者高風險、高利潤且長期投資的特色，為新創企業良好的資金

表13-1　企業生命週期不同階段的主要資金提供者

	種子期	創建期	初期成長期	快速成長期
創業者本身				
親朋好友				
創投天使				
策略夥伴				
創投業者				
資產抵押融資				
設備融資				
交易信用				
應收帳款融資				
股權債權結合融資				

註：藍色部分表示投資者主要的投資階段，黃色部分表示投資者次要的投資階段
資料來源：Smith & Smith (2000).

來源。對一家新創企業而言，資金需求規劃不僅是成本考量，而且是企業生存的關鍵；尤其在競爭激烈環境多變的高科技產業，現金流量相當不穩定，在景氣寒冬時，唯有掌握足夠的現金才能在下次春天來臨時勝出。**圖13-2**為

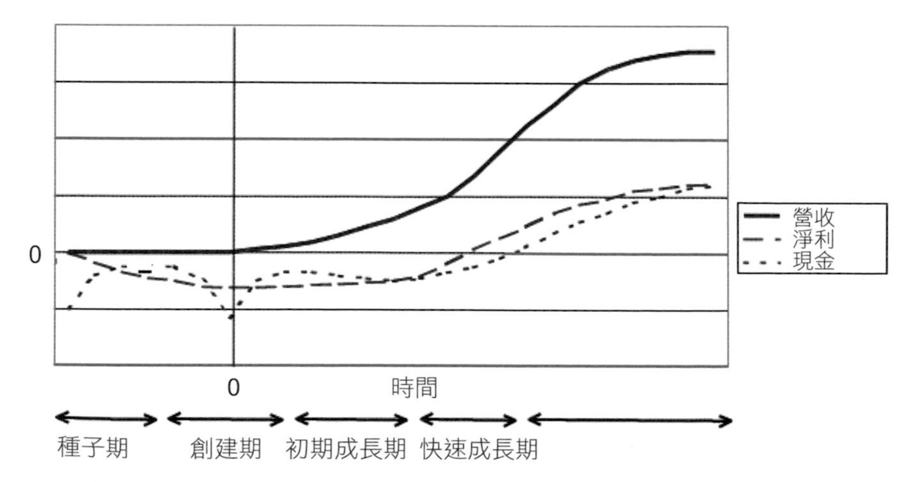

圖13-2　不同階段的現金流量、營收和淨利之間的關係

資料來源：Smith & Smith (2000).

不同階段的現金流量、營收和淨利之間的關係。

(三)中國大陸創業投資研究

近年來，由於中國大陸經濟蓬勃發展，且極力發展創業投資事業，國內外對於中國大陸創業投資之研究文獻亦所在多有，以下說明和分析相關之文獻內容，並可藉由不同的研究主題和觀點來瞭解中國大陸創業投資環境和風險（李金水，2003）。

◆盧莉玲（2002）

採用探索及歸納的研究方法探討中國大陸的創業投資環境和存在的問題，研究重點包括中國大陸創業投資的環境與現況、創業投資存在的問題以及創業投資的未來展望。其主要結論包括：

1.中國大陸尚未建立健全的退出機制，也尚無自由外匯市場，創業投資缺乏資本利得退出渠道。

2.中國大陸可能的退出渠道包括：中國主板市場、香港與新加坡的創業板、美國Nasdaq市場、賣青苗股權轉讓、借殼上市、公司併購等方式。由於法律對流通股的限制及外匯管制，在境外上市成為較佳的獲利途徑。

3.一個國家股市IPO市場活潑的程度，是創投業發展的一個重要條件，唯有擁有一個健全活潑的IPO股市，其創業投資產業才能蓬勃發展。

4.中國大陸加入WTO之後，不但會加速中國資本市場的開放，也會促進中國資本市場結構的變化，都將會直接與間接衝擊影響中國大陸的創業投資退出機制。當中國有明確的經濟法規、改善其退出機制，中國對外國創業資本家之吸引力將愈大，創業投資產業亦將蓬勃發展。

盧莉玲之研究對中國大陸創業投資環境與問題作全面分析，其內容偏重於中國大陸證券市場和退出機制的研究，對於創業投資相關法令和高新技術產業 發展狀況較無著墨。

◆姚秀韻（2002）

採用次級資料分析法和比較分析法，以「中國大陸風險投資業發展之研究」為主題，整合各國際組織及風險投資權威雜誌對風險投資的定義，在解釋風險投資基本概念的基礎上，描述風險企業發展的五個階段和每個階段與風險投資的關係。姚秀韻經由對中國大陸風險投資和高科技發展歷程的研究，提出影響中國大陸風險投資發展的外部環境因素和內部行業因素，並藉由分析影響因素的基礎，提出中國大陸建構風險投資體系的四個可能方向。包括：

1.培育多元化的市場主體，擴大資金來源。
2.建立政府對風險投資的補償與鼓勵。
3.改善保障和促進風險投資的法律體系。
4.營造風險投資的良好環境。

由於姚秀韻以中國大陸風險投資業發展為研究重點，並非對中國大陸整體風險投資環境和問題作全面性的分析，對於退出機制、法律環境及高新技術產業發展等相關主題並無深入探討。該研究主要特色在將政府的定位界定在「官助」，政府的作用在改善風險投資的外在環境，政府應採取作為的項目包括：財政資助、稅收優惠、政府擔保、政府採購、法律環境架構、二板市場及產權交易市場等。

◆吳希哲（2002）

採用定性的個案研究分析法，先透過次級資料蒐集，進行中國大陸創投產業整體現況分析，並透過訪談華陽、富裕及中加三家創投業者，分析研究國內創投業者進入中國大陸創投市場所面臨的風險和因應的經營策略，其主要結論和發現如下：

1.面臨之風險：包括知識產權風險、技術風險、市場風險、退出機制風險、決策風險、道德風險、社會文化差異風險、管理風險、政策環境風險及投資分析風險等風險。

2.經營管理策略：對於專業經理人所面臨的風險，歸納出其最佳的解決策略，共分為四大類，分別適用於規避各種投資風險之策略、資金進入策略、投資後管理策略及資金退出策略等。吳希哲主要探討台灣創投事業赴中國大陸投資所面臨的風險，及針對風險所發展出的經營管理策略，但對於經營策略之選擇與經營績效的關係，並未進一步的闡述與分析。

依據彭國樑（1993）對於影響台灣創業投資事業發展因素之研究，影響台灣創業投資事業發展之因素以「產業環境因素」最重要，其次為「一般環境因素」和「國際環境因素」。在「產業環境因素」方面，創投業者最重視「資金回收因素」，其次為「資金來源因素」和「科技產業發展因素」，故一國的科技產業發展概況，為創業投資市場重要的組成部分。由於在中國大陸於自2003年3月1日實施的「外商投資創業投資企業管理規定」，創業投資機構只能投資高新技術產業。

(四)台灣創業投資事業發展概況

台灣經過數十年的經濟發展，隨著勞工薪資水準的提高，到1980年代初期，以往勞力密集、技術層次較低的產業，面臨其他開發中國家的競爭而逐漸不具競爭優勢。因此，推動產業的調整以發展高科技產業，並建立以科技事業為核心的產業體系，成為當時政府重要的產業政策。然發展科技事業必須要有充分的資金來源，鑑於科技事業在創業初期因風險較大，難以自一般金融機構取得所需之創業資金，政府遂積極推動創業投資事業之設立，於1983年11月頒布「創業投資事業管理規則」，並訂定「申請設立創業投資事業須知」，明訂申請步驟及審核標準，使創業投資事業得有基本之設立規範。另為鼓勵民間企業及機構積極參與投資，政府並提供租稅獎勵及放寬科技事業股票上市上櫃標準，以降低投資者之成本及健全資金退出機制，給予創投更好的發展環境。台灣創業投資事業在政府政策扶持，以及台灣特有的以中小企業為主的產業型式，提供創業投資事業良好的投資案件來源，使

得台灣創業投資事業蓬勃發展，咸認競爭力僅次於美國排名全球第二（李金水，2003）。

二、公益創投

(一)公益創投的意涵與發展

現今，非營利組織更上一層樓，已逐漸替代福利國家來為民眾提供服務，並作為政府政策制定與實際執行的緩衝介面。雖然非營利組織的角色十分重要且歷史悠久，但是經歷的變革卻很少（Smith & Lipsky, 1993）。以美國而言，雖然政府補助與支援非營利機構的情形於殖民時期就已經出現，但非營利機構被普遍而廣泛地當成政策工具，則是近二十幾年來才出現的現象。此種政府部門與非營利部門之間資源依賴的策略關係，造就了非營利組織出現結構與管理上的兩大變革。第一個變革發生於雷根政府（Reagan Administration）上任之後（1980），一直到所謂「新經濟」（New Economics）的出現（1996）。在這期間非營利組織發生了契約化（contracting）、競爭化（competition）以及商業化（commercialization）的變革（Smith & Lipsky, 1993; Weisbrod, 1998）。第二個重大的變革則是在過去幾年當中，一種名為「公益創投」（Venture Philanthropy）的財務募集方式，正逐漸受到許多大型基金會的青睞。當然，這種「公益創投」型態的出現，也是因為在「新經濟」的蓬勃發展過程中，產生了眾多的「創投慈善家」（Venture Philanthropist），以及這些創投慈善家的捐獻所致。而這種新興的捐贈與募款方法不但流行於一般的非營利部門、慈善組織，還擴及到金融機構，而且已從美國迅速且多元地擴散到世界上其他國家（張其祿、葉一璋，2008）。

「公益創投」或「慈善創投」這個概念最早是Letts、Ryan與Grossman（1997）於《哈佛商業論叢》（*Harvard Business Review*）中所提出；從此，所謂的「公益創投」便成為改造非營利組織的一項有利工具。他們三人指出傳統基金會只注重將資源投注於其所致力的活動與方案，而忽略了改造非營利組織本身的基礎建制（infrastructure）及能力的提升（capacity building）。Letts、Ryan與Grossman（1997）即鑑於非營利組織的問題癥結，而提出「公益創投」的改革理想與願景。不過，他們三人並未研擬出具體的執行方案，而是將其留給實務工作者來發展。

Wagner（2002）指出，雖然「公益創投」被普遍認為是慈善部門的創新作為，但其名稱並不一致。就捐贈者或捐贈機構而言，此種創新且具企業精神的捐贈者除了被冠以「創投慈善家」之外，還有其他不同的名稱，例如「社會企業家」（social entrepreneur）、「社會投資者」（social investor）、「網路慈善家」（internet-based philanthropist）或「高科技捐贈者」（high-tech donor）等。儘管這些名稱並不相同，但指的卻都是在新經濟的環境中，從事公益的行動者。此外，如果「公益創投」指的是非營利組織在創新管理上的變革，許多人則建議使用「高度投入的組織」（high-engagement organization）或「高度投入的捐贈計畫」（high-engagement grant making）等名稱來描述這些非營利組織的創新作為（Venture Philanthropy, 2002）。

(二)公益創投的本質與特色

整體而言，「公益創投」可說是將企業創投的概念及實務應用於公益組織之中。例如摩利諾機構（Morino Institute）2001年便曾彙整各式公益創投的定義之後，對公益創投提出了一個基礎性的定義，即「將策略投資管理的方式應用於非營利部門，並將其建構成可以創造高社會報酬之組織」。當然，此種一般性的定義仍難完整形容「公益創投」的意義，張其祿、葉一璋（2008）彙整「公益創投」之五大本質特徵，並由比較觀點來釐清其與傳統慈善捐助方式之差異，如**表13-2**所示。

表13-2　公益創投」之五大本質特徵

本質特徵	內容
投資而非贈與	「公益創投」不只是提供單純的財務援助給非營利組織而已，它還提供非營利組織相關的管理技能與支援，其中特別是私人部門所常使用的策略投資概念及實務。而這種運作模式已將傳統捐贈者與公益組織之間的關係作了革命性的改變，蓋傳統公益捐贈者將慈善捐助當成贈與或禮物，因此雙方所在意的是贈與額度的大小、捐贈的方式，以及非營利組織在活動方面的配合等。至於捐贈之後，非營利組織在使用這些資源的效率以及其長期的影響，捐贈者已無著力之點。雖然傳統的捐贈者在捐贈之前也可能會憑藉一些相關機構所作的評估報告來作為其捐贈決策的參考，但這些報告也都是基於非營利組織所募得的款項金額與數量大小，還有其活動與方案的創新來作評比，因而很少考慮非營利組織的捐贈使用效率，以及捐贈所達成的社會或公益目標及其長期影響等因素（Emerson, 2001）。
創新的捐贈方式	「公益創投」的捐贈標的並不一定只是傳統的現金贈與，有時其亦會有現金之外的捐贈方式，例如近期許多的「企業慈善」（corporate philanthropy）便已不再使用現金捐贈作為其最主要的捐助方式，而是以捐贈股票選擇權（stock option）的方法來贊助非營利之慈善組織。當然也有部分的學者對「公益創投」的改革效果抱持懷疑的態度。例如，Kramer（1990）就很直接地指出，非營利組織在目的與文化上皆與企業部門有極大的差異，因此要把企業成功的營運模式移植到非營利組織身上將不是那麼容易。他甚至更進一步指出，風險創投即使在企業也只有不到10%的成功率，所以對於非營利組織而言，我們更不應將資源浪費在九個方案之上，而期望第十個會是一個成功的投資。
結合企業社會責任的「企業慈善」	「公益創投」除了可提供非營利組織在經營社會服務工作所需要的長期且穩定的資金、組織能量與管理技術之外，更重要的是它建構了一個捐贈者與非營利組織之間協力合作（collaboration）的平台。企業慈善又被稱為企業的「策略慈善」（strategic philanthropy），它是一種將企業資源投資在對企業財務底限（financial bottom line）有幫助的社會議題之上（Hemphill, 1999）。例如，生產嬰兒用品的公司將其捐助捐贈給以兒童福利為主要目標的基金會，或是石油公司將其企業慈善用於環保議題來顯示其對自然環境保護課題的重視。這些做法都是企業將慈善當成手段，並且將其納入整體策略規劃當中的作為（Marx, 1998）。學者Koch（1998）更進一步指出，企業策略慈善的普遍做法有以下三種：(1)企業通常會支持與捐獻其顧客所關係的議題；(2)企業亦會提供現金以外的贊助，例如與慈善團體聯合籌辦某項公益活動，或是貢獻人力資源與專業於其社會服務等；(3)在企業公關文宣之中，積極地散布其慈善作為。

（續）表13-2　公益創投」之五大本質特徵

本質特徵	內容
提供非營利組織永續經營的機制	許多非營利組織都面臨資源欠缺與財務窘困的問題，因此使得非營利組織不易留住優秀的人才，進而導致管理上的問題，甚至有無法永續及長期營運的困難。傳統上，非營利組織的財務資源大多來自社會大眾自願的慈善捐助，但是這種捐助通常只是一次性的捐獻，而非持續性的行動。這因此使得非營利組織除了在財物資源的取得上有很大的不確定性之外，更欠缺可永續經營的基礎。事實上，非營利組織的財務困窘與其無法永續經營的問題至少部分是與非營利組織欠缺在財務「資本門」方面的投資有關。而新的「公益創投」概念與實務正是希望能就非營利組織在此一方面的限制進行改造。Morino Institute基金會的董事長Mario Morino（2001）說：「公益創投是自從1954年國會給予非營利事業免稅身分以來，最大一次的非營利組織革命。」這個革命結合了新經濟（New Economics）的兩大原動力——企業精神與創新——來重新塑造非營利組織管理的新思維。這種新思維包括策略管理與策略投資的做法、重視績效的衡量與課責的要求、重視與其他部門或組織的協力關係。這些管理的理念正逐步地建立起現代非營利組織的基礎架構與量能，而這也無怪乎在短短的數年間，全球的第三部門組織已重啟再造之風潮。

資料來源：張其祿、葉一璋（2008）。

(三)台灣的公益創投

◆公益創投，在台灣行得通嗎？（鄭家鐘，2015）

首先，到底什麼是慈善公益創投呢？Asia Venture Philanthropy Network（APVN）年會（一個跨27個國家，200多會員的協會組織）大會是如此說的：它是一種投資心態的方法，主要是用具有商業世界投資觀點與途徑，作為長期支持具雄心的社會創業（social venture）的主要手段，而且專注於永續（sustainability）與擴散（scalability）。它參與及啟動夥伴關係，包括建立能力與基礎架構，並帶入金錢及非金錢的資源。它也是績效基礎的，建立在一些企業的傳統溝通方式，如milestone、transparency。只是，它的績效衡量是用social impact作為主要指標。簡言之，這是一種「用投資觀點來活化社會企業創業的圈子」。

關於這個圈子，在台灣還不成氣候，非常小。主要原因是，大家對公益行善有既定的習慣，對於公益創投，思路更是未臻成熟。眾所周知，一般人很難搞清楚，什麼是社會企業，更難搞清楚創投與公益怎會放在一起？曾經有位政府大老告訴我，社會企業是偏掉的矛頭。他認為，台灣企業要全球競爭，就要專注競爭力，有盈餘才能讓事業永續讓所有利害關係人有生計，這是資本主義價值主張的核心。把企業加上社會目的，只會產生混淆，而且弱化企業的專業。他只承認，企業的CSR，不認同社會企業。同樣的，有投資界的大老也提出，創投只能衡量風險與獲利兩個維度，加上公益，將使傳統機制動搖，大概是一些很小的，心理有準備承擔有去無回的玩票小投資，才會套用這個名詞。這樣的看法，還蠻普遍的，這也是大家存在好奇，但卻不輕易嘗試的共同原因。那麼，這個公益創投為什麼在歐洲玩得下去？還玩到亞洲來？這也是我好奇的原因。

首先，介紹一下它的模式。這個圈子的核心模式可以如此描述：公益創投機構提供給社會目的機構（社企或組織），包括財務資本與非財務資源（如策略、行銷、法律、會計、網路、教練等），並協助社會目的機構找到資金提供者參與投資，目的在增進社會效益（social impact）。在這個生態圈中，上游是資金提供者，主要是注入資金。它們得到的回報以社會效益為主（有少數impact investor可能會承諾財務回報給其金主）。中游是公益創投機構，Venture Philanthropy Organization（VPO）負責給予被投資方財務資本與人力資本，它們的回報如果有財務回報通常用來再次循環幫助被投資方。下游是被投資方，investees，它們是Social Purpose Organization（SPO），它們可能是非營利組織或社會企業，它們處於發展的關鍵時期，迫切需要資金與非資金的協助。

這是三層次的結構，在最上游的金主層，成員很龐大。主要是基金會，創投私募企業，高資產的個人（很多是金融及企業老闆，創業者），當然也有企業（基於CSR提供資金），這群金主主要的期望是社會效益。在台灣，很多退休族，企業家，甚至公司，都會投入資金於慈善公益，想幫助社會，因此金主非常多元化，甚至也有人組織私募基金，創造公益平台，像蔡致中的財稅公益平台，就是一例，這方面會愈來愈多，但通常獲利模式還在探索。所以就有中間人來加以協助的空間。那就是中游的VPOs，其實是公益中間人，它負責找尋合適的SPOs，給予量身訂做的財務及人力資本支持，並且期望投資有一定的社會回報。如果因此有金錢的回報，也全部再投入這項服務，等於是金主委託的信託人，其組織法人型態與信託方式各國法令不同，還有待釐清。但這些團體是公益中間人團體，目的是提供平台讓公益的供應方與需求方能有效結合。

國內嚴長壽的公益平台基金會，及其策略夥伴或許是一個較具體的公益創投，它從事的教育翻轉計畫，及民宿訓練計畫，比較有完整的生態系統也有明確的社會效益。台灣國際紅十字會、慈濟、世界展望會，也是一種中介機構，不同的是，慈濟是以自己來做為主，其他的是以分配資金為主，還不是投資的概念。因此，在對象上及透明度上，都比較簡單。亞洲公益創投協會的目標是：建立一個具公益投資與社會效應的產業，因此這些中介機構最重要的作用應該是能力建構，就是協助只有社會動機的熱血創業者，構建商業模式，給予種子基金，讓他們發展到有可獲利性，才開始引進其他投資者。

把建立商業模式，動用有能力的志願工作者（個人或法人），作為主要附加價值，這樣的中介機構，國內還不是很成熟。台新公益慈善基金會，在給釣竿教釣魚的理念下，做了一部分這樣的工作，但現在才開始思考社福團體轉型社會企業的問題，嚴格說來，也還不是APVN所定義的機構，它的宗旨是讓社福團體可以自己站起來，至於採用何形式的組織運作並無既定立場，社會企業只是選項之一。至於如何輔導社福團體轉型社會企業，則尚賴專業的VPOs來協助。

在此次研討中有些重要的觀點不能不重視，簡述如下（鄭家鐘，2015）：

① 慈善不是到處給與，而是促成改變

這是很重要的，我們不是來救急的不是解決機構的生存問題，而是試圖解決發展問題，透過它的發展促成改變，公益平台在翻轉教育上花了六年，很明顯已促成改變。

② 公益不能推給政府，忽略公民責任

政府溝通一直是公益組織的挑戰。與會者公認大家都有這樣的難題，其中有人提出：跟政府溝通設法使用官員聽的懂的語言，這是關鍵。因為各國政府在現行代議體制下很難有突破的角色，以台灣而言還加上選舉與政黨輪替，政務官根本上人人都不願承擔風險，因此，VPOs必須主動去縮短與政府接觸的last mile，創造出政府著力又不必冒風險且有掌聲的互動模式。這或許是新型態的公民責任——別指望政府來解決我們解決不了的問題，應該設法讓政府既有資源能無阻力的與民間接軌！——這是我們必須有準備的心態！我們在推動公益上，過去跟政府溝通的常用策略是，告訴他們：「您只要做個力所能及的動作就可以了，其餘的我們會扛。」做這樣的訴求比較務實。

③ 當市場失敗時，我們開始找解方

這是與一般人剛好相反的概念，一般商業是尋求最有市場的區塊發展，但以社會效益為第一優先的組織，會選擇市場失敗market failure的領域去用創新來發展。找解方，涉及能力的俱足，及創意的發想，化劣勢為優勢，如黑暗對話，友善餐廳兩個社企，他們都做到了。他們說：disability，是錯的概念，人只有different ability，沒有disability！發展不同的能力，即成為解方。

④ 夥伴關係最重要元素：傾聽

在社企的上中下游，沒有客戶關係，只有夥伴關係。客戶關係是我設想客戶的需求，推銷給他，讓客戶願意交換。但這種交換是以我的想要為出發點的，所謂自利動機，講的就是每個人顧好自己的想要，就達到最大效益。夥伴關係是我瞭解對方的需要，才提供我的交換，目的在讓對方能完成他的需要。這需要很好的傾聽能力，能聽到對方顯性的需要，也能聽出隱性的需要，甚至透過適合的問題，可以讓他知道他原來不知道卻攸關成敗的需要，或透過類似明日交易所的war game演練，辨識出環境變遷或危機處理的需要。這關鍵溝通必須由傾聽開始，沙盤推演與協談繼之，最後解決夥伴的需要。重新定義社企供需方的關係，是成功突破口。

⑤ **別做一些抽象衡量，數字設計，重點是結果**

數字非主角，溝通才是。有實地去看事情如何運作才是真的，有些機構很會寫資料，但那只是想說明自己的成就。與達成social impact可說還有一段距離！這也是很重要的發現，一般投資，最後一定是dollar sign，回報率以錢為最終衡量。因此，在衡量社會效益方面，有一種途徑就是也創造數字指標來顯示回報率。然而，一般參與公益創投的人，不是為數字而來，他在乎的永遠是：幫助哪些人，幫助什麼，如何幫？這些人有沒有透過這項幫助站起來？幫助人是否為了從此他不再需要幫助？這樣的幫助，能否導向永續？意即：是否不但現在好了，而且會愈來愈好？因此，這是質的衡量重於量的衡量，也是公益創投真正的目的。

⑥ **能力建構中，非金錢的最值錢**

一般人想到創投，會想到種子資金加融資渠道，是否透過群募或天使資金？然而，募資固然也是一種能力，但錢非最值錢的能力，如何確保有能力永續經營？才是重點核心能力。能力建構即在人才、技術、團隊、通路、品牌與溝通能力。VPOs的首要工作是保證受支持方能力的俱足，資金只是策略工具來帶動這些能力的建構。如果審視台新慈善為何用投票來分配微小的資金，就知道，資金其實是用來誘發能力建構的引子，根本不是目的。

⑦ **自我發展：對社企發展的流程設計的核心是提高創業方的附加價值**

這也是很重要的學習，一般對創業的流程設計。多在保障投資方應有的權益與平衡被投資方的決策權，加上一些檢核點與金錢和非金錢激勵措施，這種設計把起心動念設定在利益與利益分配，雖然很務實，但卻腐蝕社會目標，因此，社企與投資方輔導方的流程，應該有所不同，重點在讓受支持方能於過程中不斷增加其提升附加價值完成社會效益的能力，這也是很深的看看見！

⑧ **預期管理：一開始就必須有合適明確的結果預期**

對投資方，中間人及被投資方的預期必須事先選擇明白簡單的目標，尋求共識，否則會造成重大衝突以致始亂終棄。由結果想回來，比只有滿腔熱血重要多了，開太大太複雜的預期容易落空，把結果限定在雙方可接

受的範圍，然後達成，非常重要。公益創投的資源有限，需做好portofolio management，由於善事總是捨不得放棄，通常會尾大不掉，因此管理服務對象，必須有明確事先談妥的exit strategy。由結果想回來，另一個解釋就是由出口策略想回來，什麼狀態交棒？如何交棒？或什麼時候停損如何善後？這個問題是一開始就要設計的，一般人總是擅於開始拙於結束，做社企，不能不承認風險的存在，無論結果超級的好或出乎意料的壞，都要能妥協收尾，才能有生生不息的可能。事實上會中也熱切檢討失敗的案例，這方面也非常重要，分享失敗對創新事業，比分享成功更為重要，因為成功很難複製，但消除了失敗的原因卻是導向成功的跳板。

透過這次的研討，我們發現台灣的中間人組織VPO還非常薄弱，彼此也欠缺協作與分享，而台灣企業界金融機構及私募基金，個人金主，還很少會透過VPO進行社企投資，反而喜歡自己來。然而，無論育成或能力建立，社企又比一般商業創業更具挑戰性，不容易自己用自己過去創業的經驗去指導或操控，因此，難免發生因誤會而結合，因瞭解而分手的情事，這時，如果透過合適的VPOS來當作橋樑，用新思維新專業來代理扶助，自然比較容易賓主盡歡可大可久。至於如何做到這種模式？有待大家共同集思廣義。

◆資金正循環 拚公平正益（陳碧芬，2015）

慈濟等多個知名社會、民運團體接連在今年爆發財務不透明，讓國人驚覺，捐獻公益慈善不該是無意義的贈與，公益團體應在市場機制中自給自足，未來發展應是兼顧獲利與公益，這個氛圍，也給予各界對於公益創投的公開討論，除了許多支持的行動派，當然有反對的看法。熟知創投基金運作的創投經理人，對公益創投多有負面看法。有十多年創投業經驗的創投公會秘書長蘇拾忠就表示，創投基金選擇投資標的有兩大標準：會賺錢、能IPO，只要標的符合條件就會投資，不會是因為有社企「加袍」而有所差異，也有不具名的創投經理人說，「投資社會企業更需要永續經營，不該由以Exit（退出）為KPI的創投基金來投資。」

天使投資基金經理人NICE雖然認同社會企業，但他強調不會投資台灣版的社會企業。他指出，國際定義的社會企業是必須具備很強的獲利能力，獲利同時能顧及人權、社區關係、族群融合、天然環境、社會責任等永續價值，像Google可能就是全世界最成功的社會企業，幫助了資訊弱勢者更便利地取得知識與學習機會。至於台灣版的社會企業，創投業界認為，多半是無獲利能力的類公益性組織，用很沒效率的方式，試圖解決社會問題，常需依賴政府或民間資助才能獲利或存活。中經合董事總經理朱永光，可說是最早參與社企活動的創投人，他也看出本地社企現在有很多來自政府計畫的資金，有些背離服務公益的初衷，創投業難以理解其商業強項，「何來動念投資呢？」

◆愛心氾濫 政府適度介入（陳碧芬，2015）

台灣玉山科技協會秘書長楊正秋指出，公益創投現行推動所面臨最大的問題是「界定的困難」，因為公益創投同時具有公益色彩，但卻又以投資的回收為運作方式，無法界定公益創投是公益或是營利，會讓主管機關陷入責任歸屬不明的困擾，而公益創投的投資人與NPO捐贈人之間如何釐清權利義務？而獲利回收後轉投資，是否可解釋為涉及變相的盈餘分配？都會是未來法制單位認定上的重大問題。實際情況，國人豐沛的愛心無意間造成標榜社會利益的民間團體在近十年來暴增，內政部登記在案的數目就達四萬四千多個；行政院研擬社會企業行動方案過程，盤點出的社會企業家數竟也破了千家。這些民間單位在台灣老化生態系中，吸納了龐大、卻晦暗的社會資本，如果一夕之間就讓打著公益創投旗幟的風險資金進入，必定又是另一場災難的開始。

政府部會適度介入社會企業發展，在台灣有其需求性，也有導引的意義。掌管「公益信託」的衛生福利部，出面鼓勵社會福利慈善財團法人，捐資社會企業，如財團法人愛盲基金會投資黑暗對話社企公司及資本市場多扶事業，用意即是連結分散在各地的社會公益資源。這種取得授權的公益信託用於社企投資，將能打開社企資金活水的管道。經濟部中小企業處專門委員蔡宜兼表示，政府部會因具有「公部門的信任力」，能出面協調社企組織的合作、投資，但政府不能介入投資標的的選擇，要政府出資投資更是障礙重重，還是民間的天使資金來做才有彈性，也能讓閒置資金流向民間開拓的投

資機會。

◆公益財源 捐款投資並行（陳碧芬，2015）

社企創辦人林崇偉也認為，每每談到「界定」標準，大家的箭頭自然指向政府部會，可是接下來的管理權、考核項目KPI、目標設定等等，肯定又把官員搞的人仰馬翻。他建議三個簡單扼要的方向：其一，以國家主場辨識社企對當代發展意義；其二，修正公益信託資金管理；其三，非營利基金會轉型社企組織，將有機會把昔日慈善捐款透過公益信託，轉化作為社企的早期天使投資資金。對於公益創投的成熟化仍有待發展，值得慶幸的是，在本次公益創投專題探討過程，沒有人要求政府提供賦稅優惠，沒有人以商業競爭拒絕加入公益平台，社會公益的重要地位被擺到第一；還時有受訪者主動提及，社企事業不該全面取代社福機構，政府仍需承擔扶弱的社福責任，政府之於公益創投應是助力，不該是主力、更不該是阻力。

過往以來，諸多事件的教訓，刺激了我們社會的自覺力，民眾開始學習，公益善事應該運作透明、要負責任，更需要有效率。在此之時，除了社企及公益組織等第三部門有必要加快管理改革，重新取得社會的信任，從利他主義考量的公益創投，在資金、產業導師與人脈網絡輔佐下，有機會帶動社會團體轉型為新創社會企業，讓捐款與投資雙軌進行，初步確保社企「有飯吃」的基本能力，而未來企業社會責任（CSR）提撥的資金也逐步加入潮流，能為內外大整修的台灣社會，形成正向循環的大力量。

◆妙禪「紫衣神教」狂吸10億元！信眾遍布政商名流（東森新聞社會中心，2017）

妙禪創立的「佛教如來宗」吸引10萬人追隨，不僅信徒遍布各行各業、政商名流及媒體，就連演藝圈知名人物江淑娜、曾之喬、柴智屏、隋棠、小嫻、瑤瑤等人也是其信眾。如今，妙禪因收受信徒募資所贈的勞斯萊斯，不僅再度引發關注，也讓不少人想瞭解如來宗究竟有何吸引力。68歲的妙禪法師原名劉錦隆，俗名劉妙如，曾做過替身演員、業務、直銷等工作，育有一子兩女，現任妻子彭秋莉是他第三任老婆。據瞭解，妙禪自1990年開始追隨妙天禪師，備受器重，獲頒「金剛印心弟子」封號，不料1998年他自稱成佛，還與師父妙天撕破臉，互控詐財，事後妙禪雖懺悔和解，但2004年又再度自稱成佛，還創立佛教如來宗，正式與妙天決裂。

由於如來宗的信徒擁有一套紫色制服，所以該教時常被稱為「紫衣神教」，信眾則被稱為「紫衣人」或「紫衫軍」。根據《蘋果日報》推算，佛教如來宗自2004年創立以來，在2014年就已累計得到新台幣10億元的收益；組織規模之大，連在許多大專院校都能發現該教的學生社團。根據《關鍵評論網》報導，一位脫離妙禪的前貼身弟子指出，組織每年的淨會員費進帳高達7,200萬元，若再加上信眾每月至少繳交1,000～2,000元的「弘法護持金」，每個月還有高達8,600萬元的捐款；為此，元大銀行甚至向會員推出了「如來卡」，每月會自動從持卡人帳戶中扣除2,000元作為捐款。

前信徒指出，他從組織的核心人員得知，包含脫離者在內，曾有80萬人繳納300元的入會費。另外，若有人質疑組織現金的流向，唯一能得到的答案只有「這是佛的秘密」，而且還會被要求他們繼續禪定，更認真地相信師父。他說，如來宗不同於慈濟或佛光山等佛教基金會，從不公開披露組織的財務狀況，而且抓準信眾是「自願捐款」，因而遊走在法律之間，不受監督。根據《自由時報》報導，一名曾拒絕加入妙禪的讀者透露，之前受到友

佛教如來宗在全台有近10萬名信徒（圖片翻攝佛教如來宗禪行週報）

人熱情邀請，強調組織是非營利團體，希望他能一起打坐，尋求心靈平靜，但讓他不能接受的是，每個月不僅要繳納固定金額，連信眾像是被洗腦般，將生活中所有微小的好事都歸功於師父，若是發生一些不如意就會覺得肯定是自己做不好，或是「沒常常把師父放在心上」，讓他萌生退意。如今，妙禪面對外界諸多斂財指控，還被爆出收受信徒供養的勞斯萊斯，原定10日在台北市立大學天母校區詩欣館舉辦的法會「如來正法班」也疑似受到報導影響，在10日貼出延期公告，但內容並未對原因多作說明。

綜上所述，台灣的慈善公益資金資源幾乎都被投入於慈濟、法鼓山、中台禪寺、佛光山等四大宗教慈善團體，而慈濟等多個知名社會、民運團體接連在今年爆發財務不透明，讓國人驚覺，捐獻公益慈善不該是無意義的贈與，公益團體應在市場機制中自給自足，未來發展應是兼顧獲利與公益。其他個體戶如妙天及妙禪等更應該本著取之於社會用之於社會的精神，將所得用於公益而非私慾。

三、創業風險評估及管理

(一)創業風險的定義、來源與分類（陳震紅、董俊武，2003）

◆創業風險的定義

創業風險是指在企業創業過程中存在的風險，是指由於創業環境的不確定性、創業機會與創業企業的複雜性，創業者、創業團隊與創業投資者的能力與實力的有限性而導致創業活動偏離預期目標的可能性。創業環境的不確定性，創業機會與創業企業的複雜性，創業者、創業團隊與創業投資者的能力與實力的有限性，是創業風險的根本來源。研究表明，由於創業的過程往往是將某一構想或技術轉化為具體的產品或服務的過程，在這一過程中，存在著幾個基本的、相互聯繫的缺口，它們是上述不確定性、複雜性和有限性的主要來源，也就是說，創業風險在給定的巨集觀條件下，往往就直接來源於這些缺口。

◆創業風險的來源

1.融資缺口：存在於學術支持和商業支持之間，是研究基金和投資基金之間存在的斷層。其中，研究基金通常來自個人、政府機構或公司研究機構，它既支持概念的創建，還支持概念可行性的最初證實；投資基金則將概念轉化為有市場的產品原型（這種產品原型有令人滿意的性能，對其生產成本有足夠的瞭解並且能夠識別其是否有足夠的市場）。創業者可以證明其構想的可行性，但往往沒有足夠的資金將其實現商品化，從而給創業帶來一定的風險。通常，只有極少數基金願意鼓勵創業者跨越這個缺口，如富有的個人專門進行早期項目的風險投資，以及政府資助計畫等。

2.研究缺口：主要存在於僅憑個人興趣所做的研究判斷和基於市場潛力的商業判斷之間。當一個創業者最初證明一個特定的科學突破或技術突破可能成為商業產品基礎時，他僅僅停留在自己滿意的論證程度上。然而，這種程度的論證後來不可行了，在將預想的產品真正轉化為商業化產品（大量生產的產品）的過程中，即具備有效的性能、低廉的成本和高質量的產品，在能從市場競爭中生存下來的過程中，需要大量複雜而且可能耗資巨大的研究工作（有時需要幾年時間），從而形成創業風險。

3.信息和信任缺口：存在於技術專家和管理者（投資者）之間。也就是說，在創業中，存在兩種不同類型的人：一是技術專家；二是管理者（投資者）。這兩種人接受不同的教育，對創業有不同的預期、信息來源和表達方式。技術專家知道哪些內容在科學上是有趣的，哪些內容在技術層上是可行的，哪些內容根本就是無法實現的。在失敗類案例中，技術專家要承擔的風險一般表現在學術上、聲譽上受到影響，以及沒有金錢上的回報。管理者（投資者）通常比較瞭解將新產品引進市場的程式，但當涉及到具體項目的技術部分時，他們不得不相信技術專家，可以說管理者（投資者）是在拿別人的錢冒險。如果技術

專家和管理者（投資者）不能充分信任對方，或者不能夠進行有效的交流，那麼這一缺口將會變得更深，帶來更大的風險。

4.資源缺口：資源與創業者之間的關係就如顏料和畫筆與藝術家之間的關係。沒有了顏料和畫筆，藝術家即使有了構思也無從實現。創業也是如此。沒有所需的資源，創業者將一籌莫展，創業也就無從談起。在大多數情況下，創業者不一定也不可能擁有所需的全部資源，這就形成了資源缺口。如果創業者沒有能力彌補相應的資源缺口，要麼創業無法起步，要麼在創業中受制於人。

5.管理缺口：是指創業者並不一定是出色的企業家，不一定具備出色的管理才能。進行創業活動主要有兩種：一是創業者利用某一新技術進行創業，他可能是技術方面的專業人才，但卻不一定具備專業的管理才能，從而形成管理缺口；二是創業者往往有某種「奇思妙想」，可能是新的商業點子，但在戰略規劃上不具備出色的才能，或不擅長管理具體的事務，從而形成管理缺口。

◆創業風險的分類

1.按風險來源的主客觀性劃分，可分為主觀創業風險和客觀創業風險。

(1)主觀創業風險，是指在創業階段，由於創業者的身體與心理素質等主觀方面的因素導致創業失敗的可能性。

(2)客觀創業風險，是指在創業階段，由於客觀因素導致創業失敗的可能性，如市場的變動、政策的變化、競爭對手的出現、創業資金缺乏等。

2.按創業風險的內容劃分，可分為技術風險、市場風險、政治風險、管理風險、生產風險和經濟風險。

(1)技術風險，是指由於技術方面的因素及其變化的不確定性而導致創業失敗的可能性。

(2)市場風險，是指由於市場情況的不確定性導致創業者或創業企業損失的可能性。

(3)政治風險，是指由於戰爭、國際關係變化或有關國家政權更迭、政策改變而導致創業者或企業蒙受損失的可能性。

(4)管理風險，是指因創業企業管理不善產生的風險。

(5)生產風險，是指創業企業提供的產品或服務從小批試製到大批生產的風險。

(6)經濟風險，是指由於巨集觀經濟環境發生大幅度波動或調整而使創業者或創業投資者蒙受損失的風險。

3.按風險對所投入資金即創業投資的影響程度劃分，可分為安全性風險、收益性風險和流動性風險。創業投資的投資方包括專業投資者與投入自身財產的創業者。

(1)安全性風險，是指從創業投資的安全性角度來看，不僅預期實際收益有損失的可能，而且專業投資者與創業者自身投入的其他財產也可能蒙受損失，即投資方財產的安全存在危險。

(2)收益性風險，是指創業投資的投資方的資本和其他財產不會蒙受損失，但預期實際收益有損失的可能性。

(3)流動性風險，是指投資方的資本、其他財產以及預期實際收益不會蒙受損失，但資金有可能不能按期轉移或支付，造成資金運營的停滯，使投資方蒙受損失的可能性。

4.按創業過程劃分，可分為機會的識別與評估風險、準備與撰寫創業計畫風險、確定並獲取創業資源風險和新創企業管理風險。

(1)機會的識別與評估風險，指在機會的識別與評估過程中，由於各種主客觀因素，如信息獲取量不足，把握不准確或推理偏誤等使創業一開始就面臨方向錯誤的風險。另外，機會風險的存在，即由於創業而放棄了原有的職業所面臨的機會成本風險，也是該階段存在的風險之一。

(2)準備與撰寫創業計畫風險，指創業計畫的準備與撰寫過程帶來的風險。創業計畫往往是創業投資者決定是否投資的依據，因此創業計畫是否合適將對具體的創業產生影響。創業計畫制定過程中各種不確定性因素與制定者自身能力的限制，也會給創業活動帶來風險。

(3)確定並獲取資源風險，指由於存在資源缺口，無法獲得所需的關鍵資源，或即使可獲得，但獲得的成本較高，從而給創業活動帶來一定風險。

(4)新創企業管理風險，主要包括管理方式，企業文化的選取與創建，發展戰略的制定、組織、技術、營銷等各方面的管理中存在的風險。

(二)創業前的風險評估及分析（林東傳，2015）

創業市場的實境，卻存在著一個殘酷現實，在誘人商機的背後隱伏著致命危機，僅少數創業者有化危機為轉機的能耐！因此，想投入這波創業競爭的準創業者們，最好在創業前就精準 推演經營計畫，充分檢視自身是否具備承擔風險及解決危機的能耐。**表13-3**為創業前的風險評估及分析。

四、公益創投小故事（陳碧芬，2015）

(一)「活水社企開發」

「活水社企開發」成功募得公益創投的消息，吸引老創投人王淮的注意。他心裡也有一個社會企業的構想，募資協助更生人經營餐廳，有餐飲業師夥同管理，附帶一棟住家作為更生團隊的生活起居，這整套重生計畫曾由牧師好朋友成功實驗。王淮說，若有公益創投的入資，更生人餐廳可以複製到各地，就地孵育重生計畫。可惜的是，王淮的構想無法在短期內落實，感覺上整個構想還缺少了些東西。公益創投實際投資人的陳識仁指出，公益創投的運作，實質上有四個節點要完成：資金募集（funding collection）、創投管理人、產業顧問及其服務、受益之社會企業／組織，「這是一個生態系，一種供應鏈」，和昔日創投注資科技業、挑選潛力標的有異曲同工之妙。陳識仁是熟知私募基金及財務投資的專家，因為進入新加坡商星展銀行工作，感染到來自新加坡總部對社會企業的重視，經常在志工活動接觸到社企或弱

表13-3　創業前的風險評估及分析

風險評估及分析	內容
創業趨勢與需求的精準掌握	許多創業者習慣先模仿看似有不錯「前景」與「錢景」的業態，模仿不必然是壞事，但選擇模仿標的須具備的趨勢判讀力與需求滿足力，才是成敗關鍵。若選中的業態非趨勢型模組，或自身資源優勢無法滿足顧客需求，這位創業者一開始就扮演著小白兔誤入叢林的角色，結果將非死即傷！
對人的經營元素欠缺優質掌握力	以餐飲業來說，牽動的人包括顧客、員工及廠商。首先，創業初期能否準確設定目標顧客，將影響後續所有策略作為；接者，是否擁有完備的人資的專業培育與營運導引技能？從選對人到做對事，人力資源的問題一直皆是餐飲服務業最深切的經營之痛，欠缺整備的人資專業職能，優化拓展店務自然無可期待。再者，在日前一片食安風暴衝擊下，若未謹慎遴選供貨廠商，並建立良好關係，未來潛藏的危機將不言可喻！
財務風險的衝擊不容小覷	許多創業者以為開店就能財源滾滾，但往往事與願違！因此，從事先設定投資計畫架構到執行經營計畫預測，都做好最佳報酬期待，卻無法完全因應最壞結果。預留一部分的周轉金（創業總投資額的10%）是創業者一定要有的思維，當每天面對財務壓力時，終將無心經營門店，惡性循環的結果就會衍生。
業態競爭的恐怖聯結	有人說：「台灣做生意，沒有三年的好光景」，因市場中有許多人虎視眈眈準備模仿抄襲。以餐飲業來說，餐飲集團化及網路科技發達，加上便利商店的營運模式轉型，餐飲業要面對的競爭挑戰幾乎全面交織！想進入這個超級競爭的產業，須思考自己是否有能力回應？否則就別輕易淌這渾水。事實上，各行各業面對營收獲利的爭取，皆有著無所不用其極的戰鬥方略，但對初創業者而言，極容易成為既有商家圍殲的對象，這就是創業環境中難以擺脫的經營夢魘。從經商的角度來說，這是無可厚非的情狀。交相互利的概念一直是台灣創業者最欠缺的觀點，「只許我成功、不許您賺錢」則是許多經營者的魔鬼思想。雖說「富貴險中求」，但要求得富貴不是靠祈福，而是憑藉真功夫去爭奪，請有意創業者的朋友們別急著投入戰場，靜下心仔細檢索，對欲投入的產業做好完善的策略評析。近年來，政府相關部門透過各項創業輔導計畫專案的推動，整合了全國數百位來自各領域的顧問專家。若對未來創業的風險及因應感到未知，或許，一通電話可以影響您的一生！善用外部智慧資源，也是一位創業者須具備的專業能耐！

資料來源：林東傳（2015）。

勢團體，他不要只是捐錢作善事，而是要對社會團體「真的幫上了忙」，於是在社企生態系中，選定最少人做得來的「資金募集」，自己跳進去做，利用工餘拜訪公益創投的潛在出資人，一旦找到適合的投資案源，朋友們會以「club funding」（俱樂部籌資）概念，團體行動。每個人都不排斥在公益創投生態系中，多做一些事，把社會上過去無人聞問的斷鍊之處，慢慢讓它修補起來。

(二)台新慈善雲

「社會公益導進商業性操作，中間的流程很長」，台新銀行公益慈善基金會執行董事鄭家鐘指出，社會團體的出現，多少是因社會上有未被滿足的需求，如今基於效率提高，將之導向企業化、考量獲利回收，中間過程需要參與者、資源、資金等，不同環節也需要時間彼此熟悉，「偏偏台灣人的個性經常是『愛心多、信任卻低』」，加上全國每年超過400億元的善款，八成集中在前幾大團體，六萬家非營利組織面臨重重困境。依據台新銀行投身公益慈善十餘年的經驗，鄭家鐘表示，目前的「台新慈善雲」平台運作，運用創新思維，包納中、小型社福團體在台新斥資建構的電子網路平台上，由企業志工訓練社福團體自我行銷的技巧，說服善心民眾投票贊助，「弱勢者

資料來源：台新銀行公益慈善基金會Facebook

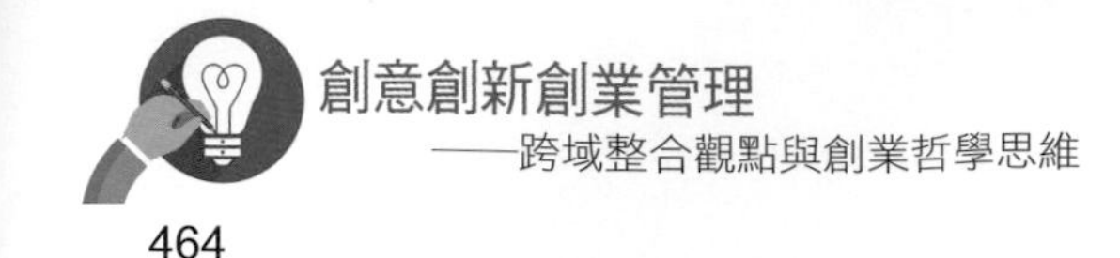

能站出來，就是一種改變的綜效」。2014年正招募第五屆的「你的一票，決定愛的力量」年度活動，鄭家鐘說，它的感染力擴散到銀行企業客戶、新創事業等，近三十家業者揪團在平台上一起做公益，有錢出錢、有力出力，一起解決社會的問題。「你的一票，決定愛的力量」年度活動已舉辦到2017年第八屆。

《經濟日報》（2014）報導日本卡通明星櫻桃小丸子跨海、跨界代言台灣公益活動？隨著公益行善的概念與做法不斷演進，「台新慈善雲」結合科技、藝文等元素，將愛心企業與社福團體集結起來，讓資源發揮最大效益、培養弱勢自立能力，啟動台灣社會善的循環。「台新慈善雲」今年邁入第五屆「您的一票，決定愛的力量」的票選活動，鑑於台灣愛心資源普遍有著分配不均的情況，中小型社福團體常因知名度不高或缺乏宣傳行銷能力，而導致募款不足及營運困難的窘境，為讓更多民眾能認識這些團體，廣邀社福團體提案，並透過民眾網路投票的機制，把資源落實到真正需要的地方，四年來已挹注二百五十個提案團體，參與投票的人數更是屢創新高。此活動的幕後推手正是前中天電視董事長，現任台新文化藝術基金會董事長的資深媒體人鄭家鐘。「其實這個活動並不是表象的投票競賽、獲得資金，而是在過程中培育社福團體自立能力，提案要寫企畫書及建置網站、粉絲團宣傳，還要利用Facebook、EDM等行銷管道與群眾溝通，這些都是台新志工投入輔導的重點，當然還有財會管理的概念。弱勢團體要靠自己的力量站起來，才是活動真正的價值所在！」

(三)新加坡星展銀行的扶持社會企業全方位平台

已在台灣成立子行的新加坡星展銀行，也建構相似的扶持社會企業全方位平台，包括「推廣社會企業的認知度」、「對有潛力的社會企業夥伴直接提供贊助及輔導」，以及「將社會企業整合於星展的企業文化中」，2013年底並擴大到台灣。其中，台新慈善雲尚在醞釀的公益創投，星展集團去年提撥台幣12億元成立基金會，提撥種子經費注資社會企業，包括新設立及擴張，同時首創「社會企業專屬帳戶」，提供低利貸款或免手續費等相關金融

服務，星展銀行資深主管提供社會企業夥伴金融諮詢，協助解決經營管理所面臨的問題。

(四)DOMI加入國際B型實驗室平台

把創業基地從國外搬回台灣的DOMI綠然能源，以友善環境作為經營核心，加入國際B型實驗室平台，透過國際評估標準來檢視DOMI在公司治理、員工、社區及社會與環境等影響力，B型實驗室平台提供了創新商業模式和學習標竿。B型實驗室共同創辦人Bart Houlahan表示，在相當短的時間內已有上千家公司取得認證，它能利用企業做好事，同時吸引投資人。在尋求社會公益的商業機會過程，平台做法，呼應了台灣在生態系創新與活絡的即刻需求，建構者的品牌可信度及「陪你玩到底」的承諾，給予中小企或社會團體值得依賴的肩膀，因為公益創投的加持，社會回到了「主角」。

宅經濟、共享經濟、雲端與知識型創業管理

一、宅經濟創業管理

二、共享經濟創業管理

三、雲端創業管理

四、知識型創業管理

五、共享經濟創業小故事

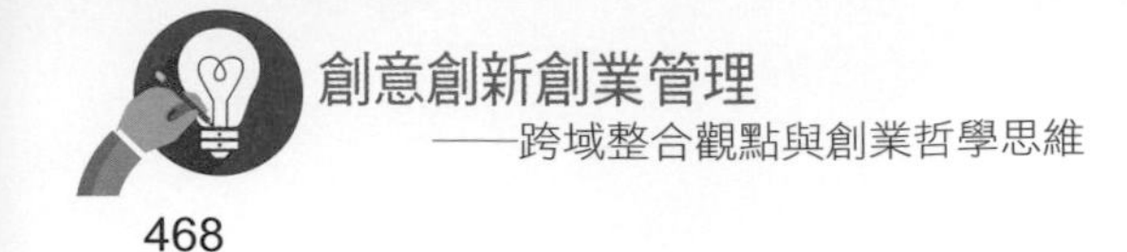

一、宅經濟創業管理

(一)宅經濟定義

宅經濟，又稱閒人經濟（中央社，2009），是指人們將假日時間分配在家庭生活、減少出門消費所帶來的商機與現象（許韶芹，2008；江亙松，2009）。「宅」一詞源於「御宅族」，原指沉迷而專精某樣事物的人，但台灣新聞媒體創造出「宅男」一詞，意思是窩在家裡的人（快樂工作人專刊，2012；喻小敏，2007）。在此影響下，宅經濟亦包括了「御宅經濟」（Otaku Economy）的意思。

由於經濟因素等，許多人趨於「居家消費」（中央社，2009），選擇進行較低支出的網路交易、線上遊戲，或是租看DVD、漫畫等（林宜蓁，2010）。在無薪假、失業潮的波瀾下，亦有許多人轉向在家賺錢、網路創業（大紀元新聞，2009），省下租用店面的成本，透過網路行銷、口碑相傳，創造小成本大商機（經濟日報，2009）。宅經濟可以包括寫作及多媒體創作的宅創作、攝影和翻譯等宅代工和在家投資和買賣的宅交易等（施百俊，

圖14-1　東京秋葉原成為御宅族聚集的熱點

資料來源：http://japanlover.me/otaku/otaku-travel-guide/akihabara-tokyo-photo-stroll/

2009）。另外，瞄準御宅族市場，包括動漫、聲優、鐵道、偶像、角色扮演等族群為目標的商業行為，也被稱為宅經濟。像是換上由動漫畫師繪畫的萌角色當封面的梅酒等（朝日新聞，2010；蕭瑋玲、簡心蕾，2010）。《理財週刊》將快遞宅配、線上遊戲、消費娛樂、線上音樂、網路通訊、電腦相關設備和通路業者列為這股趨勢下的七大行業（江亙松，2009）。消費者轉向節省開銷的生活方式，讓相關產業在景氣蕭條之中能夠逆勢成長，其帶來的商機與現象就是所謂的「宅經濟」（許韶芹，2008），又稱為「閒人經濟」。

(二)宅經濟之起源與發展

最早的宅經濟可追溯至1872年，美國的蒙哥馬利百貨公司在芝加哥所創立的「郵購屋」，他們推出商品型錄，在報紙和雜誌上刊登郵購廣告，打出「消除中間人」的口號直接對客戶進行銷售。由於美國本身地廣人稀的地理條件，在都市中的商店只要定期寄出商品型號目錄便可吸引到廣大的鄉村消費群，對商家與消費者都是一種方便的選擇。而郵購的許多特性更是目前宅經濟的優勢，例如：只要消費者不滿意便可退貨、不需投資店面展示商品，也省下了裝修的成本，只需重新印製目錄型號即可。郵購實際上是建立在與消費者的聯繫上，再從消費者的需求中提供更多樣的商品，與實體商店家家專賣的特性有很大的不同，這便是宅經濟的前身（陳怡蒨、吳玠庭，2009）。

◆巢籠消費

在日本，同樣有利用網路購物、到府宅配服務等的消費傾向。由於節約支出，以致於盡量避免出門，像是窩在巢裡的鳥一樣，而稱為巢籠消費（巣ごもり消費）（日経BP社，2009）。其中的「籠」（こもり）是日語動詞的名詞形，意指待在其中（參見隱蔽青年的語源）。該用語自2008年底開始普及（朝日新聞社，2009），日本的CD、DVD出租市場成長，任天堂等家用遊戲廠商收益增加等，反映了現代人消費習慣的改變。

◆御宅族市場

根據矢野經濟研究所調查（矢野経済研究所，2014；自由時報，2014），2014年日本御宅族消費金額最多的前三名為偶像（追星族）、鐵道模型、十八禁遊戲，最少的是輕小說、Cosplay主題餐廳（含女僕咖啡廳）、VOCALOID相關商品。其中尤其偶像類和VOCALOID類成長幅度最大，高達19%。和AKB48、桃色幸運草Z的市場擴大，以及初音未來二次創作與現場演唱會的活絡息息相關。

◆宅經濟的發展

宅經濟最容易讓人聯想到的是網路購物、線上遊戲與電視購物，隨著電腦的普及、網路的興起，網路商店與各式各樣的網拍網站如雨後春筍般紛紛成立。要經營一家網路商店與郵購、電視購物較不同的地方是可以由個人做起，無需龐大的企業體系。網路購物不須砸大錢在電視上做廣告，網路的資訊流通便利性能幫助賣家推銷自己的產品，只要架設網站便可自己開業做老闆。而產品資訊更新的即時性高是一大優勢，讓消費者擁有更多、更快的一手資訊。這些特性使得網路購物在近年成功崛起，擁有為數驚人的消費族群（陳怡蒨、吳玠庭，2009）。

根據財團法人台灣網路資訊中心（Taiwan Network Information Center, TWNIC）公布「2016年台灣寬頻網路使用調查」報告顯示，全國上網人數推估約1,993萬人，整體上網率高達84.8%，主要上網方式為寬頻上網，比例高達99.6%；家戶上網部分，全國家庭可上網戶數推估有745萬戶，比例為87.9%，主要上網方式為寬頻上網，推估戶數有740萬戶，比例為87.3%。就歷年數據來看，家庭上網與家庭寬頻上網已呈現穩定趨勢。報告指出，2016年45歲以上民眾行動上網率達54.9%，60歲以上民眾行動上網率達41.2%；45歲以上網民使用即時通訊軟體比例高達81.1%，比2015年增加30.4個百分點；而使用網路社群的比例則高達64.4%；60歲以上網民使用即時通訊軟體比例高達76.7%，比2015年增加26.5個百分點，數據顯示，中高年齡層行動上網與從事網路社交活動越發普遍。顯示熟齡族在網路上經營社交生活已然成為趨勢。在近期受到關注的網路直播部分，調查結果指出，使用行動上網的民眾有21.9%使用影音直播平台；以性別來看，使用影音直播平台的男性有24.6%，高於女性的19.2%；從使用平台類型來看，以「娛樂」平台類型比例最高，占47.7%，其中，以女性使用比例49.1%高於男性的46.7%；其次是「新聞」平台類型，占33.1%，再次是「FB直播」占30.0%。

網路普及帶動電子商務與行動商務快速成長，資策會則預估，2016年台灣電子商務市場規模將比2015年再成長12%，達到1兆1,277億元；而2017年則再往上成長11%，達到1兆2,515億元（陳宏欣，2016）。根據投資機構Digi-Capital最近所發布的報告，未來四年內全球行動網路市場成長飛快，營收成長比例將超過300%，預估在2017年的時候可達到7,000億美元的規模。全球市場／產業調查．分析．預測報告書（2017）指出行動商務（行動電子商務）的全球市場：2016～2020年全球行動商務市場，預計從2016年到2020年之間，以27.48%的年複合成長率（CAGR）擴大。

根據Newzoo統計，2016年全球數位遊戲市場規模將達996億美元，相較去年成長8.5%，其中電腦遊戲（涵蓋用戶端線上遊戲、網頁遊戲、單機遊戲）約占319億美元（32%），預計到2019年將成長至340億美元，年複合成長率1.89%。以國家別來看，中國大陸、美國、日本、南韓仍為數位遊戲前四大市場，占據全球六成以上市場，引領遊戲風潮與前瞻發展（許桂芬，2016）。比較行動遊戲的市場成長幅度，顯示越來越多消費者開始轉戰行動平台。

此外，另一個與宅經濟息息相關的是電視購物。台灣的電視購物將近二十年歷史，目前年產值共計約為200億元，加上此三大業者都有經營的網路購物一年總市場可達300億元，電視加網路購物的年產值約達500億元，看好藉著此形象廣告的宣傳為電視購物產業注入新意，加上網路購物市場每年維持一至二成的增幅，因此預期五年後，將挑戰千億市場規模。電視購物的優勢為具備良好的售後服務商品品質與較有保障，是宅經濟發展上重要的一個環節。隨著電視的隨開隨看的特性，賣家更容易找到特定時段會收看電視的消費族群，消費者很容易動心（沈培華，2016）。由於國內的市場有限，以台灣的2,300萬人中有84%的人擁有電視來看台灣地區就有近2,000萬人有電視，反觀大陸13億的人口有近86%的人口有電視，那有近11億的人口有電視，照這樣的數據來看，未來大陸市場的潛力無窮，前進大陸，將會是趨勢。對於電視購物中最重要的一環就是物流系統，經濟部也有專門的網頁提供服務，包括物流技術整合、物流技術研發、產業政策推動等（陳怡蒨、吳玠庭，2009）。

二、共享經濟創業管理

(一)共享經濟

共享經濟（sharing economy），又稱租賃經濟（香港矽谷，2015；頭條日報，2016），是一種共用人力與資源的社會運作方式。它包括不同個人與組織對商品和服務的創造、生產、分配、交易和消費的共享。常見的形式有汽車共享、拼車、公共自行車（魏錫鈴，2017）以及交換住宿等（台灣醒報，2015；關鍵評論網，2016）。與此同時，共享經濟又具有弱化擁有權，強化使用權的作用。在共享經濟體系下，人們可將所擁有的資源有償租借給他人，使未被充分利用的資源獲得更有效的利用，從而使資源的整體利用效率變得更高（台灣醒報，2015；端傳媒，2017；哈佛商業評論，2017）。但是，在整體經濟景況較好的時候，人們可能會失去共享的意願（科技新報，2017）。

「共享經濟」為閒置資源的再分配，讓有需要的人得以較便宜的代價借用資源，持有資源者也能或多或少獲得回饋。在網路社群與行動裝置的助力下，加速共享經濟的發展，比如私人汽車透過平台實現共乘作用、人們的空房也能租借給旅客，有房有車者也能得到報酬。但以利益為出發點的經濟形式，能否仍可稱為原初具有社會主義精神的「共享」，且經常與現行法令衝突、或雙方交易行為難以現行法律界定責任歸屬，也引起諸多爭議（風傳媒，2017）。

共享經濟，意旨在網路時代裡，所有的科技產品、服務都能被眾人使用、分享甚至出租。共享經濟的源起，乃是社會中眾多個人／企業無法負擔高額的產品購買、維修費用。因此，藉由網路作為資訊傳輸平台，個人或企業行號能透過出租、或共同使用的方式用合理的價格與他人共享資源。換言之，就是使用者用「租賃」取代「購買」，和社會上的其他人共用資源。共享經濟的核心理念，是「閒置資源」的再使用。擁有閒置資源的個人／企業，透過有償租賃的方式，讓無法負擔此一費用的個人／企業以相對便宜的價格獲得使用權。過去，出租必須透過文書或口頭承諾才有效力，但由於網路、物聯網、行動支付方式的發展，終端使用者能夠以「個人」對「個人」的方式共同使用資源、減少閒置產能的浪費。雲端運算（cloud computing）是共享經濟體制內不可或缺的一環。在雲端平台上，個人／企業能夠分享資訊給特定的消費者，並收付款項。網路環境的改善與智慧型手機的快速崛起，有效地提供產權擁有者和需求者直接連結的平台，扣除掉中介商的仲介費用，供需雙方都能有效節省成本（硬塞科技字典，2016）。

共享經濟已經不再侷限於實體的分享、租借，而延伸到知識、智慧產權的分享、交換。群眾外包（crowdsourcing）便是另一個共享平台。企業利用網路平台公開招募視覺設計者、程式工程師，將相對零碎的企業問題發包給這些專業工作者。而「群眾」則利用業餘時間（閒置產能）協力解決問題並獲得報酬。透過群眾外包，企業能夠節省招募人力的人資成本，專業工作者也能獲得額外報酬（硬塞科技字典，2016）。

(二)共享經濟1.0：閒置資源共享

當共享經濟的概念提出時，是大家將閒置的資源共享出來。比如UBER，大家本來就有車。可能除了上下班之外這個車基本上就是閒置的。那我在自己不用車的時間就可以把車拿出來共享給大家，這樣不但我能賺到外快，社會上也有更多的車可以用。Airbnb則是把自己家中閒置的房間共享出來，讓有需要的旅客住。這些平台的模式所需要的技術其實並不新穎。手機的GPS定位在智慧型手機普及後就很成熟了。信用卡的線上支付也是上個世紀的發明。因此，並不是技術上的進步讓共享經濟1.0成功了，更多是因為

圖14-2　共享經濟最出名的兩大巨頭目前都成為世界上估值最高的超級獨角獸

這段時間大家對網路上的陌生人更加信任。當然，整個App的體驗也提升到讓大家感覺到非常便利也是主因（黃適文，2017）。

(三)共享經濟2.0：分時租賃

然而，這一波新的共享經濟跟原本的概念不大類似。更多的是由廠商自己生產及提供產品，使用者可以透過App取得這些產品一段時間的使用權，不用時再釋放給其他的使用者。我們以共享單車為例。今天一個共享單車的使用場景是這樣的。首先，使用者先在App中找到附近閒置的單車，接下來可以掃描單車上的QR Code。掃描後單車會連網確認授權，當確認授權完成了，單車上的鎖就會打開。等到騎完之後，在App不用任何操作，直接就完成付款（黃適文，2017）。

(四)Uber

Uber是一間交通網路公司，總部位於美國加利福尼亞州舊金山，以開發行動應用程式連結乘客和司機，提供載客車輛租賃及實時共乘的分享型經濟服務（優步.com.，2014；Rao, 2011）。乘客可以透過傳送簡訊或是使用行動應用程式來預約這些載客的車輛，利用行動應用程式時還可以追蹤車輛的位置（Arrington, 2010）。

優步的營業模式在部分地區面臨法律問題，其非典型的經營模式在部分地區可能會有非法營運車輛的問題，但有部分國家或地區已立法將之合法化，例如以創新商業為主的美國加州，及網際網路服務發達的中國北京及上海。原因在於優步是將計程車行業轉型成社群平台，叫車的客戶透過手機App（應用程式），就能與欲兼職司機的優步用戶和與有閒置車輛的租戶間三者聯絡，一旦交易成功即按比例抽傭金、分成給予回饋等去監管化的金融手法（維基百科）。

2009年優步開始在市場出現，最早是在由特拉維斯·卡蘭尼克和格瑞特·坎普成立，當時名為「優步Cab」。優步在2010年6月正式於舊金山推出服務，同年8月萊恩·格雷夫斯（Ryan Graves）就任執行長。格雷夫斯不久後離開執行長一職，並由卡蘭尼克接任（Techcrunch, 2013）。起初優步學習了倫敦計程車的風格，司機穿著西裝駕駛清一色黑頭的林肯城市轎車、凱迪拉克凱雷德、BMW 7系列和梅賽德斯—賓士S550等車系（Arrington, 2010）。在2012年後，優步推出「菁英優步」（優步X）服務，加入更多不同系列的車型（Ilya, 2013）。優步在2012年宣布擴展業務計畫，其中包括可搭乘非計程車車輛的共乘服務（Lawler, 2012; Jackson, 2010）。

優步的行動應用程式在2010年於舊金山地區推出，支援iOS和Android系統的智慧型手機（Engadget, 2014）。2014年7月24日，優步推出支援Windows Phone的智慧型手機應用程式（Reuters, 2010）。兩岸三地部分，最起初是於2013年6月27日，優步在台灣台北市試行營運（Lo, 2013）。並於一個月後在7月31日開始正式營運（騰訊科技，2014）。在2014年3月12日，優步在上海召開官方發布會，宣布正式進入中國大陸市場，確定中文名「優步」，並與支付寶合作。經過數個月的試營運後，於同年6月19日正式於香港部分地區推出服務，初期服務範圍僅涵蓋中環及鄰近地區；同年8月14日，增加招呼普通計程車的服務（Engadget, 2014）。在中國大陸，人民優步（People's UBER）是優步公司所推出的一個非盈利的公益拼車平台（CNN Money, 2014）。

首先，用戶必須在自己的智慧型手機上安裝UBER應用程式，並註冊成為該網站用戶，然後綁定自己的信用卡或網路支付平台，優步則會提供一個分享暗碼給你，作為給讓用戶可以在自己的社交圈分享此網站的服務。2016年11月15日，餐點外送優步EATS上線，合作餐廳包括茹絲葵、新都里、鼎王等餐廳。2017年3月15日，台灣優步因欠繳逾5,000萬營業稅，總公司遭查封（台灣蘋果日報，2017）。2017年4月10日，台灣優步公司公布，將於2017年4月13日，對外宣告重返台灣市場，並提供嶄新服務模式。根據知情人士透露，台灣優步公司把原來私家車載客服務模式，改採與台灣數家各合法租賃車公司合作，採以租賃叫車與共乘經營模式，將不限於小客車，也會循優步Pool模式（共乘），提供七人、九人座廂型車服務（風傳媒，2017；公視新聞網，2017；經濟日報，2017）。

2017年4月13日，台灣優步公司宣布正式恢復營運。優步台灣停業兩個月後，4月13日宣布「重返」台灣市場。但這次優步選擇以B2B為主要商業模式，與數十家租賃車業者、以及原先的計程車業者合作，並採取「即時報價」模式。消費者可在App上指定要去的地點，可即時算出車資、讓消費者選擇。消費者也可透過App系統知道租賃車業者與司機姓名，依然可給予評價；付費方式可使用信用卡、金融卡和現金。新的營運模式中暫時不與一般自用車合作，免除先前納稅、納保的爭議（經濟日報，2017）。

優步的計費方式與按表收費的計程車不同，一般計程車使用特製里程表收費，但優步直接使用裝置上的GPS計價，且計算費率和收款都由優步負責，駕駛並未參與其中。當優步車輛以超過11英里每小時（18公里每小時）的速度行駛時，是以距離計價。在其他時候則是以時間計價（VatorNews. 2011）。在每次搭乘結束後，旅程的費用將直接從乘客登記的信用卡中扣款。除了「優步Taxi」的一般計程車服務之外，扣款的費用在預設時並不包含小費，而優步也在官方網站和應用程式中註明「不需要支付小費」（TechCrunch. AOL, 2010）。優步曾表示較高的收費是因為其提供更可靠、更準時，且更舒適的服務（Voytek, 2011; Arrington, 2011）。

在例如萬聖節、跨年夜或天氣不佳（如風雪或大雨）等叫車需求較高的時段，優步將會實施「加成計費」（surge price）提高價格以吸引更多駕駛來達到經濟均衡（Clay, 2011; Harris, 2014）。優步也會在極端的天氣狀態下實施加成計費，例如大多倫多地區在2013年7月8日造成淹水的暴風雨，以及

紐約市颶風珊迪來襲期間（Thomas, 2013）。當加成計費實施時，顧客在預約車輛前會看見特別通知（Clay, 2011）。在2011年的跨年日期間，部分地區的優步加成費率達到普通費率的七倍，引起許多乘客的不滿。優步的共同創辦人崔維斯・卡蘭尼克回應：「……因為這項服務太新了，需要一段時間讓大家接受它。計程車固定費率的情況已經持續了七十年。」（Bilton, 2012）

(五)Airbnb

Airbnb是一個讓大眾出租住宿民宿的網站（Brennan, 2011），提供短期出租房屋或房間的服務。讓旅行者可以透過網站或手機、發掘和預訂世界各地的各種獨特房源，為近年來共享經濟發展的代表之一。該網站成立於2008年8月，公司總部位於美國加利福尼亞州舊金山，為一家私有公司，由「Airbnb, Inc.」負責管理營運（Grout, 2013）。目前，Airbnb在192個國家、33,000個城市中共有超過500,000筆出租資料（Yeung, 2013）。網站的使用者必須註冊並建立網路個人檔案。每一個住宿物件皆與一位房東連結，房東的個人檔案包括其他使用者的推薦、住宿過的顧客評價，以及回覆評等和私人訊息系統（Yu, 2011）。

2007年，公司概念開始萌芽，兩位創始人搬到舊金山居住，當時美國工業設計社群大會的舉辦，使兩位創始人想要為與會者提供早餐和氣墊床（Choe, 2007）。最初的雛形為與會者提供短期居住的房間、早餐以及難得的社交機會，解決廣大與會者很難訂到過飽和的酒店房間的問題（Botsman, et al., 2010）。那個時候，作為室友的Chesky和Gebbia負擔不起他們在舊金山租的閣樓。他們把客廳裡放進床和早餐，容納三個客人和氣墊床，並且提供私房早餐（Lagorio, 2010）。

2008年2月，哈佛畢業生和技術架構師Nathan Blecharczyk加入，成為AirBed & Breakfast的第三個聯合創始人（Bloomberg Businessweek, 2009）。在公司的初創階段，創始人專注於會導致住房緊缺的高規格活動（Geron, 2009）。官方網站Airbedandbreakfast.com於2008年8月11日上線（Schonfeld, 2008）。為了能夠為網站提供資金，創始人建立特別的早餐燕麥版本，用總統候選人歐巴馬和麥凱恩的名字作為靈感（Spors, 2008）。兩個月裡，800盒燕麥以每盒40美元的價格全部售罄，為公司的發展提供了3萬美元資金（Peng, 2010）。並且吸引到Y Combinator的保羅．格雷厄姆（Malik, 2011）。

網站發布之後就擴張並占領位於酒店和沙發旅行之間的顧客群（Lagorio, 2010）。在2009年1月，Y Combinator邀請Chesky、Gebbia和Blecharczyk加入孵化器的冬季學期為期三個月的訓練（Rao, 2009）。等到他們回到舊金山的時候已經有一個可以給投資人匯報的盈利模式。到2009年，網站名稱從原來的Airbedandbreakfast.com簡化為Airbnb.com，而且網站的內容也從氣墊床和共享空間擴充功能為多種類型居住空間，包括整個家和公寓、私人房間、城堡、船、莊園、樹屋、冰屋、帳篷，甚至私人島嶼等等（Details, 2012）。

2010年，十五個人在Chesky與Gebbia位於舊金山Rausch街的閣樓式公寓內工作。為了給雇員提供空間，Brian Chesky放棄他自己的臥室而居住在Airbnb的服務，直到公司搬進他們的第一個辦公空間（Wauters, 2010）。那一年公司繼續高速增長並與2010年11月從Greylock Partners和Sequoia Capital募集到A輪融資720萬美元，並宣布過去六個月有70萬訂單，落實了80%訂單（Wortham, 2010）。*The New York Times*標誌著Airbnb成為新一代數十億美元初創公司的一員（Rusli, 2011）。颶風桑迪發生後，Airbnb聯合紐約市長Michael Bloomberg為因為風暴流離失所的人提供免費房屋（Smith, 2012）。Airbnb為這一目的特別建立一個微型網站，讓無家可歸的人和房屋所有者接洽商議免費住房事宜（Pepitone, 2012）。另外，Airbnb免除所有服務費（Van Grove, 2012）。

Airbnb模式應用的極致？中國開始共享雨傘、衣櫃還有廁所衛生紙，中國在經歷了「什麼都能O2O」的時代之後，「這都能共享？」的節奏已經開啟了（36氪，2017）。迎接2020東京奧運？Airbnb在日本就地合法，上週日本議會通過了「住宅住宿事業法」，訂出讓房東每年可以將房屋轉租一百八十天的上限，讓Airbnb就地合法，試圖解決2020東京奧運住房數量不足問題（高敬原，2017）。

(六)共享經濟才剛開始，大部分服務業都會被顛覆

什麼是「共享經濟」？《經濟學人》的定義「在網路中，任何資源都能出租」說的沒錯，但是沒有表達共享經濟的精髓，更重要的是以下五點（李開復，2015）：

◆閒置資源被激活

閒置的資源是巨大的浪費。比如說一輛車只有4%的時間在行駛，96%的時間是停著的。這96%停著的閒置時間都是浪費的。換一個說法，如果世界上50%的車都在行駛，那麼世界上的車輛就可以減少92%。交通擁擠、能源耗損都會大大下降。

◆傳統時代的資源出租和中介將滅亡

傳統經濟中很大的一部分是中介、代理、渠道商收著不合理的費用，提供無增值的標準服務。但是在共享經濟裡，經過網路就可以讓資源提供者和需求者直接搭配。比如說租房租車中介、廣告代理、出版商、計程車行、月嫂介紹所、清潔工介紹、婚姻介紹所、高利貸甚至銀行貸款。這些傳統中介都會逐漸被共享經濟消滅。哪些會先滅亡呢？利潤越高越先滅亡，附加價值越少越先滅亡，服務越標準化越先滅亡，越沒有（過時）法律法規保護的越先滅亡。

◆資源「擁有權」和「使用權」拆分

當我們能不必花錢去購買那些可以按使用付費的東西，我們的可支配收入提高。比如說：當有一天有出租自動電子車，隨要隨到，我們就不必買車，可以把錢花在別的地方。

◆共享經濟才剛剛開始

共享經濟的第一批創業（Uber、Airbnb）只是用精實創業解決一個單一的問題。例如Uber現在也只是讓有車族可以靠做司機賺錢，並分到比較多的

利潤。接下來，一旦車子跑起來，也可以提供送貨、跑腿、導遊等工作。以後再加上電動車、自動駕駛，就成為科幻片看到的情景了。

◆世界現在真的平坦了

Tom Friedman在The World is Flat曾給世界青年建議：世界在產品和生產是平坦的，所以不要從事無創新的生產工作，若不能做有熱情有創意的青年應該考慮服務業，才不會被發展中國家的廉價勞工或機器取代。但是隨著共享經濟的來臨，大部分的服務業都會被顛覆，服務中介必然有滅頂之災，服務者也會面臨各種挑戰，Uber CEO去年就說過：「如果你嫌Uber貴，不是因為車貴，是車裡的另一個傢伙貴。」

三、雲端創業管理

(一)你也可以成為雲端創業家

雲端，引出了產業型態重組的契機，打破了科技廠商單一壟斷的創新之路。只要洞悉消費者的需求，建構新的服務模式，小點子也能夠成就大事業。想像你今天向一位心儀已久的對象表白，但對方無情拒絕。你落寞地拿出身上可以播放音樂的裝置，接上耳機後，傳來的卻是「I feel good」這類型的音樂。下一秒，那個還在「唱歌」的傢伙，很可能就被摔到地上，支離破碎了。丹麥一家公司將「心情」與音樂結合，打造名為Moodagent的App。使用者可根據自己當下的各種心情狀態組合，讓系統從雲端上分析歌曲，訂出播歌清單。這個App透露兩個訊息，一是未來各種行業的人將合作開發雲端的應用，資策會MIC（產業情報研究所）分析師相元翰分析，比如Moodagent便是集結了軟體工程師、心理學家和音樂專家等的智慧而成。另一個訊息是，所有與使用者生活有關的經驗，都有可能成為一種新的雲端應用。只要有創意，人人都可成為雲端創業家（許以頻，2011）。

拓墣產業研究所指出，2012年，全球雲端運算市場總產值，高達259億

圖14-3　丹麥公司將「心情」與音樂結合打造名為Moodagent的App

資料來源：黃明堂。

美元。台灣地區則為3.2億美元，相較2011年，成長了45%。雲端不再高不可攀，使用者將有更多的方式，接觸到雲端服務。遠傳電信產品開發處副總陳立人，以雲端的應用為例，可把軟體分成「把人拉到雲上」和「把雲帶到人面前」兩種。前者像是Dropbox，把使用者拉到雲端上儲存資料；後者像是軟體開發商和亞馬遜的結合，讓雲端上的內容在消費者面前「落地」（許以頻，2011）。

提供創意結合的平台；隨著行動裝置的普及化，陳立人說：「所有能在這個平台上發光發熱的角色，紛紛跳上來做生意。」就連保全業也來分一杯羹。中興保全運用雲端的技術與概念，和羅東聖母醫院共建了一個「MyCare健康照護」平台。中保副總朱漢光解釋，這個機制為慢性病患者在醫院和藥局間，建立生理量測記錄的儲存及緊急通報、送藥系統等，「減少了醫療資源的浪費，也改善了醫病關係」。以醫療照護產業來說，除了IBM正為歐洲國家的醫療照護產業積極「造雲」外，研究諮詢機構Gartner也認為醫療照護是導入雲端速度最快的產業之一。工研院副研究員魏伊伶認為，健康照護產業的轉型，也將是台灣未來雲端的應用趨勢。2010年在美國上市的Epocrates公司更是針對醫護人員的使用，研發出的一個應用程式。他們與全球前二十大藥廠、三百五十個醫藥品牌合作，提供醫護人員這樣的一個付費軟體，供即時查詢藥物。雲端，這個帶動產業型態重組的契機，也打破了科技廠商所壟斷的創新之路。任何人只要洞悉消費者的需求，建構創新的服務模式，小點子也能夠成就大事業（許以頻，2011）。

(二)雲端創業的機遇與風險

雲端時代提供樂於開創自己事業的創業者一個便利的創業環境，對於創業者的成本控制、通路開發、行銷企劃、募資方式、經營管理都有別於傳統的方式進行。創業者可以在低成本、高效率、彈性資源需求等優勢的條件下進行開發，透過網站與社群媒體進行宣傳，使用第三方支付來管理金流，透過雲端辦公室來進行企業管理，透過群眾募資平台來取得資金與行銷產品。這些嶄新的創業環境幫助雲端創業者能夠以較低的進入成本與快速的產品行銷來縮短獲利的週期。但創業者在享受雲端環境帶來的快速與便利的同時，也同時與雲端環境一起面臨新時代的企業風險。雲端環境的不穩定、資料安全的疑慮、網路駭客的威脅、善變的消費者等，都是雲端創業者所面臨的風險。如何在雲端時代善加利用雲端環境的特性，取其優點幫助企業快速獲利，同時避免遭受雲端環境的弱點危害，準確評估消費者的消費傾向，是雲端創業者需要認真看待，動輒關乎企業生存的重要課題（江忠益、郭耀煌，2014）。

2013年，LINE母公司以5.29億台幣收購新創公司「走著瞧」引起媒體瘋狂報導。資安軟體公司阿碼科技被美國那斯達克上市公司Proofpoint以7.5億台幣併購、遠傳電信注資網路服務公司「時間軸科技」等都說明台灣在雲端科技上的成就與雲端創業的價值。此外，美食社群網站「愛評網」獲得日本NEC的500萬美元注資，雲端技術商「優必達」獲得由三星創投領投的1,500萬美元資金也讓人記憶猶新。繼PChome商店街、數字科技後，愛情公寓IPO的成功，也持續吸引有心創業者的目光，塑造了雲端創業無限的光芒與璀璨，同時也給予雲端創業者美好的願景與想像（數位時代，http://www.bnext.com.tw/article/view/id/30619）。

然而，在這些光鮮成果展現的同時，也發生了數位通國際機房起火造成全台網路癱瘓，MSN服務收攤，Yahoo奇摩宣布當年以約7億台幣併購的無名小站停止服務，以及企業收到駭客威脅支付贖金，否則網站會被癱瘓的案例；如美國擁有1,600萬用戶的知名社群網站Meetup，軟體開發公司Basecamp，以及令人震撼的程式碼代管網站Code Spaces遭遇大規模的分散式阻斷服務（DDoS）攻擊。在未正面回應駭客的勒索並防禦失敗後，駭客轉而以取得的帳密，刪除了Code Spaces儲存於AWS的大多數客戶資料，使得Code Spaces只好宣布關門大吉的事件（陳曉莉，2014）。

這些問題的發生在於（數位時代，http://www.bnext.com.tw/article/view/id/33364）：

1.雲端設備提供商的穩定性與可靠性受到考驗：雲端服務是基於雲端基礎設施（IaaS）或雲端服務平台（PaaS）提供硬體設施服務來架設，雲端服務業者將原本自己應該管理的設施部分交由他人負責，雖然可以獲得低成本與高彈性的優勢，但同時也將公司營運的風險與自身無法控制的硬體提供商掛勾，一旦雲端基礎設施提供商發生問題，連帶著所有架設在此提供商設備上的雲端服務將會一起面臨風險。

2.沒有良好可行的資料保存與備份規劃：由於雲端服務建立在雲端設備上，因此可以非常方便的將運行的服務與資料放置在雲端平台上面。然而，如果沒有一個良好可行的資料保存與備份規劃，例如將資料備份回公司的硬體中，那當雲端服務所依靠的雲端平台不再安全時，公司將面臨倒閉的風險。

3.消費者取向的轉移：雲端時代的消費族群具有適應力強、產品轉換快速、忠誠度低等特性。這些特性對於雲端服務企業來說是必須注意的經營風險。例如，從關注手機遊戲內容瀏覽來源部分進行分析，可以發現76.44%的流量都來自直接搜尋，僅有23.56%的流量屬於直接導入內容，證明了首頁逐漸式微的跡象，已鮮少人會從首頁慢慢的進入分類尋找相關的資訊，未來對於使用者來說，在首頁見到的第一印象會越來越不傾向於華麗的動畫與酷炫的特效，反而是具有實質幫助與價值的內頁，這是社群經營與產業行銷必須重新思考的一大方向（數位時代，http://www.bnext.com.tw/article/view/id/33364）！

因此，建議雲端創業者在規劃提供的服務時，至少需要：(1)審慎選擇IaaS或PaaS業者，以提供穩定可靠的雲端平台基礎運作架構；(2)規劃安全的資料保存或備份機制，以妥善地管理重要的資料；(3)有效的分析使用者消費行為的改變，並作針對性的調整，以隨時切合消費者的心理，保持公司的創新性與活力，才不會輕易地被市場淘汰（江忠益、郭耀煌，2014）。

四、知識型創業管理

(一)知識創業之定義、內容與特點

根據劉沁玲（2007），知識創業是指以知識創新、生產為主要特徵，依靠知識、技術開創新事業，創辦新企業，實現其潛在價值的過程。知識創業包含創辦知識企業（或開展新業務）→知識創新→知識生產→知識營銷→知識資本化→再次知識創新等一系列知識創業活動過程。知識創業，或稱知識溢出創業（knowledge spillover entrepreneurship），是將創業看作是知識溢出的一種形式，認為知識聚集環境更容易製造出創業機會。根據經典創業理論，創業是一個機會發現過程，知識和決策在其中扮演了重要角色，機會是創業的核心和關鍵問題。

Audretsh和Keilbach的研究（2007）也實證了那些沒有被商業化或沒有被徹底商業化的知識是創業機會的重要來源，這些知識往往是在已經存在的企業中被創造出來的。知識創業作為知識溢出的一種形式和結果，新創企業在將知識付諸商業化的過程中實現了創新的擴散。同時，知識創業過程也是創新能力吸引和凝聚的一個過程。創新能力凝聚可能得益於一些外生性因素如波特鑽石模型中涉及到的企業戰略、需求條件、生產要素等，而核心的內生性變數應是產業知識的吸收與創新能力。從這一點來講，知識創業活動可以

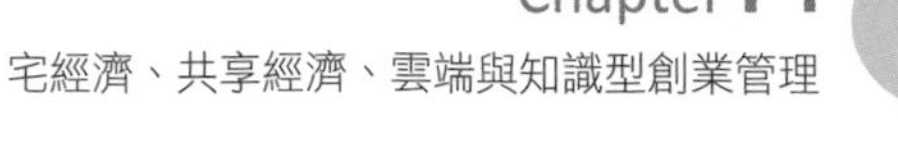

看作是在區域創新網路下形成的若干吸引子，既可能鞏固、拓展現有的創新型集群或創新網路，也可能在一定條件下發育或促成新的創新型集群出現。知識創業的特點在於利用知識、技術和智慧創辦新企業或開創新的行業、新的市場，關鍵在於一個「創」字。事實上，隨著知識經濟的發展，國內外基於知識創業的企業越來越多，根據《2004年最受尊敬的知識企業報告》，像汽車業的豐田、本田；諮詢業的麥肯錫、埃森哲；電子電器業的三星、佳能；資訊產業的微軟、IBM、惠普等；還有具有代表性的知識企業，如海爾、聯想、百度、阿里巴巴等，這些企業或者基於知識和技術創辦新企業、新市場，或者透過自主創新進行企業內創業，透過不斷滿足社會需求和創造高知識價值獲得生存和發展（劉沁玲，2007）。

(二)知識創業的價值（劉沁玲，2007）

一些學者認為，在當今高技術社會中，知識和智慧具有巨大的價值。知識創新、創業形成知識型產業，這些產業之間透過相互帶動作用，形成龐大的、具有強大生命力的知識產業群，它們是提高國家競爭力和推動國家經濟增長的強大動力。**表14-1**為知識創業的價值。

(三)知識創業的特徵（劉沁玲，2007）

根據大量的案例研究發現，知識創業在為社會和經濟發展做出重大貢獻的同時，也表現出鮮明的特徵，如**表14-2**所示。

(四)創新型集群與知識創業關聯（劉沁玲，2007）

一方面，產業的創新型集群能夠培育和促進知識創業活動，並對新創企業的創新行為和創新戰略提供有效的背景資訊，這種背景資訊多是以知識形式存在，為知識創業提供了有力保障與支持。另一方面，知識創業活動能夠對創新型集群發展起到良好的促進作用。創新型集群作為產業集群的一種

表14-1　知識創業的價值

價值	內容	說明
知識創業的經濟價值	1.知識創新、創業使產品產生更高的價值，也使知識創業者獲得更高的經濟利益。 2.知識創業催生高速增長的高科技產業群，在國民經濟中產生相當大的價值總量。	知識創業透過知識的創造、生產、資本化過程，不斷滿足人們的各種需要，實現其經濟價值。知識創新、創業的價值是一種附著在產品上的無形價值，是這種價值決定了一種產品的銷售價格，如技術、設計、廣告等。知識階層透過技術開發、設計使產品的價值增大。在二十年前的世界富豪排名中，前十名幾乎都是石油大亨，而今天排在前十名的世界富豪，一半以上與資訊等高科技產業有關。微軟公司總裁比爾．蓋茨1998年已擁有580億美元的個人財富，而且連續十多年被《富士比》雜誌評為世界首富。知識型企業，像阿里巴巴依靠知識和技術創新均在短期內獲得了高速增長，這些知識創業者也成為中國最富有的人。 20世紀以來，科學理論為生產、科技和產業發展開闢了各種新的道路，加速了新的知識產業群的形成和發展。例如，量子理論的出現促進了集成電路和電子電腦的發展，奠定了資訊產業的基礎；運用相對論原理，形成了核技術，引發了核工業；運用生物學原理髮展了生物技術，並且催生了具有巨大價值的生物產業。這些不僅說明了科學理論在經濟發展中的主導作用，而且科技的發展已經證明，它所形成的知識型產業透過自身的快速增長和對其他行業的影響帶動作用，將為社會帶來巨大的經濟價值。
知識創業的社會價值	1.知識創業不斷創新知識，以改變人類自我生存環境，給人類的生產、生活帶來了極大利益。 2.知識創業對社會變革與產業發展具有重大意義。	以比爾．蓋茨為代表的知識創業者階層的崛起，不僅為社會創造了巨大財富，創造了眾多新的就業崗位，而且為社會發展做出了重大貢獻。作為知識經濟和知識產業的基礎，資訊科學和資訊技術對經濟和社會發展發揮了重大作用。生物科學、生命科學和生物技術是對人類未來的生產、生活產生重大影響的新興科學，奈米科學和技術在當前的研究和應用越來越廣泛，這些新興科學和形成的新興產業對人類的生活和社會發展將會產生更大的影響。以資訊技術發展對社會發展影響為例，電話走進50%的美國家庭用了六十年，而網際網路進入50%的美國家庭僅用了五年。 目前，知識創業已成為社會生產、各類產業發展不斷創新的驅動力和源泉，高科技領域的一個突破，會帶動一批產業的發展。IT業透過不斷的知識創新，帶動和催生了社會其他領域的發展。例如，網際網路的發展催生了電子商務，網路購物又拉動了全球快遞業。可見知識創新創業在形成知識產業群和其他產業中發揮著巨大威力，將帶來深遠的社會變革和產生不可估量的社會價值。

資料來源：劉沁玲（2007）。

表14-2　知識創業的特徵

特徵	內容
依靠知識、技術創新	21世紀的重要特徵是知識、技術創新成為經濟社會發展的主導力量，包括產品研發創新、管理創新、業務流程創新和服務創新等。像微軟、英特爾公司等，不斷進行產品研發和技術創新。沃爾瑪、宜家等零售業的管理創新和服務創新。
創造新的行業和市場	知識型創業者利用知識和新技術抓住機會開發新產品和新市場，而不是為了個人生存而瓜分現有市場。一般來說，這種創新性的機會型創業比那些瓜分現有市場的生存型創業更能夠開發新市場或更大的市場，預期創造新的就業機會更多，推動經濟發展的動力更大。例如柳傳志（創辦聯想）、馬雲（創辦電子商務）等一大批知識型創業者開闢並不斷擴大了中國IT產業市場，並帶動了相關產業的發展。
短期內快速增長	快速增長指的是公司的市值不斷攀高，短期內產生巨額財富和更多的富豪。微軟是依靠知識創業並不斷創新實現高速增長的典型，據美國《富士比》雜誌報導，蓋茨1994年已有83億美元資產，1998年他的總資產已上升到580億美元。正是基於這種與傳統企業增長方式不同的快速增長，使微軟的財富連續十多年全球排行第一。目前，可以看到許多依靠知識、技術創業的企業，他們不但為社會創造巨大財富，為消費者帶來利益，而且他們創造財富的過程、企業成長的方式不是漸進的，而是在短期內快速增長。
引領技術發展和市場需求的最前沿	優秀的創業人才具有深厚的知識基礎，如果努力進入兩個最前沿，創新的機會就大大增加。馮．諾依曼於1945年6月寫的「關於離散變數自動電子電腦的草案」，提出了程式和數據一樣存放在電腦記憶體儲器中，並給出了通用電子電腦的基本架構，這些思想被稱為「馮．諾依曼結構」，六十年來電腦經歷了巨大發展，但仍然沒有脫離馮．諾依曼結構。再如，微軟1995年推出MS Windows，把它建立在PC上，在市場對技術的正反饋作用下，MS Windows不斷作出重大改進，其功能一直遙遙領先。微軟有句名言：「把創新聚焦到客戶最願意掏腰包的那些功能上。」正是依靠這種知識創新、重視原始創新和不斷作出重大改進適合用戶胃口的策略，使其獲得了產品的競爭力和市場的壟斷地位。
快速變革	快速變革是經濟全球化多變的環境中知識創業的一個顯著特徵。他們不僅視變化為機遇，把握市場方向和需求，而且能夠抓住變革的方向和節奏，在變革中取得驚人的成功。英特爾前CEO葛洛夫先生說過，「唯一不變的是變」。變革觀念、變革管理、變革技術、變革創新已成為他們保持領先、持續發展的重要因素。正如被世界稱為「商業教皇」的湯姆．彼得斯所言，最好是將自己公司的內裡完全摧毀，用全新的、大膽的和創造性的方法將它重新打造，而不是用舊觀念打舊仗。
基於創業投資的支持	創業投資旨在促進高技術創新型企業和研究向成熟方向轉化的、以有限合夥為主要形式的投資方式。創業投資家透過發現有潛質的高新技術創業企業，進行股權投資並提供增值服務使其成長壯大，從而獲得高額回報。國內外許多知識型創業者透過獲得創業投資，使自己的企業迅速發展起來。創業投資也直接促進了企業的知識創新活動，對其具有特殊的孵化作用，如美國20世紀60年代的新興半導體產業，70年代的生物技術產業和個人電腦產業，80年代的工作站和網路產業，90年代的網際網路等興起與創業投資對這些領域的支持密不可分。
透過控制知識產權獲得競爭優勢	在全球化環境下，資訊、技術和人才成為新創企業的關鍵因素，也是企業間競爭的焦點，特別是透過對技術和知識產權的占有，使其在市場上獲得競爭地位並控制市場。根據統計，目前全世界有86%的研發收入、90%以上的發明專利都掌握在發達國家手裡，憑藉科技優勢和建立在科技優勢基礎上的國際規則，發達國家及其跨國公司形成了世界市場高度的壟斷，從而獲取大量的超額利潤。例如，阿里巴巴透過吸引來自十七個國家的IT精英，獲得了電子商務的優勢地位。

資料來源：劉沁玲（2007）。

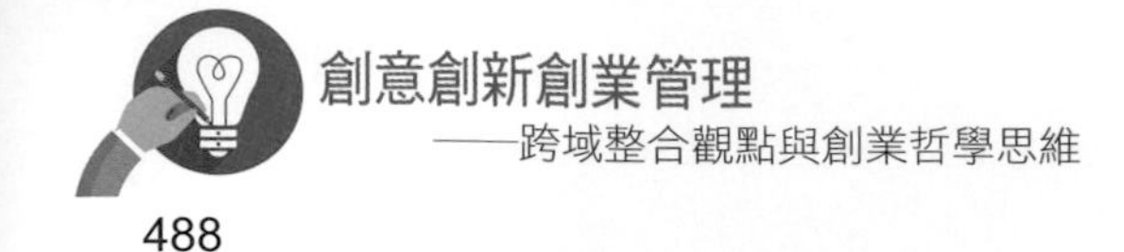

表現形式。在產業集群發展過程中，創業與創業精神作為一種必要的支撐力量，發揮著重要作用，創業精神的湧現大大影響著產業集群邊界的拓展與經濟性質的動態演進。創新型集群與知識創業的核心在於知識吸納與知識創新創造，這也是產業競爭力、區域競爭力形成的核心內生要素（明磊、劉秉鐮，2010）。

五、共享經濟創業小故事

(一)Uber公布空中計程車三年計畫：一鍵呼叫、垂直起降、自動駕駛

「共享飛機」、「一鍵呼叫」、「垂直升降」、「自動駕駛」這些噱頭，Uber要在三年內就讓你看到結果。科技界走到2017年，叫個飛天計程車上班，可以說早已不算什麼傳說。這是早晚的事，只是時間的問題。越來越多的科技公司這樣想著，也在沿著這條道路探索著。但是，在所有這些競爭公司中，Uber想向你證明，它是最有潛力的那一個。今天，Uber在美國達拉斯市主辦一場「飛行大會」上公布了更多細節，尤其是一大票聽起來很「官方」，很「可靠」的合作夥伴——其中包括城市政府、航空製造商、房地產公司和電動充電公司。可以說，一切和「共享飛機」搭邊的機構都被Uber聯合在了一起。下面我們來具體解析一下Uber的這個三年計畫，如**表14-3**所示（PingWest, 2017）。

(二)共享經濟新平台——Screea團團賺

你有想過，你能夠透過介紹朋友到店消費而獲得一筆額外的收入嗎？2016年於AppStore上架的Screea團團賺，短短六個月之間，已在台灣吸引超過五千名用戶。他們致力於將共享經濟的新概念，從台灣推廣到全世界。「共享經濟雖是大時代趨勢，但供應商、平台和使用者這三者之間，往往只

表14-3　Uber的空中計程車三年計畫

計畫	內容
什麼時候能真的有「共享飛機」服務？	Uber今天表示這一天比你想的可短得多，大約在2020年他們將在達拉斯和杜拜向你用這種新的輕型輕型電力驅動垂直起飛和降落的飛機進行這種一鍵呼叫空中計程車的演示。而實際大規模開展這種共享飛機（UberAir）服務可能還需要六到十年。不過就算是這樣，也比我們預想中的要來得快得多。此外，Uber表示它的共享飛機計畫中還包含飛機的自動駕駛。不過，這可能需要更長的時間進行開發和許可申請。
具體怎麼執行？	這種共享飛機服務已經被Uber提前命名為UberAir。用戶現在怎麼用Uber、滴滴、Lyft一鍵呼叫共享汽車，未來就怎麼打開App一鍵呼叫飛機。和共享汽車的拼車服務一樣，未來，共享飛機時你很可能也可以享受價格更加低廉的拼機服務。預計，一架輕型飛機能夠最多載客四人。在大會演示中，Uber以從舊金山機場一鍵呼叫UberAir服務為例進行了演示。目前驅車需要兩個小時的車程才能到達的地方，未來只需要十五分鐘飛行就可以直接到達。Uber會首先幫你打一輛專車把你送到臨近的飛機起降點，再登上一架UberAir就可以了。
最早將在哪裡實現？	按照Uber今天大會上公布的細節，美國達拉斯和杜拜將成為第一批「共享飛機」試運營城市。在達拉斯，Uber還將會和地產商Hilwood Properties探討具體達拉斯國際機場哪裡適合設置起飛和著陸的墊子，也就是被Uber口中的「垂直升降機場」（Vertiports）。不過，在Uber看來，可能在杜拜更容易實現，因為杜拜的政治背景下，不需要過多的層層申報就可以達成合作。
誰參與了這場大膽的共享飛機計畫？	目前，Uber已經和五家飛機製造商簽訂合作合約，一起設計和生產這種輕型電力驅動垂直起飛和降落的飛機（VTOL）。其中Bell Helicopters，最大的商用和軍用垂直起飛降落的飛機生產商表示他們也加入了Uber戰隊。此外，既然是電力驅動的飛機，Uber也需要一個強有力的充電裝置公司。這家被Uber看中並加入共享飛機計畫的公司名為ChargePoint，將負責為Uber的共享飛機服務提供足夠的充電樁。以下為今天展示的飛機充電樁示意圖。 在Uber演示的介紹中，未來六年後，理想狀態下，這種飛機可以做到三分鐘完成80%充電。Bell Helicopter的CEO Mitch Snyder公開表示他知道Uber目前的聲譽有一些問題，但不認為這樣的聲譽問題會影響整個「共享飛機」專案的進度。「我們負責提供安全性能足夠的飛機。參與到這場關於未來的挑戰，我們都很 

（續）表14-3　Uber的空中計程車三年計畫

計畫	內容
誰參與了這場大膽的共享飛機計畫？	興奮。」他說。其他加入戰隊的飛機製造商包括Aurora Flight Sciences、Pipistrel Aircraft、Embraer和Mooney。這些公司的高層會在接下來幾天Uber的這場飛行大會上進行更多的細節透露。
Uber為什麼要開展共享飛機服務？	對於這點，Uber的產品長Jeff Holden發表了自己的看法。「這種能飛的計程車代表了整個城市的可移動性，可以減輕路面擁堵和交通造成的汙染，讓人們從這種擁堵中解放出來。」從眾多飛行汽車、空中飛的，共享飛機的想法和實踐中，Uber不是唯一一個。像Uber一樣進行全力研究飛行汽車的公司不少於十二家，其中也包括Google創辦人賴瑞．佩奇投資的Kitty Hawk，空客公司早前在日內瓦車展提出的「Pop.Up」陸地空中可以切換的自動駕駛飛行汽車等等。不過，這種需要打破常規法律法規才能真正落地的科技可能誰也沒有「野蠻」的Uber更得心應手了吧！

資料來源：PingWest (2017).

有供應商和平台能享受到利益」。創辦人William蔣明達向我們分析：「消費者介紹親朋好友到店家消費，為店家帶來新的客戶，卻沒有從中獲得任何利益，於是，我們想透過這種新的商業模式，幫助消費者取得他們應得的那份利益。」（林亮維，2017）

Screea的商業模式非常有趣，是透過該平台專用的虛擬貨幣，依照顧客消費金額進行點數累積。這種貨幣在三個共享者——Screea公司、店家和顧客之間流通，按照一定的轉換率互相分享利益。當點數累積到三百點以上時，消費者便可透過App將點數兌換成現金，或是兌換公司提供的其他高價贈品。「我們是做廣告起家的。很多人以為我們是傳銷公司，但實際上我們並沒有『銷』。」擁有律師背景的William介紹。他們從Uber的推薦碼制度獲得靈感，將Screea製作成需要透過友人推薦碼（screeatw）才能加入的軟體平台。「每當推薦一名友人消費，你便能從消費金額中獲得一成的回饋點數，累積到一定量之後就可兌換成現金。」這種多層次的返利分潤模式，可以說是Screea與其他共享平台最大的不同處。除了本人（一層）及友人（兩層）能享受到利益之外，相同規則也可適用在友人的友人（三層）、友人的友人的友人（四層）……最高可以延伸到五層（林亮維，2017）。

成立剛滿半年的Screea，雖然資本額僅有250萬，團隊成員也多為業務背景，但他們對於未來卻有著十分長遠的規劃。「我們最近在跟元大、陽信銀行洽談合作，同時也在準備第二版App的發布。預計將會增加韓文、西班牙文和泰文，進一步改善推薦碼制度，並加入查看消費習慣和Nearby的功能。」截至目前為止，團隊表示已經為合作店家帶來800萬營業額，2017年，William對自己訂下極具成長力的目標。他希望全球合作店家數達到一千家，並將用戶數擴展到十萬。「不論做任何事，我都是投注百分之百的心力。」William希望能將Screea打造成能與國外Uber、Airbnb相抗衡的新平台，將朋友間相互分享的消費新型態推展到國際。這是他在新的一年，對自己最大的期許（林亮維，2017）。

服務的創意來源，是因為發生什麼事情而有這樣的想法？我常常被朋友問：哪裡好吃哪裡好玩？每當我推薦一個地方的時候，該業者對我並沒有和感激或是答謝。但是被我介紹去的人往往都會在社群媒體上打卡上傳照片。我其實接間幫了該業者做了業務、廣告、行銷，但是我卻沒有任何好處。於是我就想到傳銷模式以及共享經濟。我將這兩個結合一起把傳統的傳銷以及現有的共享經濟模式的缺點去除掉，而想出一個既不用額外再花不必要的錢，且服務供應者＋平台＋消費者三贏的勝利模式（林亮維，2017）。

希望提供這個社會什麼價值？希望解決什麼樣的問題？目前廣告行銷沒有一個可以達到保證100%轉換率。更沒有廣告業保證無效退費。就算是有曝光，但是不代表曝光率＝消費力。對店家來說，廣告費用不是問題，而是是否有效果。因此Screea模式是先把客人帶上門，再跟店家收取相關費用。對消費者來說，出門在外，花錢是難免的事。無論與朋友聚餐 或是買東西，都會有一筆開銷。有了Screea，花錢的同時還可以存錢，這不是一個很好的事嗎？而且，更厲害的是，別人在消費的時候，你依然可以賺到錢。若仔細想想，若是你可以從你所有朋友的消費金額內都抽1%的佣金，越多朋友一起累積，積沙成塔，是一筆很可觀的數字。重點是，這錢還不是從朋友身上賺，所以跟以往的傳銷完全不同（林亮維，2017）。

(三)食衣住行育樂　共享經濟

◆共享經濟正夯 挖掘千億美元商機？（財經新視界，2015）

「共享經濟」在全世界發燒！從國際企業推搭車的Uber、住宿的Airbnb；到國內的共廚平台Guest What，以及二手衣物買賣的二次時尚等，包括食衣住行育樂金融等領域，都能「共享」，預估全球商機可上看6,000億美元。國外多個知名共享企業，是如何挖掘其中商機？台灣中小企業適合做「共享服務」這門好生意嗎？共享經濟商機多，爭議也多，包括安全、保險、稅制等法規，台灣都還存在諸多歧見，該如何規範共享經濟，才能兼顧產業發展跟使用者安全呢？

◆「食衣住行育樂」的專業共享平台　鐘點大師正式推出（nownews，2016）

共享經濟時代來臨，「鐘點大師」網路平台讓消費者大眾，隨時隨地都能在平台上找到各行各業專業大師解決生活中大小事，而只要有專長，一個帳號、三個步驟、五分鐘以內，就能輕鬆刊登服務。鐘點大鐘點大師與美國納斯達克（NASDAQ）上市的新浪台灣聯手合作打造國際級嶄新的服務型入口網站平台，讓消費者能夠隨時透過線上諮詢及面對面等雙軌形式，享受多元而便捷的專業服務。

◆世界知名人士與人氣品牌進駐（nownews，2016）

「鐘點大師」讓國內外消費者，隨時隨地都能在平台上找到各行各業專業大師解決生活中大小問題，只要有專長，人人都能在平台上不限數量、免費刊登自己的時間，隨時隨地提供線上諮詢或面對面的專業服務，平台收取20%交易服務費。目前平台上已有上百名包含食衣住行育樂的專業大師加入鐘點大師行列，其中也吸引了知名人士，像是世界排名第七品牌與創意大師包益民、性感主播楊伊湄、世界小丑冠軍快樂先生、知名模特兒石熙等都有提供個人專業服務，另外包括知名品牌：WUWOW（行動英文）、潔客幫（居家清潔）、土女時代（土耳其觀光諮詢）、安適樂（輪椅接送）、肩

天下（中式到府按摩）及RRC（超級跑車租賃）等超過數百項的各行各業專業服務，鐘點大師除了有別於以往複雜與冗長訂購流程以外，各家業者均表示，透過鐘點大師可以讓他們更方便、快速的擴展更多客群，也能因此增添更多創新的服務給消費大眾，形成大師與消費者雙邊互惠的服務模式。

◆目標三年亞洲最大以「食衣住行育樂」的服務型入口網站（nownews，2016）

在產品發表記者會上，財團法人資訊工業策進會產業推動與服務處副處長洪雯娟、行政院青創基地計畫主持人李達生、鐘點大師執行長姚長安、新浪台灣內容總監楊惠菁及多位大師一同分享使用鐘點大師的創新經驗及帶來的效益。其中鐘點大師執行長姚長安特別指出，鐘點大師甫上線就獲得國際大型公司的支持，目前也持續積極擴展優質大師數量，目標三年內讓鐘點大師（連結：hourmasters.com）成為亞洲最大服務型入口網站平台，讓全世界的人「只要有網路，就能夠提供專業服務」

◆食衣住行育樂 未來生活少不了它（王怡棻，2016）

共享經濟大爆發3,350億美元大餅誰搶得到？若問，未來最可能的新經濟模式是什麼？共享，無疑是許多人心中的答案。當台灣還不知道如何處理崛起的Uber或Airbnb時，在美國，超越住與交通，「共享經濟」（Sharing Economy）已經成為許多人生活中的一部分，展示了未來的生活與工作模式。

需要接送服務時，不是撥電話叫計程車，而是打開手機App找Uber或Lyft。出外旅遊的住宿，不是訂連鎖飯店，而是從Airbnb找房源。出遠門時，家中愛犬不住寵物旅館，而是到Rover.com與DogVacay.com找兼差的狗保母。不想出門購物，就用TaskRabbit找空閒的人為你代勞。共享經濟是近年火紅的新經濟模式，不論食衣住行育樂，都出現前所未見的共享商機。根據顧問公司PwC估計，共享經濟的全球產值將由2013年的150億美元，在2025年增加到3,350億美元，與旅館、租車、租DVD、租工業設備等傳統租賃領域不分上下。

◆Uber不僅接送 還推出宅配、送餐服務（王怡棻，2016）

「現在正是第一波共享經濟的高峰」，矽谷知名加速器Founders Space創辦人霍夫曼（Steve Hoffman）分析，共享經濟之所以大獲成功，是因為它充分利用了過往閒置的資源，如房間、車子、人力、時間等。又因為提供的價值相對獨特，價錢又比傳統服務便宜，因此大受歡迎。而它蓬勃發展的關鍵觸媒，非網際網路莫屬。霍夫曼指出，「若沒有智慧型手機，共享經濟不可能普及」。網際網路讓人們可以輕易把閒置物件公告周知，有需要的人也能輕易瀏覽搜尋，當平台上供需透明，雙方的連結就水到渠成。2008年金融風暴重創全球經濟，也為共享趨勢推波助瀾。「現實的壓力，讓許多人願意大膽試用新平台來賺取外快收入」，舊金山的Airbnb房東關家儒回憶，金融海嘯時許多人丟了工作，靠出租房間、或開車接送的收入，生活才過得下去。

共享經濟中，最具代表性的新創企業，無非是Uber與Airbnb。2009年坎普（Garrett Camp）與卡蘭尼克（Travis Kalanick）在舊金山成立的Uber，目前估值已超過600億美元，居科技業「獨角獸」公司之首。服務範圍遍及70個國家、477座城市。每月都有數以萬計的人新加入成為Uber司機。Uber的業務也從搭乘接送、共乘，延伸到包裹、餐點的配送服務，甚至與卡內基美隆大學合作投入無人車的研究。「許多人看好Uber，因為它的執行長卡蘭尼克非常敢衝！」一位新跳槽加入Uber的工程師表示，卡蘭尼克不僅自信且霸氣，明知各地方有法律限制，還是不顧一切阻撓的大舉拓點，因此很快成就了Uber的規模經濟。

◆Airbnb觸角延伸全球190國（王怡棻，2016）

至於2008年成立的Airbnb，也一樣成功，觸角延伸更遠。已在全球190個國家，34,000個城市都有房東。包括一般住宅、別墅、城堡、巴士、私人島嶼，甚至樹屋的房源，總計超過200萬筆，是萬豪、希爾頓等連鎖飯店房間數的數倍之多。這個由徹斯基（Brian Chesky）和傑比亞（Joe Gebbia）等三位創辦人成立的公司，目前估值已達255億美元，超越全球旅館業龍頭。

走進位於舊金山SoMa區的Airbnb總部，隨處都可以感受到公司強調的共享精神。它將召開中型記者會的舞台，布置成創辦人當初拿來出租的房間。每間會議室都是全球特色房源的復刻版，有的像帳篷，有的像KTV，有的擺滿綠油油的盆栽，有的則充滿濃濃摩洛哥風。在Airbnb總部，所有空間都是全員共享。員工沒有專屬座位，到了就挑一個舒適角落坐，把包包塞進旁邊的儲物櫃即可。公司也鼓勵分享善意，在公共空間提供Airbnb自製的精美卡片，員工可免費寄感謝卡給公司任何一個幫助過他的人。

連Airbnb最新推出的「旅遊指南」（Guidebook）服務，也是基於同樣理念。「『旅遊指南』是共享經濟的延伸」，執行長徹斯基對《遠見》表示，不少Airbnb屋主在分享房源外，也樂於分享當地的私房景點。「旅遊指南」平台讓旅人可參考屋主的推薦清單，規劃體驗在地特色的行程，讓屋主的在地經驗產生更多價值。展望未來，霍夫曼認為，當人工智慧與機器人技術成熟，雄心勃勃的創業家就會利用這些新技術，創造出第二波共享經濟，帶來更多機會與創新。

◆宅文化與快送市場的興起（lalamove, 2015）

每天都有五花八門的資訊，從手機、平板、電腦、電視，四面八方湧入。不僅如此，網路新興平台的「媒合實體服務」更是令人眼花撩亂，食衣住行育樂，無所不包。也因為如此，人們解脫於世俗外務的牽絆，更能投身於自己的愛好。調查發現許多國家青少年人更喜歡宅在家裡，沉迷於自己個人的興趣，而非從事戶外活動。現代人猛然發現，自己的生活似乎，越來越和人們說的「宅男」靠攏了。儘管這種宅文化始興起就頻頻遭到與社會脫節等輿論指責。但宅文化在全球似乎正悄然成為一種時尚，引領著電影、動漫和網路文化的潮流，而且意外地促進外賣、快送等行業的興起。快送行業的發展在時代的巨輪下有了很大的變遷。中國最早有規模的快送行業，可追朔至明朝的「鏢局」。鏢局的運鏢，只限定奇珍異寶，不運普通物品。因此必須要有會功夫的人保護才能完成。然而現今物流只要是「物品」就能運輸，運貨人有駕照就行了。

故隨著時代文化的變現，快送行業變得更平易近人，「宅文化促使外送需求大增，快送不再限定貴重物品！」便當、衣物、日常用品……，現在的快送無所不包。且快送的速度，從上古的走鏢幾個月，再到一般宅配保證七日到貨，甚至最新的即時物流平台lalamove，主打雙北地區九十分鐘到貨。宅在家的風潮越大，快送市場越興盛，快送越趨即時。足不出戶一樣「食衣住行育樂」一手包辦。

「共享經濟崛起，快送人人都能來！」共享經濟——「把多餘的資源，分配到需要的人身上」。平時在路上跑的貨車、機車，有多餘的空位便能送貨，何需再僱一個外送員，再養一輛車送貨呢？藉由共享經濟平台，媒合適當的車輛，降低送貨成本，對送貨員亦是補貼油錢的好選擇。

「消費鏈扁平化，快送成了關鍵！」以往的大盤至中盤、小盤再至零售商，的消費生產模式。隨著網購、網路拍賣的崛起，實體店面的縮減，快送扮演了十足重要的角色。網拍店家合作快送的速度、品質，影響客戶的回流率。宅文化促使了網購、外賣的興起。快送的需求急遽增加，快送的品質與速度也嚴苛地被客戶檢視。二十四小時營運、三十分鐘到貨、高品質的貨運，將會解決龐大宅文化衍生的市場需求。懶人的時代來臨，即時快送市場也來到了戰國時代，群雄割據，誰能勝出？

◆「你的就是我的」 共享經濟的窮忙族（新新聞，2016）

零工經濟崛起，二〇二五年共享、傳統兩分天下

拜科技之賜，「共享經濟」滲透到生活的食衣住行育樂。然而，「共享」這個美麗口號和理性的說詞，掩飾不了共享經濟的缺陷。不只消費者，勞動者也面臨風險。零碎甚至隱形化的工作，催生了窮忙的新無產階級。話說女人的衣櫥總是少一件衣服。四名好友腦筋一動，在米蘭創立了「我的祕密著裝室」（My secrect dressing room）網站，參與的姊妹們分享私藏的名牌服飾，變裝選擇多，原本不見天日的衣飾也有再度亮相的機會。私廚為網友聚餐烹調，沙發衝浪客和Airbnb讓「我家就是你家」。共用腳踏車外，共用汽車像是米蘭壅塞交通、停車一位難求的救星。

共享經濟的溫馨宣傳

音樂、訊息、書籍、課程……，隨著社交媒體蓬勃，不斷衍生出各式各樣的分享形式。在2013年時，與旅館、計程車等傳統租借產業的2,400億美元營業額相比，共享經濟只有150億；推估到2025年，全球市場中傳統與共享可望兩分天下。感性的共享口號「我的就是你的」，彷彿四海一家，每人都像心胸開放、慷慨的善人，而非牟利商人；而在理性上，共享經濟善用了閒置資源，捨棄中間人、配置更有效率。原本只是為家人備餐飯的家庭主婦，多擺上一副筷子或是多準備一個餐盒，就能以分享之名，讓廚藝和飯菜都有了價格，進入市場交易體系中。每個人都可成為小企業家。然而，美麗的口號和理性的說詞掩飾不了共享經濟的缺陷。加拿大人林德賽（Matt Lindsay）赫然發現，他前一晚搭乘的優步（Uber）要價800歐元，因為當時叫車人遠高於供給量，價格是一般時段的數倍。不夠公開的價格演算式可能改進，但有時傷害不是金錢可以解決的。史東（Zak Stone）和家人借宿Airbnb的出租屋時，倒下的大樹壓死了他父親，求償困難。沙發客的性侵、偷竊事件也時有所聞。

零工經濟勞動沒保障

共享經濟的癥結在於結構，交易更缺少保障，不只消費者，勞動者也面臨風險。美國民主黨總統參選人希拉蕊（Hillary Clinton）便說：「共享經濟確實在締造新的經濟機會、令人振奮的創新。」隨即話鋒一轉，「但也衍生出許多工作保障的問題，必須深思何謂未來的『好工作』。」共享經濟又稱「零工經濟」（gig economy），勞動更加支離破碎，福利制度付之闕如，尤其對主要收入來自共享經濟的勞工，問題更加明顯。雖然提供靈活勞動的平台，參與者都是自由彈性的小老闆，但是與在eBay上開店的商家相比，共享經濟下的司機、管家、送貨員更覺得自己的身分是雇員、勞工。在美國擔任優步司機一段時間的坎貝爾（Harry Campbell）說：「一開始確實覺得自己像老闆，但慢慢地，優步開始控制工作。」他不能自由設定車資，並受到嚴格的評分系統規範。工會勢力強大的法國、德國和義大利，因為計程車司機抗議，紛紛限制優步營業。即使在最強調自由競爭的美國，優步司機也一起爭取勞動權益，今年發起集體訴訟，爭取被聘為員工的合約。新經濟模式逐漸往舊經濟的保障模式靠攏。印地安那大學（Indiana U.）的研究員格雷（Mary Gray）指出：「儘管這些平台堅稱他們只是為數字勞動力打開了『市場』或帶來『商機』，但勞動者仍然有一種工作場所認同及群體意識。」

市場與科技聯手打造窮忙族

義大利的美食聲譽不僅來自產地和廚房的高超技藝，還有餐桌上的分享。打著「社交共食」的旗幟，雅磨（Gnammo）開業四年後年營業額達200萬歐元，屬意菜單並預定座位後，食客就與廚師共享佳餚。創辦人李岡（Cristiano Rigon）說：「現場不付費，因為這是像朋友般的聚會。」參與者透過Paypal付款，其中雅磨抽成12%，在共享經濟沒有白吃的午餐。「社交共食和地下經濟的界限在哪？」義大利的稅務官員質疑。此外，長期供食給陌生的「朋友」，但沒有比照餐廳申請衛生執照，也是遊走在法規灰色地帶。科技讓人與人的聯繫更容易外，共享經濟也讓市場機制進一步滲透到私人生活。加拿大的科技專家史力（Tom Slee）表示，所謂共享經濟事實上是「你的就是我的」，「以社群、人與人之間互動為起點的經濟模式號稱是永續、共享，如今已經是華爾街金融家的遊戲，讓自由市場的機制介入個人的生活中。」在集體分享的糖衣下，是更嚴峻、更加去管制的資本主義。建立信用或是互惠的評分機制，讓使用者受制於優步或Airbnb的平台監控。

以交易成本（transaction cost）理論奪得1991年諾貝爾經濟學獎的寇斯（Ronald Coase）點出先前經濟學假設的缺陷。「如果生產活動都由價格決定，不需要任何組織也可以生產。」他問：「若是如此，為何有廠商的存在？」如今市場與科技聯手降低交易成本，廠商在數位零工時代的中介組織功能退化，勞動的供給與需求在平台上直接達成交易。零碎的勞務外，評價、按讚等看似微不足道的舉手之勞，在社會學者卡西立（Antonio Casilli）的眼中也是勞動，「用戶的網路痕跡都可以稱為工作，因為這些都有價值，可以在市場上販賣。數位工作的發明者天才之處是，這些工作永無止境，每一天、時時刻刻，但工作者一點也不感覺到被異化。」零碎甚至隱形化的工作，催生了窮忙的新無產階級，但生產者仍不自覺，還自以為是占了便宜的消費者。

東西方創業哲學家個案深度分析

一、全球最大的電子商務網路暨零售公司創辦人——阿里巴巴馬雲

二、全球最大的網路購物網站創辦人——亞馬遜傑夫・貝佐斯的創業哲學

三、東西方創業哲學之比較研究分析

以下將分析探討東西方創業哲學案例包括：(1)東方中國阿里巴巴的創辦人馬雲；(2)西方美國亞馬遜的創辦人傑夫·貝佐斯。最後進行東西方創業哲學之比較研究分析。

一、全球最大的電子商務網路暨零售公司創辦人——阿里巴巴馬雲

資料來源：http://www.appledaily.com.tw/realtimenews/article/new/20160229/805569/

資料來源：http://tech.163.com/14/0507/04/9RK8UK6S000915BF.html

(一)阿里巴巴馬雲的創業哲學

東方創業教父馬雲是農民致富、年輕人成功的推手，也是以網路思維改變社會的革命者。憑藉著永不放棄的堅持，歷經三次創業，從B2B、C2C再到B2C，建立起龐大的電子商務生態系統（ecosystem，產業鏈）、提倡以大數據（Big Data）提升服務。後天的努力讓他成為首位登上《富比士》（*Forbes*）雜誌封面的中國大陸企業家，他也是比爾·蓋茲（Bill Gates）退休受訪時，口中的「下一個比爾蓋茲」。35歲那年，在杭州公寓中帶著其他十七位夥伴創立阿里巴巴網站（alibaba.com）。是《富比士》第一次選用中國大陸企業家為封面人物的對象。馬雲的成功，關鍵在於以網路思維建構產業生態系統，以「讓利與人」的原則，先幫客戶賺錢，讓年輕人憑藉在淘寶網開店而創業致富，並且創造中國大陸的農村就業機會，成為社會改革的力

量（經理人月刊，2014）。

阿里巴巴成立僅僅三年就已獲利，馬雲領導的電商帝國年成交總額（Gross Merchandise Volume, GMV），已經大於eBay和亞馬遜的總和。而今，他將帶領阿里巴巴從IT（Information Technology，資訊科技）走向DT（Data Technology，資料科學）持續轉型。讓人們的未來生活更好。1994年，網路趨勢專家凱文．凱利（Kevin Kelly）曾經預測，當網路連結每一部電腦並且出現網路商務平台時，就會徹底改變傳統的商業行為和我們的生活與做生意的方式。而亞馬遜、阿里巴巴經過多年的耕耘，已經實現當年凱利的預言（經理人月刊，2014）。

馬雲說：創業家精神是人類進步的主要驅動力之一，但是，「絕大多數人其實是不適合創業也不應該創業的」，為什麼這麼說？「每個人都應該要創業」不代表「每個人都能創業成功」。很現實的，當今的金融體系之下，人人都是S的理想世界已經不可能發生（也就是每個人貢獻自己的專業，創造價值，然後用這個價值去跟別人交換其他有價值的事物），因為永遠有更勤勞的人和更懶惰的人、更聰明的人和更愚鈍的人，所以目前的世界只可能有一種結果，那便是由少數的精英分子掌握資源、制定規則，去管理好剩下的那些普羅大眾。所以我們只剩下一個問題：「誰有資格成為那少數的精英分子？」，也就是說，站在最大期望值和最高總產值的角度下，絕大多數人其實更適合也更應該去當被管理的普羅大眾，因為即便只是顆小螺絲釘，你一樣在為這個世界貢獻價值。所以這個世界就不需要創業家了嗎？也不是，這個世界非常需要創業家，羅勃特清崎說過：「今日世界上需要更多的創業家，創造更多的就業機會，而非創造出更多需要工作的人們。」馬雲說：我還是鼓勵你創業，在創業的過程中，磨練自己的能力或認清自己的斤兩；在上課的過程中，觀察並避開別人的缺失或認清課程背後的真正目的（東方音像，2007）。

馬雲說：雖然絕大多數人其實是不適合也不應該創業的，但是我永遠會對所有不怕死還是堅持要創業的人，致上我最高的敬意和祝福。不過我是鼓勵你創業，不是鼓勵你投資。創業和投資是完全不同的兩回事，千萬不要混為一談，雖然它們的成功機率一樣都很低。創業有極小的可能會致富，但是投資從來不會致富。富比世排行榜裡，扣除靠繼承上榜的，和一個特例中的特例——華倫·巴菲特外，清一色是靠創業上榜的。在華人眾多傑出的創業家中，馬雲的經歷極具傳奇色彩。他31歲第一次創業，33歲第一次創業失敗，35歲第二次創業失敗，41歲創立阿里巴巴。馬雲說：「100個人創業，有95個連怎麼死的都不知道……市場不是亂世的江湖，創業不是俠客的遊歷，它需要我們在各個方面做好準備。」最後，以下幾種人將會被下一個時代給徹底的淘汰（東方音像，2007）：

1. 只會一種專業技能的人，因為永遠有更便宜、更有衝勁的人可以取代你。
2. 單純在賣時間、混吃等死的人。例如：老闆交待了一件事給A員工，過了三天，老闆覺得怎麼沒有下文，於是向A員工詢問，A員工此時才回答：「喔，因為碰到XXX問題，所有沒辦法做……」。
3. 只在乎眼前的利益、斤斤計較的人。
4. 不肯腳踏實地，只想一步登天的人。

相對的，哪些人能夠在下一個時代占到一個比較好的位置？

1. 擁有兩種以上專業技能的人，例如：會做美工和行銷的網路工程師、懂多國法律的會計師、懂多國會計的律師、懂管理和會計的業務主管……。
2. 有獨立作業及解決問題能力的人，例如：老闆交待了一件事給B員工，隔天，B員工主動向老闆回報：「這件事碰到XXX問題，可能的解決方式有三種，分別是……，您看要用哪一種好……」。
3. 肯學習、肯吃苦、不計較眼前利益的人。

(二)馬雲的經營管理哲學

◆751行行出狀元（孫世陽，2016）

馬雲白手起家，一手打造出中國大陸的電子商務服務，而馬雲在哈佛大

學竟然說，沒錢（no money）、沒技術（no technoloy）、沒計畫（no plan）是他事業成功的最重要三項關鍵因素，沒錢，所以他花錢都很小心、很小氣，所以比較不會出錯。沒技術，他因為沒有技術背景，所以公司開發出來的使用者介面，都須經過他試用，覺得很容易使用後才會推出來，讓廣大的網路新手都能容易上手使用。沒計畫，馬雲曾經花了三天時間，為一家台灣的創投公司寫過一份經營計畫書（business plan），但是被挑剔得體無完膚，後來他就再也不寫經營計畫書了，因為新創事業須隨時因應客戶的需求，隨時調整經營策略與方針。

產業革命永遠由具有下一世代觀念的人來推動的，上一世代經營相當成功的人，很難在下一世代產業中成功，電子商務是靠創新、希望、夢想來賺錢，電子商務提供B2B、B2C或C2C的消費模式，大幅減少傳統中間商的剝削，最成功的企業，講求的是價值（value）而不是價格（price），所謂夢想（dream），就是當前沒有任何人覺得它可以實踐的想法，沒有人可以一夜創業成功的，馬雲創意的目標是讓天下沒有難做的事。創業最快樂的是讓客戶賺錢、讓競爭對手變聰明，多聽真話，多探討別人的失敗經驗，新經濟提供更開放、更透明、更公正的經營環境，李嘉誠的經營觀念是「建立自我，追求忘我」。

◆馬雲的人生哲學：創業人生（郭明濤，2010）

馬雲是位無人不知無人不曉的企業家，他花了七年的時間創建了全球電子商務第一品牌——阿里巴巴。開創了「網商新時代」的經營，成為網路中的「拿破崙」。他也是第一位登上知名的《富比士》雜誌封面的中國人。可見馬雲有多厲害。在這本書裡有馬雲很多人生哲學，而這句話讓我印象深刻——「記得別人的好，忘記別人的壞。」他為此句話舉了一個真實例子。某個一家資產達千萬元的公司老總，他從小就是個棄兒，換了三個家庭，都過得不是很好，有時罵他，有時打他，最後他遇到了跟他同樣處境的小孩，與他們生活。長大後，他創建了屬於自己的公司，慢慢地有房子和車子等，但唯一缺少的就是父母的親情，所以他決定將他的三對養父母接與自己住，一樣叫著他們「爸爸，媽媽」。他的助理是他流浪時的朋友，助理知道此事後，對他說：「你是不是瘋了，他們曾經對你那樣無情，你還如此優待他們？那些虐待你的事情你都忘記了嗎？」他回說：「是的，我想我都忘記了。若是我只記得他們的壞，那只會讓我過得更不快樂，我不想這樣。記住他們的好，會讓我覺得自己就是這個世界上最幸福的人。」在馬雲的人生哲學中，主要不是教我們如做事，而是如何做人，一切的起源都是從做人開始，如果連人都做不好，那這個人做的事也不會好到哪裡去。人遇到瓶頸時也不要輕言放棄，把握機會突破困境，不管之後會碰到什麼事情，都能撐下去。如果一個可以把「人」做好的人，做事情也能夠不輕易放棄，時常把握機會，那他的成就一定不凡。

◆馬雲管理哲學

馬雲雜談成功者的經驗如下（高強，2011）：

①創業啟蒙

馬雲說：「100個人創業，有95個人連怎麼死的都不知道……。」殘酷的市場面前，馬雲活了下來，成為創業者們夢想中的財富奇蹟。可誰又能想到他成功背後的辛酸艱險？畢竟市場不是亂世的江湖，創業不是俠客的遊歷。創業之路充滿未知的險阻，您是否充分考慮過自己有足夠的準備面對這一切了呢？

【馬雲語錄】做人、做事、做企業必須一貫。建立自我、追求忘我。做一份工作，做一份喜歡的工作就是很好的創業。小公司的戰略是兩個詞：活下來，掙錢。五年以後你還想創業，你再創業。創業者書讀得不多沒關係，就怕不在社會上讀書。

【馬雲創業啟蒙論】創業者的品格將直接決定創業的成敗，「成功創業者」必須具備的五大基本素質：(1)優秀的人格魅力；(2)正確的做事原則；(3)恆定的創業夢想；(4)堅定的事業目標；(5)保持做人、做事、做企業的一致原則與方向。

②資本運作

創業時刻，一分錢就能逼死英雄好漢。創業者們似乎都跳脫不了資本的

怪圈，當的是自己的老闆，卻是資本的奴隸，面對著事業剛剛起步，就被資本斷奶，問題究竟在哪？50萬元的成本成就市值近百億的網際網路帝國，六分鐘內融資8,200萬美元，馬雲的手中資本總是掌運自如，秘訣究竟在哪？

【馬雲語錄】最優秀的模式往往是最簡單的東西。很多人失敗的原因不是錢太少，而是錢太多。賺錢模式越多越說明你沒有模式。記住，關係特別不可靠，做生意不能憑關係，做生意也不能憑小聰明。這世界上沒有優秀的理念，只有腳踏實地的結果。一個好的東西往往是說不清楚的，說得清楚的往往不是好東西。

【馬雲資本運作論】(1)資本不是憑關係，而是憑項目。只有成功的項目才具備投資的價值，才能吸引投資者的目光；(2)選擇項目、制定項目的方法就是爭取資本的方法；(3)一個優秀的創業項目是做好而不是做大，更需要注重項目細節的可執行性。

③戰略管理

創業如同建房，腦海中先有房子的形狀，畫下來形成圖紙，按照圖紙選址定位，施工建造，一磚一瓦，終於化為摩天大樓矗立在現實中。戰略通常被創業者們理解為腦海中的雄偉圖像，或圖紙上的先進設計，卻忽略了戰略的本意——實戰實用。

【馬雲語錄】戰略不能落實到結果和目標上面，都是空話。蒙牛不是策劃出來的，而是踏踏實實的產品、服務和體係做出來的。小企業有大的胸懷，大企業要講細節的東西。所有的創業者應該多花點時間，去學習別人是怎麼失敗的。關注對手是戰略中很重要的一部分，但這並不意味著你會贏。

【馬雲戰略管理論】(1)戰略≠結果：從戰略到結果，企業需要落實執行每一個過程的細節，需要落實產品、質量、服務的管理機制，更需要踏實謹慎的態度；(2)關注對手≠發展自身：要關注對手更要發展自身，學習失敗比學習成功更實用，戰略初期要輕功利重發展。

④市場營銷

「營銷」，顧名思義經營在前，銷售在後，經營為本，銷售為末。實踐證明，在商品市場經濟的時代，新產品的壽命不斷縮短，任何時候都有可能會被超越，被取代，營銷正是適應這種新變化而產生的。

【馬雲語錄】「營銷」這兩個字強調既要追求結果，也要注重過程，既要「銷」，更要「營」。免費是世界上最昂貴的東西。所以盡量不要免費。等你有了錢以後再考慮免費。要少開店、開好店，店不在於多，而在於精。有價值觀，沒有業務稱為小白兔，一個公司小白兔多了以後，那就是一種災難。男人的胸懷是冤枉撐大的，多一點冤枉，少一些脾氣你會更快樂。

【馬雲市場營銷論】(1)市場與產品：先瞭解市場需求再開發產品；時刻擁抱市場變化，傾聽客戶聲音，才能在市場利於不敗之地；(2)「營」與「銷」：「營」是過程是影響力，「銷」是結果是數字，二者缺一不可；(3)經營與服務：經營好比經營多更重要；不要盲目免費客戶服務；營銷需要快樂積極、誠信真實的態度。

⑤創意執行

「願為你的一個想法付一千萬」，投資者們常常這樣告訴創業者。「我的想法可以賣到一千萬」，創業者常常這樣對自己說。也許能夠執行的創意離想像中的差了十萬八千里，但請記住這個用一千萬能被執行的創意就是具有一千萬價值的好創意。

【馬雲語錄】我們應該為結果付報酬，為過程鼓掌。文化貫徹是最關鍵的。改變文化很難，但也不是不可能。很多人的問題是因為他們回答的全是對的。公關是個附產品，由於你解決了以後會逐漸傳出去，這才是最好的公關。短暫的激情是不值錢的，只有持久的激情才是賺錢的。

【馬雲創意執行論】(1)創意構想是過程，執行實現才是結果；(2)企業的創意歸根結柢要服務於企業的效益——服務並完善企業的管理、決策、文化、制度、公關等各個方面；(3)不要因為創意而創新，創意最初和最終的目的是為企業創造收益和效益，也更需要貫徹落實、執行到位。

⑥人力開發

創業者也許有多重身分，但最重要的就是領導身分，領導者的意義在於不是一個人把所有的事情都做完，也不是把所有的事情交給別人做，而是帶領別人一起做。創業路上，創業者們不要做孤膽英雄。

【馬雲語錄】最大的挑戰和突破在於用人，而用人最大的突破在於信任人。我不願意聘用一個經常在競爭者之間跳躍的人。多花點時間在你的其他員工身上。有時候學歷很高不一定（能）把自己沉下來做事情。什麼都想自己做，這個世界上你做不完。永遠要相信邊上的人比你聰明。現在你需要踏踏實實，實實在在跟你一起做的人。

【馬雲人力開發論】(1)用人判斷準則：職業道德、團隊意識、學習態度、適合發展；(2)用人遵循原則：平等對待、公私分明、禮賢下士、突破信任。

⑦風險控制

企業是艘船，創業者是船長兼舵手，水手是團隊，乘客是客戶。遇到暗礁與暴風雨，船長應該如何安排乘客、水手、自己的位置？在機會面前懷疑，在困難面前樂觀，相信很多災難都能避而過之，企業之船也將更加穩健地前進。

【馬雲語錄】上當不是別人太狡猾，是自己太貪，是因為自己才會上當。領導力在順境的時候，每個人都能出來，只有在逆境的時候才是真正的領導力。有時候死扛下去總是會有機會的。暴躁某種程度上講是因為有不安全感，或者是自己沒有開放的心態。

【馬雲風險控制論】(1)風險可能：投資風險、逆境風險；(2)風險應對：客戶第一、員工第二、對手第三；堅持下去，永不放棄；吸取教訓，有所放棄。

⑧成功創業

成功是一，失敗是九十九。在現在資訊如此發達的時代，創業者的成功已經不是秘密，他們的成功故事可以不斷複製，印成書、製成光碟、在網際網路上人人傳頌，但是他們的成功經歷卻不可複製，捫心自問，同處相同的環境裡，自己的選擇是什麼？自己的策略又會是什麼？結果又會引向什麼樣的道路？

【馬雲語錄】一個成功的創業者，三個因素：眼光、胸懷和實力。80年代的人還需要摔打，不管做任何事，要檢查主觀原因。永遠把別人對你的批評記在心裡，別人的表揚，就把它忘了。沒有一個良好的過程任何一次成功都不可能被複製。不管你擁有多少資源，永遠把對手想得強大一點。有結果未必是成功，但是沒有結果一定是失敗。

【馬雲成功創業論】(1)成功背後的支撐：制度、人才、執行力；(2)成功必經的磨練：摔打、批評、總結、檢討；(3)成功者的素質：眼光、胸懷、實力。馬雲說：「我無法定義成功，但我知道什麼是失敗！成功不在於你做成了多少，在於你做了什麼，歷練了什麼！」作為這個時代草根創業的代表人物，以及繼續在創業路上的先行者之一，馬雲的企業經營論斷或許不能直接給創業者們帶來成功，卻能給予一個提示，一個視角，一個忠告，一個鼓勵，告訴所有創業中的人們，創業不是孤軍奮戰，處處都有同伴。

(三)馬雲名言中的彩票哲學，馬雲做企業的那些話（80後勵志網，2016）

馬雲名言中的彩票哲學——馬雲關於做企業的那些名言語錄如下：

1.要找風險投資的時候，必須跟風險投資共擔風險，你拿到的可能性會更大。
2.記住，關係特別不可靠，做生意不能憑關係，做生意也不能憑小聰明。
3.不要貪多，做精做透很重要，碰到一個強大的對手或者榜樣的時候，你應該做的不是去挑戰它，而是去彌補它。
4.這世界上沒有優秀的理念，只有腳踏實地的結果。
5.一個好的東西往往是說不清楚的，說得清楚的往往不是好東西。
6.如果你看了很多書，千萬別告訴別人，告訴別人別人就會不斷考你。
7.做戰略最忌諱的是面面俱到，一定要記住重點突破，所有的資源在一點突破，才有可能贏。
8.小企業有大的胸懷，大企業要講細節的東西。
9.有時候死扛下去總是會有機會的。
10.所有的創業者應該多花點時間，去學習別人是怎麼失敗的。

11.關注對手是戰略中很重要的一部分，但這並不意味著你會贏。
12.戰略不能落實到結果和目標上面，都是空話。
13.絕大部分創業者從微觀推向宏觀，透過發現一部分人的需求，然後向一群人推起來。
14.不管你擁有多少資源，永遠把對手想得強大一點。
15.80年代的人不要跟70年代、跟60年代的人競爭，而是要跟未來、跟90年代的人競爭，這樣你才有贏的可能性。
16.商業計畫絕對不是一個銷售計畫，裡面有無數細節，無數人才的運營。
17.戰略有很多意義，小公司的戰略簡單一點，就是活著，活著最重要。
18.必須先去瞭解市場和客戶的需求，然後再去找相關的技術解決方案，這樣成功的可能性才會更大。

(四)創業教父馬雲生意經（林雪花，2010）

這是一本創業聖經，揭秘亞洲最具權力商人——馬雲的練就過程，全球最大的B2B商業網「阿里巴巴」成功心法。

阿里巴巴創辦人馬雲成功心得：

1.今天開始行動你將是下一個Google。
2.世界上沒有優秀的理念，只有腳踏實地的結果。
3.上當不是別人太狡猾，而是自己太貪。
4.世界上最沒用的就是抱怨。
5.與其把錢存在銀行裡不如花在培養員工身上。
6.外行人用尊重來領導內行人。

在中國商業史上，馬雲絕對是一個異類。人們曾經稱他為騙子、瘋子、狂人。他一沒資金，二沒背景，三沒技術，卻用一個創意，加上他一流的執行力、感染力、說服力，還有一流的運氣，讓他取得了石破天驚般的成功。最初，當馬雲這個名字漸漸被國人所熟知的時候，他以及阿里巴巴並未引起我的特別關注。改觀發生在馬雲當了《贏在中國》創業論壇的評委之後。他的聲線並不特別迷人，但他的點評一如他在不同場合的演講那般，富有一種低調的激情，還帶著一絲幽默，睿智的語句不時閃現其間，讓人聽了，嘴角忍不住要上揚。等深入地瞭解了他以及他的創業過程之後，才發現，不知道從什麼時候起，自己已經深深地為他折服。

這個長得像外星人的杭州男人，也有著外星人的智慧。不過，他小時候只不過是一個不被看好的問題少年而已。誰知長大後，竟然成了一個英語很好，又頗受歡迎的大學老師；更出人意料的是，某次出差大洋彼岸的意外「觸網」，讓他的生命從此改寫，踏上了網際網路這條「不歸路」；幾經周折，打造出一個震撼世界的網際網路帝國。他的成功讓很多人跌破眼鏡。想來，還真是「濃縮就是精華」。還有很多人在持續不斷地讚頌他和他的團隊創造出的許多中國互聯網商務的第一，形容他用他的睿智與汗水演繹了一段猶如好萊塢大片一樣盪氣迴腸的傳奇人生。

應該說，馬雲的成就，大家是有目共睹的，但他最打動我個人的卻只有三點：

一是毅力。是那種即便是泰森（前美國拳王）把他打倒，只要他不死，就會站起來繼續戰鬥的毅力，正是這種不死的精神，支持著他在創業的道路上，幾度失敗，幾度重新站起，直到成功。那種不達目的勢不甘休的強硬勁，非常激勵我心。

二是堅持。永遠不放棄自己第一天的夢想，如一頭蠻牛般，認準一條路，一直往前走，即便此路不通，也要把它做到通為止。要知道，在這個處處是誘惑與機會的世界，要認準一件事，並專注於一件事，這本身就是一件極其需要自制力的事情！

三是演講能力。儘管一個人的成功是由多種因素造就而成，但我一直覺得馬雲的成功，他出色的演講才能厥功至偉。對別人來說，可能演講只是發表言論的一種方式，但對馬雲來說，演說絕對是他收服人心的一種武器。因為他的擅長演說，團結了一幫對他忠心耿耿的創業團隊，引來了眾多優秀的行業菁英，降服了不信任他的風險投資，電倒了他的員工，贏來了他的客戶，賺來了自己的名聲。

如今，已然功成名就的馬雲，繼續帶領著他的團隊鑄就「阿里帝國夢」，同時，也積極地與人分享自己過往那些或成功或失敗的經驗與教訓。他是一個毫不吝嗇於幫助他人在商業領域取得更耀眼成績的人。他在個人部落格裡的個人簡介這樣寫道：「滿大街一抓一大把的普通人！不過運氣不錯，智商一般，但是個福將。」很多人說他狂妄，但其實內底裡，他是個再謙卑不過的人，配合他在中國電子商務界舉足輕重的地位，讓其成了網際網路界獨一無二的人物。對於這樣一個勇於創業並取得成功的傳奇人物，以及他帶領的阿里巴巴集團是值得我們深度研究的。他的成就和阿里巴巴成功的模式，我們或許無法複製，但他是如何以一個外行人的身分帶著一幫商業菁英取得成功的，卻值得我們學習。他具體是怎樣一個人？他是怎樣做戰略的？是怎樣找風險投資的？是怎樣打理公司，管理人才的？他為什麼能夠得到那麼多創業者的認可甚至崇拜？他有什麼過人之處等等，都是我們可以透過此書瞭解到的。

(五)阿里巴巴來了：馬雲的80%成功學（楊艾祥，2008）

比爾・蓋茲說：「亞洲的馬雲是下一個比爾・蓋茲。」郭台銘和馬雲見三次面吵三次，卻心甘情願拿錢投資。想從網路賺大錢，你不能不認識的狠角色！從瘋子、騙子到狂人，從6萬起家到市值超過200億美元之電子商務帝國。一個來自杭州西湖旁的平凡年輕人，沒有背景，沒有傲人的學歷，數學成績甚至曾經糟到讓老師說：「你要是考得上（大學）的話，我的名字倒過來寫。」對電腦、網路一竅不通的他，怎麼在七年內打造出稱霸中國的電子商務帝國？為什麼軟體銀行的孫正義信任他，Yahoo!的楊致遠敬重他，而eBay忌憚他？而這樣的他曾說過：馬雲能成功，80%的人都能成功。

馬雲豪語錄：所有人都認定馬雲是狂人，語不驚人死不休。新聞界因此熱愛他，追逐他。可怕的是，他的豪語最後都實現了。2001年，當業界都在為網路泡沫化「寒冬」受苦時，包括阿里巴巴，馬雲說：「互聯網寒冬過得太快。如果可能，我希望能再延長一年。」2003年，在所有人嚷嚷著「搞網路等於燒錢」時，馬雲說：「我已準備了供未來五年燒的錢！」所有人都懷疑阿里巴巴被創投公司左右，他說：「在阿里巴巴這個手術台上，我是醫生，我負責開刀，所有投資者都是護士。我要刀，她給我刀。一切都由我決定，任何人都是我的助手。」2005年，阿里巴巴併購雅虎中國，很多人問馬雲今後怎麼向美國報告，他回答：「楊致遠應該向我報告。我是董事長，他是董事。我是他的老闆。」同年，他在亞太經合組織高峰會上又公開表示：「遊戲即將結束，同eBay的競爭已經提不起我的興趣。」就在阿里巴巴成功併購雅虎中國、在中國網路拍賣市場超越eBay，已然成為中國網路界霸主後，馬雲接著表示，在網路搜索領域，Google是非常強勁的競爭對手，但它在中國還不夠強大……。

綜合上述，歸納建構馬雲創業哲學架構如**圖15-1**。

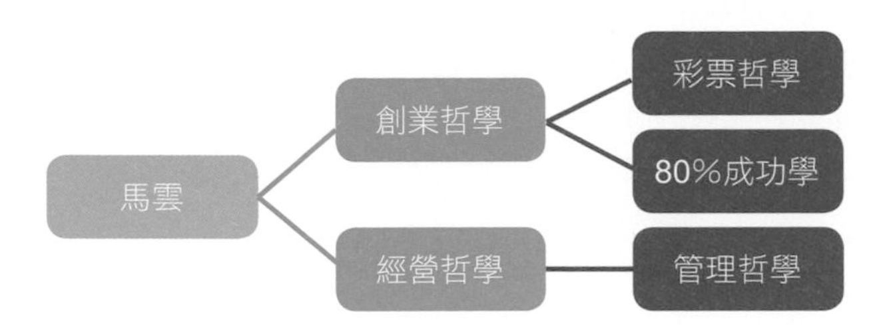

圖15-1　馬雲創業哲學架構

二、全球最大的網路購物網站創辦人——亞馬遜傑夫．貝佐斯的創業哲學

(一)亞馬遜二十年：《哈佛商業評論》認為貝佐斯是最有遠見的CEO（Inside硬塞，2016）

傑夫．貝佐斯（Jeff Bezos）在1995年創立亞馬遜（Amazon）。二十年後的今天，亞馬遜市值已經達到3,400億美元，成為全球最大的網路零售商，全球第二大網路公司，僅次於Alphabet（Google）。亞馬遜的巨大成功也給貝佐斯帶來了驚人的財富。貝佐斯目前仍舊是亞馬遜的最大股東，

傑夫．貝佐斯（Jeff Bezos）
資料來源：www.flickr.com/photos/jurvetson/

在2016年《富比士》全球財富排名第五，個人資產淨值達452億美元。除此之外，貝佐斯是公認的最有遠見的CEO。《哈佛商業評論》如此評價他：He's invented a new philosophy for running a business.一直都對貝佐斯的new philosophy很感興趣。舉一個最直接的例子，自1997年上市以來，亞馬遜的營業收入呈近指數式增長，但在絕大部分時候，都是在賠錢的。貝佐斯是怎麼想的？又是如何說服華爾街和投資人的呢？

◆AMZN數據來源：亞馬遜歷年財務報表

幸運的是，我們可以找到足夠多的資料來瞭解他的new philosophy。描述亞馬遜和貝佐斯的書有好幾本，大部分都寫於2010年以前。公認最新最全面的一本是2013年Brad Stone所著的*The Everything Store: Jeff Bezos and the Age of Amazon*（中文翻譯版：《什麼都能賣！貝佐斯如何締造亞馬遜傳奇》）。

同時，和華倫．巴菲特一樣，貝佐斯也會每年給股東寫一封信，闡述過去一年的成績和亞馬遜的主要經營理念和決策邏輯，這樣的信件共有十九封。此外，我們還可以找到很多他的公開演講和訪談。這些加在一起，給了我們很多關於貝佐斯商業新哲學的啟示。

◆占優戰略vs.差異化戰略

關於戰略的一個經典名言：Strategy is all about trade-offs.作為一個公司，戰略方向是高品質，還是低價格？是用不同的產品占領不同的細分市場，還是專注一個市場，做大單一產品以獲得規模經濟？戰略是折衷，找到最適合自己的方向。亞馬遜的戰略卻並非如此，它沒有在高品質和低價格中二選一。就像是博奕論裡的占優策略（dominant strategy），無論競爭對手如何選擇，亞馬遜都使用它的最佳戰略，從不考慮折衷：同時提供無限的選擇、頂級的購物者體驗和最低的價格。二十年來，這種戰略從沒有改變過。比如2005年亞馬遜推出Prime，允許使用者繳納79美元即可享受免費的快遞兩日送達服務（在當時下單後用戶等待的時間普遍在五天以上）。這一項服務在內部一直飽受爭議。如果快遞公司單筆訂單的成本是8美元，而Prime會員一年有20筆訂單的話，那麼公司一年的運輸成本就會達到160美元，這遠高於79美元的會員費。這項服務對公司來說成本太高，沒有辦法達到盈虧平衡。最終，貝佐斯一意孤行。事實也證明，Prime在接下來的幾年裡取得了巨大的成功。加入Prime的會員在亞馬遜的消費額平均翻了一倍，大量的顧客因為這一項服務成為亞馬遜的死忠粉絲。Prime成為亞馬遜成功甩開eBay的關鍵決策之一。

◆將戰略建立在不變的事物上

瞭解了亞馬遜的占優戰略後，一個自然的疑問是：為什麼將低價、無限選擇和購物者體驗作為占優戰略的核心呢？在2012年的re:invent大會上，貝佐斯給了清楚的解釋：我常被問一個問題：「在接下來的十年裡，會有什麼樣的變化？」……但我很少被問到：「在接下來的十年裡，什麼是不變的？」我認為第二個問題比第一個問題更加重要，因為你需要將你的戰略建立在不變的事物上。在亞馬遜的零售業務中，我們知道消費者會想要更低價格的產品，十年後仍然如此。他們想要更快的物流，更多的選擇。很難想像，會有顧客在十年後跑來和我說：「Jeff，我喜歡亞馬遜，但你們的價格能不能貴一點，或者到貨時間再慢一點。」……所以我們將精力放到這些不變的事物上，我們知道現在在上面投入的精力，會在十年裡和十年後持續不斷的讓我們獲益。當你發現了一個對的事情，甚至十年後依然如一，那麼它就值得你將大量的精力傾注於此。將戰略建立在不變的事物上，貝佐斯不僅將這種哲學應用在零售業務中，同樣應用於亞馬遜的雲計算業務AWS（Amazon Web Services）上。

關於雲計算，方向也很直接。對我來說，我很難想像十年後，有人會和我說「我喜歡AWS，但希望它稍微不那麼值得信賴」，或者「我喜歡AWS，但希望它價格高一點」，或「我喜歡AWS，但希望你能慢一點改造和提高API」，正是基於這種占優戰略，亞馬遜在幾個關鍵的領域持續投入精力和資源，建立雲計算領域的多項優勢。這種戰略使得AWS在雲計算領域攻城略地，微軟Azure、谷歌GCE、IBM Softlayer和阿里雲四家的市占率加起來也不及一個AWS。德意志銀行更是預計2016年亞馬遜AWS的收入將達到100億美元。

◆AWS快速轉動的亞馬遜飛輪

但是，對於很多人來說，提供低價和提供頂級的購物者體驗仍然是矛盾的。其他零售商無法做到，為什麼亞馬遜可以呢？秘密就藏在亞馬遜的財務報表裡，貝佐斯在2002年致股東的信裡，也給出了他的答案。其實很簡單，亞馬遜將大部分與購物體驗相關的成本轉換成了固定成本，如無限的商品選擇、個性化推薦等等。當購物者體驗的絕大部分是固定成本時，隨著銷售額的快速增長，單位銷售額的成本占比快速下降。此外，即便是變動部分，如訂單履行中的殘次品成本，當公司致力於降低次品率時，公司的成本下降，同時購物者體驗依然會上升。和實體經濟相比，網路讓上億的觸及成為可能，而當一個公司能夠很好的利用其巨大的規模，將變動成本轉換成固定成本，會創造巨大的成本優勢。

值得一提的是，與差異化戰略不同，這種在不同領域疊加優勢的戰略，往往會產生1＋1遠大於2的效果。向不同的領域投入資源建立的優勢並不是孤立的存在，它們就像是轉動飛輪一樣，當你啟動這個飛輪，之後使用少量的力量，也能讓它們互相影響，飛輪越轉越快。早在2000年，貝佐斯和他的同事就發現了這一點：貝佐斯與其助理團隊描繪了公司步入良性循環的前景，他們相信這會成為公司發展的強大動力。公司的未來藍圖是這樣的：以更低的價格來吸引更多的顧客。更多的顧客意味著更高的銷量，而且也會把付給亞馬遜佣金的第三方銷售商更多地吸引到網站來。這也會使亞馬遜從固定成本中賺取更多的利潤，如物流中心和運行網站的伺服器。更高的效率會使價格進一步降低。他們推斷，任何一個飛輪只要運行順暢，就會加速整個的循環過程。亞馬遜的管理階層為此感到興奮不已。根據當時亞馬遜管理團隊幾位成員的描述，他們感覺經過多年的錘煉，公司最終領悟了運行的法則。

這是查理・芒格一直強調的Lollapalooza效應的一個生動的例子。正是因為這個快速轉動的飛輪，亞馬遜的營業收入畫出了一個漂亮的近指數式增長曲線。一直以來，很多人都認為電商是典型的流量經濟。流量可以買到，電商間的轉換成本又低，那麼一個電商公司如何建立自己的核心競爭優勢呢？電商公司一定要投大量廣告或圍繞流量布局嗎？我想亞馬遜給了一個好答案。

(二)貝佐斯：「預知未來」經營法則（陳雅慧，2011）

亞馬遜網路商店於2007年推出的電子書閱讀器Kindle，被視為書本的iPod，執行長貝佐斯可能是繼古騰堡發明印刷術改變文明歷史的人，他如何帶領亞馬遜成為全球最大的網路零售業？他還有什麼夢想沒有完成？西元第一個一百年間，東漢的宦官蔡倫發明造紙術，這是中國的四大發明之一。1450年德國人古騰堡（Johannes Gutenberg）發明活字版印刷術。紙和印刷術的發明，讓文字能夠保存和流傳，是人類文明演進重要的轉捩點。數百年後，後代的人類可能會記下另一筆歷史：2007年，美國人貝佐斯開發電子書閱讀器Kindle，人類從此走入無紙閱讀的時代。今年45歲的貝佐斯是亞馬遜網路商店的創辦人兼執行長，1995年亞馬遜以賣書起家，現在已是什麼都賣的全球最大網路零售商。亞馬遜以全世界最長、支流最多、位於南美洲的亞馬遜河命名，正好符合當今網站銷售的產品品項包羅萬象的營運模式。根據

2009年美國《財星》雜誌（*FORTUNE*）的排行，亞馬遜在美國企業當中排名第171，每年營業額有四成五來自美國以外的國家。

◆愛書的虛擬商務之王

貝佐斯不管在專業或是個人生活上，都和「書」息息相關。他很愛看書，太太MacKenzie Bezos是一位小說家，在普林斯頓大學主修文學創作。2006年，她出版了花費八年時間寫成的《路德歐布萊特的試煉》（*The Testing of Luther Albright*），目前在亞馬遜網站的評分是三顆半星。貝佐斯接受訪問時曾說：他希望他的太太是個可以把他從「第三世界國家的監獄」給營救出來的人。他解釋，這樣奇怪的比喻是希望能夠具體陳述他理想的人生伴侶特質：「因為我無法忍受和一個不能策略思考，又不能隨機應變的人相處。」貝佐斯一直不以「最大」、「最賺錢」為使命，他的名言是：It's all about the long term.（全都是為了長期），為了長長久久的將來，他鞭策亞馬遜，永遠走在消費者前面，前方的路未知，所以他得預知和掌握未來。自從30歲決定創業後，貝佐斯就一直是個改寫歷史的創新者。1999年，35歲的貝佐斯被美國《時代》雜誌（*TIME*）選為當年的風雲人物（person of the year），「因為他能預知未來，是『虛擬商務之王』（King of Cybercommerce）。」他也是《時代》史上第四年輕的風雲人物。

◆無可救藥的樂觀主義者

從創辦亞馬遜至今，十多年過去了，貝佐斯原本高高的額頭，從正面看，幾乎變成已故影星尤·伯連納（Yul Brynner）的光頭，所剩無幾的髮絲夾雜了白髮和灰髮，但不變的是他總穿著藍襯衫、牛仔褲和靴子，最愛和Amazon的紙箱合照。

貝佐斯天生無可救藥的樂觀主義，展現在他註冊商標的哈哈大笑習慣上。曾有記者問：「請問微軟想要收購雅虎，你有什麼想法？」「哈！哈！哈！我不知道！」貝佐斯回答。2003年，貝佐斯在德州搭乘直升機，飛行中遇到駕駛員無法掌控的強風發生空難，他只受到輕傷。後來接受《高速企業》（*Fast Company*）雜誌專訪，問到當年瀕死的經驗。「有人說，在臨死邊緣，一生的回憶會快速的在眼前播放。我倒是沒有這樣的經驗，那時唯一的想法就是：『這種死法太遜了！』哈！哈！哈！」哈哈大笑的背後，隱藏的是貝佐斯愛冒險、喜歡當領航者的性格。他是美國《商業周刊》（*BusinessWeek*）網路時代最有影響力的二十五位名人榜中不可或缺的要角。其實，他在網路時代的影響力，已經不太需要更多媒體的評價，他帶給歷史的驚奇也可能還沒有結束。如今貝佐斯能擁有現在的成就，其實來自於他對網路未來的大膽眼光與精準預測。

◆從工程師到最大零售商CEO

1994年，30歲、普林斯頓大學電機系畢業的高材生貝佐斯，在華爾街的D. E. Shaw避險基金公司擔任副總裁，負責設計極為複雜金融工程的電腦系統。有一天，當他發現網際網路的瀏覽人次年成長率高達二十三倍，他認為這是個驚人的新趨勢，而且可能是改變人類的機會。貝佐斯向老闆提出辭呈，和太太開車帶著所有的家當，從紐約橫越美國抵達西雅圖，一路上太太開車，貝佐斯馬不停蹄的撰寫創業計畫。「一年成長二十三倍！我怎能慢得下來！」貝佐斯加重語氣說。在路上，貝佐斯打電話給在西雅圖的朋友，請朋友幫忙介紹一位當地律師辦理註冊登記公司的事務，結果這位朋友介紹了他自己的離婚律師。也就是說，亞馬遜書店的設立和登記，是由一位西雅圖的離婚業務律師所完成。選擇西雅圖，是因為最大的書商物流和最優秀的電腦軟體人才就在那裡。

貝佐斯在出發前就已經選定了，要以賣書作為創業的起點，開啟他改變歷史的序幕。在離開紐約之前，貝佐斯首先到郵購公會蒐集和查閱資料，他發現銷售最好的商品第一名是服飾，其次是食品；書籍則是大約排在第二十名左右。但是貝佐斯自有其獨到分析：書籍的種類比任何郵購商品都多，這正是網路介入最好的優勢，透過網路，貝佐斯有信心可以提供給顧客實體書店無法做到——最完整、最便宜的選擇。當時大型的實體書店大約可以提供十五萬本的藏書，但是亞馬遜在1995年開賣時，銷售的書籍就超過一百萬本。搭著網路經濟的雲霄飛車，亞馬遜創業兩年後就公開上市，1997年在公開上市說明書上，貝佐斯驕傲的向股東公布：「營業額成長838%、客戶人數

成長738%，訂單中五成八是回購客戶。」2000年網路泡沫崩盤，一度讓亞馬遜成為千夫所指的罪魁禍首，股價從百元跌到剩下6元，但是在貝佐斯領導下的亞馬遜，度過了最困難的時刻。亞馬遜成為網路創業的倖存者，同時也在這新興產業，坐穩了龍頭的地位。

◆不顧負面批評的領航者

貝佐斯「預知未來」的創新能力，說穿了其實是老生常談的「專注於長期、沉迷於顧客」（focused on the long term and obsessed over customers）。貝佐斯在亞馬遜1997年公開上市後，第一封寫給股東的公開信中，首次宣示「專注長期、沉迷顧客」是亞馬遜網路商店的兩大信念。往後每一年的年報上，貝佐斯在寫完當年的致股東公開信之後，都會把1997年的公開信附在後面，提醒自己沒有忘記創業最初的承諾。貝佐斯強調顧客的需求至上，亞馬遜首先推出讀者的書評回饋機制，讓讀者可以在網站上自由評論閱讀心得，包括任何正面和負面的訊息，都可在網站上公開分享，這對顧客來說是非常透明的資訊，也形成了特別的社群。但是，此舉曾引起出版公司的強烈反彈：這些出版公司寫信給貝佐斯說：「你根本不懂怎麼做生意，你要把東西賣出去才能賺錢！立刻把那些負面的批評拿掉！」貝佐斯堅持，因為他知道：「若是想要當領航者，就必須能夠在被人誤會的情狀下，還能維持自在。」

亞馬遜也推出Amazon Prime的會員活動，只要付一年79美元的費用，一年當中購買任何商品，都可以享有兩天收到貨品免運費的服務。亞馬遜統計2008年全球的顧客，省下了高達8億美元的郵資。看起來亞馬遜損失不少，但是貝佐斯一向擅長混合「賺錢的和賠錢的生意」，短期來看或許賠了錢，但是長期來看卻培養了死忠的顧客。亞馬遜當初賣二手書的時候，也曾經有許多分析師和出版商的批評，認為同樣的書有便宜的二手書，新書可能會乏人問津。但是，貝佐斯認為剛開始只願意花一點點錢的消費者，以後也會願意花錢買新書。最重要的是，讓他們在每一次的消費經驗中都獲得滿意回饋。現在貝佐斯也堅持：同樣的書，從Kindle下載的版本一定要比實體書便宜。知名的大型出版社無法認同，因此目前是由亞馬遜來吸收這部分差額。

這是貝佐斯一貫的策略，堅持長期目標，犧牲短期利益，最後總能放長線釣大魚。

◆改寫人類閱讀歷史的變革家

「專注長期、沉迷顧客」的貝佐斯現在更進一步要改變人類的閱讀習慣，在他預見的未來裡，「閱讀」這個古老的智識活動，將有全新的面貌。「任何一本曾經印行的書本，不限語言都可以在六十秒鐘內到手。」這是四年前，貝佐斯從長期觀點出發，所觀察到的讀者需求。亞馬遜不是要發明閱讀機器，而是要提供新型閱讀的服務。華爾街的分析師說，Kindle就是書本的iPod。「音樂、影片很久以前就已經數位化，短文閱讀的數位化也在網路發展的初期就開始發展，唯獨書本是最晚數位化的媒體，」貝佐斯接受《新聞週刊》（*Newsweek*）專訪時分享他的觀察。

市場上目前爭奪書本電子化的競爭者不只是亞馬遜。日本的新力（Sony）也曾推出閱讀器，Google和密西根以及紐約公共圖書館合作，將所有館藏的書籍全面電子化，iPhone也推出類似的服務。貝佐斯認為Kindle和競爭者最大的不同，就是它可以無線上網，同時不需要藉助電腦。他從讀者的角度出發，觀察到閱讀是很特別的個人習慣，無法用目前現有的科技產品來取代。譬如用手機閱讀，可能幾個小時就需要充電，而且眼睛會不舒服。書本的質感和排版也是電腦螢幕無法取代。而且閱讀可能發生在飛機上、通勤的路上和溫暖的被窩裡，「這一種很獨特的行為，值得為它量身打造一個數位化的閱讀器」貝佐斯說。

在2009年寫給股東的公開信中，貝佐斯開心的宣布，所有Kindle的顧客回函中，26%的顧客用love這個字形容使用的感受。由此不難想見，紙本書籍未來的命運，似乎在短期間就會有很大的變化。它挑戰人們的閱讀習慣、出版習慣，甚至未來作者寫書的方式。貝佐斯這一次的預知是否能夠如同以前一樣成功？貝佐斯倒是對自己很有信心：「人們砍下樹木，運送到工廠，攪拌成紙漿，運到另外一個工廠製成紙，再運到另外一個工廠用油墨把文字印在上面，裁剪後變成書，運送到全世界。你真的相信五十年後，還會這樣做嗎？」貝佐斯不相信！

(三)選擇，比天賦更重要（Inside硬塞，2015）

本文譯自貝佐斯在普林斯頓大學2010年學士畢業典禮上的演講。在我還是一個孩子的時候，我的夏天總是在德州祖父母的農場中度過。我幫忙修理風車，為牛接種疫苗，也做其他家務。每天下午，我們都會看肥皂劇，尤其是「我們的歲月」。我的祖父母參加了一個房車俱樂部，那是一群駕駛Airstream拖掛型房車的人們，他們結伴遍遊美國和加拿大。每隔幾個夏天，我也會加入他們。我們把房車掛在祖父的小汽車後面，然後加入三百餘名Airstream探險者們組成的浩蕩隊伍。我愛我的祖父母，我崇敬他們，也真心期盼這些旅程。那是一次我大概十歲時的旅行，我照例坐在後座的長椅上，祖父開著車，祖母坐在他旁邊，抽著菸。我討厭菸味。在那樣的年紀，我會找任何藉口做些估測或者小算術。我會計算油耗還有雜貨開銷等雞毛蒜皮的小事。我聽過一個有關抽菸的廣告。我記不得細節了，但是廣告大意是說，每吸一口香菸會減少幾分鐘的壽命，大概是兩分鐘。無論如何，我決定為祖母做個算術。我估算了祖母每天要吸幾支香菸，每支香菸要抽幾口等等，然後心滿意足地得出了一個合理的數字。接著，我戳了坐在前面的祖母的頭，又拍了拍她的肩膀，然後驕傲地宣稱，「每天吸兩分鐘的菸，你就少活九年！」我清晰地記得接下來發生了什麼，而那是我意料之外的。我本期待著小聰明和算術技巧能贏得掌聲，但那並沒有發生。相反地，我的祖母哭泣起來。我的祖父之前一直在默默開車，把車停在了路邊，走下車來，打開了我的車門，等著我跟他下車。我惹麻煩了嗎？我的祖父是一個智慧而安靜的人。他從來沒有對我說過嚴厲的話，難道這會是第一次？還是他會讓我回到車上跟祖母道歉？我以前從未遇到過這種狀況，因而也無從知曉會有什麼後果發生。我們在車子旁停下來。祖父注視著我，沉默片刻，然後輕輕地、平靜地說：「傑夫，有一天你會明白，善良比聰明更難。」

今天我想對你們說的是，天賦和選擇不同。聰明是一種天賦，而善良是一種選擇。天賦得來很容易——畢竟它們與生俱來。而選擇則頗為不易。如果一不小心，你可能被天賦所誘惑，這可能會損害到你做出的選擇。在座各位都擁有許多天賦。我確信你們的天賦之一就是擁有精明能幹的頭腦。之所以如此確信，是因為入學競爭十分激烈，如果你們不能表現出聰明智慧，便沒有資格進入這所學校。 你們的聰明才智必定會派上用場，因為你們將在一片充滿奇蹟的土地上行進。 我們人類，儘管漫步前行，卻終將令自己大吃一驚。我們能夠想方設法製造清潔能源，也能夠一個原子一個原子地組裝微型機械，使之穿過細胞壁，然後修復細胞。這個月，有一個異常而不可避免的事情發生了，人類終於合成了生命。

在未來幾年，我們不僅會合成生命，還會按說明書啟動它們。我相信你們甚至會看到我們理解人類的大腦，儒勒凡爾納、馬克吐溫、伽利略、牛頓——所有那些充滿好奇之心的人都希望能夠活到現在。作為文明人，我們會擁有如此之多的天賦，就像是坐在我面前的你們，每一個生命個體都擁有許多獨特的天賦。 你們要如何運用這些天賦呢？你們會為自己的天賦感到驕傲，還是會為自己的選擇感到驕傲？追隨自己內心的熱情十六年前，我萌生了創辦亞馬遜的想法。彼時我面對的現實是網路使用量以每年2300%的速度增長，我從未看到或聽說過任何增長如此快速的東西。建立涵蓋幾百萬種書籍的網上書店的想法令我興奮異常，因為這個東西在物理世界裡根本無法存在。那時我剛剛30歲，結婚才一年。 我告訴妻子MacKenzie想辭去工作，然後去做這件瘋狂的事情，很可能會失敗，因為大部分創業公司都是如此，而且我不確定那之後會發生什麼。

MacKenzie告訴我，我應該放手一搏。在我還是一個男孩兒的時候，我是車庫發明家。我曾用水泥填充的輪胎、雨傘和錫箔以及報警器製作了一個自動關門器。我一直想做一個發明家，MacKenzie支持我追隨內心的熱情。我當時在紐約一家金融公司工作，同事是一群非常聰明的人，我的老闆也很有智慧，我很羨慕他。我告訴我的老闆我想開辦一家在網上賣書的公司。他帶我在中央公園漫步良久，認真地聽我講完，最後說：「聽起來真是一個很好的主意，但是對那些目前沒有找到一份好工作的人來說，這個主意會更好。」 這一邏輯對我而言頗有道理，他說服我在最終作出決定之前再考慮四十八小時。那樣想來，這個決定確實很艱難，但是最終，我決定拚一次。我認為自己不會為嘗試過後的失敗而遺憾，倒是有所決定但完全不付諸行動會一直煎熬著我。在深思熟慮之後，我選擇了那條不安全的道路，去追隨我內心的熱情。我為那個決定感到驕傲。

明天，非常現實地說，你們從零塑造自己人生的時代即將開啟。你們會如何運用自己的天賦？你們又會作出怎樣的抉擇？你們是被慣性所引導，還是追隨自己內心的熱情？你們會墨守陳規，還是勇於創新？你們會選擇安逸的生活，還是選擇一個奉獻與冒險的人生？你們會屈從於批評，還是會堅守信念？你們會掩飾錯誤，還是會坦誠道歉？你們會因害怕拒絕而掩飾內心，還是會在面對愛情時勇往直前？你們想要波瀾不驚，還是想要搏擊風浪？你們會在嚴峻的現實之下選擇放棄，還是會義無反顧地前行？你們要做憤世嫉俗者，還是踏實的建設者？你們要不計手段證明你們的聰明，還是選擇善良？我要做一個預測：在你們80歲時某個追憶往昔的時刻，只有你一個人靜靜對內心訴說著你的人生故事，其中最為充實、最有意義的那段講述，會被你們作出的一系列決定所填滿。最後，是選擇塑造了我們的人生。為你自己塑造一個偉大的人生故事。謝謝，祝你們好運！（本文原刊載於Inside硬塞的網路趨勢觀察）

(四)電商時代，和亞馬遜CEO貝佐斯學的四個經營思維（艾莉絲，2014）

Kindle、雲端運算服務、研發中的無人運送機、Fire TV到2014年6月正式發表的Fire Phone……Amazon CEO貝佐斯的每一次創舉，都令人驚訝他的沒有框架，令人感受到Amazon想做的絕對不只是一個零售商。

當你無所限制時，就更能跨出框架，甚至，沒有框架。人們說：「Think out of the box」，但對貝佐斯而言，似乎根本沒有那個盒子存在，只要確定了最終目標，任何的方法都可以推動嘗試。在貝佐斯幾乎源源不絕的創新點子中，有些失敗了，也有些在眾人的努力下成功了。雖然員工常常疲於追趕他神來一筆的宏遠目標，但在快速變化的網路時代，腳步不夠快的企業，就追不上消費者改變的速度。在《什麼都能賣！貝佐斯如何締造亞馬遜傳奇》一書裡，除了描述貝佐斯如何從無到有打造亞馬遜帝國外，更多他經營思考的哲學，特別適合快速變動的電子商務產業，以及從傳統通路正要跨

「我們不是零售商，而是科技業。」
——亞馬遜（Amazon.com）執行長 傑夫・貝佐斯

足電商的企業參考。

第一，電子商務平台對企業主而言是什麼？只是銷售的通路嗎？請思考平台的意義。

> 「我們能夠賺錢，是因為幫助顧客做更好的購買決定，而不是只靠把東西賣出去。」 ——傑夫・貝佐斯

貝佐斯在經營亞馬遜之初，開放讀者在平台上發表書評，好壞皆可。此舉當然惹惱一些出版業主管，認為這一行做的就是把書賣出去才能賺錢，任由負面書評在平台上，書不就賣不出去了？貝佐斯的想法則是如上。甚至在之後引進了第三方賣家，讓二手書與新書並存於平台，顧客有更多的選擇。同樣思考邏輯的延伸，網路平台對於企業的意義是什麼呢？ 只是實體通路外的另一個通路嗎？ 還是它是一個除了賣東西之外還能提供客戶更多連帶服務的地方？而因為這樣的服務和氛圍創造，讓客戶更願意購買，甚至也連帶提升實體通路業績？

第二，專注客戶，而非專注你的競爭對手。

> 「你們每天早上醒來，都要戰戰兢兢。但你們該憂慮的不是對手，反正他們不會給我們錢，你們該擔心的是，能不能滿足顧客需求，然後為此專心苦幹。」 ——傑夫・貝佐斯

亞馬遜剛上市的Fire Phone，目前分析者對於該支手機是否能成為市場寵兒仍持保留態度，然而有一點可以肯定的是，不同於三星、小米手機緊盯領導品牌iPhone大打規格戰性價比，Fire Phone就像亞馬遜一直秉持的，專注於客戶需求，而非專注於競爭對手。Fire Phone兩大亮點：「動態視角」與「圖像識別技術」。後者即是讓使用者可快速掃描圖書封面、商品包裝、廣告，甚至是影視片段，再連結至亞馬遜的相關購物頁面，讓消費者可以更方便的購物。從此看出，Fire Phone就像當初亞馬遜作Kindle一樣的思維，專注於延伸客戶需求，以用戶的使用習慣為出發點設計硬體，而非以硬體規格為出發點思考。一步步掌控顧客經驗，再以更多的服務包覆，讓顧客越來越離不開亞馬遜，軟體硬體皆然。若Fire Phone能夠在未來將會員綁得更緊，想當然亞馬遜在後續推行行動支付服務上也將會更全面與完整。

第三，低價搶進新市場，為的是一開始就達到市占率。

「高利潤誘使對手投入更多資源跟你競爭，而低利潤則是吸引更多顧客對你更加死忠。」
——傑夫．貝佐斯

貝佐斯和其團隊曾利用柯林斯的飛輪效應，描繪出可增加公司動力的良性循環圈：低價格吸引更多顧客上門→更多顧客上門，就能增加銷售量→吸引更多第三方賣家來亞馬遜→亞馬遜將抽取更多佣金→經營效能提升後，也能促使商品價格再下降。這也是亞馬遜在切入新市場時，常使用的低價策略，包括推雲端儲存服務AWS，貝佐斯以電力事業的觀點來看網路服務，讓顧客用多少就付多少。初期就算會賠錢也沒關係，但目標是要讓顧客覺得好用實用，並藉由低價先培養忠實顧客。這也是回到貝佐斯始終秉持的專注於客戶需求的最終原則上。當然有利就有弊，亞馬遜今年度第二季財報仍然持續虧損，分析指出拖累財報表現的即是雲端運算市場的價格戰。就和初期長期投資Kindle一樣，亞馬遜對於AWS也是看長不看短。

第四，需要溝通是功能不良的訊號。

「員工之間的過度協調是在浪費時間，最接近問題的人，才是解決問題的最佳人選。」
——傑夫．貝佐斯

1990年代末，隨著公司組織不斷擴大，亞馬遜也開始面臨部門與部門之間溝通不良的問題。面對此現況，年輕主管認為應該加強各個團隊之間的溝通密度。貝佐斯卻持不同意見，他認為需要大量溝通表示這個團隊的人無法緊密、有組織的合作，我們應該想的是減少而非增加溝通的頻率。貝佐斯提出的，其實是「溝通的精準度」與「讓最接近問題核心的團隊處理問題」。在一個原本就複雜的專案，有時多增加人力，不一定對團隊就是加分，反而會耗掉不必要的溝通成本，人們花最多的不在處理問題，反而在爭辯問題上，最後導致進度推延。放大到整個公司，科層式由上到下的組織架構，決策容易被拖延，要趕上市場的變化速度，將會非常吃力。

(五)Amazon創辦人貝佐斯的成功祕訣（邱慧菁、陳子揚，2016）

貝佐斯在1964年1月12日生於新墨西哥州阿布奎基市（Albuquerque, New Mexico）。他和伊隆・馬斯克（Elon Musk）一樣，很早就對事物如何運作感興趣。在幼兒時期，他就用一把螺絲起子，拆了自己的小床。之後，他拼裝出各式各樣的精密電子警報器，讓手足不能走進他的房間。他在休士頓度過的童年，由一連串的科學作品、科學展覽與《星際爭霸戰》（*Star Trek*）影集所組成。他高中時住在邁阿密，也在這裡開始愛上電腦。他的繼兄弟馬克・貝佐斯（Mark Bezos）曾經這樣對記者說：「他絕對被歸類為『電腦宅男』」。

貝佐斯利用父母的資金，在後來聞名天下的西雅圖家中車庫創業。他的事業規模很快就擴大，搬進附近一棟兩房的房子內。1995年7月16日，就在這裡，亞馬遜網路商店（Amazon.com）開始營業。貝佐斯和他的小團隊，規劃了一次小型發表會，邀請幾百位親友參觀公司，對於潛在的業務機會興奮不已。他們裝了一個電子鈴，每次交易完成就會響起鈴聲。貝佐斯說：「那時，我們會檢視每一張進來的訂單，每次下單的都是家裡人。但是，等到我們接到第一張陌生人下的訂單時，我記得，公司當時大約有十個人，電子鈴響後我們大家圍在一起，看著那張訂單的反應是：『那是你媽媽嗎？』『不是，不是我媽！』我們的業務就這樣開始了。」而且，一路大展鴻圖。

他們的電子鈴很快地就響個不停，迫使他們必須切掉。一個月內，亞馬遜在全球四十五國及全美五十州都有了顧客。兩個月內，單週營業額來到2萬美元。接著，到了1997年5月，他們公開上市，市值為5億美元。又過了六個月，市值攀升為12億美元；在接下來的兩年內，市值增加到230億美元。當時35歲的貝佐斯，在短短五年內，就已經從「我有一個很棒的點子」，發展到「我經營一家價值數十億美元的公司」。

貝佐斯的成就，建立在兩項關鍵策略上：「著眼長期的考量」與「以客為尊的思維」。他1997年寫給股東的公開信，現在早已為人熟知，信件的內容大概是這樣的：「我們相信，衡量成功的基本指標，將會是我們長期創造出來的股東價值⋯⋯由於我們強調長期，所以在作決策與權衡取捨時，可能會與某些公司不同。」這封信通常被當成貝佐斯對於這個主題的發展藍圖，但我個人認為，他2012年在「亞馬遜網路服務現場直播」（Amazon Web Services Live）網路影片中給群眾的答案，更有說服力：「在未來十年內，什麼東西會改變？」這是一個很有趣的問題，也是一個很常見的問題。幾乎從來沒人問過我：「未來十年，有什麼東西不會變？」但這個問題其實更重要，因為你可以根據長期穩定的事物來打造商業策略⋯⋯以我們的零售事業來說，我們知道顧客想要低價，也知道未來十年會持續如此。他們想要快速到貨，想要選擇繁多。我們不可能想像在十年後，會有顧客跑來告訴我：「傑夫，我好愛亞馬遜，我希望你們可以把價格訂高一點」，或是「我超愛亞馬遜的，我希望你們的送貨速度可以慢一點。」不可能。所以，我們在這些方面持續努力，繞著這些面向打轉。我們知道，今天付出的心力，十年後將會為顧客帶來益處。當你知道什麼事情必然為真，而且長期下來都不會改變，就值得你投注大量的心力。

綜合上述，歸納建構貝佐斯創業哲學架構如**圖15-2**。

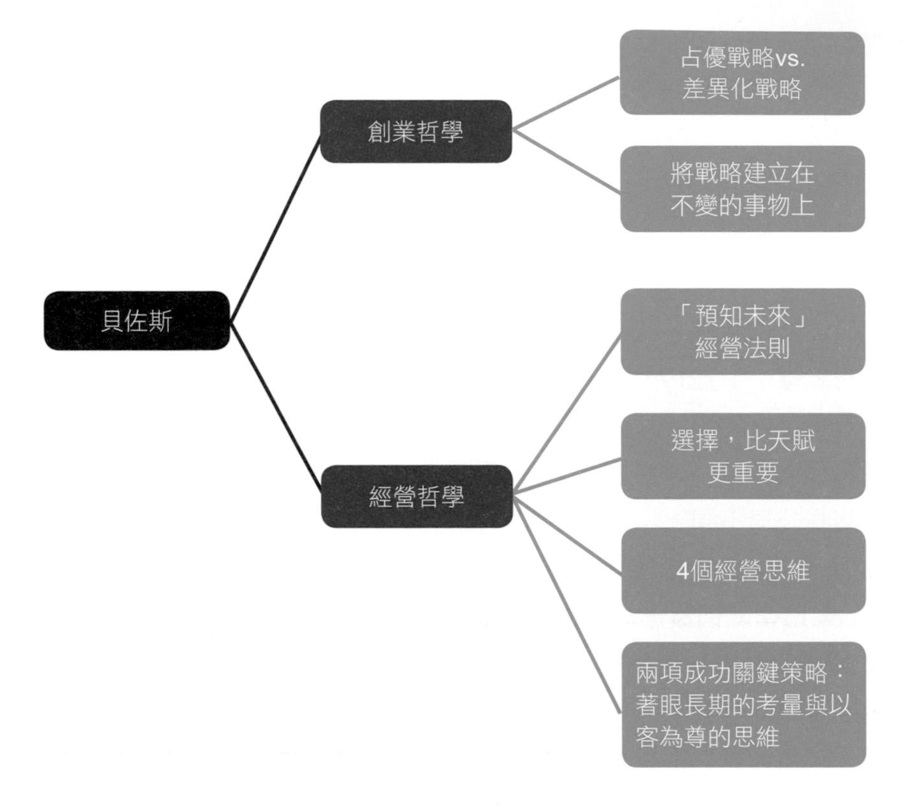

圖15-2　貝佐斯創業哲學架構

三、東西方創業哲學之比較研究分析

以下比較研究分析東西方之創業哲學：

傑夫・貝佐斯，亞馬遜（amazon.com）創辦人，一位早慧聰明、求學過程中多以第一名畢業的「天才」；馬雲，阿里巴巴集團創辦人，一位大學考三次才考上、數學曾經只考1分的「地才」。他們同樣生於1964年，不約而同地都在30歲前後，決定走自己的路——創業，就此改變傳統的商業模式，衝擊無數人的購買行為，而且，影響範圍還在持續擴大中。如果說，網際網路是人們未來生活的主戰場和商家必爭之地，你一定要認識這兩位偏執又熱情的網路巨擘。貝佐斯是顧客最愛的創新者、零售業最恨的對手。他徹底破壞了傳統零售業的交易方式，從離開華爾街第一次創業，以便宜、方便、選擇多的商業模式，只用十八年就建立地表最大、史上最強的網路零售王國。然而，他幾乎已經成為許多行業的頭號敵人，從書店、出版業、零售業、3C產業到媒體業，都恨他入骨，深怕自己是下一個因為亞馬遜而消失的行業（經理人月刊，2014）。

(一)西方電商鬼才貝佐斯（經理人月刊，2014）

男人坐在副駕駛座，女人開著男人回老家向繼父借來雪佛蘭開拓者（Chevrolet Trailblazer），一路從德州往西北疾駛。這個男人是貝佐斯，女人是他的妻子麥肯錫．塔朵．貝佐斯（MacKenzie Tuttle Bezos）。在30歲那年，他放棄華爾街優渥的待遇與副總裁的頭銜，決定走自己的路，夫妻二人落腳在華盛頓州，最後在租來房子的車庫中創業，以Cadabra.com為名，就是日後的amazon.com。

從創業至今，近二十年的時間裡，亞馬遜從網路書店到無所不賣，從電子商務到跨足雲端服務，貝佐斯希望以價格低、最方便、選擇多的訴求，打造一家地球上最重視顧客的公司（Earth's most customer-centric company）。貝佐斯有著高亢連發的特殊笑聲，很像是汽車防盜器響起時的高分貝噪音。孩提時期，同母異父的弟弟馬克（Mark Bezos）和妹妹克莉絲提娜（Christina Bezos），總是不敢和貝佐斯一起去圖書館或看電影，深怕一個不小心，貝佐斯的笑聲就引起眾人側目。不過也因為笑聲，貝佐斯吸引當時同在德劭基金（D. E. Shaw & Company）工作、日後成為他妻子的麥肯錫．塔朵，和他一起從紐約、德州一路西進開啟創業之路。儘管笑聲讓人繃緊神經，貝佐斯卻很愛笑，更可怕的是，藏在他笑聲背後的，常常是讓人摸不清、猜不透的想法。他像是具有「現實扭曲力場」（reality distortion field，具有洗腦般的說服力）的教父，時時發出「順我者生、逆我者亡」的暗示。從亞馬遜愈來愈接近無所不賣的網路商店（everything store）、購併企業清單愈來愈長、跨足的行業愈來愈廣，加上貝佐斯以私人資金挹注的事業從飛天到遁地，他的野心與企圖，讓人不得不高度期待，他終將再度改變世界。

(二)東方創業教父馬雲（文及元，2014）

一個顴骨極高的瘦削男子，走上舞台的那一刻，銳利眼神震懾了所有觀眾；一開口，旋即以流利的口條收服人心，彷彿佈道大會中的宗教領袖。他是自稱「男人的外貌和智慧成反比」的馬雲。35歲那年，馬雲在杭州公寓中帶著其他十七位夥伴創立阿里巴巴網站（alibaba.com）的那天，牆壁突然滲水，馬雲出門帶回一些舊報紙，和同事們一起將滲水的地方遮住，還是照樣工作。講話帶著杭州口音、曾經把雛形說成「雖」形的馬雲，年少時數學曾經只考1分，由於長相特殊，《富比士》形容他「凸出的顴骨、凌亂的頭髮，淘氣地露齒而笑，擁有一副5英尺多100磅重的頑童模樣。這個長相怪異的人，有著和拿破崙一般的身材，同時，也有和拿破崙一樣的遠大志向！」雖然評語看似犀利，卻是《富比士》第一次選用中國大陸企業家為封面人物的對象。馬雲的成功，關鍵在於以網路思維建構產業生態系統，以「讓利與人」的原則，先幫客戶賺錢，讓年輕人憑藉在淘寶網開店而創業致富，並且創造中國大陸的農村就業機會，成為社會改革的力量。

阿里巴巴成立僅僅三年就已獲利，馬雲領導的電商帝國年成交總額已經大於eBay和亞馬遜的總和。而今，他將帶領阿里巴巴從IT（Information Technology，資訊科技）走向DT（Data Technology，資料科學）持續轉型。讓人們的未來生活更好。1994年，網路趨勢專家凱文．凱利（Kevin Kelly）曾經預測，當網路連結每一部電腦並且出現網路商務平台時，就會徹底改變傳統的商業行為和我們的生活與做生意的方式。而亞馬遜、阿里巴巴經過多年的耕耘，已經實現當年凱利的預言。

本書之參考文獻公布在揚智文化公司網站 http://www.ycrc.com.tw 的教學輔助區，歡迎上網查閱。

時尚與流行設計系列

創意創新創業管理

——跨域整合觀點與創業哲學思維

作　　者 / 陳德富
出 版 者 / 揚智文化事業股份有限公司
發 行 人 / 葉忠賢
總 編 輯 / 閻富萍
地　　址 / 新北市深坑區北深路三段 258 號 8 樓
電　　話 / (02)8662-6826
傳　　真 / (02)2664-7633
網　　址 / http://www.ycrc.com.tw
E-mail / service@ycrc.com.tw
印　　刷 / 彩之坊科技股份有限公司
ISBN / 978-986-298-276-1
初版一刷 / 2017 年 10 月
初版二刷 / 2019 年 9 月
定　　價 / 新台幣 650 元

＊本書如有缺頁、破損、裝訂錯誤，請寄回更換＊

國家圖書館出版品預行編目資料

創意創新創業管理：跨域整合觀點與創業哲學思維 / 陳德富著. -- 初版. -- 新北市：揚智文化, 2017.10

面；　公分. --(時尚與流行設計系列)

ISBN　978-986-298-276-1（平裝）

1.創業 2.創意 3.企業管理

494.1　　106018252